2022 | 全国勘察设计注册工程师执业资格考试用书

Zhuce Dianqi Gongchengshi(Gongpeidian) Zhiye Zige Kaoshi
Zhuanye Kaoshi Linian Zhenti Xiangjie

注册电气工程师（供配电）执业资格考试
专业考试历年真题详解
（2010~2021）
上册

蒋 徽 / 主编

人民交通出版社股份有限公司
北 京

内 容 提 要

本书为注册电气工程师(供配电)执业资格考试专业考试历年真题、参考答案及解析,包含2010~2021年专业知识试题(上、下午卷)、案例分析试题(上、下午卷)。

本书配有数字资源,读者可刮开封面增值贴,扫描二维码,关注"注考大师"微信公众号兑换使用。

本书可供参加注册电气工程师(供配电)执业资格考试专业考试的考生复习使用,也可供发输变电专业的考生参考练习。

图书在版编目(CIP)数据

2022注册电气工程师(供配电)执业资格考试专业考试历年真题详解:2010—2021/蒋徵主编. —北京:人民交通出版社股份有限公司,2022.5

ISBN 978-7-114-17894-8

Ⅰ.①2… Ⅱ.①蒋… Ⅲ.①供电系统—资格考试—题解②配电系统—资格考试—题解 Ⅳ.①TM72-44

中国版本图书馆CIP数据核字(2022)第043988号

书　　名:2022注册电气工程师(供配电)执业资格考试专业考试历年真题详解(2010~2021)
著 作 者:蒋　徵
责任编辑:刘彩云　李　梦
责任印制:刘高彤
出版发行:人民交通出版社股份有限公司
地　　址:(100011)北京市朝阳区安定门外外馆斜街3号
网　　址:http://www.ccpcl.com.cn
销售电话:(010)59757973
总 经 销:人民交通出版社股份有限公司发行部
经　　销:各地新华书店
印　　刷:北京虎彩文化传播有限公司
开　　本:787×1092　1/16
印　　张:57
字　　数:1132千
版　　次:2022年5月　第1版
印　　次:2023年7月　第2次印刷
书　　号:ISBN 978-7-114-17894-8
定　　价:168.00元(含上、下两册)

目录(上册)

2010 年注册电气工程师(供配电)执业资格考试专业考试试题及答案

2011 年注册电气工程师(供配电)执业资格考试专业考试试题及答案

2012 年注册电气工程师(供配电)执业资格考试专业考试试题及答案

2013 年注册电气工程师(供配电)执业资格考试专业考试试题及答案

2014 年注册电气工程师(供配电)执业资格考试专业考试试题及答案

2016 年注册电气工程师(供配电)执业资格考试专业考试试题及答案

2010 年

注册电气工程师(供配电)执业资格考试

专业考试试题及答案

2010年专业知识试题(上午卷)

一、单项选择题(共40题,每题1分,每题的备选项中只有1个最符合题意)

1. 架空电力线路不得跨越爆炸气体环境,架空线路与爆炸性气体环境的水平距离一般不应小于杆塔高度的多少? ( )

(A)1.2倍　(B)1.5倍
(C)1.8倍　(D)2.0倍

2. 隔离电器应有效地将所有带电的供电导体与有关回路隔离,以下所列对隔离电器的要求,哪一项要求是不正确的? ( )

(A)在干燥条件下触头在断开位置时,每极触头间应能耐受与电气装置标称电压相对应的冲击电压,且断开触头间的漏泄电流也不应超过额定值
(B)隔离电器断开触头间的距离,应是可见的或明显的,有可靠的标记标示"断开"或"闭合"的位置
(C)半导体器件不应作为隔离电器
(D)断路器均可用作隔离电器

3. 关于配电室无功自动补偿的调节方式,下列说法正确的是哪一项? ( )

(A)无功功率随时间稳定变化时,宜按时间参数调节
(B)以节能为主进行无功补偿时,宜采用功率因数参数调节
(C)当采用了变压器自动调节无功补偿,为兼顾减少电压偏差的要求时,应按电压参数调节
(D)以节能为主进行补偿,当三相负荷平衡时,宜采用无功参数调节

4. 某车间的一台起重机,电动机的额定功率为120kW,电动机的额定负载持续率为40%。采用需要系数法计算,该起重机的设备功率为下列哪一项数值? ( )

(A)152kW　(B)120W
(C)76kW　(D)48kW

5. 35kV户外配电装置采用单母线分段接线时,下列表述中哪一项是正确的? ( )

(A)当一段母线故障时,该段母线的回路都要停电
(B)当一段母线故障时,分段断路器自动切除故障段,正常段会出现间断供电
(C)重要用户的电源从两段母线引接,当一路电源故障时,该用户将失去

供电

(D)任一元件故障,将会使两段母线失电

6. 与单母线分段接线相比,双母线接线的优点为下列哪一项?　　(　　)

(A)当母线故障或检修时,隔离开关作为倒换操作电器,不易误操作

(B)增加一组母线,每回路就需要增加一组母线隔离开关,操作方便

(C)供电可靠,通过两组母线隔离开关的倒换操作,可以轮流检修一组母线而不致供电中断

(D)接线简单清晰

7. 某 35/6kV 变电所装有两台主变压器,当 6kV 侧有 8 回出线并采用手车式高压开关柜时,宜采用下列哪种接线方式?　　(　　)

(A)单母线　　(B)分段单母线

(C)双母线　　(D)设置旁路设施

8. 在设计低压配电系统时,下列哪一项做法不符合规范规定?　　(　　)

(A)由建筑物外引入的配电线路,应在室内分界点便于操作维护的地方装设隔离电器

(B)采用链式配电时,每一回路环链设备不宜超过 5 台,其总容量不应超过 10kW

(C)同一生产流水线的各用电设备,宜由同一回路配电

(D)宜选用 D,yn11 接线组别的三相变压器作为配电变压器

9. 当应急电源装置(EPS)用作应急照明系统备用电源时,有关应急电源装置(EPS)切换时间的要求,下列哪一项是不正确的?　　(　　)

(A)用作安全照明电源装置时,不应大于 0.5s

(B)用作非人员密集场所的疏散照明电源装置时,不应大于 5s

(C)用作备用照明电源装置时(不包括金融、商业交易场所),不应大于 5s

(D)用作金融、商业交易场所备用照明电源装置时,不应大于 1.5s

10. 在 110kV 以下变电所设计中,设置于屋内的干式变压器,在满足巡视检修的要求外,其外廓与四周墙壁的净距(全封闭型的干式变压器可不受此距离的限制)不应小于下列哪一项数值?　　(　　)

(A)0.6m　　(B)0.8m

(C)1.0m　　(D)1.2m

11. 民用 10 ~ 35kV 屋内配电装置顶部距建筑物(有梁)顶板的距离不宜小于下列哪一项数值?　　(　　)

(A)0.5m　　(B)0.8m

(C)1.0m　　　　　　　　　　(D)1.2m

12. 下列关于爆炸性气体环境中变、配电所的布置，哪一项不符合规范的规定？（　　）

(A)变、配电所和控制室应布置在爆炸危险区域1区以外
(B)变、配电所和控制室应布置在爆炸危险区域2区以内
(C)当变、配电所和控制室为正压室时，可布置在爆炸危险区域1区以内
(D)当变、配电所和控制室为正压室时，可布置在爆炸危险区域2区以内

13. 油重为2500kg以上的屋外油浸变压器之间无防火墙时，下列变压器之间的最小防火净距，哪一组数据是正确的？（　　）

(A)35kV及以下为4m，63kV为5m，110kV为6m
(B)35kV及以下为5m，63kV为6m，110kV为8m
(C)35kV及以下为5m，63kV为7m，110kV为9m
(D)35kV及以下为6m，63kV为8m，110kV为10m

14. 一台容量为31.5MV·A的三相三绕组电力变压器三侧阻抗电压分别为$u_{k1-2}\%=18$，$u_{k1-3}\%=10.5$，$u_{k2-3}\%=6.5$，变压器高、中、低三个绕组的电抗百分值应为下列哪组数据？（　　）

(A)9%，5.23%，3.25%　　　　(B)7.33%，4.67%，-0.33%
(C)11%，7%，-0.5%　　　　(D)22%，14%，-1%

15. 某110kV用户变电站由地区电网（无穷大电源容量）受电，有关系统接线和元件参数如右图所示，图中k点的三相短路全电流最大峰值为下列哪一项数值？（　　）

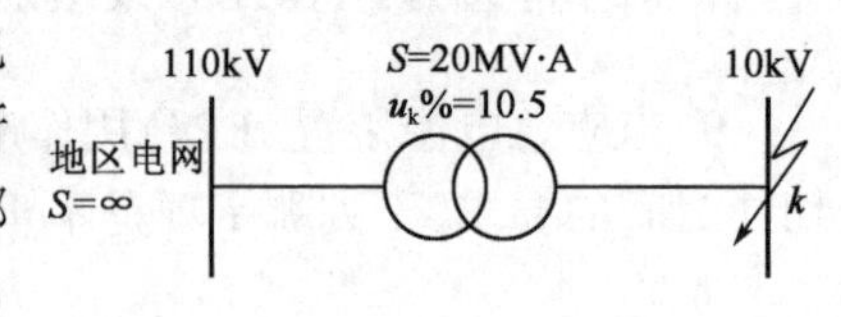

(A)28.18kA　　　　(B)27.45kA
(C)26.71kA　　　　(D)19.27kA

16. 高压并联电容器组采用双星形接线时，双星形电容器组的中性点连接线的长期允许电流不应小于电容器组额定电流的百分数为下列哪一项数值？（　　）

(A)100%　　(B)67%　　(C)50%　　(D)33%

17. 当保护电器为符合《低压断路器》（JB 1284—1985）的低压断路器时，低压断路器瞬时或短延时过流脱扣器整定电流应小于短路电流的倍数为下列哪一项数值？（　　）

(A)0.83　　(B)0.77　　(C)0.67　　(D)0.5

18. 在设计110kV及以下配电装置时，最大风速可采用离地10m高，多少年一遇多少时间（分钟）的平均最大风速？（　　）

(A)20 年,15min　　(B)30 年,10min
(C)50 年,5min　　(D)100 年,8min

19. 验算低压电器在短路条件下的通断能力时,应采用安装处预期短路电流周期分量的有效值,当短路点附近所接电动机额定电流之和超过短路电流多少时,应计入电动机反馈电流的影响? (　　)

(A)0.5%　　(B)0.8%
(C)1%　　(D)1.5%

20. 根据规范确定裸导体(钢芯铝线及管形导体除外)的正常最高工作温度不应大于下列哪一项数值? (　　)

(A) +70℃　　(B) +80℃
(C) +85℃　　(D) +90℃

21. 为了消除由于温度引起的危险应力,规范规定矩形硬铝导体的直线段一般每隔多少米左右安装一个伸缩接头? (　　)

(A)15m　　(B)20m
(C)30m　　(D)40m

22. 下述哪一项配电装置硬导体的相色标志符合规范规定? (　　)

(A)L1 相红色,L2 相黄色,L3 相绿色
(B)L1 相红色,L2 相绿色,L3 相黄色
(C)L1 相黄色,L2 相绿色,L3 相红色
(D)L1 相黄色,L2 相红色,L3 相绿色

23.6 根电缆土中并行直埋,净距为 100mm,电缆载流量的校正系数为下列哪一项数值? (　　)

(A)1.00　　(B)0.85
(C)0.81　　(D)0.75

24. 变电所内电缆隧道设置安全孔,下述哪一项符合规范规定? (　　)

(A)安全孔间距不宜大于 75m,且不少于 2 个
(B)安全孔间距不宜大于 100m,且不少于 2 个
(C)安全孔间距不宜大于 150m,且不少于 2 个
(D)安全孔间距不宜大于 200m,且不少于 2 个

25. 变配电所的控制、信号系统设计时,下列哪一项设置成预告信号是不正确的?
(　　)

(A)自动装置动作　　(B)保护回路断线

(C)直流系统绝缘降低　　(D)断路器跳闸

26. 规范规定车间内变压器的油浸式变压器容量为下列哪一项数值及以上时,应装设瓦斯保护? (　　)

(A)0.4MV·A　　(B)0.5MV·A

(C)0.63MV·A　　(D)0.8MV·A

27. 电力变压器运行时,下列哪一项故障及异常情况应瞬时跳闸? (　　)

(A)由于外部相间短路引起的过电流

(B)过负荷

(C)绕组的匝间短路

(D)变压器温度升高和冷却系统故障

28. 在变电所直流电源系统设计时,下列哪一项直流负荷是随机负荷? (　　)

(A)控制、信号、监控系统

(B)断路器跳闸

(C)事故照明

(D)恢复供电断路器合闸

29. 当按建筑物电子信息系统的重要性和使用性质确定雷击电磁脉冲防护等级时,医院的大型电子医疗设备,应划为下列哪一项防护等级? (　　)

(A)A 级　　(B)B 级

(C)C 级　　(D)D 级

30. 某座35层的高层住宅,长 $L = 65m$、宽 $W = 20m$、高 $H = 110m$,所在地年平均雷暴日为60.5天,与该建筑物截收相同雷击次数的等效面积为下列哪一项数值? (　　)

(A)$0.038km^2$　　(B)$0.049km^2$

(C)$0.058km^2$　　(D)$0.096km^2$

31. 某地区年平均雷暴日为28天,该地区为下列哪一项? (　　)

(A)少雷区　　(B)中雷区

(C)多雷区　　(D)雷电活动特殊强烈地区

32. 利用基础内钢筋网作为接地体的第二类防雷建筑,接闪器成闭合环的多根引下线,每根引下线在距地面0.5m以下所连接的有效钢筋表面积总和应不小于下列哪一项数值? (　　)

(A)$0.37m^2$　　(B)$0.82m^2$

(C)1.85m²　　(D)4.24m²

33. 下列哪种埋入土壤中的人工接地极不符合规范规定？　　(　　)

(A)50mm² 裸铜排　　(B)70mm² 裸铝排

(C)90mm² 热镀锌扁钢　　(D)90mm² 热浸锌角钢

34. 考虑到照明设计时布灯的需要和光源功率及光通量的变化不是连续的这一实际情况，在一般情况下，设计照度值与照明标准值相比较，可有 -10% ~ +10% 的偏差，适用此偏差的照明场所装设的灯具数量至少为下列哪一项数值？　　(　　)

(A)5 个　　(B)10 个　　(C)15 个　　(D)20 个

35. 在工厂照明设计中应选用效率高和配光曲线适合的灯具，某工业厂房长 90m、宽 30m，灯具离作业面高度为 8m，宜选择下列哪一种配光类型的灯具？　　(　　)

(A)宽配光　　(B)中配光

(C)窄配光　　(D)特窄配光

36. 右图所示为二阶闭环调节系统的标准形式，设 $K_x = 2.0$，$T_i = 0.02$，为将该调节系统校正为二阶标准形式，该积分调节器的积分时间 T_i 应为下列哪一项？　　(　　)

调节器：$\frac{1}{T_i S}$；调节对象：$\frac{K_x}{1+T_i S}$；输入 X_g，输出 X_c，单位负反馈。

(A)0.04　　(B)0.08　　(C)0.16　　(D)0.8

37. 反接制动是将交流电动机的电源相序反接产生制动转矩的一种电制动方式，下述哪种情况不宜采用反接制动？　　(　　)

(A)绕线型起重电动机　　(B)需要准确停止在零位的机械

(C)小功率笼型电动机　　(D)经常正反转的机械

38. 在视频安防监控系统设计中，摄像机镜头的选择，在光照度变化范围相差多少倍以上的场所，应选择自动或电动光圈镜头？　　(　　)

(A)20 倍　　(B)50 倍

(C)75 倍　　(D)100 倍

39. 某建筑需设置 1600 门的交换机，但交换机及配套设备尚未选定，机房的使用面积宜采用下列哪一项数值？　　(　　)

(A)≥30m²　　(B)≥35m²

(C)≥40m²　　(D)≥45m²

40. 10kV 架空电力线路设计的最高气温宜采用下列哪一项数值？　　(　　)

(A)30℃　　(B)35℃　　(C)40℃　　(D)45℃

二、多项选择题(共30题,每题2分。每题的备选项中有2个或2个以上符合题意。错选、少选、多选均不得分)

41. 下图表示直接接触伸臂范围的安全限值,图中标注正确的是哪些项?（　　）

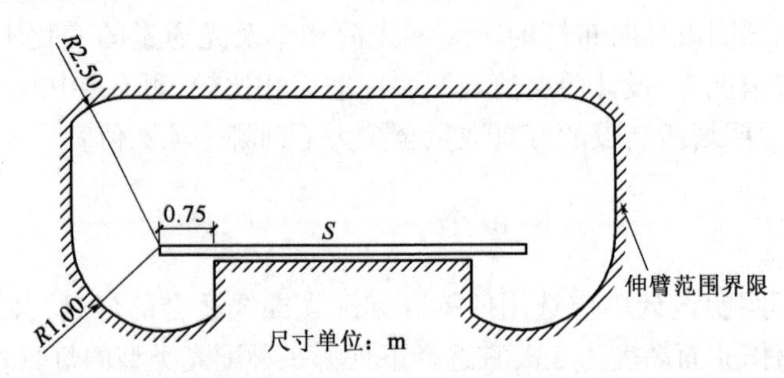

(A)R2.50　　(B)R1.00

(C)0.75　　(D)S(非导电地面)

42. 在爆炸性气体环境中,爆炸性气体的释放源可分为连续级、第一级和第二级,下列哪些情况可划为连续级释放源?（　　）

(A)在正常运行中会释放可燃物质的泵、压缩机和阀门等密闭处

(B)没有用惰性气体覆盖的固定顶盖储罐中的可燃液体的表面

(C)油、水分离器等直接与空间接触的可燃液体的表面

(D)正常运行时会向空间释放可燃物质的取样点

43. 考虑到电磁环境卫生与电磁兼容,110kV及以上变电所不应贴临以下哪些民用建筑物?（　　）

(A)会展建筑

(B)幼儿园教室

(C)学校学生宿舍

(D)医院病房

44. 一级负荷中特别重要的负荷,除由两个电源供电外,尚应增设应急电源,并严禁将其他负荷接入应急供电系统,下列哪些项可作为应急电源?（　　）

(A)蓄电池

(B)独立于正常电源的发电机组

(C)供电系统中专用的馈电线路

(D)干电池

45. 民用建筑中,关于负荷计算,下列哪些项表述符合规范的规定?（　　）

(A)当应急发电机仅为一级负荷中特别重要负荷供电时,应以一级负荷的计算容量,作为选用应急发电机容量的依据

(B)当应急发电机为消防负荷及火灾时不允许中断供电的非消防负荷用电时,应以两者计算负荷之和作为选用应急发电机容量的依据

(C)当自备应急发电机作为第二电源时,计算容量应按消防状态与非消防状态对第二电源需求的较大值,选择自备应急发电机容量

(D)当消防设备的计算负荷大于火灾时切除非消防设备的计算负荷时,可不计入计算负荷

46. 在低压配电系统中,电源有一点与地直接连接,负荷侧电气装置的外露可导电部分接至电气上与电源的接地点无关的接地极,下列哪几种系统接地形式不具有上述特点? (　　)

(A)TN-C 系统　　(B)TN-S 系统

(C)TT 系统　　(D)IT 系统

47. 在交流电网中,由于许多非线性电气设备的投入运行而产生了谐波,关于谐波的危害,在下列表述中哪些是正确的? (　　)

(A)旋转电动机定子中的正序和负序谐波电流,形成反向旋转磁场,使旋转电动机转速持续降低

(B)变压器等电气设备由于过大的谐波电流,而产生附加损耗,从而引起过热,导致绝缘损坏

(C)高次谐波含量较高的电流能使断路器的开断能力降低

(D)使通信线路产生噪声,甚至造成故障

48. 当应急电源装置(EPS)用作应急照明系统备用电源时,关于应急电源装置(EPS)的选择,下列哪些项表述符合规定? (　　)

(A)EPS 装置应按负荷性质、负荷容量及备用供电时间等要求选择

(B)电感性和混合式的照明负荷宜选用交流制式;纯电阻及交、直流共用的照明负荷宜选用直流制式

(C)EPS 的额定输出功率不应小于所连接的应急照明负荷总容量的 1.2 倍

(D)EPS 的蓄电池初装容量应保证备用时间不小于 90min

49. 下列哪些场所的油浸变压器室,应设置容量为 100% 变压器油量的储油池? (　　)

(A)高层建筑物的裙房和多层建筑物内的附设变电所

(B)油浸变压器室上方有人员密集场所时

(C)附近有粮、棉及其他易燃物大量集中的露天场所

(D)容易沉积可燃粉尘、可燃纤维的场所

50. 下列关于高压配电装置设计的要求中,哪几项不符合规范的规定? (　　)

(A)电压为63kV的配电装置的母线上宜装设接地刀闸,不宜装设接地器

(B)电压为63kV的配电装置,断路器两侧隔离开关的断路器侧宜装设接地刀闸

(C)电压为63kV的配电装置,线路隔离开关的线路侧不宜装设接地刀闸

(D)电压为63kV的屋内、外配电装置的隔离开关与相应的断路器和接地刀闸之间应装设闭锁装置

51. 高压电容器柜的布置应符合下列哪些项的要求? (　　)

(A)分层布置的电容器组柜(台)架,不宜超过三层,每层不应超过三排,四周和层间不得设置隔板

(B)屋内电容器组的电容器底部距地面的最小距离为100mm

(C)屋内外布置的电容器组,在其四周或一侧应设置维护通道,其宽度不应小于1.2m

(D)当电容器双排布置时,柜(台)架和墙之间或柜(台)架之间可设置检修通道,其宽度不应小于1m

52. 短路电流计算是供配电设计中一个重要环节,短路电流计算主要是为了解决下列哪些问题? (　　)

(A)电气接线方案的比较和选择

(B)确定中性点接地方式

(C)验算防雷保护范围

(D)验算接地装置的接触电压和跨步电压

53. 当35/10kV终端变电所所需限制短路电流时,一般情况下可采取下列哪些措施? (　　)

(A)变压器分列运行

(B)采用高阻抗的变压器

(C)在10kV母线分段处安装电抗器

(D)在变压器回路中装设电抗器

54. 在选择变压器时,应采用有载调压变压器的是下列哪些项? (　　)

(A)35kV以上电压的变电所中的降压变压器,直接向35kV、10(6)kV电网送电时

(B)10(6)kV配电变压器

(C)35kV降压变电所的主变压器,在电压偏差不能满足要求时

(D)35kV升压变电所的主变压器

55. 在民用建筑低压三相四线制系统中，关于选用四极开关的表述，下列哪些项符合规范规定？ (　　)

(A) TN-C-S、TN-S 系统中的电源转换开关，应采用切断相导体和中性导体的四极开关

(B) IT 系统中有中性导体时不应采用四极开关

(C) 正常供电电源与备用发电机之间的电源转换开关应采用四极开关

(D) TT 系统中当电源进线开关有中性导体时应采用四极开关

56. 选用 10kV 及以下电力电缆，规范要求下列哪些情况应采用铜芯导体？ (　　)

(A) 架空输配电线路　　(B) 耐火电缆

(C) 重要电源具有高可靠性的回路　　(D) 爆炸危险场所

57. 下列哪些场所电缆应采用穿管方式敷设？ (　　)

(A) 室外沿高墙明敷设的电缆　　(B) 地下电缆与公路、铁道交叉时

(C) 绿化带中地下电缆　　(D) 在有爆炸危险场所明敷的电缆

58. 对 3kV 及以上装于绝缘支架上的并联补偿电容器组，应装设下列哪些项保护？ (　　)

(A) 电容器组引出线短路保护　　(B) 电容器组单相接地保护

(C) 电容器组过电压保护　　(D) 电容器组过补偿保护

59. 额定电压 13.8kV 的 125MW 氢冷发电机，当内部发生单相接地故障不要求瞬时切机时，单相接地故障电容电流为下列哪些数值时，应采用中性点谐振接地方式，消弧装置安装在发电机中性点上？

(A) 2A　　(B) 2.5A　　(C) 3A　　(D) 5A

60. 在变电所直流操作电源系统设计中，直流电源成套装置布置的说法，下列说法哪些是正确的？ (　　)

(A) 直流配电间环境温度宜为 15 ~ 30℃，室内相对湿度宜为 30% ~ 80%

(B) 发电厂单元机组蓄电池室应按机组分别设置，全厂（站）公用的 2 组蓄电池宜布置在不同的蓄电池室

(C) 蓄电池室内应设有运行和检修通道，通道一侧装设蓄电池时，通道宽度不应小于 800mm

(D) 蓄电池室内应设有运行和检修通道，通道两侧装设蓄电池时，通道宽度不应小于 1500mm

61. 某座 6 层的医院病房楼，所在地年平均雷暴日为 46 天，若已知计算建筑物年预计雷击次数的校正系数 $k = 1$，与该建筑物截收相同雷击次数的等效面积为 0.028km^2，

下列关于该病房楼防雷设计的表述哪些是正确的？（　　）

(A)该建筑物年预计雷击次数为0.15次
(B)该建筑物年预计雷击次数为0.13次
(C)该病房楼划为第二类防雷建筑物
(D)该病房楼划为第三类防雷建筑物

62. 在防雷击电磁脉冲设计时，为减少电磁干扰的感应效应需采取基本屏蔽措施，下列哪些项是正确的？（　　）

(A)建筑物和房间的外部设屏蔽
(B)以合适的路径敷设线路
(C)线路屏蔽
(D)前三项所述措施不宜联合使用

63. 通常变电所的接地系统应与下列哪些物体相连接？（　　）

(A)变压器外壳
(B)装置外可导电部分
(C)高压系统的接地导体
(D)中性导体通过独立接地极接地的低压电缆的金属护层

64. 建筑物电气装置的保护线可由下列哪些部分构成？（　　）

(A)多芯电缆的芯线
(B)固定的裸导线
(C)电缆的护套、屏蔽层及铠装等金属外皮
(D)煤气管道

65. 在照明供电设计中，下列哪些项是正确的？（　　）

(A)三相照明线路各相负荷的分配宜保持平衡，最大相负荷电流不宜超过三相负荷平均值的115%
(B)三相照明线路各相负荷的分配宜保持平衡，最小相负荷电流不宜小于三相负荷平均值的85%
(C)在照明分支回路中，可采用三相低压断路器对三个单相分支回路进行控制和保护
(D)当照明回路采用遥控方式时，应不能同时具有接触遥控功能和手动控制的功能

66. 有关PLC模拟量输入、输出模块的描述，下列哪些项是正确的？（　　）

(A)生产过程中连续变化的信号，如温度、料位、流量等，通过传感器及检测仪表将其转换为连续的电气量，经模拟量输入模块上的模/数转换器变成数

字量,使 PLC 能识别接收

(B)模拟量输出模块接收 CPU 运算后的数值,并按比例把其转换成模拟量信号输出

(C)模拟量输出模块电压变化范围有 0 ~ 5V、-10 ~ +10V 等

(D)模拟量输出模块的电流输出范围有 4 ~ 30mA

67. 异步电动机调速的电流型和电压型交—直—交变频器各有特点,下述哪些项符合电流型交—直—交变频器的特点? (　　)

(A)直流滤波环节为电抗器　　(B)输出电压波形为近似正弦波

(C)输出电流波形为矩形　　(D)输出动态阻抗小

68. 关于火灾报警装置的设置,下列哪几项符合规范规定? (　　)

(A)设置火灾自动报警系统的场所,应设置火灾警报装置

(B)每个防火分区至少应设置两个火灾警报装置

(C)火灾警报装置设置的位置宜在有人值班的值班室

(D)警报装置宜采用手动或自动控制方式

69. 关于安全防范入侵报警系统的控制、显示记录设备,下列哪些项符合规范的规定? (　　)

(A)系统宜按时间、区域、部位编程设防或撤防,程序编制应固定

(B)在探测器防护区内发生入侵事件时,系统不应产生漏报警,平时宜避免误报警

(C)系统宜具有自检功能及设备防拆报警和故障报警功能

(D)现场报警控制器宜安装在具有安全防护的弱电间内,应配备可靠电源

70. 下列哪些项是规范中关于市区 10kV 架空电力线路可采用绝缘铝绞线的规定? (　　)

(A)建筑施工现场　　(B)游览区和绿化区

(C)市区一般街道　　(D)高层建筑临近地段

2010年专业知识试题答案(上午卷)

1. **答案**:B

依据:《爆炸危险环境电力装置设计规范》(GB 50058—2014)第5.4.3-8条。

2. **答案**:D

依据:《工业与民用供配电设计手册》(第四版)P993有关隔离电气的叙述,以及《低压配电设计规范》(GB 50054—2011)第3.1.6条、第2.1.7条。

3. **答案**:A

依据:《供配电系统设计规范》(GB 50052—2009)第6.0.10条。

4. **答案**:A

依据:《工业与民用供配电设计手册》(第四版)P70~P1表2.4-6。

起重机的设备功率:$P_e = 2P\sqrt{\varepsilon_r} = 2 \times 120 \times \sqrt{0.4} = 152\text{kW}$

5. **答案**:A

依据:《工业与民用配电设计手册》(第三版)P47表2-17。

注:也可参考《钢铁企业电力设计手册》(上册)P13相关内容。

6. **答案**:C

依据:《钢铁企业电力设计手册》(上册)P45表1-20。

注:选项A不是相对于单母线分段接线的优点,而是双母线接线的特点。

7. **答案**:B

依据:《35kV~110kV变电站设计规范》(GB 50059—2011)第3.2.5条。

8. **答案**:B

依据:《供配电系统设计规范》(GB 50052—2009)第7.0.4条、第7.0.6条、第7.0.7条、第7.0.10条。

9. **答案**:A

依据:《民用建筑电气设计标准》(GB 51348—2019)第6.2.2-6条。

10. **答案**:A

依据:《3~110kV高压配电装置设计规范》(GB 50060—2008)第5.4.6条。

11. **答案**:B

依据:《民用建筑电气设计标准》(GB 51348—2019)第4.6.3条。

12. 答案:B

依据:《爆炸危险环境电力装置设计规范》(GB 50058—2014)第5.3.5-1条。

13. 答案:B

依据:《3~110kV高压配电装置设计规范》(GB 50060—2008)第5.5.4条表5.5.4。

14. 答案:C

依据:《工业与民用供配电设计手册》(第四版)P183式(4.2-10)。

15. 答案:C

依据:《工业与民用供配电设计手册》(第四版)第四章短路电流计算部分内容。

P281表4.6-3: $X_{*T} = \frac{u_k\%}{100} \times \frac{S_j}{S_{rT}} = 0.105 \times \frac{20}{20} = 0.105$

P284式(4.6-11): $I_* = \frac{1}{X_{*T}} = \frac{1}{0.105} = 9.524$

$I = I_* \frac{S_j}{\sqrt{3} U_j} = 9.524 \times \frac{20}{\sqrt{3} \times 10.5} = 10.47\text{kA}$

P300式(4.6-21): $i_p = 2.55I = 2.55 \times 10.47 = 26.69\text{kA}$

16. 答案:A

依据:《并联电容器装置设计规范》(GB 50227—2017)第5.8.3条。

17. 答案:B

依据:《低压配电设计规范》(GB 50054—2011)第6.2.4条。

18. 答案:B

依据:《3~110kV高压配电装置设计规范》(GB 50060—2008)第3.0.5条。

19. 答案:C

依据:《低压配电设计规范》(GB 50054—2011)第3.1.2条。

20. 答案:A

依据:《3~110kV高压配电装置设计规范》(GB 50060—2008)第4.1.6条。

注:也可参考《导体和电器选择设计技术规定》(DL/T 52222—2005)第7.1.4条。

21. 答案:B

依据:《导体和电器选择设计技术规定》(DL/T 5222—2005)第7.3.10条。

22. 答案:C

依据:《3~110kV高压配电装置设计规范》(GB 50060—2008)第2.0.2条。

23. 答案:D

依据:《电力工程电缆设计规范》(GB 50217—2018)附录D表D.0.4。

24. 答案:A

依据:《电力工程电缆设计规范》(GB 50217—2018)第5.6.6条。

25. 答案:D

依据:《民用建筑电气设计标准》(GB 51348—2019)第5.14.2条。

26. 答案:A

依据:《电力装置的继电保护和自动装置设计规范》(GB/T 50062—2008)第4.0.2条。

27. 答案:C

依据:《电力装置的继电保护和自动装置设计规范》(GB/T 50062—2008)第4.0.3条。

28. 答案:D

依据:《电力工程直流系统设计技术规程》(DL/T 5044—2014)第4.2.5条表4.2.5最后一列。

29. 答案:A

依据:《民用建筑电气设计标准》(GB 51348—2019)第4.3.1条及表4.3.1。

30. 答案:C

依据:《建筑物防雷设计规范》(GB 50057—2010)附录A"建筑物年预计雷击次数"。

$$A_e = [LW + 2(L+W)\sqrt{H(200-H)} + \pi H(200-H)] \times 10^{-6}$$
$$= (60 \times 20 + 2 \times 110 \times 85 + \pi \times 110^2) \times 10^{-6} = 0.058$$

31. 答案:B

依据:《交流电气装置的过电压保护和绝缘配合设计规范》(GB/T 50064—2014)第2.0.7条。

注:也可参考《交流电气装置的过电压保护和绝缘配合》(DL/T 620—1997)第2.3条。

32. 答案:B

依据:《建筑物防雷设计规范》(GB 50057—2010)第4.3.5-5条表4.3.5。

33. 答案:B

依据:《低压电气装置 第5-54部分:电气设备的选择和安装接地配置和保护导体》(GB 16895.3—2017)表54-1,角钢与扁钢均为"带状"接地体。

34. 答案:B

依据:《建筑照明设计标准》(GB 50034—2013)第4.1.7条条文说明。

35. 答案:A

依据:《照明设计手册》(第三版)P7 式(1-9)计算 $RI=2.81$,参考 P436 表 20-2,查得为宽配光。0.5~0.8 为窄配光,0.8~1.7 为中配光,1.7~5 为宽配光。

36. **答案**:B

依据:《钢铁企业电力设计手册》(下册)P457 式(26-80)。如果系统的调节对象是一个放大系数为 K_x、时间常数为 T_t 的惯性环节,选用一个积分调节器与调节对象串联,即构成二阶闭环调节系统的标准形式,为了得到二阶预期系统的过渡过程,积分调节器和积分时间 T_i 按下式计算:

$$T_i = 2K_xT_t = 2\times2.0\times0.02 = 0.08\text{s}$$

37. **答案**:B

依据:《钢铁企业电力设计手册》(下册)P95~P97 表 24-6。

38. **答案**:D

依据:《视频安防监控系统工程设计规范》(GB 50395—2007)第 6.0.2-5 条。

39. **答案**:C

依据:《民用建筑电气设计标准》(GB 51348—2019)第 20.3.6 条及表 20.3.6。

40. **答案**:C

依据:《66kV 及以下架空电力线路设计规范》(GB 50061—2010)第 4.0.1 条。

---

41. **答案**:AC

依据:《低压电气装置　第 4-41 部分:安全防护　电击防护》(GB 16895.21—2011)附录 B 中图 B.1。

注:规范中仅标注 S 为可能有人地面,并未明确绝缘与否。

42. **答案**:BC

依据:《爆炸危险环境电力装置设计规范》(GB 50058—2014)第 3.2.3-1 条。

43. **答案**:BCD

依据:《民用建筑电气设计标准》(GB 51348—2019)第 22.2.2 条。

44. **答案**:ABD

依据:《供配电系统设计规范》(GB 50052—2009)第 3.0.4 条。

45. **答案**:BC

依据:《民用建筑电气设计标准》(GB 51348—2019)第 3.5.5 条。

46. **答案**:ABD

依据:《工业与民用供配电设计手册》(第四版)P1389"低压系统接地型式的表示方法"。

第一字母代表电源端与地的关系：*T*——电源端有一点直接接地；*I*——电源端所有带电部分不接地或有一点通过阻抗接地。

第二字母表示电气装置的外露可导电部分与地的关系：*T*——电气装置的外露可导电部分直接接地，此接地点在电气上独立于电源端的接地点；*N*——电气装置的外露可导电部分与电源端接地有直接电气连接。

横线后的字母用来表示中性导体与保护导体的组合情况：*S*——中性导体和保护导体是分开的；*C*——中性导体和保护导体是合一的。

47. **答案**：BCD

依据：《工业与民用供配电设计手册》（第四版）P497、P501"谐波危害"。

48. **答案**：ABD

依据：《民用建筑电气设计标准》（GB 51348—2019）第6.2.2条。

49. **答案**：ACD

依据：《20kV及以下变电所设计规范》（GB 50053—2013）第6.1.6条、第6.1.7条。

50. **答案**：AC

依据：《3～110kV高压配电装置设计规范》（GB 50060—2008）第2.0.6条、第2.0.7条、第2.0.10条。

51. **答案**：CD

依据：《并联电容器装置设计规范》（GB 50227—2017）第8.2.2条、第8.2.3条、第8.2.4条。

52. **答案**：ABD

依据：《钢铁企业电力设计手册》（上册）P177"4.1 短路电流计算的目的及一般规定"

短路电流计算主要是为了解决下列问题：①电气接线方案的比较和选择。②正确选择和校验电气设备（包括限制电路电流的设备）。③正确选择和校验载流导体。④继电保护的选择与整定。⑤接地装置的设计及确定中性点接地方式。⑥计算软导线的短路摇摆。⑦确定分裂导线间隔棒的间距。⑧验算接地装置的接触电压和跨步电压。⑨大、中型电动机的启动。

注：建议与《工业与民用供配电设计手册》（第四版）P177"有关短路电流计算的作用"对比记忆。

53. **答案**：ABD

依据：《35～110kV变电站设计规范》（GB 50059—2011）第3.2.6条。

54. **答案**：AC

依据：《供配电系统设计规范》（GB 50052—2009）第5.0.6条。

55. **答案**：ACD

依据：《民用建筑电气设计标准》（GB 51348—2019）第7.5.3条。

56. **答案**:BCD

依据:《电力工程电缆设计规范》(GB 50217—2018)第3.1.1条。

57. **答案**:BD

依据:《电力工程电缆设计规范》(GB 50217—2018)第5.2.3条。

58. **答案**:AC

依据:《电力装置的继电保护和自动装置设计规范》(GB 50062—2008)第8.1.1条、第8.1.3条。

59. **答案**:CD

依据:《交流电气装置的过电压保护和绝缘配合设计规范》(GB/T 50064—2014)第3.1.3-3条。

60. **答案**:ABC

依据:《电力工程直流系统设计技术规程》(DL/T 5044—2014)第7.1.5条、第7.1.6条、第7.1.7条。

61. **答案**:BC

依据:《建筑物防雷设计规范》(GB 50057—2010)附录A。建筑物年预计雷击次数:$N = k \times N_g \times A_e = 1 \times 0.1 \times 46 \times 0.028 = 0.1288$

62. **答案**:ABC

依据:《建筑物防雷设计规范》(GB 50057—2010)第6.3.1条。

63. **答案**:ABC

依据:《交流电气装置的接地设计规范》(GB/T 50065—2011)第3.2.1条。

注:也可参考《建筑物电气装置 第4部分:安全防护第44章:过电压保护第446节:低压电气装置对高压接地系统接地故障的保护》(GB 16895.11—2001)第442.2条。

64. **答案**:ABC

依据:《低压电气装置 第5-54部分:电气设备的选择和安装接地配置和保护导体》(GB 16895.3—2017)第534.2.1条。

65. **答案**:ABC

依据:《民用建筑电气设计标准》(GB 51348—2019)第10.6.4条、第10.6.7条、第10.6.9条。

66. **答案**:ABC

依据:《电气传动自动化技术手册》(第三版)P883。

注:也可参考《电气传动自动化技术手册》(第二版)P803~P806。

67. **答案**:ABC

依据：《钢铁企业电力设计手册》（下册）P311 表 25-12。

注：题干的异步电动机，输出电压波形只有在负载为异步电动机时才近似为正弦波。

68. **答案**：AD

依据：《民用建筑电气设计规范》（JGJ 16—2008）第 13.6.4 条。

69. **答案**：BD

依据：《民用建筑电气设计规范》（JGJ 16—2008）第 14.2.5 条。

70. **答案**：ABD

依据：《66kV 及以下架空电力线路设计规范》（GB 50061—2010）第 5.1.2 条。

2010年专业知识试题(下午卷)

一、单项选择题(共40题,每题1分,每题的备选项中只有1个最符合题意)

1. 对于易燃物质轻于空气、通风良好且为第二级释放源的主要生产装置区,当释放源距地坪的高度不超过4.5m时,以释放源为中心,半径为4.5m,顶部与释放源的距离为4.5m,及释放源至地坪以上的范围内,宜划分为爆炸危险区域的是下列哪一项? ( )

(A)0区　　(B)1区
(C)2区　　(D)附加2区

2. 下列关于一级负荷的表述哪一项是正确的? ( )

(A)重要通信枢纽用电单位中的重要用电负荷
(B)交通枢纽用电单位中的用电负荷
(C)中断供电将影响重要用电单位的正常工作
(D)中断供电将造成公共场所秩序混乱

3. 在配电设计中,对较小截面导线($\tau > 10\text{min}$),通常取多长时间的最大负荷作为按发热条件选择电器或导体的依据? ( )

(A)10min　　(B)20min　　(C)30min　　(D)60min

4. 某车间一台电焊机的额定容量为80kV·A,电焊机的额定负载持续率为20%,额定功率因数为0.65,则该电焊机的设备功率为下列哪一项数值? ( )

(A)52kW　　(B)33kW
(C)26kW　　(D)23kW

5. 10kV及以下变电所设计中,一般情况下,动力和照明宜共用变压器,在下列关于设置照明专用变压器的表述中哪一项是正确的? ( )

(A)在TN系统的低压电网中,照明负荷应设专用变压器
(B)当单台变压器的容量小于1250kV·A时,可设照明专用变压器
(C)采用660(690)V交流三相配电系统时,宜设照明专用变压器
(D)当照明负荷较大或动力和照明采用共用变压器严重影响照明质量及灯泡寿命时,宜设照明专用变压器

6. 具有三种电压的110kV变电所,通过主变压器各侧线圈的功率均达到该变压器

容量的下列哪个数值以上时,主变压器宜采用三线圈变压器? ( )

(A)10%　　(B)15%
(C)20%　　(D)30%

7. 对于二级负荷的供电系统,在负荷较小或地区供电条件困难时,下列供电方式中哪项是不正确的? ( )

(A)可由一回35kV专用的架空线路供电
(B)可由一回10kV专用的架空线路供电
(C)当采用一回电源供电时,二级负荷可由一台变压器独立引一路至低压回路在负荷端配电箱
(D)当采用一回电源供电时,二级负荷可由两台变压器各引一路低压回路在负荷端配电箱处切换供电

8. 并联电容器装置设计,应根据电网条件、无功补偿要求确定补偿容量,在选择单台电容器额定容量时,下列哪种因素是不需要考虑的? ( )

(A)电容器组设计容量
(B)电容器组每相电容器串联、并联的台数
(C)电容器组的保护方式
(D)电容器产品额定容量系列的优先值

9. 对冲击性负荷的供电需要降低冲击性负荷引起的电网电压波动和电压闪变(不包括电动机启动时允许的电压下降)时,下列所采取的措施中,哪一项是不正确的? ( )

(A)采用电缆供电
(B)与其他负荷共用配电线路时,降低配电线路阻抗
(C)较大功率的冲击性负荷或冲击性负荷群对电压波动、闪变敏感的负荷分别由不同的变压器供电
(D)对于大功率电弧炉的炉用变压器由短路容量较大的电网供电

10. 在10kV配电室,选用外形尺寸为800mm×1500mm×2300mm(宽×深×高)的手车式高压开关柜(手车长1000mm),设备单列布置,则该配电室室内最小宽度为下列哪一项数值? ( )

(A)4.3m　　(B)4.5m
(C)4.7m　　(D)4.8m

11. 当低压配电装置成排布置时,配电屏长度最小超过下列哪一项数值时,屏后面的通道应设有两个出口? ( )

(A)5m　　(B)6m

(C)7m　　(D)8m

12. 35kV 高压配电装置工程设计中，屋外电器的最低环境温度应选择下列哪一项？（　　）

(A)极端最低温度　　(B)最冷月平均最低温度

(C)年最低温度　　(D)该处通风设计温度

13. 下列有关 35kV 变电所所区布置的做法，哪一项不符合规范的要求？（　　）

(A)变电所内为满足消防要求的主要道路宽度为 3m

(B)变电所建筑物内高出屋外地面 0.4m

(C)屋外电缆沟壁高出地面 0.1m

(D)电缆沟沟底纵坡坡度为 1.0%

14. 在选择电力电缆时，需进行必要的短路电流计算，下列有关短路计算的条件哪一项不符合规定？（　　）

(A)计算短路电流时系统接线，应按系统最大的运行方式，且宜按工程建成后 5～10年规划发展考虑

(B)短路点应选取在通过电缆回路最大短路电流可能发生处

(C)宜按三相短路计算

(D)短路电流作用时间，应取保护切除时间与断路器开断时间之和

15. 某 35kV 架空配电线路，当系统基准容量 $S_j = 100\text{MV·A}$，电路电抗值 $X_1 = 0.43\Omega$ 时，该线路的电抗标幺值 X_* 为下列哪一项数值？（　　）

(A)0.031　　(B)0.035　　(C)0.073　　(D)0.082

16. 在低压接地故障保护中，为降低接地故障引起的电气火灾危险而装设漏电流动作保护器，其额定动作电流不应超过下列哪个值？（　　）

(A)0.50A　　(B)0.30A

(C)0.05A　　(D)0.03A

17. 在低压配电线路的保护中，有关短路保护电器装设位置，下列说法哪个是正确的？（　　）

(A)配电线路各相上均应装设短路保护电器

(B)N 线应装设同时断开相线短路保护电器

(C)N 线不应装设短路保护电器

(D)N 线与 PE 线应装设短路保护电器

18. 发电厂 3～20kV 屋外支柱绝缘子和穿墙套管、3～6kV 屋外支柱绝缘子和穿墙

套管,可采用下列哪一项产品? ( )

(A)高一级电压,高一级电压
(B)高一级电压,高二级电压
(C)同级电压,高一级电压
(D)高一级电压,同级电压

19. 关于低压交流电动机的保护,下列哪一项描述是错误的? ( )

(A)交流电动机应装设短路保护和接地故障保护,并应根据具体情况分别装设过载保护、断相保护和低电压保护。同步电动机尚应装设失步保护
(B)数台交流电动机总计算电流不超过30A,且允许无选择的切断时,数台交流电动机可共用一套短路保护电器
(C)额定功率大于3kW的连续运行的电动机宜装设过载保护
(D)需要自启动的重要电动机,不宜装设低电压保护,但按工艺或安全条件在长时间停电后不允许自启动时,应装设长延时的低电压保护

20. 已知短路的热效应 $Q_d = 745(kA)^2s$,热稳定系数 $c = 87$,按热稳定校验选择裸导体最小截面不应小于下列哪一项数值? ( )

(A)40mm×4mm (B)50mm×5mm
(C)63mm×6.3mm (D)63mm×8mm

21. 工频1000V以下电压配电绝缘导线穿管敷设时,按满足机械强度要求,规范规定导线的最小铜芯截面应为下列哪一项数值? ( )

(A)$0.75mm^2$ (B)$1.0mm^2$
(C)$1.5mm^2$ (D)$2.5mm^2$

22. 规范规定易受水浸泡的电缆应选用下列哪种外护层? ( )

(A)钢带铠装 (B)聚乙烯
(C)金属套管 (D)粗钢丝铠装

23. 30根电缆在电缆托盘中无间距叠置三层并列敷设时,电缆载流量的校正系数为下列哪一项数值? ( )

(A)0.45 (B)0.50
(C)0.55 (D)0.60

24. 35~110kV变电所设计中,有关蓄电池室设置通风系统,下列哪一项要求不正确? ( )

(A)蓄电池室不应采用明火采暖,当采用电采暖时,应采用防爆型

(B)免维护式蓄电池室应设置换气次数不少于3次/h的事故排风装置,事故排风装置不可兼作通风用

(C)防酸隔爆蓄电池室应采用机械通风,换气次数不少于6次/h

(D)蓄电池室地面下不应设置采暖管道,采暖通风管道不宜穿过蓄电池室的楼板

25. 变配电所二次回路控制电缆芯线截面为1.5mm^2时,其芯数不宜超过下列哪一项数值? ( )

(A)19 (B)24

(C)30 (D)37

26. 规范规定单独运行的变压器容量最小为下列哪一项数值时,应装设纵联差动保护? ( )

(A)10MV·A (B)8MV·A

(C)6.3MV·A (D)5MV·A

27. 在正常运行情况下,下列关于变电所直流操作电源系统中直流母线电压的要求,哪一项符合规范规定? ( )

(A)直流母线电压应为直流系统标称电压的100%

(B)直流母线电压应为直流系统标称电压的105%

(C)直流母线电压应为直流系统标称电压的110%

(D)直流母线电压应为直流系统标称电压的112.5%

28. 在电力工程直流电源系统设计时,对于交流电源事故停电时间的确定,下列哪一项是不正确的? ( )

(A)与电力系统连接的发电厂,厂用交流电源事故停电时间为1h

(B)不与电力系统连接的孤立发电厂,厂用交流电源事故停电时间为2h

(C)1 000V变电站、串补站和直流换流站,全站交流电源事故停电时间为2h

(D)无人值班的变电所,全所交流电源事故停电时间为1h

29. 某第二类防雷建筑物基础采用周边无钢筋的闭合条形混凝土,周长为50mm,采用3根ϕ12圆钢在基础内敷设人工基础接地体,圆钢之间敷设净距不应小于下列哪一项? ( )

(A)圆钢直径 (B)圆钢直径的2倍

(C)圆钢直径的3倍 (D)圆钢直径的6倍

30. 建筑物采取的防直击雷的措施,下列哪一项说法是正确的? ( )

(A)第三类防雷建筑物不宜在建筑物上装设避雷针

(B)第一、二类防雷建筑物宜设独立避雷针

(C)第一类防雷建筑物不得在建筑物上装设避雷带

(D)第二类防雷建筑物宜在建筑物上装设避雷带和避雷针的组合

31. 某地区海拔高度800m左右,10kV配电系统采用中性点低电阻接地系统,10kV电气设备相对地雷电冲击耐受电压的取值应为下列哪一项? ( )

(A)28kV　(B)42kV

(C)60kV　(D)75kV

32. 根据规范要求,距建筑物30m的广场,室外景观照明灯具宜采用下列哪一种接地方式? ( )

(A)TN-S　(B)TN-C

(C)TT　(D)IT

33. 在潮湿场所向手提式照明灯具供电,下列哪一项措施是正确的? ( )

(A)采用II类灯具,电压值不大于50V

(B)采用II类灯具,电压值不大于36V

(C)采用III类灯具,电压值不大于50V

(D)采用III类灯具,电压值不大于25V

34. 为了限制眩光,要求灯具有一定的遮光角,当光源平均亮度为50~500kcd/m^2时,直接型灯具的遮光角不应小于下列哪个数值? ( )

(A)10°　(B)15°　(C)20°　(D)25°

35. 关于现场总线的特点,下列表述哪一项是错误的? ( )

(A)用户可按照需要,把来自不同厂商的产品通过现场总线,组成大小随意开放的自动控制互联系统

(B)互联设备间、系统间的信息传送与交换,不同制造厂商的性能类似的设备可实现相互替换

(C)现场总线已构成一种新的全分散性控制系统的体系结构,简化了系统结构,提高了可靠性

(D)安装费用与维护开销增加

36. 在大容量电流型变频器中,常采用将几组具有不同输出相位的逆变器并联运行的多重化技术,以降低输出电流的谐波含量。二重化输出直接并联的逆变器的5次谐波可能达到的最低谐波含量为下列哪一项? ( )

(A)3.83%　(B)5.36%

(C)4.54%　(D)4.28%

37. 在火灾发生期间,给火灾水喷雾和泡沫灭火系统最少持续供电时间为下列哪一项数值? ( )

(A)≥20min (B)≥30min

(C)≥45min (D)≥60min

38. 对于安全防范系统中集成式安全管理系统的设计,下列哪项不符合规范设计要求? ( )

(A)应能对安全防范各子系统进行控制与管理,实现各子系统的高效协同工作

(B)应能实现相关子系统的联动,并以声、光和文字图形方式显示联动信息

(C)应能对系统数据进行统计、分析、生产相关报表

(D)应能针对不同的报警或其他应急事件编制、执行不同的处置预案,并对预案的处置过程进行记录

39. 用户电话交换系统采用直流供电时,当建筑物内设有发电机组时,蓄电池的初装容量的供电时间应满足下列哪项数值? ( )

(A)0.5h (B)1.0h

(C)1.5h (D)2.0h

40. 35kV 架空电力线路设计中,在最低气温工况下,应按下列哪一种情况计算? ( )

(A)无风,无冰 (B)无风,覆冰厚度 5mm

(C)风速 5m/s,无冰 (D)风速 5m/s,覆冰厚度 5mm

二、多项选择题(共 30 题,每题 2 分。每题的备选项中有 2 个或 2 个以上符合题意。错选、少选、多选均不得分)

41. 在 660V 低压配电系统和电气设备中,下列间接接触保护措施哪几项是正确的? ( )

(A)自动切断供电电源

(B)采用双重绝缘或加强绝缘的设备

(C)采用安全特低压(SELV)保护

(D)采用安全分隔保护措施

42. 粉尘释放源应按爆炸性粉尘释放频繁程度和持续时间长短分为连续级释放源、一级释放源、二级释放源,下列哪些项不应被视为释放源? ( )

(A)全部焊接的输送管和溜槽

(B)对防粉尘泄露进行了适当考虑的阀门压盖和法兰接合面

(C)物料粉尘有足够的湿度,粉尘量较小

(D)压力容器外壳主体结构及其封闭的管口和人孔

43. 考虑到电磁辐射对人体的影响,移动通信发射塔及基站不宜贴临以下哪些建筑物? ( )

(A)幼儿园 (B)教学楼
(C)住宅楼 (D)有人值守的机房

44. 民用建筑中,关于负荷计算的内容和用途,下列哪些表述是正确的? ( )

(A)可作为按发热条件选择变压器、导体及电器的依据
(B)有功功率、无功功率、视在功率、无功补偿
(C)一、二及三级负荷容量
(D)季节性负荷,考虑经济运行条件

45. 用电单位的供电电压等级与下列哪些因素有关? ( )

(A)用电容量 (B)供电距离
(C)用电单位的运行方式 (D)用电设备特性

46. 在下列哪几种情况下,用电单位宜设置自备电源? ( )

(A)需要设备自备电源作为一级负荷中特别重要负荷的应急电源时
(B)所在地区偏僻,远离电力系统,设备自备电源经济合理时
(C)设备自备电源较从电力系统取得第二电源经济合理时
(D)已有两路电源,为更可靠为一级负荷供电时

47. 110kV 及以下供配电系统的设计,为减小电压偏差可采取下列哪些措施? ( )

(A)正确选择变压器的变压比和电压分接头
(B)降低配电系统阻抗
(C)补偿无功功率
(D)增大变压器容量

48. 下列 10kV 变电所所址选择条件中,哪几条不符合规范的要求? ( )

(A)油浸变压器的车间内变电所,不应设在四级耐火等级的建筑物内;当设在三级耐火等级的建筑物内时,建筑物应采取局部防火措施
(B)多层建筑中,非充油电气设备的变电所应设置在底层靠内墙部位
(C)高层主体建筑内不宜装置装有可燃性油的电气设备的变电所,当受条件限制必须设置时,可设在底层靠外墙部位
(D)附近有棉、粮集中的露天堆场,不应设置露天或半露天的变电所

49. 以下是为某工程10/0.4kV变电所(有自动切换电源要求)电气部分设计确定的一些原则,其中哪几条不符合规范的要求? (　　)

(A)10kV变电所接在母线上的避雷器和电压互感器合用一组隔离开关
(B)10kV变电所架空进、出线上的避雷器回路中不装设隔离开关
(C)变压器低压侧电压为0.4kV的总开关采用隔离开关
(D)单台变压器的容量不宜大于800kV·A

50. 民用建筑宜集中设置配变电所,当供电负荷较大、供电半径较长时,也可分散布置,超高层建筑的变配电所宜设在下列哪些楼层上? (　　)

(A)避难层　　(B)设备层
(C)地下的最底层　　(D)屋顶层

51. 用最大短路电流校验导体和电器的动稳定和热稳定时,应选取被校验导体和电器通过最大短路电流的短路点,在选取短路点时,下列表述哪些符合规定? (　　)

(A)对带电抗器的3~10kV出线回路,校验母线与母线隔离开关之间隔板前的引线和套管时,短路点应选在电抗器前
(B)对带电抗器的3~10kV出线回路,校验母线与母线隔离开关之间隔板前的引线和套管时,短路点应选在电抗器后
(C)对带电抗器的3~10kV出线回路,除母线与母线隔离开关之间隔板前的引线和套管外,校验其他导体和电器时,短路点应选在电抗器前
(D)对不带电抗器的回路,短路点应选在正常接线方式时短路电流为最大的地点

52. 高压电器和导体的选择,需进行动稳定、热稳定校验,在下列哪几项校验时,应计算三相短路峰值(冲击)电流? (　　)

(A)校验高压电器和导体的动稳定时
(B)校验高压电器和导体的热稳定时
(C)校验断路器的关合能力时
(D)校验限流熔断器的开断能力时

53. 高压并联电容器装置串联电抗器的电抗率的选择,下列哪些项符合规定?
(　　)

(A)用于抑制谐波,并联电容器装置接入电网处的背景谐波为3次及以上,电抗率可取4.5%~5%与12%
(B)用于抑制谐波,并联电容器装置接入电网处的背景谐波为3次及以上,电抗率宜取4.5%~5%
(C)仅用于限制涌流时,电抗率宜取0.1%~1%
(D)用于抑制谐波,并联电容器装置接入电网处的背景谐波为5次及以上,电抗

率宜取4.5% ~5%

54. 有关10kV配电所专用电源线的进线开关的选择,同时满足下列哪些项,可采用隔离开关或隔离触头? ( )

(A)无继电保护要求
(B)无自动装置要求
(C)出线回路数较少
(D)无须带负荷操作

55. 3 ~35kV 配电装置工程设计选用室内导体时,规范要求应满足下述哪些基本规定? ( )

(A)导体的长期允许电流不得小于该回路的持续工作电流
(B)应按系统最大的运行方式下可能流经的最大短路电流校验导体的动稳定和热稳定
(C)采用主保护动作时间加相应断路器开断时间确定导体短路电流热效应计算时间
(D)应考虑日照对导体载流量的影响

56. 大电流负荷采用多根电缆并联供电时,下列哪些项符合规范要求? ( )

(A)采用不同截面的电缆,但累计载流量大于负载电流
(B)并联各电缆长度宜相等
(C)并联各电缆采用相同型号、材质
(D)并联各电缆采用相同截面的导体

57. 变电所的二次接线设计中,下列哪些项描述是正确的? ( )

(A)有人值班的变电所,断路器的控制回路可不设监视信号
(B)闭锁连锁回路的电源,可与继电保护、控制信号回路的电源共用
(C)无人值班的变电所,可装设满足远方运行要求的远动装置,所有断路器和电动负荷开关均能远方及就地控制
(D)有人值班的变电所,宜装设能重复动作、延时自动解除就地事故的信号装置

58. 对3 ~10kV 中性点不接地系统的线路装设相间短路保护装置时,下列哪些项要求是正确的? ( )

(A)由电流继电器构成的保护装置,应接于两相电流互感器上
(B)后备保护应采用近后备方式
(C)当线路短路使重要用户母线电压低于额定电压的60%时,应快速切除故障
(D)当过电流保护时限不大于0.5 ~0.7s时,应装设瞬动的电流速断保护

59. 在变电所直流操作电源系统设计时，采用简化计算法确定储蓄电池容量时，包括下列哪些内容？ (　　)

(A) 满足事故放电初期(1min)冲击放电电流容量的要求
(B) 在事故放电情况下，蓄电池组出口端电压不应低于直流系统标称电压的105%
(C) 任意事故放电阶段末期承受随机(5s)冲击放电电流的要求
(D) 任意事故全停电状态下持续放电容量的要求

60. 建筑物防雷设计中，在土壤高电阻率地区，为降低防直击雷接地装置的接地电阻，采用下列哪些方法？ (　　)

(A) 水平接地体局部包绝缘物，可采用50～80mm厚的沥青层
(B) 接地体埋于较深的低电阻率土壤中
(C) 采用降阻剂
(D) 换土

61. 10kV配电系统中的配电变压器(10/0.4kV)装设阀式避雷器的位置和接地连接应符合下列哪些规定？ (　　)

(A) 当低压配电系统接地形式为IT时，阀式避雷器的接地线应接至变压器低压侧中性点
(B) 当低压配电系统接地形式为TN时，阀式避雷器的接地线应接至变压器低压侧中性点
(C) 避雷器装设位置应尽量靠近变压器高压侧
(D) 避雷器的接地线应与变压器金属外壳连接

62. 下列哪几种接地属于功能性接地？ (　　)

(A) 根据系统运行的需要进行接地
(B) 在信号电路中设置一个等电位点作为电子设备基准电位
(C) 用来消除或减轻雷电危及人身和损坏设备的接地
(D) 屏蔽接地

63. 关于计算机监控系统信号回路控制电缆的屏蔽选择及接地方式，下列哪些项符合规范规定？ (　　)

(A) 开关量信号，可选总屏蔽
(B) 高电平模拟信号，宜选用对绞线芯总屏蔽，必要时也可选用对绞线芯分屏蔽
(C) 低电平模拟信号或脉冲量信号，宜选用对绞线芯分屏蔽，必要时也可选用对绞线芯分屏蔽复合总屏蔽
(D) 模拟信号回路控制电缆屏蔽层两端应分别接地

64. 下列有关人民防空地下室应急照明的连续供应时间，哪些符合规范规定？（　　）

（A）医疗救护工程不应小于6h

（B）一等人员掩蔽所不应小于5h

（C）二等人员掩蔽所、电站控制室不应小于3h

（D）物资库等其他配套工程不应小于1.5h

65. 在爆炸性环境电力系统设计时，交流1000V以下的电源系统的接地形式，下列说法哪些项符合规定？（　　）

（A）爆炸性气体环境中，一般情况下本质安全型设备的金属外壳可不予等电位系统连接

（B）爆炸性环境的IT型电源系统应设置剩余电流动作的保护电器

（C）危险区中的TT型电源系统应设置剩余电流动作的保护电器

（D）爆炸性环境中的TN系统应采用TN-S型

66. 下列有关液力耦合器调速的描述，哪些项是正确的？（　　）

（A）液力耦合器是装于电动机与负载轴之间的机械无级调速装置，由两个互不接触的金属叶轮组成，在两个轮之间充满油，利用油和轮间的摩擦力来传输转矩

（B）上述油压越大，所传输的转矩越大，因此，可通过调节油压来改变转矩，从而实现调速

（C）液力耦合器是一种高效的调速方法

（D）液力耦合器调速的转差能量变成油的热能而消耗掉，并存在漏油和机械磨损现象

67. 交—交变频器（电压型）和交—直—交变频器各有特点，下列哪几项符合交—交变频器的特点？（　　）

（A）换能环节少　　（B）换流方式为电源电压换流

（C）元件数量较少　　（D）电源功率因数较高

68. 在民用建筑设置的电气火灾监控系统由下列哪些设备组成？（　　）

（A）剩余电流式电气火灾探测器

（B）测温式电气火灾探测器

（C）故障电弧探测器

（D）火焰探测器

69. 在民用建筑中光纤用户接入点的位置、用户密度及数量，下列哪些项符合规范的规定？（　　）

(A)每个光纤配线区内设置一个用户接入点,用户数量宜为100~300个用户单元

(B)高层建筑的用户接入点设置在建筑进线间附近的信息接入机房

(C)高度大于100m的建筑,用户接入点设置在建筑进线间附近的信息接入机房

(D)群体建筑的用户接入点分别设置在各个单体建筑进线间附近的信息接入机房

70.10kV架空电力线路的导线材质和导线的最大使用张力与绞线瞬时破坏张力的比值如下,请问哪几项符合规范规定? ( )

(A)铝绞线30%　　(B)铝绞线35%

(C)钢芯铝绞线45%　　(D)钢芯铝绞线50%

2010年专业知识试题答案(下午卷)

1. **答案**:C

依据:《爆炸和火灾危险环境电力装置设计规范》(GB 50058—2014)附录B第B.0.1-5条。

注:顶部与释放源的距离文字表述与图B.0.1-7似乎有所矛盾,此处暂按文字表述为准。

2. **答案**:C

依据:《供配电系统设计规范》(GB 50052—2009)第3.0.1.3条。

3. **答案**:C

依据:《工业与民用供配电设计手册》(第四版)P1"计算负荷的分类和用途"。在配电设计中,通常采用30min的最大平均负荷作为按发热条件选择电器或导体的依据。

4. **答案**:D

依据:《工业与民用供配电设计手册》(第四版)P5式(1.2-1)。

电焊机的设备功率:$P_e = S_r \sqrt{\varepsilon_r}\cos\varphi = 80 \times \sqrt{0.2} \times 0.65 = 23\text{kW}$

5. **答案**:C

依据:《20kV及以下变电所设计规范》(GB 50053—2013)第3.3.4条。

6. **答案**:B

依据:《35kV~110kV变电站设计规范》(GB 50059—2011)第3.1.4条。

7. **答案**:C

依据:《供配电设计规范》(GB 50052—2009)第3.2.11条。

8. **答案**:C

依据:《并联电容器装置设计规范》(GB 50227—2017)第5.2.4条。

9. **答案**:A

依据:《供配电系统设计规范》(GB 50052—2009)第5.0.11条。

10. **答案**:B

依据:《3~110kV高压配电装置设计规范》(GB 50060—2008)第5.4.4条表5.4.4。

11. **答案**:B

依据:《低压配电设计规范》(GB 50054—2011)第4.3.2条。

12. **答案**：C

依据：《3～110kV高压配电装置设计规范》（GB 50060—2008）第3.0.2条。

13. **答案**：A

依据：《35kV～110kV变电站设计规范》（GB 50059—2011）第2.0.6条、第2.0.8条、第2.0.7条。

14. **答案**：A

依据：《电力工程电缆设计规范》（GB 50217—2018）第3.6.8条。

15. **答案**：A

依据：《工业与民用供配电设计手册》（第四版）P281表4.6-3。

线路的电抗标幺值：$X_* = X\frac{S_j}{U_j^2} = 0.43 \times \frac{100}{37^2} = 0.031$

16. **答案**：B

依据：《低压配电设计规范》（GB 50054—2011）第6.4.3条。

17. **答案**：B

依据：《低压配电设计规范》（GB 50054—2011）第6.1.4条。除当回路相导体的保护装置能保护中性导体的短路，而且正常工作时通过中性导体的最大电流小于其载流量外，尚应采取当中性导体出现过电流时能自动切断相导体的措施。

18. **答案**：B

依据：《导体和电器选择设计技术规定》（DL/T 5222—2005）第21.0.4条。

19. **答案**：B

依据：《通用用电设备配电设计规范》（GB 50055—2011）第2.3.3条。

20. **答案**：C

依据：《工业与民用供配电设计手册》（第四版）P382式（5.6-9）。

最小裸导体截面：$S \geqslant \frac{\sqrt{Q_d}}{C} = \frac{\sqrt{745 \times 10^6}}{87} = 313.7\text{mm}^2$，取$63 \times 6.3\text{mm}^2$。

21. **答案**：C

依据：《低压配电设计规范》（GB 50054—2011）第3.2.2-5条。

22. **答案**：B

依据：《电力工程电缆设计规范》（GB 50217—2018）第3.4.1-2条。

23. **答案**：B

依据：《电力工程电缆设计规范》（GB 50217—2018）附录D表D.0.6。

24. **答案**：B

依据:《35kV ~ 110kV 变电站设计规范》(GB 50059—2011)第 4.5.4 条。

25. 答案:D
依据:《电力装置的继电保护和自动装置设计规范》(GB 50062—2008)第 15.1.6 条。

26. 答案:A
依据:《电力装置的继电保护和自动装置设计规范》(GB/T 50062—2008)第 4.0.3-2 条。

27. 答案:B
依据:《电力工程直流系统设计技术规程》(DL/T 5044—2014)第 3.2.2 条。

28. 答案:D
依据:《电力工程直流系统设计技术规程》(DL/T 5044—2014)第 4.2.2 条。

29. 答案:B
依据:《建筑物防雷设计规范》(GB 50057—2010)第 4.3.5-5 条表 4.3.5 注 2。

30. 答案:D
依据:《建筑物防雷设计规范》(GB 50057—2010)第 4.3.1 条。

31. 答案:C
依据:《交流电气装置的过电压保护和绝缘配合设计规范》(GB/T 50064—2014) 第 6.4.6-1 条。

注:也可参考《交流电气装置的过电压保护和绝缘配合》(DL/T 620—1997) 第 10.4.5 条表 19。

32. 答案:C
依据:《民用建筑电气设计标准》(GB 51348—2019)第 10.7.4-4 条。

33. 答案:D
依据:《建筑照明设计标准》(GB 50034—2013)第 7.1.3-2 条。

34. 答案:C
依据:《建筑照明设计标准》(GB 50034—2013)第 4.3.1 条表 4.3.1。

35. 答案:D
依据:《电气传动自动化技术手册》(第三版)P904。

注:也可参考《电气传动自动化技术手册》(第二版)P826。

36. 答案:B
依据:《钢铁企业电力设计手册》(下册)P327 表 25-16。

37. 答案:B
依据:《民用建筑电气设计标准》(GB 51348—2019)第 13.7.16 条及表 13.7.16。

38. **答案**:B

依据:《安全防范工程技术规范》(GB 50348—2018)第6.4.1条。

39. **答案**:A

依据:《民用建筑电气设计标准》(GB 51348—2019)第20.3.7条。

40. **答案**:A

依据:《66kV及以下架空电力线路设计规范》(GB 50061—2010)第4.0.1条。

---

41. **答案**:ABC

依据:《低压配电装置 第4-41部分:安全防护 电击防护》(GB 16895.21—2011)第413.3.2条。

注:应有足够的敏感度,题干中的电压660V肯定有用。

42. **答案**:ABD

依据:《爆炸和火灾危险环境电力装置设计规范》(GB 50058—2014)第4.2.1-4条。

43. **答案**:ABC

依据:《民用建筑电气设计标准》(GB 51348—2019)第22.1.4条。

注:《建筑物防雷设计规范》(GB 50057—2010)第3.0.3条及条文说明,其中条文说明中明确:人员密集的公共建筑物,是指如集会、展览、博览、体育、商业、影剧院、医院、学校等。

44. **答案**:ABC

依据:《民用建筑电气设计标准》(GB 51348—2019)第3.5.1条。

45. **答案**:ABD

依据:《供配电系统设计规范》(GB 50052—2009)第5.0.1条。

46. **答案**:ABC

依据:《供配电系统设计规范》(GB 50052—2009)第4.0.1条。

47. **答案**:ABC

依据:《供配电系统设计规范》(GB 50052—2009)第5.0.9条。

48. **答案**:ABC

依据:《20kV及以下变电所设计规范》(GB 50053—2013)第2.0.2条、第2.0.3条、第2.0.4条、第2.0.6条。

49. **答案**:CD

依据:《20kV及以下变电所设计规范》(GB 50053—2013)第3.2.11条、第3.2.15条。

50. **答案**:ABD

依据:《民用建筑电气设计标准》(GB 51348—2019)第4.2.2条、第4.2.3条。

51. **答案**:AD

依据:《导体和电器选择设计技术规定》(DL/T 5222—2005)第5.0.6条。

52. **答案**:AC

依据:《工业与民用供配电设计手册》(第四版)P331"稳定校验所需用的短路电流"。

53. **答案**:ACD

依据:《并联电容器装置设计规范》(GB 50227—2017)第5.5.2条。

54. **答案**:BD

依据:《20kV及以下变电所设计规范》(GB 50053—2013)第3.2.2条。

55. **答案**:AC

依据:《3～110kV高压配电装置设计规范》(GB 50060—2008)第4.1.2条、第4.1.3条、第4.1.4条。

56. **答案**:BCD

依据:《电力工程电缆设计规范》(GB 50217—2018)第3.6.11条。

57. **答案**:CD

依据:《35kV～110kV变电站设计规范》(GB 50059—2011)第3.10.2条～第3.10.6条。

58. **答案**:AC

依据:《电力装置的继电保护和自动装置设计规范》(GB/T 50062—2008)第5.0.2条。

59. **答案**:AD

依据:《电力工程直流系统设计技术规程》(DL/T 5044—2014)附录C第C.2.3-1条。

60. **答案**:BCD

依据:《建筑物防雷设计规范》(GB 50057—2010)第5.4.6条。

61. **答案**:BCD

依据:《交流电气装置的过电压保护和绝缘配合设计规范》(GB/T 50064—2014)第5.5.1条。

注:也可参考《交流电气装置的过电压保护和绝缘配合》(DL/T 620—1997)第8.1条。

62. **答案**:AB

依据:《工业与民用供配电设计手册》(第四版)P1372～P1373"接地的分类"。

63. **答案**:ABC

依据:《电力工程电缆设计规范》(GB 50217—2018)第3.7.7-3条、第3.7.8-1条。

64. **答案**:AC

依据:《人民防空地下室设计规范》(GB 50038—2005)第7.5.5-4条。

65. **答案**:ACD

依据:《爆炸和火灾危险环境电力装置设计规范》(GB 50058—2014)第5.5.1条、第5.5.2条。

66. **答案**:ABD

依据:《电气传动自动化技术手册》(第三版)P605。

注:也可参考《电气传动自动化技术手册》(第二版)P527。

67. **答案**:AB

依据:《钢铁企业电力设计手册》(下册)P310表25-11。

68. **答案**:ABC

依据:《民用建筑电气设计标准》(GB 51348—2019)第13.5.1条。

69. **答案**:BC

依据:《民用建筑电气设计标准》(GB 51348—2019)第20.2.6条。

70. **答案**:AB

依据:《66kV及以下架空电力线路设计规范》(GB 50061—2010)第5.2.3条。

2010年案例分析试题(上午卷)

[案例题是4选1的方式,各小题前后之间没有联系,共25道小题,每题分值为2分,上午卷50分,下午卷50分,试卷满分100分。案例题一定要有分析(步骤和过程)、计算(要列出相应的公式)、依据(主要是规程、规范、手册),如果是论述题要列出论点]

题1~5:某车间长30m、宽18m、高12m,工作面高0.8m,灯具距工作面高10m,顶棚反射比为0.5,墙面反射比为0.3,地面反射比为0.2,现均匀布置10盏400W金属卤化物灯,灯具平面布置如下图所示,已知金属卤化物灯光通量为32000lm,灯具效率为77%,灯具维护系数为0.7。

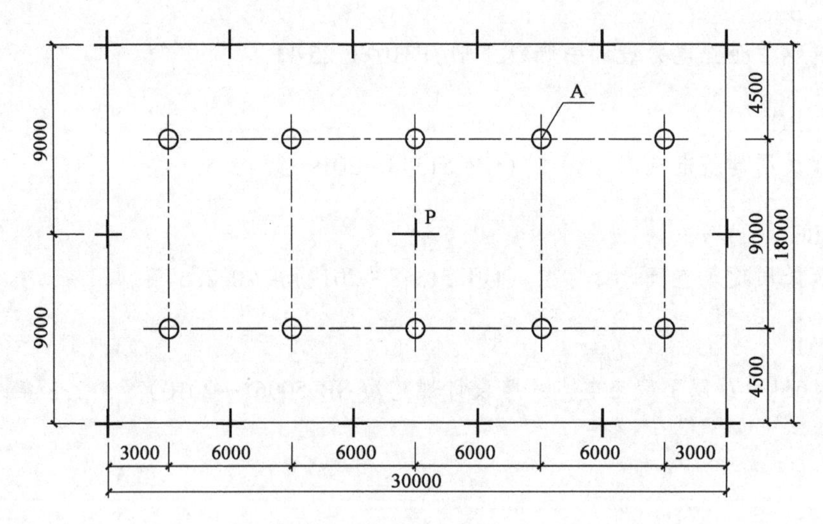

车间灯具平面布置图(尺寸单位:mm)

请回答下列问题。

1.若按车间的室形指数RI值选择不同配光的灯具,下列说法哪一项是正确的?请说明依据和理由。 ( )

(A)当RI=3~5时,宜选用特窄配光灯具

(B)当RI=1.65~3时,宜选用窄配光灯具

(C)当RI=0.8~1.65时,宜选用中配光灯具

(D)当RI=0.5~0.8时,宜选用宽配光灯具

解答过程:

2. 计算该车间的室形指数 RI 应为下列哪一项数值？ (　　)

(A)3.00　　(B)1.80

(C)1.125　　(D)0.625

解答过程：

3. 已知金属卤化物灯具的利用系数见下表，计算该车间工作面上的平均照度应为下列哪一项数值？ (　　)

金属卤化物灯具的利用系数表

顶棚反射比(%)	70			50			30		
墙面反射比(%)	50	30	10	50	30	10	50	30	10
地面反射比(%)	20								
室空间比 RCR									
1.00	0.81	0.79	0.77	0.78	0.76	0.74	0.75	0.74	0.72
1.11	0.80	0.78	0.78	0.77	0.75	0.73	0.74	0.73	0.71
2.00	0.74	0.70	0.67	0.71	0.68	0.65	0.69	0.66	0.64
2.22	0.72	0.68	0.65	0.69	0.66	0.63	0.67	0.64	0.62
3.00	0.67	0.62	0.58	0.64	0.60	0.57	0.62	0.59	0.56
3.33	0.65	0.60	0.56	0.62	0.58	0.55	0.60	0.57	0.54
4.00	0.61	0.55	0.51	0.59	0.54	0.51	0.57	0.53	0.50
4.44	0.58	0.52	0.48	0.56	0.51	0.48	0.55	0.51	0.47
5.00	0.55	0.49	0.45	0.53	0.48	0.45	0.52	0.48	0.44
5.55	0.52	0.46	0.42	0.50	0.45	0.42	0.49	0.45	0.41

(A)212lx　　(B)242lx

(C)311lx　　(D)319lx

解答过程：

4. 若每盏金属卤化物灯镇流器功耗为 48W，计算该车间的照明功率密度为下列哪一项数值？ (　　)

(A)7.41W/m²　　(B)8.30W/m²

(C)9.96W/m²　　(D)10.37W/m²

解答过程：

5. 已知金属卤化物灯具光源光强分布(1000lm)如下表，若只计算直射光，试计算车间中灯A在工作面中心点P的水平面照度应为下列哪一项数值？ (　　)

光源光强分布表

θ(°)	0	2.5	7.5	12.5	17.5	24.9	27.5	36.9	37.5
I_θ(cd)	346.3	345.0	338.7	329.4	322	295.7	283.6	242	239.6
θ(°)	44.9	47.5	56.9	57.6	62.5	67.5	72.5	77.5	82.5
I_θ(cd)	208.8	197	116	108.8	54.2	35	22.2	13.3	6.6

(A)20.8lx　　(B)27.8lx　　(C)34.7lx　　(D)39.7lx

解答过程：

题6~10：某企业拟建一座10kV变电所，用电负荷如下：

1)一般工作制大批量冷加工机床类设备152台，总功率448.6kW。

2)焊接变压器组($\varepsilon_r=65\%$，功率因数0.5)6×23kV·A$+3\times32$kV·A，总设备功率94.5kW，平均有功功率28.4kW，平均无功功率49kvar；

3)泵、通风机类设备共30台，总功率338.9kW，平均有功功率182.6kW，平均无功功率139.6kvar；

4)传送带10台，总功率32.6kW，平均有功功率16.3kW，平均无功功率14.3kvar。

请回答下列问题。

6. 计算每台23kV·A焊接变压器的设备功率，并采用需要系数法计算一般工作制大批量冷加工机床设备的计算负荷(需要系数取最大值)，计算结果为下列哪一项？ (　　)

(A)9.3kW，机床类设备的有功功率89.72kW，无功功率155.2kvar

(B)9.3kW，机床类设备的有功功率71.78kW，无功功率124.32kvar

(C)9.3kW，机床类设备的有功功率89.72kW，无功功率44.86kvar

(D)55.8kW，机床类设备的有功功率89.72kW，无功功率67.29kvar

解答过程：

7. 采用利用系数法(利用系数 $K_1 = 0.14$;$\tan\phi = 1.73$),计算机床类设备组的平均有功功率、无功功率,变电所供电所有设备的平均利用系数(指有效使用台数等于实际设备台数考虑),变电所电压母线最大系数(达到稳定温升的持续时间按 1h 计)。其计算结果最接近下列哪一项数值? (　　)

(A)89.72kW,155.4kvar,0.35,1.04

(B)62.80kW,155.4kvar,0.32,1.07

(C)62.80kW,31.4kvar,0.32,1.05

(D)62.80kW,108.64kvar,0.32,1.05

解答过程:

8. 若该变电所补偿前的计算负荷为 $P_c = 290.1$kW、$Q_c = 310.78$kvar,如果要求平均功率因数补偿到 0.9,请计算补偿前的平均功率因数(年平均负荷系数 $\alpha_{av} = 0.75$,$\beta_{av} = 0.8$)为下列哪一项数值? (　　)

(A)0.57,275.12kvar　　(B)0.65,200.54kvar

(C)0.66,191.47kvar　　(D)0.66,330.7kvar

解答过程:

9. 若该变电所补偿前的计算负荷为 $P_c = 390.1$kW、$Q_c = 408.89$kvar,实际补偿容量为 280kvar,忽略电网损耗,按最低损失率为条件选择变压器容量并计算变压器负荷率,其计算结果最接近下列哪一组数值? (　　)

(A)500kV·A,82%　　(B)800kV·A,51%

(C)800kV·A,53%　　(D)1000kV·A,57%

解答过程:

10. 请判断在变电所设计中,下列哪一项不是节能措施?请说明依据和理由。(　　)

(A)合理选择供电电压等级

(B)为了充分利用设备的容量资源,应尽量使变压器满负荷运行

(C)提高系统的功率因数

(D)选择低损耗变压器

解答过程:

题 11 ~ 15:一台水泵由异步电动机驱动,电动机参数为额定功率 15kW、额定电压 380V、额定效率 0.87、额定功率因数 0.89、启动电流倍数 7.0、启动时间 4s,另外,该水泵频繁启动且系统瞬时停电恢复供电时需要自启动。

请回答下列问题。

11. 下列哪一项可用作该水泵电动机的控制电器?并请说明依据和理由。(　　)

(A)熔断器　　(B)接触器

(C)断路器　　(D)负荷开关

解答过程:

12. 确定该水泵电动机不宜设置下列哪一项保护?并请说明依据和理由。(　　)

(A)短路保护　　(B)接地故障保护

(C)断相保护　　(D)低电压保护

解答过程:

13. 该水泵电动机采用断路器长延时脱扣器用作电动机过载保护时(假定断路器长延时脱扣器 7.2 倍、整定电流动作时间 7s),其整定电流应为下列哪一项数值?(　　)

(A)30A　　(B)26A　　(C)24A　　(D)23A

解答过程:

14. 假设该水泵电动机额定电流 24A、启动电流倍数为 6.8，当长延时脱扣器用作电动机电流后备保护时，长延时脱扣器整定电流 25A，其最小瞬动倍数应为下列哪一项数值？（　　）

(A)2　　(B)7　　(C)12　　(D)13

解答过程：

15. 假设该水泵电动机额定电流 24A，启动电流倍数为 6.8，用断路器瞬动脱扣器作短路保护，其瞬动脱扣器最小整定值为下列哪一项数值？（　　）

(A)326A　　(B)288A　　(C)163A　　(D)72A

解答过程：

题 16 ~ 20：某企业总变电所设计中，安装有变压器 TR1 及电抗器 L，并从总变电所 6kV 母线引一回路向车间变电所供电，供电系统如右图所示。6kV 侧为不接地系统，380V 系统为 TN-S 接地形式。

请回答下列问题。

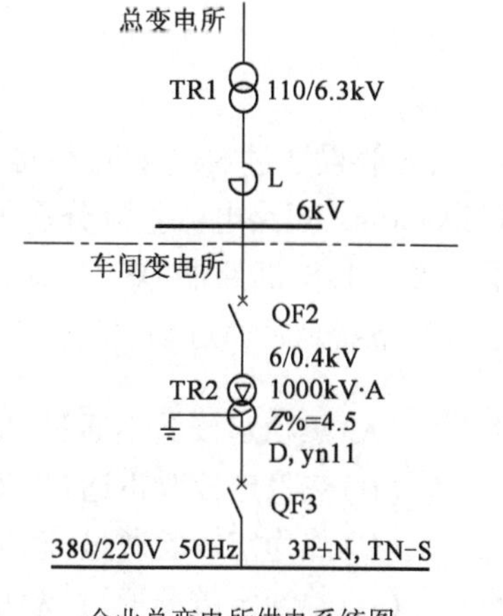

企业总变电所供电系统图

16. 如上图所示，总变电所主变压器 TR1 电压等级为 110/6.3kV。假设未串接电抗器 L 时，6kV 母线上的三相短路电流 I'' = 48KA，现欲在主变压器 6kV 侧串一电抗器 L，把 I''限制在 25kA，该电抗器的电抗值应为下列哪一项？（　　）

(A)0.063Ω　　(B)0.07Ω

(C)0.111Ω　　(D)0.176Ω

解答过程：

17. 假设 TR2 变压器 6kV 侧短路容量为 30MV·A。不计系统侧及变压器的电阻，变压器的相保电抗等于正序电抗，380V 母线上 A 相对 N 线的短路电流为下列哪一项？（　　）

(A) 6.33kA　　(B) 21.3kA

(C) 23.7kA　　(D) 30.6kA

解答过程：

18. 变压器 TR2 的高压侧使用断路器 QF2 保护，其分断时间为 150ms，主保护动作时间为 100ms，后备保护动作时间为 400ms，对该断路器进行热稳定校验时，其短路电流持续时间应取下列哪一项数值？（　　）

(A) 250ms　　(B) 500ms

(C) 550ms　　(D) 650ms

解答过程：

19. 假设通过 6kV 侧断路器 QF2 的最大三相短路电流 $I''_{k3}=34$kA，短路电流持续时间为 430ms，短路电流直流分量等效时间为 50ms，变压器 6kV 短路视为远端短路，冲击系数 $K_p=1.8$，断路器 QF2 的短路耐受能力为 25kA/3s，峰值耐受电流为 63kA，下列关于该断路器是否通过动、热稳定校验的判断中，哪一项是正确的？请说明理由。（　　）

(A) 热稳定校验不通过，动稳定校验不通过

(B) 热稳定校验不通过，动稳定校验通过

(C) 热稳定校验通过，动稳定校验不通过

(D) 热稳定校验通过，动稳定校验通过

解答过程：

20. 假设变压器 TR2 的绕组接线组别为 Y，yn0，6kV 侧过电流保护的接线方式及 CT 变比如下图所示。已知 6kV 侧过电流保护继电器 KA1 和 KA2 的动作整定值为 15.3A。最小运行方式下变压器低压侧单相接地稳态短路电流为 12.3kA。欲利用高压侧过电

流保护兼作低压侧单相接地保护，其灵敏系数应为下列哪一项？（　　）

(A)0.6
(B)1.03
(C)1.2
(D)1.8

解答过程：

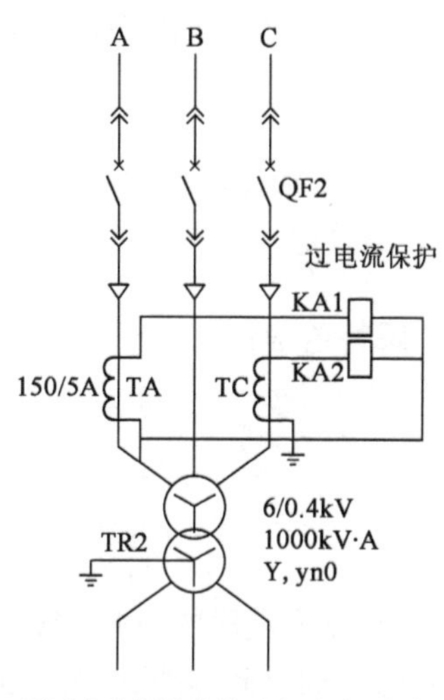

6kV 侧过电流保护的接地方式及 CT 变比

> 题 21 ~ 25：某企业的 110kV 变电所，地处海拔高度 900n，110kV 采用半高型室外配电装置，110kV 配电装置母线高 10m，35kV 及 10kV 配电装置选用移开式交流金属封闭开关柜，室内单层布置，主变压器布置在室外，请回答下列问题。

21. 计算变电所的 110kV 系统工频过电压一般不超过下列哪一项数值？并说明依据和理由。（　　）

(A)94.6kV　　(B)101.8kV
(C)126kV　　(D)138.6kV

解答过程：

22. 该变电所的 110kV 配电装置的防直击雷采用单支独立避雷针保护，如果避雷针高度为 30m，计算该避雷针在地面上和离地面 10m 高度的平面上的保护半径分别为下列哪一项？（　　）

(A)45m，20m　　(B)45m，25m
(C)45.2m，20.1m　　(D)45.2m，25.1m

解答过程：

23. 该变电所 10kV 出线带有一台高压感应电动机，其容量为 600kW，确定开断空

载高压感应电动机的操作过电压一般不超过下列哪一项数值？并说明依据和理由。（　）

(A) 19.6kV　　(B) 24.5kV
(C) 39.2kV　　(D) 49kV

解答过程：

24. 该变电所的10kV系统为中性点不接地系统，当连接由中性点接地的电磁式电压互感器的空载母线，因合闸充电或在运行时接地故障消除等原因的激发，会使电压互感器饱和而产生铁磁谐振过电压，请判断下列为限制此过电压的措施哪一项是错误的？并说明依据和理由。（　）

(A) 选用励磁特性饱和点较高的电磁式电压互感器
(B) 用架空线路代替电缆以减少 X_{co}，使 $X_{co} \leqslant 0.01X_m$（X_m 为电压互感器在线电压作用下单相绕组的励磁电抗）
(C) 装设专门的消谐装置
(D) 10kV电压互感器高压绕组中性点经 $R_{p.n} \geqslant 0.06X_m$（容量大于600W）的电阻接地

解答过程：

25. 确定在选择110kV变压器时，变压器的内绝缘相对地和相间的雷电冲击耐受电压应为下列哪一项？请说明依据和理由。（　）

(A) 200kV，200kV　　(B) 395kV，395kV
(C) 450kV，450kV　　(D) 480kV，480kV

解答过程：

2010年案例分析试题答案(上午卷)

题1~5答案:**CCABB**

1.《照明设计手册》(第三版)P7室形指数定义及式(1-9)。

室形指数:$RI = \dfrac{LW}{h(L+W)} = \dfrac{30 \times 18}{10 \times (30+18)} = 1.125$

P231第3条照明质量内容:当RI=0.8~1.65时,应选用中配光灯具。

2.《照明设计手册》(第三版)P7室形指数定义及式(1-9)。(计算同题1)。

3.《照明设计手册》(第三版)P146式(5-41)或最后一行的公式RI=5/RCR。

RCR=5/1.125=4.44

查题中利用系数表,可知利用系数取0.51。

《照明设计手册》(第三版)P211式(5-39)。

$E_{av} = \dfrac{N\Phi Uk}{A} = 10 \times 32000 \times 0.51 \times 0.7/(30 \times 18) = 211.56\text{lx}$

4.《建筑照明设计标准》(GB 50034—2013)第2.0.53条。

"照明功率密度":单位面积上一般照明的安装功率(包括光源、镇流器或变压器等附属用电器件),单位为瓦特每平方米(W/m²),则 $LPD = 10 \times \dfrac{400+48}{30} \times 18 = 8.30\text{W/m}^2$

5.利用勾股定理计算θ角:$L = \sqrt{4.5^2 + 6.0^2} = 7.5$

$\theta = \arctan(7.5/10) = 36.8°$

查表得$I_\theta = 242\text{cd}$。

《照明设计手册》(第三版)P118式(5-2)计算点光源水平照度值。

$E_{h1} = \dfrac{I_\theta}{R^2}\cos\theta = \dfrac{242}{12.5^2}\cos 36.8° = 1.24$

《照明设计手册》(第三版)P122式(5-15)计算实际水平面的照度。

$E_{av} = \dfrac{32000 \times 1.24 \times 0.7}{1000} = 27.78\text{lx}$

题6~10答案:**ADCBB**

6.《工业与民用供配电设计手册》(第四版)P10表1.4-1中(大批量冷机床设备)需用系数K_x=0.17~0.20,按题意取最大值,则K_x=0.20,功率因数为0.5,由式(1-5)、式(1-6)分别计算P_c、Q_c:

由$\cos\varphi = 0.5$,得$\tan\varphi = 1.732$。

$P_c = K_x P_e = 0.2 \times 448.6 = 89.72\text{kW}$

$Q_c = P_c \tan\varphi = 89.72 \times 1.732 = 155.2\text{kvar}$

《工业与民用供配电设计手册》(第四版)P5式(1.2-2)。

$P_e = S_r\sqrt{\varepsilon_r}\cos\varphi = 23\times\sqrt{0.65}\times0.5 = 9.27\text{kW}$

7.《工业与民用供配电设计手册》(第四版)P15 ~ P168 式(1.5-1) ~ 式(1.5-3)。

$P_{av} = K_1P_e = 0.14\times448.6 = 62.8\text{kW}$

$Q_{av} = P_{av}\tan\varphi = 62.8\times1.73 = 108.644\text{kW}$

$$K_{lav} = \sum P_{av}/\sum P_e = \frac{62.8+28.4+182.6+16.3}{448.6+94.5+338.9+32.6} = \frac{290.1}{914.6} = 0.317$$

按有效使用台数等于实际设备台数考虑,则 $n_{yx}=201$,按《工业与民用供配电设计手册》(第四版)P10 表 1-9 查得 $K_m=1.07$,由 P9 式(1-25)得:

$$K_{m1}\leqslant 1+\frac{K_m-1}{\sqrt{2t}} = 1+\frac{1.07-1}{\sqrt{2}\times1} = 1.05$$

因此,母线最大系数取 1.05。

8.《工业与民用供配电设计手册》(第四版)P37 式(1.11-7)。

$$\cos\varphi_1 = \sqrt{\frac{1}{1+\left(\frac{\beta_{av}Q_c}{\alpha_{av}P_c}\right)^2}} = \sqrt{\frac{1}{1+\left(\frac{0.8\times310.78}{0.75\times290.1}\right)^2}} = 0.66$$

由 $\cos\varphi_1 = 0.66$,得 $\tan\varphi_1 = 1.14$;由 $\cos\varphi_2 = 0.90$,得 $\tan\varphi_2 = 0.48$。

$Q_c = \alpha_{av}P_c(\tan\varphi_1-\tan\varphi_2) = 1.0\times290.1\times(1.14-0.48) = 191.466\text{kvar}$

注:补偿容量应按系统最不利条件计算,年平均有功负荷系数取 1.0。

9.《工业与民用供配电设计手册》(第四版)P10 式(1.4-5)。

$S_c = \sqrt{P_c^2+Q_c^2} = \sqrt{390.1^2+(408.89-280)^2} = 410.84\text{kV}\cdot\text{A}$

《钢铁企业电力设计手册》(上册)P291 倒数第 4 行:变压器最低损失率大体发生在负载系数 $\beta=0.5\sim0.6$ 时,因此,变压器额定容量可选择区间为 $S_T=410.84/(0.5\sim0.6)=684.73\sim821.68\text{kV}\cdot\text{A}$,选择变压器容量为 800kV·A,负荷率为 51%。

10.《钢铁企业电力设计手册》(上册)P291 倒数第 4 行:变压器最低损失率大体发生在负载系数 $\beta=0.5\sim0.6$ 时,因此,变压器满载运行不是节能措施。

题 11 ~ 15 答案:**BDADA**

11.《通用用电设备配电设计规范》(GB 50055—2011)第 2.4.4 条第二款:控制电器宜采用接触器、启动器或其他电动机专用控制开关。

12.《通用用电设备配电设计规范》(GB 50055—2011)第 2.3.12 条 第 5 款。

注:原题考查旧规范《通用用电设备配电设计规范》(GB 50055—1993)第 2.4.10 条 第二款:需要自启动的重要电动机,不宜装设低电压保护。

13.《工业与民用供配电设计手册》(第四版)P1072 表 12.1-1。

电动机的额定电流:$I_r = \frac{P_r}{\sqrt{3}U_r\eta\cos\varphi} = \frac{15}{\sqrt{3}\times0.38\times0.87\times0.89} = 29.34\text{A}$

《通用用电设备配电设计规范》(GB 50055—2011)第2.3.9条第1款:热继电器或过载脱扣器的整定电流,应接近但不小于电动机的额定电流,因此 $I_{ed}=30A$。

14.《通用用电设备配电设计规范》(GB 50055—2011)第2.3.5条第三款:瞬动过电流脱扣器或过电流继电器瞬动原件的整定电流,应取电动机启动电流的2~2.5倍。

瞬动倍数:$n=24\times6.8\times(2\sim2.5)/25=13\sim16.3$

因此最小瞬动倍数为13。

15.《通用用电设备配电设计规范》(GB 50055—2011)第2.3.5条第三款:瞬动过电流脱扣器或过电流继电器瞬动原件的整定电流,应取电动机启动电流的2~2.5倍。

瞬动脱扣器整定电流:$I_{set1}=(2\sim2.5)\times24\times6.8=326.4\sim408A$

因此最小值为326A。

题16~20答案:**BCCCC**

16.《工业与民用供配电设计手册》(第四版) P280 ~ P281 表4.6-3、表4.6-2、式(4.6-4)。

(设 $S_j=100MV\cdot A$,$U_j=6.3kV$,$I_j=9.16kA$,则 $X_j=\dfrac{U_j}{\sqrt{3}I_j}=0.397\Omega$)

$$I_{*1}=\frac{I_1}{I_j}=\frac{48}{9.16}=5.24$$

$$I_{*2}=\frac{I_2}{I_j}=\frac{25}{9.16}=2.73$$

《工业与民用供配电设计手册》(第四版)P284式(4.6-11)和P280(式4.6-5)。

$$X_{*1}=\frac{1}{I_{*1}}=\frac{1}{5.24}=0.191$$

$$X_{*2}=\frac{1}{I_{*2}}=\frac{1}{2.73}=0.366$$

$$\Delta X_*=(X_{*2}-X_{*1})=0.175$$

$$X=X_*\cdot X_j=0.175\times0.397=0.07$$

17.《工业与民用供配电设计手册》(第四版)P304(式4.6-41)(该公式电压要求带入0.38kV,但此处需带入0.4kV,否则无答案)和表4.6-11注释③。

$$Z_S=\frac{(cU_n)^2}{S_S''}\times10^3=\frac{(1\times0.4)^2}{50}\times10^3=3.2m\Omega$$

$$X_S=0.995\cdot Z_S=0.995\times3.2=3.184m\Omega$$

高压侧系统电抗归算到低压侧的相保电抗为:$X_{php}=\dfrac{2X_S}{3}=\dfrac{2\times3.184}{3}=2.12m\Omega$

由《工业与民用供配电设计手册》(第四版)P304"2)变压器正序阻抗可按表4.6-3中有关公式计算,变压器的负序阻抗等于正序阻抗",则:

变压器的正序电抗(相保电抗)为:$X_T=\dfrac{u_k\%}{100}\cdot\dfrac{U_r^2}{S_{rT}}=\dfrac{4.5}{100}\cdot\dfrac{0.4}{1}=7.2m\Omega$

《工业与民用供配电设计手册》(第四版) P229 式(4.3-1)及 P177 表 4.1-1。

低压网络单相接地故障短路电流：$I_{k1}'' = \frac{220}{X_{php}} = \frac{220}{2.12 + 7.2} = 23.6\text{kA}$

18.《3～110kV 高压配电装置设计规范》(GB 50060—2008)第 4.1.4 条：验算电器短路热效应的计算时间，宜采用后备保护动作时间加相应的断路器全分闸时间。

$T = 400 + 150 = 550\text{ms}$

19.《工业与民用供配电设计手册》(第四版)P385 表 5.6-8、P382 式(5.6-9)和 P300 式(4.6-21)，《导体和电器选择设计技术规定》(DL/T 5222—2005)附录 F 中式(F.6.1)分别计算周期分量与非周期分量的热效应。

动稳定校验：$i_p = K_p\sqrt{2}I_k'' = 1.8 \times \sqrt{2} \times 34 = 86.55\text{kA}$

$i_p < i_{max} = 63\text{kA}$，不能通过校验。

热稳定校验：$Q_t = Q_z + Q_f = 34^2 \times 0.43 + 34^2 \times 0.05 = 554.88\text{kA}^2\text{s}$

$I_{th}t_{th} = 25^2 \times 3 = 1875\text{kA}^2\text{s}$

$Q_t < I_{th}t_{th}$，通过校验。

20.《工业与民用供配电设计手册》(第四版)P520～P521 表 7.2-3，低压侧单相接地保护(利用高压侧三相式过电流保护)相应公式。

$$I''_{2k1\cdot min} = \frac{2}{3} \times \frac{I''_{22k1\cdot min}}{n_T} = \frac{2}{3} \times \frac{12.3 \times 10^3}{15} = 546.67\text{A}$$

$$I_{op} = I_{opK}\frac{n_{TA}}{K_{jx}} = 15.3 \times \frac{30}{1} = 459\text{A}$$

$$K_{ren} = \frac{I''_{2k1\cdot min}}{I_{op}} = \frac{546.67}{459} = 1.19$$

题 21～25 答案：**ABBBD**

21.《交流电气装置的过电压保护和绝缘配合设计规范》(GB/T 50064—2014) 第 3.2.2 条、第 4.1.1 条。

第 3.2.2-1 条：工频过电压的基准电压：$1.0\text{p.u.} = U_m/\sqrt{3} = 126 \div \sqrt{3} = 72.7\text{kV}$

第 4.1.1-3 条：110kV 及 220kV 系统，工频过电压一般应大于 1.3p.u.，即 $1.3 \times 72.7 = 94.56\text{kV}$

注：也可参考《交流电气装置的过电压保护和绝缘配合》(DL/T 620—1997) 第 3.2.2 条 a)款、第 4.1.1 条 b)款。最高电压 U_m 查《标准电压》(GB/T 156—2007) 第 4.3 条。

22.《交流电气装置的过电压保护和绝缘配合设计规范》(GB/T 50064—2014) 第 5.2.1 条。

地面上保护半径：$r_1 = 1.5hP = 1.5 \times 30 \times 1 = 45\text{m}$

离地 10m 高的平面上保护半径：$h_x = 10 < 0.5h = 15$，$r_1 = (1.5h - 2h_x)P = (1.5 \times 30 - 2 \times 10) \times 1 = 25\text{m}$

注：也可参考《交流电气装置的过电压保护和绝缘配合》(DL/T 620—1997) 第5.2.1条公式(4)和公式(6)。

23.《交流电气装置的过电压保护和绝缘配合设计规范》(GB/T 50064—2014) 第3.2.2条、第4.2.9条及条文说明。

第3.2.2-2条：操作过电压的基准电压：$1.0\text{p.u.} = \sqrt{2}U_{m} \div \sqrt{3} = \sqrt{2} \times 12 \div \sqrt{3} = 9.8\text{kV}$

第4.2.9条的条文说明：开断空载电动机的过电压一般不大于2.5p.u.，即$2.5 \times 9.8 = 24.5\text{kV}$

注：也可参考《交流电气装置的过电压保护和绝缘配合》(DL/T 620—1997) 第3.2.2条b)款、第4.2.7条。最高电压U_{m}查《标准电压》(GB/T 156—2007) 第4.3条。

24.《交流电气装置的过电压保护和绝缘配合设计规范》(GB/T 50064—2014) 第4.1.11-4条。

注：也可参考《交流电气装置的过电压保护和绝缘配合》(DL/T 620—1997) 第4.1.5条d)款第3)小条：用一段电缆代替架空线路以减少X_{CO}。

25.《交流电气装置的过电压保护和绝缘配合设计规范》(GB/T 50064—2014) 第6.4.6-1条及注1，内绝缘相对地和相间的雷电冲击耐受电压均为480kV。

注：也可参考《交流电气装置的过电压保护和绝缘配合》(DL/T 620—1997) 第10.4.5条及表19及注释1。

2010年案例分析试题(下午卷)

专业案例题(共40题,考生从中选择25题作答,每题2分)

题1～5:某企业设10kV车间变电所,所带低压负荷为若干标称电压为380V的低压笼型电动机。其车间变电所380V低压配电母线短路容量为15MV·A。请回答下列问题。

1. 车间某电动机额定容量250kV·A,电动机额定启动电流倍数为6.5,当计算中忽略低压配电线路阻抗的影响且不考虑变压器预接负荷的无功功率时,该电动机启动时低压母线电压相对值为下列哪一项? (　　)

(A)0.43　　(B)0.87

(C)0.9　　(D)0.92

解答过程:

2. 车间某笼型异步电动机通过一减速比为20的减速器与一静阻转矩为30kN·m的生产机械相连,减速器效率为0.9,如电动机在额定电压下启动转矩为3.5kN·m。为了保证生产机械要求的启动转矩,启动时电动机端子电压相对值(启动时电动机端子电压与标称电压的比值)至少应为下列哪一项? (　　)

(A)0.66　　(B)0.69

(C)0.73　　(D)0.79

解答过程:

3. 车间由最大功率约为150kW的离心风机,且有在较大范围连续改变电机转速用于调节风量的要求,下列哪一项电气传动方案是适宜选用的?并说明依据和理由。 (　　)

(A)笼型电机交—交变频传动　　(B)笼型电机交—直—交变频传动

(C)直流传动　　(D)笼型电机变级传动

解答过程：

4. 某台笼型电动机，其额定电流为45A，定子空载电流25A，电动机定子每相绕组电阻0.2Ω，能耗制动时在定子两相绕组施加固定直流电压为48V，在直流回路串接的制动电阻宜为下列哪一项？　　　　(　　)

(A)0.13Ω　　(B)0.24Ω　　(C)0.56Ω　　(D)0.64Ω

解答过程：

5. 要求车间某台电动机整体结构防护形式能承受任何方向的溅水，且能防止直径大于1mm的固体异物进入壳内，电动机整体结构防护等级(IP代码)宜为下列哪一项？请说明依据和理由。　　　　(　　)

(A)IP53　　(B)IP44　　(C)IP43　　(D)IP34

解答过程：

题6～10：某110kV变电站采用全户内布置，站内设3台主变压器，110kV采用中性点直接接地方式。变电站内仅设一座综合建筑物，建筑物长54m、宽20m、高18m，全站围墙长73m、高40m。变电站平面布置如下图所示。

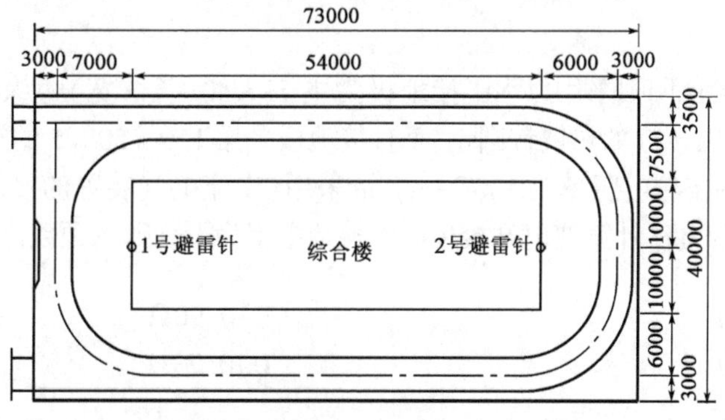

变电站平面布置图(尺寸单位：mm)

请回答下列问题。

6. 假定该变电站所在地区年平均雷暴日为87.6天,变电站综合楼的年预计雷击次数为下列哪一项? ( )

(A)0.319次/年　　(B)0.271次/年
(C)0.239次/年　　(D)0.160次/年

解答过程:

7. 该变电站综合楼为第三类防雷建筑物,设两支等高的避雷针进行防雷保护,避雷针针尖距地面最小距离应为下列哪一项数值?(避雷针位置如上图所示,要求按滚球法计算,数值计算按四舍五入取小数点后一位) ( )

(A)50m　　(B)52m
(C)54m　　(D)56m

解答过程:

8. 该变电站110kV配电装置保护接地的接地电阻R应满足下列哪一项?并说明依据和理由。(式中I为计算用的流经接地装置的入地短路电流) ( )

(A)$R \leqslant 2000/I$　　(B)$R \leqslant 250/I$
(C)$R \leqslant 120/I$　　(D)$R \leqslant 50/I$

解答过程:

9. 该变电站接地网拟采用以水平接地极为主73×40(长×宽)边缘闭合的复合接地网,水平接地极采用$\phi 20$的热镀锌圆钢,垂直接地极采用L50×50×5的热镀锌角钢,敷设深度0.8m,站区内土壤电阻率为100Ω·m。请采用《交流电气装置的接地》(DL/T 621—1997)附表中A3的方法计算变电站接地网的接地电阻为下列哪一项数值? ( )

(A)0.93Ω　　(B)0.90Ω
(C)0.81Ω　　(D)0.73Ω

解答过程:

10. 假定该变电站 110kV 单相接地短路电流为 15kA，主保护动作时间 30ms，断路器开断时间 60ms，第一级后备保护的动作时间 0.5s。问根据热稳定条件，不考虑防腐时，变电站接地线的最小截面不小于下列哪一项？（变电站配有 1 套速动主保护、近后备等保护） （ ）

(A) $160.4mm^2$ (B) $93.5mm^2$

(C) $64.3mm^2$ (D) $37.5mm^2$

解答过程：

> 题 11 ~ 15：一座 110/10kV 有人值班的重要变电所，装有容量为 20MV·A 的主变压器两台，采用 220V 铅酸蓄电池作为直流电源，所有断路器配电磁操作机构，最大一台断路器合闸电流为 98A。请回答下列问题。

11. 下列关于该变电所所有电源和操作电源以及蓄电池容量选择的设计原则中，哪一项不符合规范的要求？并说明依据和理由。 （ ）

(A) 变电所的操作电源，采用 2 组 220V 蓄电池，不设端电池

(B) 变电所的直流母线，采用单母线接线方式

(C) 变电所装设两台容量相同可互为备用的所用变压器

(D) 变电所蓄电池组的容量按全所事故停电 1h 的放电容量确定

解答过程：

12. 该变电所信号、控制、保护装置容量为 3000W（负荷系数为 0.6），交流不停电装置容量为 220W（负荷系数为 0.6），直流应急照明容量为 1000W（负荷系数为 1），直流电源的经常负荷电流和事故放电（持续放电 1h）容量为下列哪组？ （ ）

(A) 8.18A，13.33A·h (B) 8.18A，22.11A·h

(C) 8.78A，13.33A·h (D) 13.64A，19.19A·h

解答过程：

13. 如该变电所经常性负荷的事故放电容量为 9.09A·h，事故照明等负荷的事故放

电容量为4.54A·h，按满足事故全停电状态下长时间放电容量要求计算的蓄电池10h，放电率计算容量为下列哪一项？（可靠系数取1.25，容量系数取0.4）（　　）

(A)14.19A·h　　(B)28.41A·h
(C)34.08A·h　　(D)42.59A·h

解答过程：

14. 该变电所选择一组10h放电标称容量为100A·h的220V铅酸蓄电池作为直流电源，若直流系统的经常负荷电流为12A，请按满足浮充电要求和均衡充电要求（蓄电池组与直流母线连接）分别计算充电装置的额定电流为下列哪组数值？（　　）

(A)12A，10～12.5A　　(B)12A，22～24.5A
(C)12.1A，10～12.5A　　(D)12.1A，22～24.5A

解答过程：

15. 该变电所的断路器合闸电缆选用VLV型电缆，回路的允许电压降为8V，电缆的长度为90m，按允许电压降计算断路器合闸回路电缆的最小截面为下列哪一项数值？（电缆的电阻系数：铜$\rho=0.0184\Omega\cdot mm^2/m$，铝$\rho=0.031\Omega\cdot mm^2/m$）（　　）

(A)34.18mm^2　　(B)40.57mm^2
(C)68.36mm^2　　(D)74.70mm^2

解答过程：

题16～20：办公楼高140m，地上30层，地下三层，其中第16层为避难层，消防控制室与安防监控中心共用，设在首层。首层大厅高度为9m，宽30m，进深15m；在二层分别设置计算机网络中心和程控电话交换机房；3～29层为标准层，为大开间办公室，标准层面积为2000m^2/层，其中核心筒及公共走廊面积占25%；该建筑在第30层有一多功能厅，长25m、宽19m，吊顶高度为6m，为平吊顶，第30层除多功能厅外，还有净办公面积1125m^2。请回答下列问题。

16. 在该建筑的多功能厅设置火灾探测器，根据规范规定设置的最少数量为下列哪一项？ （　　）

(A)6　　(B)8
(C)10　　(D)12

解答过程：

17. 在本建筑中需设置广播系统，该系统与火灾应急广播合用。已知地上每层扬声器为一个支路，10个扬声器，每个3W；地下每层为一个支路，由16个扬声器，每个扬声器5W。假定广播线路衰耗2dB。根据规范的要求说明广播系统功放设备的最小容量应选择下列哪一项？(老化系数取1.35) （　　）

(A)1140W　　(B)1939W
(C)2432W　　(D)3648W

解答过程：

18. 在第30层设置综合布线系统，按净办公面积每7.5m² 设置一个普通语音点，另外在多功能厅也设置5个语音点。语音主干采用三类大对数铜缆，根据规范确定该层语音主干电缆的最低配置数量为下列哪一项？请说明依据和理由。 （　　）

(A)150对　　(B)175对
(C)300对　　(D)400对

解答过程：

19. 在建筑中设置综合布线系统，在标准层办公区按照办公区每7.5m² 一个语音点和一个数据点，水平子系统采用6类UPT铜缆(直径为5.4mm)，从弱电间配线架出线采用金属线槽，缆线在槽内的截面积利用率为35%，试问线槽最小规格为下列哪一项？请说明依据和理由。 （　　）

(A)150mm × 100mm　　(B)300mm × 100mm
(C)400mm × 100mm　　(D)500mm × 100mm

解答过程：

20. 在二层的计算机网络主机房设计时，已确定在该主机房内将要设置20台19″标准机柜（宽600mm，深1100mm），主机房的最小面积应为下列哪一项？请说明依据和理由。（ ）

(A) $60m^2$　　(B) $95m^2$

(C) $120m^2$　　(D) $150m^2$

解答过程：

题21～25：某台10kV笼型感应电动机的工作方式为负荷平稳连续工作制，额定功率800kW。额定转速2975r/min，电动机启动转矩倍数0.72，启动过程中的最大负荷转矩899N·m。请回答下列问题。

21. 已知电动机的额定效率0.89，额定功率因数0.85，计算电动机的额定电流为下列哪一项？（ ）

(A) 35A　　(B) 48A　　(C) 54A　　(D) 61A

解答过程：

22. 已知电动机的加速转矩系数为1.25，电压波动系数为0.88，负载要求电动机的最小启动转矩应大于下列哪项？（ ）

(A) 1244N·m　　(B) 1322N·m

(C) 1555N·m　　(D) 1875N·m

解答过程：

23. 若电动机采用铜芯交联聚乙烯绝缘电缆(YJV)供电,电缆沿墙穿钢管明敷,环境温度35℃,缆芯最高温度90℃,三班制(6000h),所在地区电价0.5元/kW·h,计算电流63A,下列按经济电流密度选择的电缆截面哪一项是正确的?请说明依据和理由。 ( )

(A) $35mm^2$ (B) $50mm^2$ (C) $70mm^2$ (D) $95mm^2$

解答过程:

24. 电动机的功率因数为 $\cos\varphi = 0.82$,要求就地设置无功功率补偿装置,补偿后该电动机供电回路的功率因数 $\cos\varphi = 0.92$,计算下列补偿量哪一项是正确的? ( )

(A) 156kvar (B) 171kvar
(C) 218kvar (D) 273kvar

解答过程:

25. 若电动机的额定电流为59A,启动电流倍数为5倍,电流互感器变比为75/5,电流速断保护采用GL型继电器,接于相电流差。保护装置的动作电流应为下列哪一项? ( )

(A) 31A (B) 37A
(C) 40A (D) 45A

解答过程:

题26~30:某台直流他励电动机的主要数据为:额定功率 $P = 22kW$,额定电压 $U = 220V$,额定转速 $n = 1000r/min$,额定电流为110A,电枢回路电阻0.1Ω。请回答下列问题。

26. 关于交、直流电动机的选择,下列哪一项是正确的?请说明依据和理由。 ( )

(A)机械对启动、调速及制动无要求时,应采用绕线转子电动机

(B)调速范围不大的机械,且低速运行时间较短时宜采用笼型电动机

(C)变负载运行的风机和泵类机械,当技术经济合理时,应采用调速装置,并应选用相应类型的电动机

(D)重载启动的机械,选用绕线转子电动机不能满足启动要求时宜采用笼型电动机

解答过程:

27. 判断下列关于直流电动机电枢回路串联电阻调速方法的特性,哪一项是错误的? ( )

(A)电枢回路串联电阻的调速方法,属于恒转矩调速

(B)电枢回路串联电阻的调速方法,一般在基速以上需要提高转速时使用

(C)电枢回路串联电阻的调速方法,因某机械特性变软,系统转速受负载的影响较大,轻载时达不到调速的目的,重载时还会产生堵转

(D)电枢回路串联电阻的调速方法在串联电阻中流过的是电枢电流,长期运行损耗大

解答过程:

28. 该电机若采用电枢串电阻的方法调速,调速时保持直流电源电压和励磁电流为额定值,负载转矩为电动机的额定转矩,计算该直流电动机运行在 $n=800\text{r/min}$ 时,反电动势和所串电阻为下列哪组数值? ( )

(A)167.2V,0.38Ω (B)176V,0.30Ω

(C)188.1V,0.19Ω (D)209V,0.01Ω

解答过程:

29. 若采用改变磁通实现调速,当电枢电流为100A,电动机电动势常数为0.175V/rpm时,计算直流电动机的转速应为下列哪一项? ( )

(A)1004r/min (B)1138r/min

(C)1194r/min (D)1200r/min

解答过程：

30. 如果该电动机采用晶闸管三相桥式整流器不可逆调速系统供电，并采用速度调节系统时，计算变流变压器的二次相电压应为下列哪一项数值？ ( )

(A)127V (B)133V

(C)140V (D)152V

解答过程：

题 31 ~ 35：如右图所示，某工厂变电所 35kV 电源进行测（35kV 电网）最大运行方式时短路容量 650 MV·A、最小运行方式时短路容量 500MV·A，该变电所 10kV 母线皆有两组整流设备，整流器接线均为三相全控桥式。已知 1 号整流设备 10kV 侧 5 次谐波电流值为 20A，2 号整流设备 10kV 侧 5 次谐波电流值 30A。请回答下列问题。

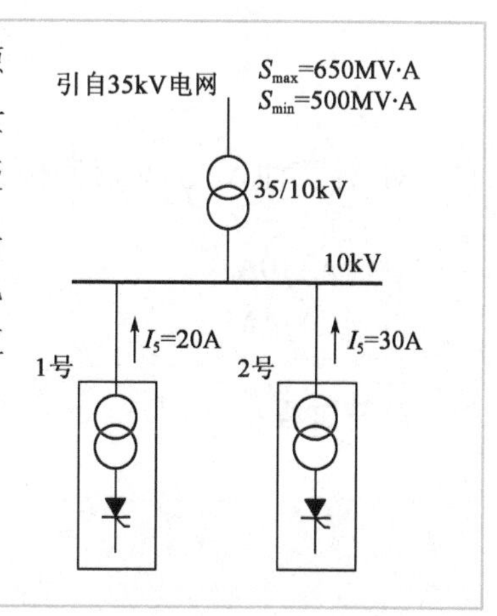

31. 若各整流器产生下列各次谐波，选择下列哪一项是非特征次谐波？请说明依据和理由。 ( )

(A)5 次 (B)7 次

(C)9 次 (D)11 次

解答过程：

32. 若各整流器产生下列各次谐波，判断哪一项是负序谐波？请说明依据和理由。（　　）

(A)5 次　　(B)7 次

(C)9 次　　(D)13 次

解答过程：

33. 计算按照规范要求允许全部用户注入 35kV 电网公共连接点的 5 次谐波电流分量为下列哪一项？（　　）

(A)31.2A　　(B)24A

(C)15.8A　　(D)12A

解答过程：

34. 计算注入 35kV 电网公共连接点的 5 次谐波电流值为下列哪一项？（　　）

(A)10A　　(B)13A

(C)14A　　(D)50A

解答过程：

35. 假设注入电网的 7 次谐波电流 10A，计算由此产生的 7 次谐波电压含有率最大值为下列哪一项？（　　）

(A)24%　　(B)0.85%

(C)0.65%　　(D)0.24%

解答过程：

题 36 ~ 40：某 110/35/10kV 区域变电站，分别向水泵厂及轧钢厂等用户供电，供电系统如下图所示，区域变电站 35kV 母线最小短路容量为 500MV·A，35kV 母线的供电设备容量为 12500kV·A，轧钢厂用电协议容量为 7500kV·A。水泵厂最大负荷时，由区域变电所送出的 10kV 供电线路的电压损失为 4%，水泵厂 10/0.4kV 变压器的电压损失为 3%，厂区内 380V 线路的电压损失为 5%，区域变电站 10kV 母线电压偏差为 0。在水泵厂最小负荷时，区域变电所 10kV 母线电压偏差为 +5%。

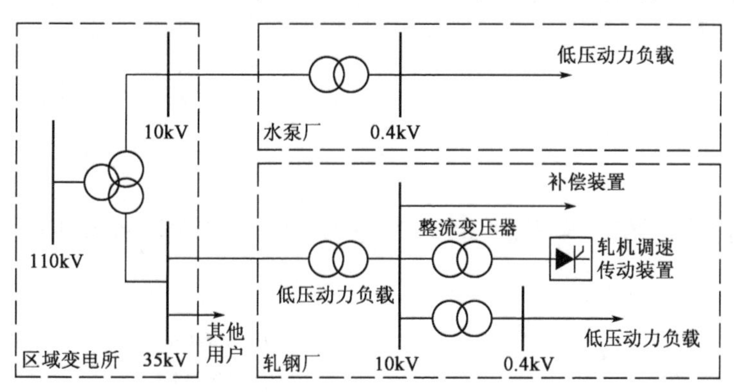

请回答下列问题。

36. 设水泵厂变压器 10 ±5%/0.4kV 的分接头在 -5% 位置上，最小负荷为最大负荷的 25%，计算水泵厂 380V 线路末端的电压偏差范围为下列哪一项？（　　）

(A)5%　　(B)10%

(C)14%　　(D)19%

解答过程：

37. 设水泵厂 10/0.4kV 容量为 1600kV·A 变压器短路损耗为 16.6kW，阻抗电压为 4.5%，变压器满载及负荷功率因数为 0.9 时，计算变压器的电压损失率为下列哪一项？（　　）

(A)2.06%　　(B)3.83%

(C)4.5%　　(D)5.41%

解答过程：

38. 设水泵厂 10/0.4kV 容量为 1600kV·A 变压器,变压器阻抗电压为 4.5%,计算在 0.4kV 侧设置 500kvar 补偿电容器后,变压器电压损失减少值为下列哪一项? ( )

(A)1.41% (B)1.69%

(C)1.72% (D)1.88%

解答过程:

39. 计算轧钢厂在区域变电所 35kV 母线上,可注入的 7 次谐波电流允许值是下列哪一项? ( )

(A)7.75A (B)8.61A

(C)10.56A (D)12.22A

解答过程:

40. 判断下列关于谐波的描述哪一项是错误的?请说明依据和理由。 ( )

(A)谐波在定子绕组、转子回路及定子与转子的铁芯中产生附加损耗

(B)谐波使变压器的磁滞及涡流损耗增加,铜耗增加

(C)在感应电动机的定子绕组中,正序谐波电流都将产生正方向的电子转矩,有助于转子的旋转

(D)谐波有助于单相接地故障时,中性点的容性电流补偿,有助于消弧线圈的灭弧作用

解答过程:

2010年案例分析试题答案(下午卷)

题1~5答案:**CCBBB**

1.《工业与民用供配电设计手册》(第四版) P482~P483 式(6.5-4),采用全压启动的公式计算,忽略低压线路阻抗与预接负荷的无功功率,则:

$X_1 = 0, S_{st} = S_{stM} = k_{st} \cdot S_{rM} = 6.5 \times 250 = 1625 \text{ kV} \cdot \text{A}$

$$Q_{fh} = 0, u_{stM} = u_s \frac{S_{km}}{S_{km} + Q_{fh} + S_{st}} = 1.05 \times \frac{S_{km}}{S_{km} + S_{st}} = 1.05 \times \frac{15}{15 + 1.625} = 0.947$$

2.《钢铁企业电力设计手册》(下册)P14 式(23-16)。

$$M_i = \frac{M_e}{i\eta} = \frac{30}{20 \times 0.9} = 1.667$$

《工业与民用供配电设计手册》(第四版)P480 式(6.5-3)。

注:式中分子分母同时代入相对值或绝对值不影响计算结果。

$$u_{stm} \geqslant \sqrt{\frac{1.1M_j}{M_{stm}}} = \sqrt{\frac{1.1 \times 1.667}{3.5}} = 0.73$$

3.《钢铁企业电力设计手册》(上册)P307"风机、水泵的调速方法有以下几种中"第2)条:要求连续无极变流量控制,当为笼型电动机时,可采取变频调速(其中液力耦合调速答案无选项)。

由《钢铁企业电力设计手册》(下册)P310 表25-11 中的频率调节范围可知,交—交变频器的调频范围有限,而交—直—交变频传动调频范围宽。

4.《钢铁企业电力设计手册》(下册)P114 能耗制动中说明:制动电流通常取空载电流的3倍,即 $I_{zd} = 3 \times 25 = 75\text{A}$。

制动回路全部电阻:$R = U_{zd}/I_{zd} = 48/75 = 0.64\Omega$

制动电阻:$R_{zd} = R - (2R_d + R_1) = 0.64 - 2 \times 0.2 = 0.24$

注:可参考 P114 例题分析计算。

5.《工业与民用供配电设计手册》(第四版)P1723~P1726"电气设备外壳防护等级(IP代码)",选择IP44。

题6~10答案:**DBAAA**

6.《建筑物防雷设计规范》(GB 50057—2010)附录A。

其中 $N_g = 0.024T_d^{1.3} = 0.024 \times 87.6^{1.3} = 8.044$

$$A_e = [LW + 2(L + W)\sqrt{H(200 - H)} + \pi H(200 - H)] \times 10^{-6}$$
$$= [54 \times 20 + 2(54 + 20) \times \sqrt{18 \times (200 - 18)} + 3.14 \times 18 \times$$

$(200-18)]\times10^{-6}=0.01984$

$N=kN_gA_e=1\times8.044\times0.01984=0.1596$

注：本题中未明确该变电所为孤立建筑物，因此 $k=1$。

7.《建筑物防雷设计规范》(GB 50057—2010)附录D滚球法确定接闪器的保护范围。

参考附图D.0.2侧视图，确定 AOB 轴线的保护范围中 AB 之间最低点高度，即俯视图中 O 点高度，设该点高度为 h_1。以 h_1 为假想避雷针，按单支避雷针方式计算，设 $h_1<h_r=60$。

由式(附4.1) $r_x=\sqrt{h_1(2h_r-h_1)}-\sqrt{h_x(2h_r-h_x)}$，则 $10=\sqrt{h_1(2\times60-h_1)}-\sqrt{18\times(2\times60-18)}$。

整理得 $h_1^2-120h+2793=0$，利用求根公式 $x=\dfrac{-b\pm\sqrt{b^2-4ac}}{2a}$，可得 $h_1=31.6\text{m}$ 和 $h_1=88.4\text{m}$(与题设矛盾，舍去)。

由式(附4.4) $h_x=h_r-\sqrt{(h_r-h)^2+\left(\dfrac{D}{2}\right)^2}$ ($x=0$ 处)，得 $31.6=60-\sqrt{(60-h)^2+\left(\dfrac{54}{2}\right)^2}$。

整理得 $h=51.2\text{m}$，应选择接近且不小于51.2m的答案，即52m。

8.原题考查旧大纲要求的行业标准《交流电气装置的接地》(DL/T 621—1997)第5.1.1条a)款：有效接地和低电阻接地系统中变电所电气装置保护接地电阻宜符合下列要求，一般情况下，$R\leqslant2000/I$(其中 I 为计算用流经接地装置的入地短路电流)。《交流电气装置的接地设计规范》(GB 60065—2011)相关表述已有变化。

9.《交流电气装置的接地设计规范》(GB/T 50065—2011)附录A第A.0.3条。

各算子：$L_0=L=(73+40)\times2=226$，$S=73\times40=2920$，$h=0.8$，$\rho=100$，$d=0.02$

$$\alpha_1=\left(3\ln\frac{L_0}{\sqrt{S}}-0.2\right)\frac{\sqrt{S}}{L_0}=\left(3\times\ln\frac{226}{\sqrt{2920}}-0.2\right)\times\frac{\sqrt{2920}}{226}=0.97855$$

$$B=\frac{1}{1+4.6\dfrac{h}{\sqrt{S}}}=\frac{1}{1+4.6\times\dfrac{0.8}{\sqrt{2920}}}=0.93624$$

$$R_e=0.213\frac{\rho}{\sqrt{S}}(1+B)+\frac{\rho}{2\pi L}\left(\ln\frac{S}{9hd}-5B\right)$$

$$=0.213\times\frac{100}{\sqrt{2920}}\times(1+0.93624)+\frac{100}{2\pi\times226}\times\left(\ln\frac{2920}{9\times0.8\times0.02}-5\times0.93624\right)$$

$$=0.763216+0.368925=1.13214\Omega$$

$R_n = \alpha_1 R_e = 0.97855 \times 1.13214 = 1.11\Omega$

注：此题有争议，题干已知条件似不全。另有一版本接地网为 9×16 的网格，则 $L = 73 \times 9 + 40 \times 16 = 1297$m，代入公式最后结果为 0.81Ω，答案为选项 C。此题因无实际应用价值，在近年的考试中已极少出现。

10.《交流电气装置的接地设计规范》(GB/T 50065—2011)附录 E。

配有 1 套速动保护，t_e 按式(C3)取值，即 $t_e \geqslant t_o + t_r = 0.06 + 0.5 = 0.56$s

$$S_g \geqslant \frac{I_g}{c}\sqrt{t_e} = \frac{15 \times 10^3}{70} \times \sqrt{0.56} = 160.2567\text{mm}^2$$

注：此题不严谨，需使用前题中接地材质为圆钢的条件。

题 11～15 答案：**DADDC**

11.《35kV～110kV 变电站设计规范》(GB 50059—2011) 第 3.6.1 条、第 3.7.1 条、第 3.7.2 条、第 3.7.4 条。

12.《电力工程直流系统设计技术规程》(DL/T 5044—2014) 第 4.1.2 条"经常负荷与事故负荷"。

经常负荷：要求直流系统在正常和事故工况下均应可靠供电的负荷。

事故负荷：要求直流系统在交流电源系统事故停电时间内可靠供电的负荷。

经常负荷电流：$I_1 = \dfrac{3000 \times 0.6}{220} = 8.18\text{A}$

事故负荷电流：$I_1 = \dfrac{3000 \times 0.6 + 220 \times 0.6 + 1000 \times 1}{220} = 13.32\text{A}$

$C = 13.32 \times 1 = 13.32\text{A} \cdot \text{h}$

注：经常负荷在事故工况下也需可靠供电，且不同的事故负荷有不同的持续放电时间。

13.《电力工程直流系统设计技术规程》(DL/T 5044—2014) 第 6.1.5 条、附录 C 第 C.2.3 条。

满足事故全停电状态下的持续放电容量：

$$C_C = K_k \cdot \frac{C_{s \cdot x}}{K_{CC}} = 1.25 \times \frac{9.09 + 4.54}{0.4} = 42.59\text{A} \cdot \text{h}$$

注：旧规范题目，依据《电力工程直流系统设计技术规程》(DL/T 5044—2004) 附录 B.2.1.2 式(B.1)。有关蓄电池容量计算方法，2014 版新规范修正较大，但内容较之旧规范更为简洁，旧规范题目供考生参考。

14.《电力工程直流系统设计技术规程》(DL/T 5044—2014) 附录 D 第 D.1.1 条。

浮充电额定电流：$I_r = 0.01I_{10} + I_{jc} = 0.01 \times 10 + 12 = 12.1\text{A}$

均衡充电额定电流：$I_r = (1.0 \sim 1.25)I_{10} + I_{jc} = (1.0 \sim 1.25) \times 10 + 12 = 22 \sim 24.5\text{A}$

15.《电力工程直流系统设计技术规程》(DL/T 5044—2014) 附录E。

$$S_{cac}=\frac{\rho\cdot 2LI_{ca}}{\Delta U_p}=\frac{0.031\times 2\times 90\times 98}{8}=68.355mm^2$$

注:VLV电缆为铝芯聚氯乙烯绝缘聚氯乙烯护套电力电缆。

题16~20答案:**CCBBA**

16.《火灾自动报警系统设计规范》(GB 50116—2013) 第8.1.4条 式(8.1.4)及表8.1.2和表3.1.1。

由表6.2.2可知保护面积为60m²,所需设置的探测器数量:$N=\frac{S}{K\cdot A}=\frac{25\times 19}{(0.7\sim 0.8)\times 60}=9.89\sim 11.3$,选择10个。

注:修正系数K,取自旧规范特级保护对象的要求,新规中取值定义已有所变化。

17.《民用建筑电气设计标准》(GB 51348—2019)第16.4.4条式(16.4.4-1)和式(16.4.4-2)。

$P=K_1K_2\sum P_0=1.58\times 1.35\times(30\times 30+80\times 3)=2431.62$

18.《综合布线系统工程设计规范》(GB 50311—2016)第4.3.5-1条:……并在总需求线对的基础上至少预留10%的备用线对。

第30层语音点$N_1=(1125/7.5)\times 1=150$个,且多功能厅语音点$N_2=5$个。

则$N=(N_1+N_2)\times(1+10\%)=155\times 1.1=170.5$个

19.根据题意,每层的线缆根数$N=[2000\times(1-25\%)\div 7.5]\times 2=400$(电话与网络分别考虑)。

最小横截面积:$S_{min}=400\times\pi D^2\div(4\times 0.35)=26174<30000m^2$

取$300\times 100mm^2$。

20.《民用建筑电气设计标准》(GB 51348—2019)第23.2.4-2条式(23.2.4-1)。

$A=K\sum S=(5\sim 7)\times(0.6\times 1.1)\times 20=66\sim 92.4$

注:因其面积为估算,仅选项A较为接近此结果的下限,其他选项都超过此结果上限。

题21~25答案:**DCCCD**

21.《工业与民用供配电设计手册》(第四版)P1072式(12.1-1)。

电动机的额定电流:$I_r=\frac{P_r}{\sqrt{3}U_r\eta\cos\varphi}=\frac{800}{\sqrt{3}\times 10\times 0.89\times 0.85}=61.05A$

22.《钢铁企业电力设计手册》(下册)P50式(23-136)。

电动机最小启动转矩:$M_{Mmin}\geqslant\frac{M_{1max}K_s}{K_u^2}=\frac{899\times 1.25}{0.85^2}=1555.36N\cdot m$

23.《工业与民用供配电设计手册》(第四版) P1588 表 16.4-1。

根据 $I_c=63A$,$T_{max}=6000h$(三班制),$P=0.5$ 元(kW·h),查表 16.4-1,得 $S_{se}=50mm^2$。

注:按经济电流密度选择界面,不必用环境温度进行校验,参考 P1590 例 16.4-1 的相关数据。

24.《工业与民用供配电设计手册》(第四版)P37 式(1.11-7)。

$$Q_C=\alpha_{av}P_c(\tan\varphi_1-\tan\varphi_2)=1\times800\times(0.7-0.426)=219.2\text{ kvar}$$

25.《工业与民用供配电设计手册》(第四版)P584 表 7.6-2 电流速断保护相关公式。

$$I_{op\cdot k}=K_{rel}\cdot K_{jx}\cdot\frac{K_{st}\cdot I_{rM}}{n_{TA}}=1.3\times\sqrt{3}\times\frac{5\times59}{15}=44.3A$$

题 26 ~30 答案:**CBADA**

26.《通用用电设备配电设计规范》(GB 50055—2011)第 2.1.2 条。

27.《电气传动自动化技术手册》(第二版)P392 中"电枢回路串联电阻的调速方法,属于恒转矩调速,并且只能在需要向下调速时使用"。

28.《钢铁企业电力设计手册》(下册)P3 表 23-1 中直流电机相应公式。

$E_N=C_en_N$,$C_e=\dfrac{E_N}{n_N}=\dfrac{U-I_aR_a}{n_N}=\dfrac{220-110\times0.1}{1000}=0.209$,$C_e$ 为电机电动势常数,维持恒定。

当转速 $n=800r/min$ 时,$E=C_en=0.209\times800=167.2V$。

由 $E=U-I_N(R_a+R)$,得 $R=\dfrac{U-E}{I_N}-R_a=\dfrac{220-167.2}{110}-0.1=0.38\Omega$。

29.《钢铁企业电力设计手册》(下册)P3 表 23-1 中直流电机相应公式。

$$n=\frac{U-I_aR_a}{C_e}=\frac{220-100\times0.1}{0.175}=1200r/min$$

30.《钢铁企业电力设计手册》(下册)P402。

当整流线路采用三相桥式整流,并以转速反馈为主反馈的调速系统,不可逆系统:$\sqrt{3}U_2=(0.95\sim1.0)U_{ed}$

则 $U_2=\dfrac{(0.95\sim1.0)U_{ed}}{\sqrt{3}}=\dfrac{(0.95\sim1.0)\times220}{\sqrt{3}}=120\sim127V$

题 31 ~35 答案:**CABBB**

31.《工业与民用供配电设计手册》(第四版)P494 式(6.7-9)。

$n_c=kp\pm1$,$k=1,2,3,4,\cdots$ 因此,特征谐波为 2、4、5、7、8、10、11、13 等。

32.《工业与民用供配电设计手册》(第四版)P492"谐波基本概念"。

负序谐波 $n_c=3n-1$,n 为正整数(如 2,5,8,11 等)。

33.《电能质量　公用电网谐波》(GB/T 14549—1993)第 5.1 条表 2,查得注入 35kV 公共连接点的谐波电流允许值 $I_{hp}=12A$。

附录 B 式(B1):$I_h=\frac{S_{k1}}{S_{k2}}I_{hp}=\frac{500}{250}\times 12=24A$

34.《电能质量　公用电网谐波》(GB/T 14549—1993)附录 C5。

10kV 侧谐波电流:$I_{h1}=\sqrt{I_{h1}^2+I_{h2}^2+K_h I_{h1} I_{h2}}=\sqrt{20^2+30^2+1.28\times 20\times 30}=45.4A$

换算至公共连接点(35kV)谐波点电流:$I_h=\frac{I_{h1}}{n_T}=\frac{45.4}{3.5}=12.99A$

35.《电能质量　公用电网谐波》(GB/T 14549—1993)附录 C2。

$$HRU_h=\frac{\sqrt{3}U_N h I_h}{10S_k}=\frac{\sqrt{3}\times 35\times 7\times 10}{10\times 500}=0.8487$$

注:求谐波电压含有率的最大值,分母中短路容量应代入最小短路容量。

题 36~40 答案:**CBADD**

36.《工业与民用供配电设计手册》(第四版)P463 例 6.2-1 或 P462 式(6.2-11)。

最大负荷时:$\delta_{ux}=(0-4-3-5+10)\%=-2\%$

最小负荷时:$\delta'_{ux}=[5-0.25\times(4+3+5)+10]\%=12\%$

电压偏差范围:12% -(-2%) =14%

37.《工业与民用供配电设计手册》(第四版)P460 式(6.2-8)。

$$u_a=\frac{100\Delta P_T}{S_{rT}}=\frac{100\times 16.6}{1600}=1.0375$$

$$u_r=\sqrt{u_T^2-u_a^2}=\sqrt{4.5^2-1.0375^2}=4.379$$

$$\Delta u_T=\beta(u_a\cos\varphi+u_r\sin\varphi)=1\times(1.0375\times 0.9+4.379\times 0.436)=2.843$$

38.《工业与民用供配电设计手册》(第四版)P466 式(6.2-14)。

$$\Delta U_T\approx\Delta Q_c\frac{u_T}{S_{rT}}\%=500\times\frac{4.5}{1600}\%=1.406\%$$

39.《电能质量　公用电网谐波》(GB/T 14549—1993)第 5.1 条表 2:基准短路容量为 250MV·A 时,$I_{hp}=8.8A$。

附录 B 式(B1):$I_h=\frac{S_{k1}}{S_{k2}}I_{hp}=\frac{500}{250}\times 8.8=17.6A$

附录 C 式(C6):$I_{hi}=I_h\left(\frac{S_i}{S_t}\right)^{\frac{1}{\alpha}}=17.6\times\left(\frac{7500}{12500}\right)^{\frac{1}{1.4}}=12.22A$

40.《工业与民用供配电设计手册》(第四版)P498~P499 谐波危害的相关内容。对断路器和消弧线圈的影响:若电网的谐波较大,发生接地故障时,由于谐波电流在故障点不能被补偿,从而使消弧线圈的灭弧作用失效,单相接地有可能发展成两相或三相短路。

2011 年

注册电气工程师(供配电)执业资格考试

专业考试试题及答案

(注:因 2011 年专业知识考试完全采用 2010 年考试原题,无参考价值,本书编委会参照历年真题脉络,将 2011 年专业知识题目修改为仿真题,供考生复习使用。)

2011 年专业知识试题(上午卷)

一、单项选择题(共 40 题,每题 1 分,每题的备选项中只有 1 个最符合题意)

1. 含有可充电蓄电池、通风较差的封闭区域,区域的通风情况满足通风良好条件的 20%,蓄电池的充电系统有防止过充电的设计,则该区域在爆炸性环境的分级中应被划为? ( )

(A)0 区 (B)1 区
(C)2 区 (D)22 区

2. 下列哪项可作为功能性开关电器? ( )

(A)隔离器 (B)半导体开关电器
(C)熔断器 (D)连接片

3. 某项目市政电源电压采用 35kV 进线,高压配电室设于地下一层,高压配电装置采用手车式金属封闭式开关柜,下列有关各种通道的最小宽度(净距)描述正确的是: ( )

(A)设备单列布置时,维护通道 1000mm
(B)设备双列布置时,操作通道 2000mm
(C)设备单列布置时,维护通道 800mm
(D)设备双列布置时,操作通道双车长 +1000mm

4. 某车间的一台起重机,电动机的额定功率为 120kW,电动机的额定负载持续率为 40%。采用利用系数法计算,该起重机的设备功率为下列哪项数值? ( )

(A)152kW (B)120W
(C)76kW (D)48kW

5. 110kV 户外配电装置采用双母线接线时,下列表述中哪一项是错误的? ( )

(A)通过两组母线隔离开关的倒换操作,可以轮流检修一组母线而不致使供电中断
(B)一组母线故障后,不能迅速恢复供电
(C)检修任一回路的母线隔离开关,只切断该回路
(D)各个电源和各回路负荷能任意分配到某一组母线上,调度灵活

6. 变压器的损耗主要有空载损耗和短路损耗两部分,下列有关空载损耗的表述错误的是? ( )

(A)空载损耗跟随负荷大小的波动而变化
(B)空载损耗与铁芯材料的物理特性相关
(C)当短路损耗与空载损耗相等时,变压器自身的能量损失率时最低的
(D)变压器空载损耗一般占变压器总损耗的20% ~30%

7. 某钢铁厂110kV变电所装有两台主变压器,下列有关变电站的消防措施描述正确的是? ( )

(A)蓄电池室的门应向疏散方向开启,当门外为公共走道时,应采用甲级防火门
(B)屋外油浸变压器与油量在600kg以上的本回路充油电气设备之间的防火净距,不应小于3m
(C)消防控制室应与变电站控制室分别独立设置
(D)电缆竖井的出入口处、控制室与电缆层之间,应采取防止电缆火灾蔓延的阻燃及分隔措施

8. 下列有关110kV的供电电压正、负偏差符合规范要求的是? ( )

(A) +10%, -10%　　(B) +7%, -10%
(C) +7%, -7%　　(D) +6%, -4%

9. 在低压电网中,当选用Y,yn0接线组别的变压器时,除要求单相电流在满载时不得超过额定电流值外,其单相不平衡负荷引起的中性线电流不得超过低压绕组额定电流的多少? ( )

(A)10%　　(B)15%
(C)20%　　(D)25%

10. 气体绝缘金属封闭开关设备(GIS)配电装置宜采用多点接地方式,外壳和支架上的感应电压,正常运行和故障条件下分别不应大于多少? ( )

(A)24V,120V　　(B)24V,100V
(C)36V,120V　　(D)36V,100V

11. 火力发电厂与变电所中,建(构)筑物中电缆引至电气柜、盘、成控制屏、台的开孔部位,电缆贯穿隔墙、楼板的空洞应采用电缆防火封堵材料进行封堵,其防火封堵组件的耐火极限不应低于被贯穿物的耐火极限,且不应低于下列哪项数值? ( )

(A)1h　　(B)45min
(C)30min　　(D)15min

12. 下列关于爆炸性粉尘环境中的粉尘可分为三级,下列哪项属于ⅢC级导电性粉尘? ( )

(A)硫磺　　(B)面粉

(C)石墨　　　　　　　　　　　　　　　　(D)聚乙烯

13. 下列有关配电装置中裸导体和电器的环境温度的表述不正确的是?　　　　(　　)

(A)所谓取多年平均值,一般不应少于10年的平均值
(B)屋内该处若无通风设计温度资料时,可取最热月平均最高温度
(C)年最高(或最低)温度为一年中所测得的最高(或最低)温度的多年平均值
(D)最热月平均最高温度为最热月每日最高温度的月平均值,取多年平均值

14. 某110kV屋外配电装置位于抗震设防烈度为8度的地区,则下列有关配电装置抗震说法正确的是:　　　　(　　)

(A)开关柜、控制保护屏、通信设备等不宜在重心位置以上连接成为整体
(B)蓄电池在组架间的连线宜采用软导线或电缆连接,且不宜设置端电池
(C)在调相机、空气压缩机和柴油发电机附近不应设置无功补偿装置
(D)变压器的基础台面宜适当加宽

15. 照明回路配电系统中,配电干线的各相负荷宜平衡分配,最大、最小相负荷分别不宜大于或小于三相负荷平均值的哪项数值?　　　　(　　)

(A)115%,85%　　　　　　　　　　　　(B)120%,80%
(C)110%,90%　　　　　　　　　　　　(D)105%,95%

16. 某变电所中,设有一组单星形接线串联了电抗率12%电抗器的35kV电容器组,电容器组每组单联段数为4,此电容器组中的电容器额定电压应选为:　　　　(　　)

(A)4kV　　　　　　　　　　　　　　(B)5kV
(C)6kV　　　　　　　　　　　　　　(D)6.6kV

17. 在跨越建筑物的沉降缝和伸缩缝时,额定电压为0.4kV的矿物绝缘电缆需敷设成"S"形,则其弯曲半径不应小于电缆外径的:　　　　(　　)

(A)5倍　　　　　　　　　　　　　　(B)6倍
(C)8倍　　　　　　　　　　　　　　(D)10倍

18. 某变电所的三相35kV电容器组采用单星形接线,每相由单台500kvar电容器并联组合而成,请选择允许的单组最大组合容量是:　　　　(　　)

(A)9000kvar　　　　　　　　　　　　(B)10500kvar
(C)12000kvar　　　　　　　　　　　(D)13500kvar

19. 下列低压电缆布线原则的说法符合规范要求的是:　　　　(　　)

(A)电缆严禁在有易燃、易爆及可燃的气体或液体管道的隧道或沟道内敷设
(B)电力电缆不应在有热力管道的隧道或沟道内敷设

(C)电缆在电缆隧道或电气竖井内明敷时,不应采用易延燃的外保护层

(D)电缆应在进户处、接头、电缆头处或地沟及隧道中留有一定长度的余量

20. 某变电站10kV回路工作电流为1000A,采用单片规格为80mm×8mm的铝排进行无镀层搭接,请问下列搭接处的电流密度哪一项是经济合理的? ( )

(A)0.078A/mm^2 (B)0.147A/mm^2

(C)0.165A/mm^2 (D)0.226A/mm^2

21. 在电压互感器的配置方案中,下列哪种情况高压侧中性点是不允许接地的? ( )

(A)三个单相三绕组电压互感器

(B)一个三相三柱式电压互感器

(C)一个三相五柱式电压互感器

(D)三个单相四绕组电压互感器

22. 某高层建筑物裙房的首层设置了一台10/0.4kV、1600kV·A油浸变压器,变电室首层外墙开口部分上方应设置不燃烧体防火挑檐或窗槛墙,不燃烧体防火挑檐的宽度或窗槛墙的高度分别不应小于下列哪项数值? ( )

(A)1.0m,1.2m (B)1.0m,1.5m

(C)0.8m,1.5m (D)0.8m,1.2m

23. 在电力电缆工程中,以下10kV电缆哪一种可采用直埋敷设? ( )

(A)地下单根电缆与市政管道交叉且不允许经常破路的地段

(B)地下电缆与铁路交叉地段

(C)同一通路少于6根电缆,且不经常性开挖的地段

(D)有杂散电流腐蚀的土壤地段

24. 架空线路杆塔的接地装置由较多水平接地极或垂直接地极组成时,垂直接地极的间距及水平接地极的间距应符合下列哪一项规定? ( )

(A)垂直接地极的间距不应大于其长度的2倍,水平接地极的间距不宜大于5m

(B)垂直接地极的间距不应小于其长度的2倍,水平接地极的间距不宜大于5m

(C)垂直接地极的间距不应大于其长度的2倍,水平接地极的间距不宜小于5m

(D)垂直接地极的间距不应小于其长度的2倍,水平接地极的间距不宜小于5m

25. 有关线性感温火灾探测器的设置,下列说法正确是? ( )

(A)探测器至墙壁的距离宜为 1.5 ~ 2m
(B)在顶棚下方的线型感温火灾探测器,至顶棚的距离宜为 0.3m
(C)缆式线型感温火灾探测器的探测区域长度,不宜超过 100m
(D)与线型感温火灾探测器连接的模块不应设置在温度变化大的场所

26. 10kV 配电室内设置继电保护和自动装置屏,其接地铜排环形连接形成接地网,并与主接地网连接,其截面应不小于下列哪项数值? ( )

(A)50mm² (B)80mm²
(C)100mm² (D)120mm²

27. 某 110kV 变电所的变压器主保护采用纵联差动保护,若按末端金属性短路计算,其保护整定的最小灵敏度系数为下列哪项数值? ( )

(A)1.5 (B)1.2
(C)1.3 (D)2.0

28. 某 220kV 变电所的直流系统中,有 300A · h 阀控式铅酸蓄电池两组,并配置三套高频开关电源模块做充电装置,如单个模块额定电流 10A,那么每套高频开关电流模块最小选几组? ( )

(A)2 (B)3
(C)4 (D)6

29. 关于信息显示系统中时钟系统的设计,下列哪项不满足规范要求? ( )

(A)母钟单元采用主机、备机的配置方式,主备机应能实现自动或手动切换
(B)子钟单元显示系统可为指针式或数字式,向母钟单元回送工作状态
(C)高精度时间基准要求的时钟系统应设置标准时间信号接收单元
(D)子钟单元不宜有独立计时功能,应跟踪母钟单元工作

30. TN-S 低压配电系统中,浪涌保护器若安装于每一相线与中性线之间,则电涌保护器的最大持续运行电压应不小于下列哪项? ( )

(A)380V (B)220V
(C)437V (D)253V

31. 在 35kV 电力系统中,工频过电压水平一般不超过下列哪项数值? ( )

(A)30.4kV (B)40.5kV
(C)23.4kV (D)52.7kV

32. 利用基础内钢筋网作为接地体的第二类防雷建筑,接闪器成闭合环的多根引下线,每根引下线在距地面 1.0m 以下所连接的有效钢筋表面积总和应不小于下列哪项数值? ( )

(A)$0.37m^2$ (B)$0.82m^2$

(C)$1.85m^2$ (D)$4.24m^2$

33. 某变电所中接地装置的接地电阻为0.12Ω,计算用的入地短路电流12kA,最大跨步电位差系数、最大接触电位差系数计算值分别为0.1、0.22,请计算最大跨步电位差、最大接触电位差分别为下列何值? ( )

(A)10V,22V (B)14.4V,6.55V

(C)144V,316.8V (D)1000V,454.5V

34. 某35kV中性点经消弧线圈接地的系统,年平均中性点电流大于0.1%额定电流时,其电能计量装置应采用下列哪种接线方式? ( )

(A)三相三线制 (B)三相四线制

(C)三相五线制 (D)三相四线制或三相五线制

35. 某商业广场项目拟设置集中控制型消防应急照明和疏散指示系统,系统采用24V电源供电,则疏散照明灯具的端电压不宜低于额定电压的百分比为下列哪项数值?

( )

(A)80% (B)85%

(C)87% (D)90%

36. 反接制动是将三相交流异步电动机的电源相序反接或将直流电动机的电源极性反接而产生的制动转矩的方法,下列有关反接制动的特性表述不正确的是? ( )

(A)在任何转送下制动都有较强的制动效果

(B)绕线转子异步电动机采用频敏变阻器进行反接制动最为理想

(C)制动转矩随转速的降低而减小

(D)制动到零时应及时切断电源,否则有自动逆转的可能

37. 有关冷源系统中机组自带的控制系统通信接口可接受的控制和状态查询指令不包括下列哪项? ( )

(A)机组综合效率的状态

(B)机组启停控制和状态

(C)机组制冷功率控制和状态

(D)机组工作状态、故障、报警信息

38. 某66kV单回路架空电力线路采用三角形排列,导线水平投影距离为3m,垂直投影距离为4m,请计算66kV架空导线的等效水平线间距离为下列哪项数值? ( )

(A)6.1m (B)7.0m

(C)5.0m (D)5.7m

39. 某建筑物内综合布线电缆与电力电缆均在同一线槽中敷设，线槽设金属板隔开，电力电缆供电负荷为 10kV · A，则综合布线电缆与电力电缆的最小间距应为下列哪项数值？（　）

(A)150mm　　(B)300mm
(C)500mm　　(D)600mm

40. 66kV 架空电力线路耐张段设计中，某一有地线杆塔高 60m，则其耐张绝缘子片数应为下列哪项数值？（　）

(A)5 片　　(B)6 片
(C)7 片　　(D)8 片

二、多项选择题(共 30 题，每题 2 分。每题的备选项中有 2 个或 2 个以上符合题意。错选、少选、多选均不得分)

41. 下列哪些情况应考虑实施辅助等电位联结？（　）

(A)具有防雷和信息系统抗干扰要求
(B)在特定场所，需要有更低接触电压要求的防电击措施
(C)在局部区域，当自动切断供电电压要求不能满足防电击要求时
(D)末端配电回路未设置剩余电流保护装置（　）

42. 在爆炸性气体环境中，释放源应按可燃物质的哪些特性分为连续级、一级、二级释放源？（　）

(A)释放频繁程度　　(B)可燃物质物理特性
(C)释放气体体积容量　　(D)释放持续时间长短

43. 发电厂中，油浸变压器外轮廓与汽机房的间距，下列哪几条是满足要求的？（　）

(A)2m(变压器外轮廓投影范围外侧各 2m 内的汽机房外墙上无门、窗和通风孔)
(B)4m(变压器外轮廓投影范围外侧各 3m 内的汽机房外墙上无门、窗和通风孔)
(C)6m(变压器外轮廓投影范围外侧各 5m 内的汽机房外墙上设有甲级防火门)
(D)10m

44. 一般情况下，三相短路电流较单相、两相短路电流更大，但下列哪些特殊情况单相、两相接地短路可能比三相短路更严重？（　）

(A)发电机出口两相短路

(B)中性点有效接地系统回路单相接地短路
(C)负荷过大时单相接地短路
(D)自耦变压器回路两相接地短路

45.110kV 变电所,150m 长的电缆隧道,应采取防止电缆火灾蔓延的措施,还可以采取以下哪些措施? ( )

(A)采用耐火极限不低于 2h 的防火墙或隔板
(B)采用电缆防火材料封堵电缆通过的孔洞
(C)电缆局部采用防火带、防火槽盒
(D)电缆隧道局部涂防火涂料

46.在低压配电设计中,所选用的电器应符合国家现行的有关产品标准,同时还应符合下列哪些规定? ( )

(A)电器应满足短路条件下的动稳定与热稳定的要求
(B)电器的额定电压不应小于所在回路的标称电压
(C)电器的额定电流不应小于所在回路的计算电流
(D)电器的额定频率应与所在回路的频率相适应

47.某超高层写字楼消防电梯采用单控模式,电梯铭牌设备功率为 48kW,功率因数为 0.7,则下列重型矿物绝缘电缆(BTTZ)的标称截面及其额定电流满足规范要求的有哪些? ( )

(A)BTTZ-750-4 × (1 ×25) mm^2,额定电流 112A
(B)BTTZ-750-4 × (1 ×35) mm^2,额定电流 131A
(C)BTTZ-750-4 × (1 ×50) mm^2,额定电流 168A
(D)BTTZ-750-4 × (1 ×70) mm^2,额定电流 205A

48.当应急电源装置(EPS)用作系统备用电源时,下列哪些表述符合规范规定? ( )

(A)EPS 逆变工作效率不大于 90%
(B)当负荷过载 120% 时,EPS 应能长期工作
(C)EPS 的额定输出功率不应小于所连接的应急照明负荷总容量的 1.5 倍
(D)EPS 单机容量不应大于 90kVA

49.某二次侧电压为 6kV 的所用变压器,其二次侧总开关在下列哪些情况下应采用断路器? ( )

(A)变压器有并列运行要求或需要转换操作
(B)变压器采用有载调压功能时
(C)二次侧总开关有继电保护要求

(D)二次侧总开关有自动装置要求

50. 检修时,对导线跨中有引下线的110kV电压的架构,应计算导线上人荷载,并分别验算单相和三相作业的受力状态,下列哪些导线集中荷载符合规范规定? (　　)

(A)单相作业时,110kV取1800N
(B)单相作业时,110kV取1500N
(C)三相作业时,110kV每相取1000N
(D)三相作业时,110kV每相取1200N

51. 投切控制器无相关显示功能时,低压并联电容器柜应装设下列哪些仪表? (　　)

(A)电流表　　(B)无功功率表
(C)电压表　　(D)功率因数表

52. 冲击负荷引起的电网电压波动和电压闪变时,对其他设备的影响下列哪些表述是正确的? (　　)

(A)电动机负荷转矩变化　　(B)降低照明质量
(C)汽轮机叶片断裂　　(D)显像管图像变形

53. 某110/35kV的枢纽变电站进线开关柜采用SF6断路器,则下列有关SF6开关室表述正确的是: (　　)

(A)应采用机械通风
(B)室内空气应循环处理
(C)正常通风量不应少于2次/h
(D)事故通风量不应少于4次/h

54. 当断路器的两端为互不联系的电源时,设计中应按下列哪些要求校验? (　　)

(A)断路器同极断口间的公称爬电比距与对地公称爬电比距之比一般取为1.3
(B)母联断路器,其断口的公称爬电比距与对地公称爬电比距之比,一般不低于1.2
(C)断路器断口间的绝缘水平满足另一侧出线工频反相电压的要求
(D)在失步下操作时的开断电流不低于断路器的额定反相开断性能

55. 电子巡查系统应根据建筑物的使用性质、功能特点及安全技术防范管理要求设置,其巡查站点应在下列哪些地点设置? (　　)

(A)消防电梯机房、排烟机房、消防水泵房
(B)标准层办公单元门口、主要机房门口
(C)电梯前室、停车场

(D)建筑物出入口、楼梯前室、主要通道

56. 选用 10kV 及以下电力电缆，规范要求下列哪些情况不宜选用聚氯乙烯绝缘电缆？ ( )

(A)高、低温环境
(B)直流输电系统
(C)明确需要与环境保护协调时
(D)防火有低毒性要求时

57. 某 110kV 电缆采用单芯电缆金属层单点直接接地，下列哪些情况时，应沿电缆邻近设置平行回流线？ ( )

(A)需抑制电缆邻近弱电线路的电气干扰强度
(B)系统短路时电缆金属层产生的工频过电压，超过护层电压限制器的工频耐压
(C)系统短路时电缆金属层产生的工频过电压，超过电缆护层绝缘耐受强度
(D)需与架空线接驳并引入 110kV 及以下变电站时

58. 对母线电压短时降低和中断，下列哪些电动机应装设 0.5s 时限的低电压保护，保护动作电压为额定电压的 65% ~70%？ ( )

(A)有备用自动投入机械的 I 类负荷电动机
(B)在电源电压长时间消失后需自动断开的电动机
(C)根据生产过程不允许或不需自启动的电动机
(D)当电源电压快速恢复时，需断开的次要电动机

59. 某变电所中有一照明灯塔上装有避雷针，照明灯电源线采用直接埋入地下带金属外皮的电缆，电缆外皮埋地长度为下列哪几种时，不允许与 35kV 电压配电装置的接地网及低压配电装置相连？ ( )

(A)15m (B)12m (C)10m (D)8m

60. 电力工程的直流系统中，常选择高频开关电源整流装置作为充电设备，下列哪些要求属于高频开关模块的基本性能？ ( )

(A)均流 (B)稳压
(C)功率因数 (D)谐波电流含量

61. 在独立接闪杆、架空接闪线、架空接闪网的支柱上，严禁悬挂下列哪些线路？ ( )

(A)电话线、广播线 (B)低压架空线
(C)高压架空线 (D)电视接收天线

62. 有关建筑物易受雷击的部位,下列哪些项表述是正确的? ( )

(A)平屋面或坡度不大于1/10的屋面,檐角、女儿墙、屋檐为其易受雷击的部位
(B)坡度大于1/10且小于1/2的屋面,屋角、屋脊、檐角、屋檐为其易受雷击的部位
(C)坡度不小于1/2的屋面,屋角、屋脊、檐角、女儿墙为其易受雷击的部位
(D)在屋脊有接闪带的情况下,当屋檐处于屋脊接闪带的保护范围内时,屋檐上可不设接闪带

63. 下列有关火灾自动报警系统的供电线路、通信线路和控制线路等线缆选型表述正确的是? ( )

(A)供电线路应采用耐火铜芯电线电缆
(B)消防联动控制线路可采用阻燃铜芯电线电缆
(C)消防应急广播传输线路可采用阻燃电缆
(D)报警总线应采用阻燃或阻燃耐火电线电缆

64. 下列有关蓄电池充电的表述哪些是正确的? ( )

(A)除固定型阀控式密闭铅酸蓄电池、镉镍蓄电池外,铅酸蓄电池与其充电用整流设备不宜装设在同一房间内
(B)酸性蓄电池与碱性蓄电池应存放在不同房间充电
(C)蓄电池车充电时,每辆车宜采用单独充电回路,并分别进行调节
(D)整流设备的选择应根据蓄电池组容量确定

65. 在照明供电设计中,下列镇流器的选择原则哪些项是正确的? ( )

(A)电压偏差较大的场所,高压钠灯应配用节能电感镇流器
(B)荧光灯应配用电子镇流器或节能电感镇流器
(C)对频闪效应有限制的场合,应采用高频电子镇流器
(D)金属卤化物灯应配置恒功率镇流器

66. PLC数据通信的基本方式有并行通信和串行通信两种,下列有关数据通信的描述哪些项是正确的? ( )

(A)串行通信传送速度慢,优点是需要线缆较少,适合于远距离传输
(B)并行通信传输速率快,不宜于远距离通信,常用于近距离、高速度的数据传输
(C)串行通信常用于主机与扩展模块之间
(D)并行通信常用于计算机与PLC之间

67. 下列哪些项符合电磁转差离合器调速系统的特点? ( )

(A)对电网有谐波影响

(B)适用于恒转矩负载,不适用于恒功率负载
(C)运行平稳,不存在机械振动及共振
(D)调速平滑,调速范围大

68. 出入口控制系统工程的设计,应符合下列哪些项规定? ( )

(A)执行机构的有效开启时间应满足出入口流量及人员、物品的安全要求
(B)系统设置应满足消防紧急逃生时人员疏散的要求
(C)系统前端设备的选型与设置,应满足现场条件和防破坏、防技术开启的要求
(D)供电电源断电时系统闭锁装置的启闭状态应满足消防用电要求

69. 对于不同设计覆冰厚度,上下层导线间或导线与地线间的最小水平偏移,下列哪些项符合规范规定? ( )

(A)设计覆冰厚度 10mm,35kV 架空线路:0.35m
(B)设计覆冰厚度 15mm,66kV 架空线路:0.5m
(C)设计覆冰厚度 20mm,35kV 架空线路:0.8m
(D)设计覆冰厚度 25mm,66kV 架空线路:1.0m

70. 66kV 及以下架空线路的平均运行张力和防震措施,下面哪些是不正确的?(T_p 为电线的拉断力) ( )

(A)档距不超过 500m 的开阔地区、不采取防震措施时,镀锌钢绞线的平均运行张力上限为 12% T_p
(B)档距不超过 500m 的开阔地区、不采取防震措施时,钢绞线的平均运行张力上限为 18% T_p
(C)档距不超过 500m 的非开阔地区、不采取防震措施时,镀锌钢绞线的平均运行张力上限为 22% T_p
(D)钢芯铝绞线的平均运行张力为 25% T_p 时,均需用防震(阻尼线)或另加护线条防震

2011 年专业知识试题答案(上午卷)

1. **答案:**B

依据:《爆炸危险环境电力装置设计规范》(GB 50058—2014)附录 B 第 23-6)条。

2. **答案:**B

依据:《低压配电设计规范》(GB 50054—2011)第 3.1.9 条、第 3.1.10 条。

3. **答案:**A

依据:《3 ~ 110kV 高压配电装置设计规范》(GB 50060—2008)第 5.4.4 条及表 5.4.4 的注 4。

4. **答案:**C

依据:《工业与民用供配电设计手册》(第四版)P5,式(1.2-1)。

起重机的设备功率:$P_e = P_r\sqrt{\varepsilon_r} = 120\times\sqrt{0.4} = 75.9\text{kW}$

5. **答案:**B

依据:《电力工程电气设计手册》(电气一次部分)P48"有关双母线接线的特点"。

注:内桥、外桥、单母线及分段单母线已多次考查,双母线及双母线分段的特点也应了解。

6. **答案:**A

依据:《钢铁企业电力设计手册》(上册)P289"变压器的运行特性"。

7. **答案:**D

依据:《35kV ~ 110kV 变电站设计规范》(GB 50059—2011)第 5.0.4 条、第 5.0.5 条、第 5.0.6 条、第 5.0.9 条。

8. **答案:**D

依据:《电能质量 供电电压偏差》(GB/T 12325—2008)第 4.1 条。

第 4.1 条:35kV 及以上供电电压正、负偏差绝对值之和不超过标称电压的 10%。

9. **答案:**D

依据:《供配电设计规范》(GB 50052—2009)第 7.0.8 条。

10. **答案:**B

依据:《3 ~ 110kV 高压配电装置设计规范》(GB 50060—2008)第 6.0.5 条。

11. **答案:**A

依据:《火力发电厂与变电站设计防火规范》(GB 50229—2019)第 6.8.2 条。

12. **答案**:C

依据:《爆炸危险环境电力装置设计规范》(GB 50058—2014)第4.1.2条及条文说明。

13. **答案**:B

依据:《3~110kV高压配电装置设计规范》(GB 50060—2008)第3.0.2条。

14. **答案**:D

依据:《电力设施抗震设计规范》(GB 50260—2013)第6.7.4条~第6.7.8条。

15. **答案**:A

依据:《建筑照明设计标准》(GB 50034—2013)第7.2.3条。

16. **答案**:C

依据:《并联电容器装置设计规范》(GB 50227—2017)第5.2.2条及条文说明。

$$U_{CN}=\frac{1.05U_{SN}}{\sqrt{3}S(1-K)}=\frac{1.05\times 35}{\sqrt{3}\times 4\times(1-0.12)}=6.03\text{kV},取6\text{kV}。$$

注:应区别电容器运行电压和额定电压两个定义。

17. **答案**:B

依据:《低压配电设计规范》(GB 50054—2011)第7.6.54条。

18. **答案**:B

依据:《并联电容器装置设计规范》(GB 50227—2017)第4.1.2-3条。

每个串联段的电容器并联总容量不应超过3900kvar:3900÷500=7.8个,取整为7个。

因此单星形接线的总容量最大为:$Q_{max}=7\times 500\times 3=10500\text{kvar}$

注:有关并联电容器组接线类型可参考《电力工程电气设计手册》(电气一次部分)P503 图9-30。

19. **答案**:C

依据:《低压配电设计规范》(GB 50054—2011)第7.6.3条~第7.6.7条。

20. **答案**:C

依据:《导体与电器选择设计技术规程》(DL/T 5222—2005)第7.1.10条及表7.1.10。

$0.78\times[0.31-1.05\times(1000-200)\times 10^{-4}]=0.176\text{A/mm}^2$,因此选择$0.165\text{A/mm}^2$。

注:导体无镀层接头接触面的电流密度,不宜超过表7.1.10所列数值。

21. **答案**:B

依据:《导体与电器选择设计技术规程》(DL/T 5222—2005)第16.0.4条及条文说明。

22. **答案**:A

依据:《20kV及以下变电所设计规范》(GB 50053—2013)第6.1.9条。

23. **答案**:C

依据:《电力工程电缆设计规范》(GB 50217—2018)第5.2.2条。

24. **答案**:D

依据:《交流电气装置的接地设计规范》(GB/T 50065—2011)第5.1.8条。

25. **答案**:C

依据:《火灾自动报警系统设计规范》(GB 50116—2013)第3.3.2-2条、第6.2.16条。

26. **答案**:C

依据:《电力装置的继电保护和自动装置设计规范》(GB/T 50062—2008)第15.4.2条。

27. **答案**:A

依据:《电力装置的继电保护和自动装置设计规范》(GB/T 50062—2008)附录B表B.0.1。

28. **答案**:B

依据:《电力工程直流系统设计技术规程》(DL/T 5044—2014)附录D第D.2.1条,方式2。

每套高频开关的电流模块数量:$n = \dfrac{I_{10}}{I_{me}} = \dfrac{300 \div 10}{10} = 3$

29. **答案**:D

依据:《民用建筑电气设计标准》(GB 51348—2019)第17.4.2条~第17.4.4条。

30. **答案**:D

依据:《建筑物防雷设计规范》(GB 50057—2010)附录J电涌保护器 表J.J.1。

31. **答案**:B

依据:《交流电气装置的过电压保护和绝缘配合设计规范》(GB/T 50064—2014)第3.2.2条、第4.1.1条。

第3.2.2-1条:工频过电压的基准电压1.0p.u. $= U_m/\sqrt{3}$

第4.1.1-4条:35kV工频过电压一般不超过$\sqrt{3}$p.u.

则:35kV:$\sqrt{3}$p.u. $= \sqrt{3} \times 40.5 \div \sqrt{3} = 40.5$kV

注:也可参考《交流电气装置的过电压保护和绝缘配合》(DL/T 620—1997)第4.1.1-b)条及第3.2.2-a)条。最高电压 U_m 可参考《标准电压》(GB/T 156—2007)第4.3条~第4.5条。

32. **答案**:B

依据:《建筑物防雷设计规范》(GB 50057—2010)第4.3.5-4条。

有效钢筋表面积总和:$S \geq 4.24k_c^2 = 4.24 \times 0.44^2 = 0.82\text{mm}^2$

注:当接闪器成闭合环或网状的多根引下线时,分流系数可为0.44。

33. **答案**:C

依据:《交流电气装置的接地设计规范》(GB/T 50065—2011)附录D。

34. **答案**:B

依据:《电力装置电测量仪表装置设计规范》(GB/T 50063—2017)第4.1.7条。

35. **答案**:D

依据:《建筑照明设计标准》(GB 50034—2013)第7.1.4-3条。

36. **答案**:C

依据:《钢铁企业电力设计手册》(下册)P96式(24-7)。

注:也可参考《反接制动的接线方式和制动特性》P406、P407表5-1。

37. **答案**:A

依据:《民用建筑电气设计标准》(GB 51348—2019)第18.8.2-3条。

38. **答案**:A

依据:《66kV及以下架空电力线路设计规范》(GB 50061—2010)第7.0.3条式(7.0.3-2)。

等效水平线间距离:$D_X \geq \sqrt{D_p^2 + \left(\frac{4}{3}D_z\right)^2} = \sqrt{3^2 + \left(\frac{4}{3} \times 4\right)^2} = 6.12\text{m}$

39. **答案**:A

依据:《综合布线系统工程设计规范》(GB 50311—2016)第8.0.1条表8.0.1-1。

40. **答案**:D

依据:《66kV及以下架空电力线路设计规范》(GB 50061—2010)第6.0.3条、第6.0.4条。

---

41. **答案**:ABC

依据:《系统接地的型式及安全技术要求》(GB 14050—2008)第5.1.3条。

42. **答案**:AD

依据:《爆炸危险环境电力装置设计规范》(GB 50058—2014)第3.2.3条。

43. **答案**:BCD

依据:《火力发电厂与变电站设计防火规范》(GB 50229—2019)第4.0.9条、第5.3.10条。

44. **答案**:ABD

依据:《3~110kV 高压配电装置设计规范》(GB 50060—2008)第 4.1.3 条及条文说明。

45. **答案**:ABC

依据:《火力发电厂与变电站设计防火规范》(GB 50229—2019)第 11.4.1 条。

46. **答案**:ACD

依据:《低压配电设计规范》(GB 50054—2011)第 3.1.1 条。

47. **答案**:CD

依据:《通用用电设备配电设计规范》(GB 50055—2011)第 3.3.4-1 条。

第 3.3.4-1 条:单台交流电梯供电导线的连续工作载流量应大于其铭牌连续工作制额定电流 140%。

最小连续工作载流量:$I_{e \cdot min} = 1.4 \times \frac{48}{\sqrt{3} \times 0.38 \times 0.7} = 145.9A$

48. **答案**:ABD

依据:《民用建筑电气设计标准》(GB 51348—2019)第 6.2.2 条。

49. **答案**:ACD

依据:《20kV 及以下变电所设计规范》(GB 50053—2013)第 3.2.14 条 。

50. **答案**:BC

依据:《3~110kV 高压配电装置设计规范》(GB 50060—2008)第 7.2.3 条。

51. **答案**:ACD

依据:《并联电容器装置设计规范》(GB 50227—2017)第 7.2.6 条。

52. **答案**:BD

依据:《供配电系统设计规范》(GB 50052—2009)第 5.0.11 条及条文说明。

注:负荷转矩与负荷性质有关,与电压无关;频率降低严重时,可能造成汽轮机叶片断裂。

53. **答案**:ACD

依据:《35kV~110kV 变电站设计规范》(GB 50059—2011)第 4.5.6 条。

54. **答案**:BC

依据:《导体和电器选择设计技术规定》(DL/T 5222—2005)第 9.2.13 条 。

55. **答案**:CD

依据:《民用建筑电气设计标准》(GB 51348—2019)第 14.5.2 条。

56. **答案**:AD

依据:《电力工程电缆设计规范》(GB 50217—2018)第 3.3.2 条~第 3.3.7 条。

57. **答案**:ABC

依据:《电力工程电缆设计规范》(GB 50217—2018)第4.1.16条。

58. **答案**:AC

依据:《电力装置的继电保护和自动装置设计规范》(GB/T 50062—2008)第9.0.5条。

59. **答案**:CD

依据:《交流电气装置的过电压保护和绝缘配合设计规范》(GB/T 50064—2014)第5.4.10-2条。

注:《交流电气装置的过电压保护和绝缘配合》(DL/T 620—1997)第7.1.10条。

60. **答案**:ACD

依据:《电力工程直流系统设计技术规程》(DL/T 5044—2014)第6.2.1-8条。

61. **答案**:ABD

依据:《建筑物防雷设计规范》(GB 50057—2010)第4.5.8条。

62. **答案**:AB

依据:《建筑物防雷设计规范》(GB 50057—2010)附录B。

63. **答案**:ACD

依据:《火灾自动报警系统设计规范》(GB 50116—2013)第11.2.2条。

64. **答案**:ABC

依据:《通用用电设备配电设计规范》(GB 50055—2011)第6.0.2条~第6.0.6条。

65. **答案**:BC

依据:《建筑照明设计标准》(GB 50034—2013)第3.3.6条。

66. **答案**:AB

依据:《电气传动自动化技术手册》(第三版)P880、P881数据通信内容。

67. **答案**:BCD

依据:《钢铁企业电力设计手册》(下册)P285"电磁转差离合器调速系统的特点"。

68. **答案**:ABC

依据:《出入口控制系统工程设计规范》(GB 50396—2007)第3.0.4条。

69. **答案**:BD

依据:《66kV及以下架空电力线路设计规范》(GB 50061—2010)第7.0.5条。

70. **答案**:BC

依据:《66kV及以下架空电力线路设计规范》(GB 50061—2010)第5.2.4条。

2011 年专业知识试题(下午卷)

一、单项选择题(共 40 题,每题 1 分,每题的备选项中只有 1 个最符合题意)

1. 对于处理生产装置用冷却水的机械通风冷却塔,当划分为爆炸危险区域时,以回水管顶部烃放空管管口为中心,半径为 1.5m 和冷却塔及其上方高度为 3m 的范围可划为? ( )

(A)0 区 (B)1 区
(C)2 区 (D)附加 2 区

2. 下列关于变电所消防的设计原则,哪一条是错误的? ( )

(A)变电所建筑物(丙类火灾危险性)体积 3001 ~ 5000m^3,消防给水量为 10L/S
(B)一组消防水泵的吸水管设置两条
(C)吸水管上设检修用阀门
(D)应设置备用泵

3. 自耦变压器采用公共绕组调压时,应验算第三绕组电压波动不超过允许值,在调压范围大,第三绕组电压不允许波动范围大时,建议采用下列哪种调压方式? ( )

(A)高压侧线端调压 (B)中压侧线端调压
(C)低压侧线端调压 (D)高、中压侧线端调压

4. 两台或多台变压器的变电所,各台变压器通常采取分列运行方式,如需采取变压器并列运行方式,下列哪项运行条件是错误的? ( )

(A)电压相同,变压比差值不得超过 0.5%,调压范围与每级电压要相同
(B)连续组别相同,包括连接方式、极性、相序都必须相同
(C)阻抗电压相等,阻抗电压差值不得超过 ±10%
(D)容量差别不宜过大,容量比不宜超过 3:1

5. 20kV 及以下变电所设计中,一般情况下,动力和照明宜共用变压器,在下列关于设置照明专用变压器的表述中哪一项是正确的? ( )

(A)采用 660(690)V 交流三相配电系统时,应设照明专用变压器
(B)采用配出中心线的交流三相中性点不接地系统(IT 系统)时,应设照明专用变压器
(C)当照明负荷较大或动力和照明采用共用变压器严重影响照明质量及灯泡寿命时,宜设照明专用变压器
(D)负荷随季节性变化不大时,宜设照明专用变压器

6. 直流换流站的直流电流测量装置和直流电压测量装置的综合误差分别应为下列哪项数值？（　　）

(A) ±1.0%，±0.5%　　(B) ±0.5%，±1.0%

(C) ±1.0%，±1.0%　　(D) ±0.5%，±0.5%

7. 10kV 配电装置室的门和变压器室的门的高度和宽度，宜按最大不可拆卸部件尺寸，适当增加高度和宽度确定，其疏散通道的门最小高度和最小宽度宜为下列哪些数值？（　　）

(A)2.0m，1.0m　　(B)2.5m，1.0m

(C)2.0m，0.75m　　(D)2.5m，0.75m

8. 并联电容器组三相的任何两相之间的最大与最小电容之比，电容器组每组各串联段之间的最大与最小电容之比，均不宜超过：（　　）

(A)1.0　　(B)1.02

(C)1.05　　(D)1.08

9. 无功补偿装置的投切方式，下列哪种情况不宜采用手动投切的无功补偿装置？（　　）

(A)补偿低压基本无功功率的电容器组

(B)常年稳定的无功功率

(C)经常投入运行的变压器

(D)每天投切次数至少为三次的高压电动机及高压电容器组

10. 某企业 110kV 馈线断路器采用室内安装的油断路器，可满足就地操作要求，按规范要求，其操作机构处应设置隔板，则该防护隔板高度不应小于：（　　）

(A)1.5m　　(B)1.8m

(C)1.9m　　(D)2.0m

11. 在抗震设防烈度为 7 度及以上的电气设施中，下列旋转电机类设备安装中，可不必在附近设置补偿装置的是哪一项？（　　）

(A)柴油发电机　　(B)高压笼型电动机

(C)调相机　　(D)空气压缩机

12. 向低压电气装置供电的配电变压器高压侧工作于低电阻接地系统时，若低压系统电源中性点与该变压器保护接地共用接地装置，请问下列哪一个条件是错误的？（　　）

(A)变压器的保护接地装置的接地电阻应符合 $R \leqslant 120/I_g$

(B)建筑物内低压电气装置采用 TN-C 系统

(C)建筑物内低压电气装置采用 TN-C-S 系统

(D)低压电气装置采用(含建筑物钢筋的)保护总等电位联结系统

13. 根据规范要求,35kV 变电所电缆隧道内的照明电压应不宜高于? ( )

(A)50V (B)36V

(C)24V (D)12V

14. 110kV 电缆线路在系统发生单相接地故障对临近弱电线路有干扰时,应沿电缆线路平行敷设一根回流线,其回流线的选择与设置应符合下列哪项规定? ( )

(A)当线路较长时,可采用电缆金属护套回流线

(B)回流线的截面应按系统最大故障电流校验

(C)回流线的排列方式,应使电缆正常工作时在回流线上产生的损耗最小

(D)电缆正常工作时,在回流线上产生的感应电压不得超过 150V

15. 电缆与直流电气化铁路交叉时,电缆与铁路路轨间的距离应满足下列哪项数值? ( )

(A)1.5m (B)5.0m

(C)2.0m (D)1.0m

16. 在低压配电设计中,过负荷断电将引起严重后果的线路,其过负荷保护不应切断电源,可作用于信号,下列哪项不属于引起严重后果的供电回路? ( )

(A)电流互感器的一次回路 (B)旋转电机的励磁回路

(C)消防水泵的供电回路 (D)起重电磁铁的供电回路

17. 在照明配电线路的中,若三相计算电流为 39A,含有 20% 三次谐波,采用铜芯供电电缆,按规范要求中性线规格应为下列哪一项? ( )

(A)$4mm^2$ (B)$6mm^2$

(C)$10mm^2$ (D)$16mm^2$

18. 所用变压器高压侧选用熔断器作为保护电器时,下列哪些表述是正确的? ( )

(A)熔断器熔管的电流应小于或等于熔体的额定电流

(B)限流熔断器可使用在工作电压低于其额定电压的电网中

(C)熔断器只需按额定电压和开断电流选择

(D)熔体的额定电流应按熔断器的保护熔断特性选择

19. 关于低压交流电动机的短路保护,下列有关短路保护器件选择哪项表述是错误的? ( )

(A)当采用短延时过电流脱扣器作保护时,短延时脱扣器整定电流宜躲过启动电流周期分量最大有效值,延时不宜小于0.1s

(B)瞬动过电流脱扣器的整定电流应取电动机启动电流周期分量最大有效值的2~2.5倍

(C)过电流继电器瞬动元件的整定电流应取电动机启动电流周期分量最大有效值的2~2.5倍

(D)熔断体的安秒特性曲线应略高于电动机启动电流时间特性曲线,且其额定电流应大于电动机额定电流

20. 已知短路的热效应 $Q_{\mathrm{d}} = 1245(\mathrm{kA})^2\mathrm{s}$,供电导体采用铜裸导体,且不与其他电缆成束敷设,导体绝缘采用最高工作温度为90℃的聚氯乙烯,则按热稳定校验选择裸导体最小截面不应小于下列哪项数值? ( )

(A)40mm×4mm (B)50mm×5mm

(C)63mm×6.3mm (D)63mm×8mm

21. 1000V及以下电压的低压电缆屋内布线,下列描述正确的是: ( )

(A)相同电压的电缆并列敷设时,电缆之间的净距不应小于35mm,且不应小于电缆外径。

(B)无铠装的电缆水平明敷时,与地面的距离不应小于2.5m

(C)电缆穿管敷设,其穿管的内径不应小于电缆外径的1.5倍

(D)电缆托盘和梯架距地面的高度不宜低于2.5m

22. 关于电缆支架选择,以下哪项是不正确的? ( )

(A)工作电流大于1500A的单芯电缆支架不宜选用钢制

(B)金属制的电缆支架应有防腐处理

(C)电缆支架的强度,应满足电缆及其附件荷重和安装维护的受力要求,有可能短暂上人时,计入1000N的附加集中荷载

(D)在户外时,计入可能有覆冰、雪和大风的附加荷载

23. 变电所内,用于110kV直接接地系统的母线型无间隙金属氧化物避雷器的持续运行电压和额定电压应不低于下列哪项数值? ( )

(A)57.6kV,71.8kV (B)69.6kV,90.8kV

(C)72.7kV,94.5kV (D)63.5kV,82.5kV

24. 35~110kV变电所设计,下列有关配电装置形式的选择哪一项要求不正确? ( )

(A)城市中心变电站宜选用小型化紧凑型电气设备

(B)变电站主变压器应布置在运行噪声对周边环境影响较小的位置

(C)屋外变电站实体围墙不应低于2.2m

(D)电缆沟及其他类似沟道的沟底纵坡,不宜小于0.5%

25.变配电所二次测量回路中,变送器模拟量输出回路和电能表脉冲量输出回路,宜选用对绞芯分屏蔽加总屏蔽的铜芯电缆,芯线截面不应小于下列哪项数值? ( )

(A)0.75mm^2　　(B)1.0mm^2

(C)1.5mm^2　　(D)2.5mm^2

26.规范规定110kV及以下的继电保护和自动装置用电流互感器宜选用P类产品,下列理由表述正确的是: ( )

(A)系统时间常数偏小

(B)短路电流偏小

(C)较大直流偏移

(D)铁芯剩磁偏小

27.某110kV枢纽变电站,直流系统采用控制和动力负荷合并供电方式,设两组220V阀控蓄电池,蓄电池容量为1800A·h、103只。每组蓄电池供电的经常负荷为60A,均衡充电时蓄电池不与母线相连,在充电设备参数选择计算方面,下列哪组数据是不正确的? ( )

(A)充电装置额定电流满足浮充电要求为61.8A

(B)充电装置额定电流满足初充电要求为180~225A

(C)充电装置直流输出电压为247.2V

(D)充电装置额定电流满足均衡充电要求为240~285A

28.在电力系统中,R-C阻容吸收装置用于下列哪种过电压的保护? ( )

(A)雷电过电压　　(B)操作过电压

(C)谐振过电压　　(D)工频过电压

29.民用建筑物防雷设计中,10kV架空线的地线采用热镀锌钢绞线,其最小截面宜为: ( )

(A)16mm^2　　(B)35mm^2

(C)50mm^2　　(D)75mm^2

30.某建筑物内含有两类的防雷建筑物,其中第一类防雷建筑物的面积占建筑总面积的15%,第二类防雷建筑物的面积占总面积的19%,则该建筑物宜确定为: ( )

(A)第一类防雷建筑物

(B)第二类防雷建筑物

(C)第三类防雷建筑物

(D)第一类防雷建筑物和第二类防雷建筑物分别设计

31. 某钢铁企业内110kV架空线路某跨线档，导体悬挂点高度为25m，弧垂为12m，在此档100m处发生了雷云对地放电，雷电流幅值为60kA，该线路档上产生的感应过电压最大值为下列哪个数值？ (　　)

(A)375kV　　(B)255kV

(C)195kV　　(D)180kV

32. 根据规范要求，有关航空障碍灯的设置，下列哪项表述是不正确的？ (　　)

(A)障碍标志灯的电源应按主体建筑中最高负荷等级要求供电

(B)障碍标志灯应装设在建筑物或构筑物的最高部位，或在其外侧转角的顶端分别设置

(C)障碍标志灯的水平、垂直距离不宜大于50m

(D)障碍标志灯宜采用自动通断电源的控制装置，并宜设有变化光强的措施

33. 主要供给气体放电灯的三相配电线路，其中中性线截面应满足不平衡电流及谐波的要求，且不应小于相线截面，当3次谐波电流超过下列何值时，应按中性线电流选择线路截面？ (　　)

(A)基波电流的25%　　(B)基波电流的33%

(C)基波电流的40%　　(D)基波电流的50%

34. 有关疏散照明的地面平均水平照度值，下列表述不正确的是： (　　)

(A)垂直疏散区域不应低于5lx

(B)疏散通道中心线的最大值和最小值之比不应大于40:1

(C)需要救援人员协助疏散的场所不应低于5lx

(D)水平疏散通道不应低于1lx，人员密集场所、避难层不应低于5lx

35. 电子控制设备抗干扰的基本任务是：使系统或装置既不因外界电磁干扰的影响而误动作或丧失功能，也不向外界发送过大的噪声干扰，下列有关抗干扰的原则，哪一项是错误的？ (　　)

(A)抑制噪声源

(B)切断电磁干扰的传递途径

(C)降低传递途径对电磁干扰的衰减作用

(D)加强受扰设备抵抗电磁干扰能力，降低其噪声敏感度

36. 交—交变频调速系统是一种不经中间直流环节直接将较高固定频率的电压变换为频率较低而可变的输出电压的变频调速系统，通常输出频率为电源频率的： (　　)

(A)33% ~50%　　(B)25% ~50%

(C)20% ~50%　　(D)33% ~50%及以下

37. 关于感烟探测器在格栅吊顶场所的设置原则,下列描述哪项是不正确的? (　　)

(A)镂空面积与总面积比例不大于15%时,探测器应设置在吊顶下方

(B)镂空面积与总面积比例不大于30%时,探测器应设置在吊顶上方

(C)镂空面积与总面积比例不大于15~30%时,探测器宜同时设置在吊顶上方和下方

(D)镂空面积与总面积比例不大于30~70%时,地铁站台的探测器宜同时设置在吊顶上方和下方

38. 下列有关火灾报警各系统及消防设施运行状态信息的表述完整且正确的是? (　　)

(A)火灾探测报警系统:火灾报警信息、可燃气体探测报警信息、电气火灾监控报警信息、故障信息

(B)消防电源监控系统:系统内各消防用电设备的供电电源和备用电源工作状态和欠压报警信息

(C)消防应急照明和疏散指示系统:本系统的手自动、故障状态和应急工作状态信息

(D)消防应急广播系统:本系统的手自动、启动、停止和故障状态

39. 下列有关报警系统的入侵探测器的设置原则,哪项是正确的? (　　)

(A)防护对象应在入侵探测器的有效探测方位内,入侵探测器覆盖范围内应无盲区,覆盖范围边缘与防护对象间的距离宜大于5m

(B)应当避免多个探测器的探测范围有交叉覆盖

(C)周界的每一个独立防区长度不宜大于250m

(D)需设置紧急报警装置的部分宜不少于2个独立防区,每一个独立防区的紧急报警装置数量不应大于4个,且不同单元宜作为一个独立防区

40. 架空电力线路边导线与不在规划范围内的建筑物间的水平距离,在无风偏情况下,下列哪项符合规范要求? (　　)

(A)3kV及以下:1.2m　　(B)10kV:0.75m

(C)35kV:3.0m　　(D)66kV:3.0m

二、多项选择题(共30题,每题2分。每题的备选项中有2个或2个以上符合题意。错选、少选、多选均不得分)

41. 当裸带电体采用遮拦或外护物防护有困难时,可采用设置阻挡物进行防护,下列直接接触保护中有关设置阻挡物措施表述哪几项是正确的? (　　)

(A)应能防止人体无意识地接近裸带电体

(B)应能防止在操作设备过程中人体无意识地触及裸带电体

(C)阻挡物高度不应小于1.5m

(D)阻挡物与裸带电体的水平净距不应小于1.25m

42. 爆炸性气体环境的电力装置设计中,环境温度可采用下列哪些项? ( )

(A)最热月平均最高温度

(B)工作地带温度

(C)根据相似地区同类型的生产环境实测数据确定

(D)除特殊情况外,一般取40℃

43. 某企业110kV变电站,下列哪些建(构)筑物其火灾危险性分类为丁类,耐火等级为二级? ( )

(A)干式变压器室　　(B)电缆夹层

(C)单台设备油量50kg的配电装置室　　(D)消防水泵房

44. 在民用建筑中,关于医用放射线设备的供电线路设计,下列哪些表述是符合规范要求的? ( )

(A)X射线管的管电流大于或等于500mA射线机,应采用专用回路供电

(B)X射线机不应与其他电力负荷共用同一回路供电

(C)CT机和附属设备应分别供电,供电回路不少于两个,主机部分应采用专用回路供电

(D)X射线机应不少于两个回路供电,其中主机部分应采用专用回路供电

45. 低压配电系统设计时,应降低三相配电系统的不对称度,下列哪些措施是正确的? ( )

(A)线路电流不大于60A时,采用220V单相供电

(B)线路电流大于60A时,宜采用220V/380V三相四线制供电

(C)容量大的单相负荷宜采用专线供电

(D)宜采用配出中性线的IT系统进行配电

46. 供电方式有放射式、树干式及链式配电等,下列哪些条件下的设备可采用链式配电方式? ( )

(A)容量很小的次要用电设备

(B)设备距供电点较远,分别供电经济不合理时

(C)容量小且为三级负荷用电设备

(D)设备距供电点较远,彼此相距较近

47. 下列哪些场所宜选择点型感烟火灾探测器? ( )

(A)地下车库　　(B)电视放映室
(C)列车载客车厢　　(D)锅炉房

48. 某 110/10kV 的变电所,在下列哪些条件下,其总开关应采用断路器,而不采用负荷开关、隔离开关或隔离触头? ( )

(A)有大量一级负荷和二级负荷时
(B)有继电保护或自动装置要求
(C)变压器有并列运行要求或需要转换操作时
(D)配电出线回路较多

49. 某工程 10kV 变电所设置高压电容补偿装置,电容器额定电流为 160A,其内部故障采用专用熔断器保护,则下列哪些熔丝额定电流不满足规范要求? ( )

(A)160A　　(B)200A
(C)240A　　(D)250A

50. 某高层建筑设备用柴油发电机,其切换接入低压配电系统时,应符合下列哪些规定? ( )

(A)接入开关与供电电源网络之间应有电气联锁,防止并网运行
(B)应避免与供电电源网络的计费混淆
(C)接线应有一定的灵活性,并满足在特殊情况下对消防负荷的用电
(D)与变配电所变压器中性点接地形式不同时,电源接入开关的选择应满足接地形式的切换条件

51. 选用隔离开关应具有切合电感、电容性小电流的能力,在正常情况下,下列哪些项应能可靠切断? ( )

(A)励磁电流不超过 5A 的空载变压器
(B)空载母线
(C)电容电流不超过 5A 的空载线路
(D)断路器的旁路电流及母线环流

52. 有关电力系统中性点的各种接地方式的特点,下列表述不正确的是哪些? ( )

(A)中性点不接地系统易导致间歇性(暂态)弧光接地过电压
(B)中性点不接地系统中变压器等设备的绝缘要求较低,可采用分段绝缘
(C)中性点有效接地系统中单相接地故障时的电磁感应,在不发展为不同地点的双重故障时较小
(D)中性点有效接地系统中接地故障继电保护方式不易迅速消除故障,可采用微机信号装置

53. 干式空心串联电抗器布置和安装时，应满足防电磁感应要求，电抗器对其周围不形成闭合回路的铁磁性金属构件的最小距离以及电抗器相互之间的最小中心距离，下列表述哪些是符合规范要求的？（　　）

(A)电抗器对上部和基础中的铁磁性构件距离，不宜小于电抗器直径的0.5倍
(B)电抗器对下部和基础中的铁磁性构件距离，不宜小于电抗器直径的0.6倍
(C)电抗器中心对侧面的铁磁性构件的距离，不宜小于电抗器直径的1.2倍
(D)电抗器相互之间的中心距离，不宜小于电抗器直径的1.7倍

54. 为了提高自然功率因数，可采用多种方式，请判断下列哪几种方法可以提高自然功率因数？（　　）

(A)正确选择电动机、变压器容量，提高负荷率
(B)在布置和安装上采取适当措施
(C)采用同步电动机
(D)选用带空载切除的间歇工作制设备

55. 某市地震烈度为9度，拟建设一座110kV变电站，对于110kV配电装置的布置型式，下列哪些描述满足规范要求？（　　）

(A)不宜采用气体绝缘金属封闭开关设备
(B)双母线接线，当采用管型母线配双柱式隔离开关时，屋外敞开式宜采用半高型布置
(C)双母线接线，当采用管型母线配双柱式隔离开关时，屋内敞开式宜采用双层布置
(D)当采用管型母线时，管型母线宜选用单管结构，管型母线固定方式宜采用悬吊式

56. 电力工程中，电缆在空气中固定敷设时，其护层的选择应符合下列哪些规定？（　　）

(A)小截面挤塑绝缘电缆在电缆桥架敷设时，宜具有钢带铠装
(B)电缆位于高落差的受力条件时，多芯电缆应具有钢带铠装
(C)敷设在桥架等支撑较密集的电缆，可不含铠装
(D)明确需要与环境保护相协调时，不得采用聚氯乙烯外护套

57. 某35kV变电所所用电经多年运行测算后，发现能耗较高，下列关于降低耗能指标的措施哪些是正确的？（　　）

(A)空气调节设备应纳入楼宇自控系统，根据室内环境温度和相对湿度变化自动合理调节
(B)户内安装电气设备，常规运行条件下宜采用自然通风
(C)合理选用所用变压器容量，尽量提高变压器负载率

(D)设备操作机构中的防露干燥加热,宜采用温、湿自动控制

58. 对 3kV 及以上异步电动机单相接地故障的继电保护设置原则,下列哪些项描述是正确的? ( )

(A)接地电流大于 5A 时,应装设有选择性的单相接地保护
(B)接地电流小于 5A 时,可装设接地监测装置
(C)单相接地电流为 5A 及以上时,保护装置应动作于跳闸
(D)单相接地电流为 5A 以下时,保护装置宜动作于信号

59. 电力工程直流系统中,当按允许压降选择电缆截面时,下列哪些要求是符合规程的? ( )

(A)蓄电池组与直流柜之间的连接电缆长期允许载流量的计算电流应大于事故停电时间的蓄电池放电率电流
(B)采用集中辐射形供电方式时,直流柜与直流负荷之间的电缆允许电压降宜取直流电源系统标称电压的 3% ~5%
(C)采用分层辐射形供电方式时,直流柜与直流分电柜之间的电缆允许电压降宜取直流电源系统标称电压的 3% ~5%
(D)采用分层辐射形供电方式时,直流分电柜布置在负荷中心时,与直流终端断路器之间的允许电压降宜取直流电源系统标称电压的 1% ~1.5%

60. 固定在建筑物上的节日彩灯、航空障碍信号灯及其他用电设备和线路应采取相应的防止闪电电涌侵入的措施,同时还应符合下列哪些规定? ( )

(A)在配电箱内应在开关的电源侧装设Ⅱ级试验的电涌保护器,其电压保护水平不应小于 2.5kV
(B)穿线钢管的一端应与配电箱和 PE 线相连;另一端应与用电设备外壳、保护罩相连,并应就近与屋顶防雷装置相连
(C)从配电箱引出的配电线路应穿钢管,当钢管中间不应断开
(D)无金属外壳或保护网罩的用电设备应处在接闪器的保护范围内

61. 某照明灯塔上装有避雷针,其照明灯电源线的电缆金属外皮直接埋入地下,下列哪几种埋地长度,允许电缆金属外皮与 35kV 电压配电装置的接地网及低压配电装置相连? ( )

(A)15m　　(B)12m
(C)10m　　(D)8m

62. 下列哪几种表述属于屏蔽接地的目的? ( )

(A)为了防止形成环路产生环流而发生磁干扰
(B)为了减少电磁感应的干扰和静电耦合

(C)为了防止高频设备工作时向外辐射高频电磁波

(D)为了把金属屏蔽上感应的静电干扰信号直接导入地中,同时减少分布电容的寄生耦合

63. 电缆工程中,电缆直埋敷设于非冻土地区时,其埋置深度应符合下列哪些规定?（　）

(A)电缆外皮至地下构筑物基础,不得小于0.3m

(B)电缆外皮至地面深度,不得小于0.7m,当位于车行道或耕地下时,应适当加深,且不宜小于1.0m

(C)电缆外皮至地下构筑物基础,不得小于0.7m

(D)电缆外皮至地面深度,不得小于0.7m,当位于车行道或耕地下时,应适当加深,且不宜小于0.7m

64. 减震体系通过增加结构阻尼达到增加地震耗能,降低结构反应的目的,电气设备常用的隔震器和减震器包括下列哪些项?（　）

(A)铝合金减震器　　(B)防震锤

(C)护线条　　(D)橡胶阻尼器

65. 下列哪些属于非爆炸危险区域?（　）

(A)设有为爆炸性粉尘环境服务,并用墙隔绝的送风机室,其通向爆炸性粉尘环境的风道设有能防止爆炸性粉尘混合物侵入的安全装置

(B)正常运行时,空气中的可燃粉尘云一般不可能出现于爆炸性粉尘环境中的区域

(C)装有良好除尘效果的除尘装置,当该除尘装置停车时,工艺机组能联锁停车

(D)区域内使用爆炸性粉尘的量不大,且在排风柜内或风罩下进行操作

66. 下列有关转子侧高效调速系统的描述,哪些项是正确的?（　）

(A)转子侧串极调速和双馈调速系统都属于转子侧高效调速系统

(B)只适用于绕线式异步电动机

(C)电动机转子绕组接电网,定子绕组经调速装置VF接电网

(D)调速装置一端接转子绕组,频率和电压随转差率变化而变化,另一端接电网,频率和电压固定

67. 交—直—交变频器根据直流的中间环节滤波方法不同,可分为电压型和电流型两种,下列哪项符合电压型的特点?（　）

(A)直流滤波环节采用电抗器

(B)输出电压波形为矩形,即为恒压源

(C)输出动态阻抗较大

(D)适用于稳频稳压电源及不间断电源

68. 在民用建筑中下面哪些场所应设置备用照明? (　　)

(A)人员经常停留且无自然采光的场所
(B)正常照明失效将导致无法工作和活动的场所
(C)正常照明失效可能延误抢救工作的场所
(D)正常照明失效妨碍灾害救援工作进行的场所

69. 大型公共建筑设计中,一般公共区均采用智能照明控制系统集中控制,以降低运行损耗,下列系统宜具备的功能哪些是正确的? (　　)

(A)宜预留与其他系统的联动接口
(B)宜与楼宇自控系统联网,共享数据及控制方式
(C)宜具备信息采集功能和多种控制方式
(D)宜具备移动感应或红外感应功能

70. 不同电压等级的架空电力线路的导线排列和杆塔型式,下列哪几项符合规范规定? (　　)

(A)3kV 单回路杆塔的导线采用三角形排列
(B)10kV 多回路杆塔的导线采用垂直排列
(C)35kV 单回路杆塔的导线采用双三角形排列
(D)66kV 多回路杆塔的导线采用双三角形排列

2011年专业知识试题答案(下午卷)

1. 答案:C

依据:《爆炸危险环境电力装置设计规范》(GB 50058—2014)第B.0.1-12条。

2. 答案:A

依据:《火力发电厂与变电站设计防火规范》(GB 50229—2019)第11.5.3条、第11.5.15条、第11.5.18条。

3. 答案:B

依据:《导体和电器选择设计技术规定》(DL/T 5222—2005)第8.0.12-2条第4款。

4. 答案:C

依据:《工业与民用供配电设计手册》(第四版)P67表2.4-5。

5. 答案:A

依据:《20kV及以下变电所设计规范》(GB 50053—2013)第3.3.4条。

6. 答案:B

依据:《电力装置电测量仪表装置设计规范》(GB/T 50063—2017)第3.9.2条。

7. 答案:C

依据:《20kV及以下变电所设计规范》(GB 50053—2013)第6.2.7条。

8. 答案:B

依据:《并联电容器装置设计规范》(GB 50227—2017)第8.2.7条。

9. 答案:D

依据:《供配电系统设计规范》(GB 50052—2009)第6.0.7条。

10. 答案:B

依据:《3~110kV高压配电装置设计规范》(GB 50060—2008)第5.4.10条。

11. 答案:B

依据:《电力设施抗震设计规范》(GB 50260—2013)第6.7.5条。

12. 答案:B

依据:《交流电气装置的接地设计规范》(GB/T 50065—2011)第7.2.6条。

13. 答案:C

依据:《35kV~110kV变电所设计规范》(GB 50059—2011)第3.8.6条。

14. **答案**:C

依据:《电力工程电缆设计规范》(GB 50217—2018)第4.1.17-2条。

15. **答案**:D

依据:《电力工程电缆设计规范》(GB 50217—2018)第5.3.5条及表5.3.5。

16. **答案**:A

依据:《低压配电设计规范》(GB 50054—2011)第6.3.6条及条文说明。

17. **答案**:C

依据:《低压配电设计规范》(GB 50054—2011)第3.2.9条及条文说明。

18. **答案**:D

依据:《导体与电器选择设计技术规程》(DL/T 5222—2005)第17.0.1条、第17.0.4、第17.0.5条。

19. **答案**:D

依据:《通用用电设备配电设计规范》(GB 50055—2011)第2.3.5条。

20. **答案**:B

依据:《工业与民用供配电设计手册》(第四版)P382式(5.6-9)及《低压配电设计规范》(GB 50054—2011)附录A表A.0.2。

最小裸导体截面:$S \geqslant \frac{\sqrt{Q_d}}{C} = \frac{\sqrt{1245 \times 10^6}}{143} = 246.7\text{mm}^2$,取$50 \times 5\text{mm}^2$。

21. **答案**:C

依据:《低压配电设计规范》(GB 50054—2011)第7.6.8条、第7.6.9条、第7.6.12条、第7.6.13条。

22. **答案**:C

依据:《电力工程电缆设计规范》(GB 50217—2018)第6.2.2条~第6.2.4条。

23. **答案**:C

依据:《交流电气装置的过电压保护和绝缘配合设计规范》(GB/T 50064—2014)第4.4.3条。

持续运行电压:$U_m/\sqrt{3} = 126 \div \sqrt{3} = 72.7\text{kV}$

额定电压:$0.75U_m = 0.75 \times 126 = 94.5\text{kV}$

注:也可参考《交流电气装置的过电压保护和绝缘配合》(DL/T 620—1997)表3。最高电压U_m可依据《标准电压》(GB/T 156—2007)第4.4条表4。

24. **答案**:B

依据:《35kV~110kV变电站设计规范》(GB 50059—2011)第2.0.3条~第2.0.7条。

25. **答案**:A

依据:《电力装置电测量仪表装置设计规范》(GB/T 50063—2017)第8.3.3条。

26. **答案**:A

依据:《电力装置的继电保护和自动装置设计规范》(GB/T 50062—2008)第15.2.1-1条及条文说明。

27. **答案**:D

依据:《电力工程直流系统设计技术规程》(DL/T 5044—2014)附录D中D.1.1和D.1.2。

28. **答案**:B

依据:《交流电气装置的过电压保护和绝缘配合设计规范》(GB/T 50064—2014)第4.2.9条。

采用真空断路器或采用截流值较高的少油断路器开断高压感应电动机时产生的过电压为操作过电压,囊括在第4.2条操作过电压及限制的内容中。

注:也可参考《交流电气装置的过电压保护和绝缘配合》(DL/T 620—1997)第4.2.7条。

29. **答案**:C

依据:《建筑物防雷设计规范》(GB 50057—2010)第5.2.5条。

30. **答案**:B

依据:《建筑物防雷设计规范》(GB 50057—2010)第4.5.1-2条。

31. **答案**:B

依据:《电力工程高压送电线路设计手册》(第二版)式(2-7-13)。

注:也可参考《交流电气装置的过电压保护和绝缘配合》(DL/T 620—1997)第5.1.2条。

导线平均高度公式:$h_{av}=h-\frac{2}{3}f$,其中h为悬挂点高度,f为弧垂。

32. **答案**:C

依据:《民用建筑电气设计标准》(GB 51348—2019)第10.2.7条。

33. **答案**:B

依据:《建筑照明设计标准》(GB 50034—2013)第7.1.12条。

34. **答案**:D

依据:《建筑照明设计标准》(GB 50034—2013)第5.5.4条。

35. **答案**:C

依据:《电气传动自动化技术手册》(第三版)P951"抗干扰技术"。

36. **答案:**D

依据:《钢铁企业电力设计手册》(下册)P331"交—交变频调速"。

37. **答案:**C

依据:《火灾自动报警系统设计规范》(GB 50116—2013)第6.2.18条。

38. **答案:**B

依据:《火灾自动报警系统设计规范》(GB 50116—2013)附录A。

39. **答案:**A

依据:《入侵报警系统工程设计规范》(GB 50394—2007)第6.1.5条。

40. **答案:**B

依据:《66kV及以下架空电力线路设计规范》(GB 50061—2010)第12.0.10条及表12.0.10。

---

41. **答案:**ABD

依据:《低压配电设计规范》(GB 50054—2011)第5.1.7条、第5.1.9条。

42. **答案:**ABC

依据:《爆炸危险环境电力装置设计规范》(GB 50058—2014)第3.1.1条及条文说明。

43. **答案:**AC

依据:《火力发电厂与变电站设计防火规范》(GB 50229—2019)第11.1.1条表11.1.1。

44. **答案:**BC

依据:《民用建筑电气设计标准》(GB 51348—2019)第9.6.3条。

45. **答案:**AB

依据:《供配电系统设计规范》(GB 50052—2009)第5.0.15条。

46. **答案:**AD

依据:《供配电系统设计规范》(GB 50052—2009)第7.0.4条。

47. **答案:**ABC

依据:《火灾自动报警系统设计规范》(GB 50116—2013)第5.2.2条。

48. **答案:**BCD

依据:《20kV及以下变电所设计规范》(GB 50053—2013)第3.2.14条。

49. **答案:**ABD

依据:《20kV及以下变电所设计规范》(GB 50053—2013)第5.2.4条。

50. **答案:**ABD

依据:《民用建筑电气设计标准》(GB 51348—2019)第4.4.13条。

51. **答案:**BCD

依据:《导体和电器选择设计技术规定》(DL/T 5222—2005)第11.0.8条。

52. **答案:**BCD

依据:《工业与民用供配电设计手册》(第四版)P60表2.3-1。

53. **答案:**AD

依据:《并联电容器装置设计规范》(GB 50227—2017)第8.3.3条。

54. **答案:**ACD

依据:《工业与民用供配电设计手册》(第四版)P34"调高自然功率因数的措施"。

55. **答案:**BCD

依据:《3~110kV高压配电装置设计规范》(GB 50060—2008)第5.2.4条、第5.3.3条、第5.3.5条、第5.3.7条。

56. **答案:**BCD

依据:《电力工程电缆设计规范》(GB 50217—2018)第3.4.4条。

57. **答案:**AB

依据:《35kV~110kV变电站设计规范》(GB 50059—2011)第8.0.2条。

58. **答案:**AB

依据:《电力装置的继电保护和自动装置设计规范》(GB/T 50062—2008)第9.0.3条。

59. **答案:**ACD

依据:《电力工程直流系统设计技术规程》(DL/T 5044—2014)第6.3.3-1条、第6.3.5-2条、第6.3.6条。

60. **答案:**BD

依据:《建筑物防雷设计规范》(GB 50057—2010)第4.5.4条。

61. **答案:**AB

依据:《交流电气装置的过电压保护和绝缘配合设计规范》(GB/T 50064—2014)第5.4.10-2条。

注:也可参考《交流电气装置的过电压保护和绝缘配合》(DL/T 620—1997)第7.1.10条。

62. **答案:**ABD

依据:《工业与民用供配电设计手册》(第四版)P1433~P1434"屏蔽接地的目的与分类"。

63. **答案**:AB

依据:《电力工程电缆设计规范》(GB 50217—2018)第5.3.3条 。

64. **答案**:AD

依据:《电力设施抗震设计规范》(GB 50260—2013)第6.8.2条。

65. **答案**:ACD

依据:《爆炸危险环境电力装置设计规范》(GB 50058—2014)第4.2.4条。

66. **答案**:ABD

依据:《电气传动自动化技术手册》(第三版)P600“转子侧高速调速系统”。

67. **答案**:BD

依据:《钢铁企业电力设计手册》(下册)P311表25-12。

68. **答案**:ABD

依据:《民用建筑电气设计标准》(GB 51348—2019)第10.4.1条、第10.4.5条。

69. **答案**:AC

依据:《建筑照明设计标准》(GB 50034—2013)第7.3.8条。

70. **答案**:BD

依据:《66kV及以下架空电力线路设计规范》(GB 50061—2010)第7.0.2条。

2011年案例分析试题(上午卷)

[案例题是4选1的方式,各小题前后之间没有联系,共25道小题,每题分值为2分,上午卷50分,下午卷50分,试卷满分100分。案例题一定要有分析(步骤和过程)、计算(要列出相应的公式)、依据(主要是规程、规范、手册),如果是论述题要列出论点]

题1~5:某电力用户设有110/10kV变电站一座和若干10kV车间变电所,用户所处海拔高度1500m,其供电系统图和已知条件如下图。

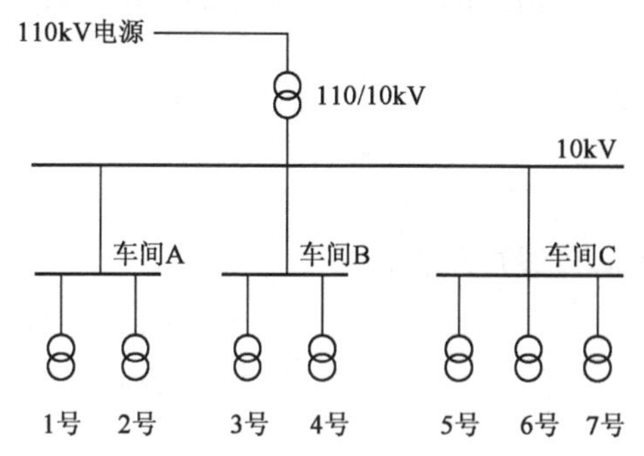

1)110kV线路电源侧短路容量为2000MV·A。

2)110kV线路电源电抗值为0.4Ω/km。

3)110/10kV变电站10kV母线短路容量为200MV·A。

4)110/10kV变电站主变容量20MV·A,短路电抗8%,短路损耗90kW,主变压器二侧额定电压分别为110kV、10.5kV。

5)110/10kV变电站主变压器采用有载调压。

6)车间A设有大容量谐波源,其7次谐波电流折算到10kV侧为33A。

请回答下列问题。

1.最大负荷时,主变压器负载率为84%,功率因数0.92,请问110/10.5kV变压器电压损失为下列哪个数值? ( )

(A)2.97% (B)3.03%

(C)5.64% (D)6.32%

解答过程:

2.计算车间A的7次谐波电流在110/10kV变电站10kV母线造成的7次谐波电压

含有率为下列哪个数值？（　　）

(A)2.1　　(B)2.0

(C)2.5%　　(D)3.0%

解答过程：

3.车间C电源线路为截面185mm^{2}架空线路，在高峰期间负荷为2000kW，功率因数0.7左右(滞后)，车间C高压母线电压偏差变化范围 -2% ~ -7%，为改善车间C用电设备供电质量和节省电耗，请说明下列的技术措施中哪一项是最有效的？（　　）

(A)向车间C供电的电源线路改用大截面导线

(B)提高车间C的功率因数到0.95

(C)减少车间C电源线路的谐波电流

(D)加大110/10kV母线短路容量

解答过程：

4.计算该110/10kV变电站的110kV供电线路长度大约为下列哪个数值？（　　）

(A)149km　　(B)33km

(C)17km　　(D)0.13km

解答过程：

5.B车间10kV室外配电装置裸带电部分与用工具才能打开的栅栏之间的最小电气安全净距为下列哪个数值？（　　）

(A)875mm　　(B)950mm

(C)952mm　　(D)960mm

解答过程：

题 6～10：某车间工段用电设备的额定参数及使用情况见下表：

设备名称	额定功率(kW)	需要系数	$\cos\varphi$	备　注
金属冷加工机床	40	0.2	0.5	
起重机用电动机	30	0.3	0.5	负荷持续率 $\varepsilon=40\%$
电加热器	20	1	0.98	单台单相 380V
冷水机组、空调设备送风机	40	0.85	0.8	
高强气体放电灯	8	0.9	0.6	含镇流器功率损耗
荧光灯	4	0.9	0.9	含电感镇流器的功率损耗、有补偿

请回答下列问题。

6. 采用需要系数法计算本工段起重机用电设备组的设备功率为下列哪一项数值？（　　）

(A) 9kW　　(B) 30kW　　(C) 37.80kW　　(D) 75kW

解答过程：

7. 采用需要系数法简化计算本工段电加热器用电设备组的等效三相负荷应为下列哪一项数值？（　　）

(A) 20kW　　(B) 28.28kW　　(C) 34.60kW　　(D) 60kW

解答过程：

8. 假设经需要系数法计算得出起重机设备功率为 33kW，电加热器等效三相负荷为 40kW，考虑有功功率同时系数 0.85、无功功率同时系数 0.90 后，本工段总用电设备组计算负荷的视在功率为下列哪一项数值？（　　）

(A) 127.6kW　　(B) 110.78kW　　(C) 95.47kW　　(D) 93.96kW

解答过程：

9. 假设本工段计算负荷为105kV·A，供电电压220/380V，本工段计算电流为下列哪一项数值？（　　）

(A)142.76A　　(B)145.06A　　(C)159.72A　　(D)193.92A

解答过程：

10. 接至本工段电源进线点前的电缆线路为埋地敷设的电缆，根据本工段计算电流采用"gG"型，熔体额定电流为200A的熔断器作为该电缆线路保护电器，并已知该电器在约定时间内可靠动作电流为1.6倍的熔体额定电流，按照0.6/1kV铜芯交联聚乙烯绝缘电力电缆（见下表）截面应为下列哪一项数值？（考虑电缆敷设处土壤温度，热阻系数、并列系数等总校正系数为0.8）（　　）

0.6/1kV 铜芯交联聚乙烯绝缘电力电缆的载流量

电力电缆的截面(mm^2)	载流量(A)	电力电缆的截面(mm^2)	载流量(A)
70	178	150	271
95	211	185	304
120	240	240	351

(A)3×70+1×35　　(B)3×95+1×50

(C)3×150+1×70　　(D)3×185+1×95

解答过程：

题11～15：某用户根据负荷发展需要，拟在厂区内新建一座变电站，用于厂区内10kV负荷供电，该变电所电源取自地区110kV电网（无限大电源容量），采用2回110kV架空专用线路供电，变电站基本情况如下：

1）主变采用两台三相自冷型油浸有载调压变压器，户外布置。变压器参数如下：

型号　　SZ10-31500/110

电压比　　110±8×1.25%/10.5kV

短路阻抗　　u_k = 10.5%

接线组别　　YN，d11

中性点绝缘水平　　60kV

2）每回110kV电源架空线路长度约10km，导线采用LGJ-240/25，单位电抗取0.4Ω/km。

3)10kV 馈电线路均为电缆出线。

4)变电站 110kV 配电装置布置采用常规设备户外型布置,10kV 配电装置采用中置式高压开关柜户内双列布置。

请回答下列问题。

11. 根据规范需求,说明本变电站 110kV 配电装置采用下列哪种接线形式?( )

(A)线路—变压器组接线　　(B)双母线接线

(C)分段双母线接线　　(D)单母线接线带旁路

解答过程:

12. 假设该变电站 110kV 配电装置采用桥形接线,10kV 单母线分段接线,且正常运行方式为分列运行,变电站 10kV 母线三相短路电流为下列哪一项数值? ( )

(A)15.05kA　　(B)15.75kA　　(C)16.35kA　　(D)16.49kA

解答过程:

13. 假定该变电站主变容量改为 2×50MV·A,110kV 配电装置采用桥形接线,10kV 采用单母线分段接线,且正常运行方式为分列运行,为将本站 10kV 母线最大三相短路电流限制到 20kA 以下,可采用高阻抗变压器,满足要求的变压器最小短路阻抗为下列哪一项数值? ( )

(A)10.5%　　(B)11%　　(C)12%　　(D)13%

解答过程:

14. 有关该 110/10kV 变电站应设置的继电保护和自动装置,下列哪一项叙述是正确的? ( )

(A)10kV 母线应装设专用的母线保护

(B)10kV 馈电线路应装设带方向的电流速断

(C)10kV 馈电线路宜装设有选择性的接地保护,并动作于信号

(D)110/10kV 变压器应装设电流速断保护作为主保护

解答过程:

15. 选择该变电站 110kV 隔离开关设备时,环境最高温度宜采用下列哪一项? ( )

(A)年最高温度

(B)最热月平均最高温度

(C)安装处通风设计温度,当无资料时,可取最热月平均最高温度加 5°C

(D)安装处通风设计最高排风温度

解答过程:

题 16~20:某企业的 35kV 变电所,35kV 配电装置选用移开式交流金属封闭开关柜,室内单层布置,10kV 配电装置采用移开式交流金属封闭开关柜,室内单层布置,变压器布置在室外,平面布置示意图见下图。

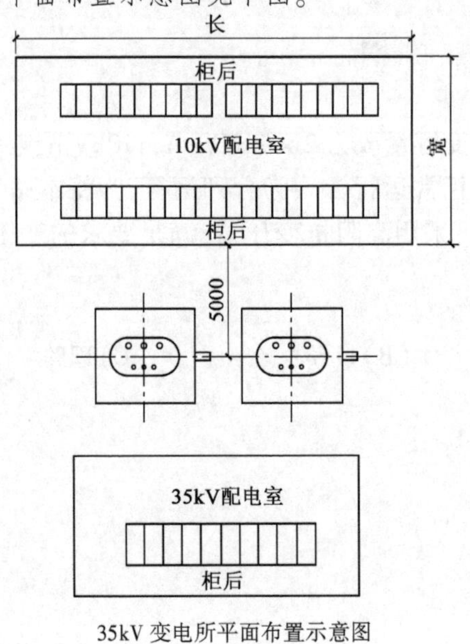

35kV 变电所平面布置示意图

请回答下列问题。

16. 如果 10kV 及 35kV 配电室是耐火等级为二级的建筑,下列关于变电所建筑物及设备的防火间距的要求中哪一项表述是正确的? ( )

(A)10kV 配电室面对变压器的墙在设备总高加 3m 及两侧各 3m 的范围内不设门窗不开孔洞时,则该墙与变压器之间的防火净距可不受限制

(B)10kV 配电室面对变压器的墙在设备总高加 3m 及两侧各 3m 的范围内不开一般门窗,但设有防火门时,则该墙与变压器之间的防火净距应大于或等于 5m

(C)两台变压器之间的最小防火净距应为 3m

(D)所内生活建筑与油浸变压器之间的最小防火净距,当最大单台油浸变压器的油量为 5 ~ 10t,对二级耐火建筑的防火间距最小为 20m

解答过程:

17. 如上图所示,10kV 配电室墙无突出物,开关柜的深度为 1500mm,则 10kV 配电室室内最小净宽为下列哪一项? (　　)

(A)5500mm + 单车长　　(B)5900mm + 双车长

(C)6200mm + 单车长　　(D)7000mm

解答过程:

18. 如上图所示,35kV 配电室墙无突出物,手车开关柜的深度为 2800mm,则 35kV 配电室室内最小净宽为下列哪一项? (　　)

(A)4700mm + 双车长　　(B)4800mm + 单车长

(C)5000mm + 单车长　　(D)5100mm

解答过程:

19. 如果 10kV 配电室墙无突出物,第一排高压开关柜共有 21 台,其中有三台高压开关柜宽度为 1000mm,其余为 800mm,第二排高压开关柜共有 20 台,其宽度均为 800mm,中间维护通道为 1000mm,则 10kV 配电室的最小长度为下列哪一项数值? (　　)

(A)19400mm　　(B)18000mm　　(C)18400mm　　(D)17600mm

解答过程：

20. 说明下列关于变压器事故油浸的描述中哪一项是正确的？（　　）

(A) 屋外变压器单个油箱的油量在 1000kg 以上，应设置能容纳 100% 油量的储油池，或 10% 油量的储油池和挡油墙

(B) 屋外变压器当设置有油水分离装置的总事故储油池时，其容量不应小于最小一个油箱的 60% 的油量

(C) 变压器储油池和挡油墙的长、宽尺寸，可按设备外廓尺寸每边相应大 1m 计算

(D) 变压器储油池的四周，应高出地面 100mm，储油池内应铺设厚度不小于 250mm 的卵石层，其卵石直径应为 30 ~ 50mm

解答过程：

题 21 ~ 25：某座建筑物由一台 1000kV·A 变压器采用 TN-C-S 系统供电，线路材质、长度和截面如下图所示，图中小间有移动式设备由末端配电器供电，回路首端装有单相 I_n = 20A 断路器，建筑物做总等电位联结，已知截面为 50mm²、6mm²、2.5mm² 铜电缆每芯导体在短路时每公里的热态电阻值为 0.4Ω、3Ω、8Ω。

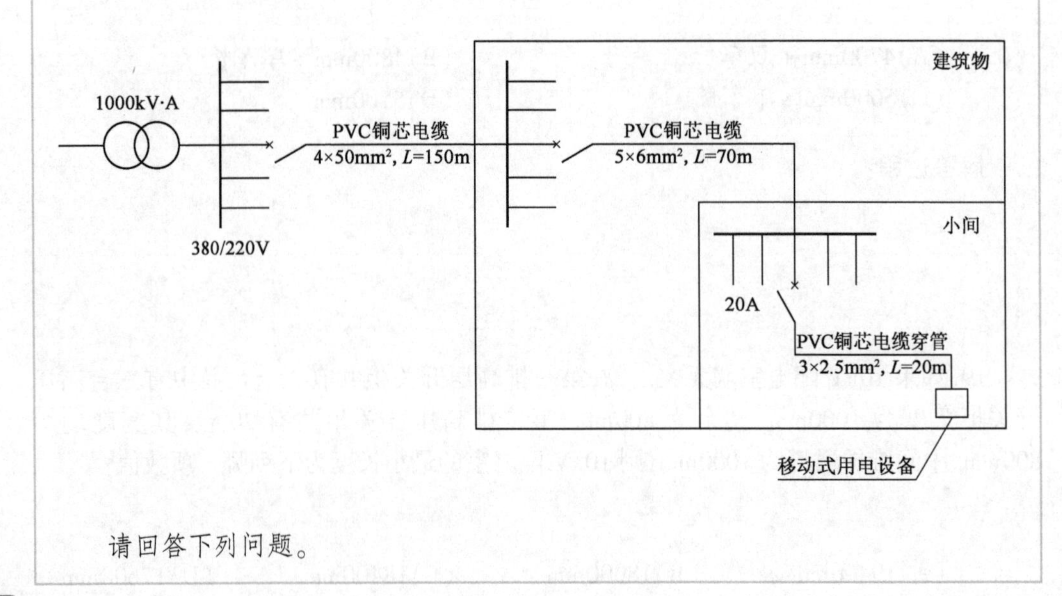

请回答下列问题。

21. 该移动式设备发生相线碰外壳接地故障时，计算回路故障电流 I_d 最接近下列哪一项数值？（故障点阻抗、变压器零序阻抗和电缆电抗可忽略不计） （ ）

(A)171A　　(B)256A
(C)442A　　(D)512A

解答过程：

22. 假设移动设备相线碰外壳的接地故障电流为200A，计算该移动设备金属外壳的预期接触电压 U_d 最接近下列哪一项数值？ （ ）

(A)74V　　(B)86V
(C)110V　　(D)220V

解答过程：

23. 在移动设备供电回路的首端安装额定电流 I_n 为20A的断路器，断路器的瞬动电流为 $12I_n$，该回路的短路电流不应小于下列哪一项数值，才能使此断路器可靠瞬时地切断电源？ （ ）

(A)240A　　(B)262A
(C)312A　　(D)360A

解答过程：

24. 如果在小间内做局部等电位联结，假设相线碰移动设备外壳的接地故障电流为200A，计算该设备的接触电压 U_d 最接近下列哪一项数值？ （ ）

(A)32V　　(B)74V
(C)310V　　(D)220V

解答过程：

25. 如果在小间内移动式设备有带电裸露导体，作为防直接电击保护的措施，下列哪种处理方式最好？（　　）

(A)采用额定电压为 50V 的特低电压电源供电
(B)设置遮挡和外护物以防止人体与裸露导体接触
(C)裸露导体包以绝缘，小间地板绝缘
(D)该回路上装有动作电流不大于 30mA 的剩余电流动作保护器

解答过程：

2011 年案例分析试题答案(上午卷)

题 1 ~5 答案:**ABBCD**

1.《工业与民用供配电设计手册》(第四版)P460 式(6.2-8)。

变压器阻抗电压有功分量:$u_a = \dfrac{100\Delta P_T}{S_{rT}} = \dfrac{100 \times 90}{20 \times 10^3} = 0.45$

变压器阻抗电压无功分量:$u_r = \sqrt{u_T^2 - u_a^2} = \sqrt{8^2 - 0.45^2} = 7.987$

其中:$\cos\varphi = 0.92$,得 $\sin\varphi = 0.392$,则变压器电压损失(%) $\Delta u_T = \beta(u_a\cos\varphi + u_r\sin\varphi) = 0.84 \times (0.45 \times 0.92 + 7.987 \times 0.392) = 2.978$

2.《电能质量　公用电网谐波》(GB/T 14549—1993)附录 C 式(C2)。

7 次谐波的电压含有率:$HRU_7 = \dfrac{\sqrt{3}U_N hI_h}{10S_h}(\%) = \dfrac{\sqrt{3} \times 10 \times 7 \times 33}{10 \times 200}(\%) = 2.0\%$

注:此处 U_N 根据规范的要求应为电网的标称电压,有关标称电压可查《工业与民用供配电设计手册》(第四版)P127 表 4-1,若此处代入基准电压 10.5kV,则算出答案为 2.1%,显然是不对的。此公式也可查阅《工业与民用供配电设计手册》(第四版)P288 式(6-40),此处要求的也是电网的标称电压。

3.《供配电系统设计规范》(GB 50052—2009)第 5.0.9 条。

采取无功功率补偿的措施,即为提高功率因数。

4.《工业与民用供配电设计手册》(第四版)P284 式(4.6-11)和式(4.6-13)(选择基准容量为 100MV·A)。

110kV 线路电源侧短路电路总电抗标幺值:$X_{*c1} = \dfrac{1}{S_{*k}} = \dfrac{1}{2000/100} = \dfrac{1}{20} = 0.05$

10kV 线路电源侧短路电路总电抗标幺值:$X_{*c2} = \dfrac{1}{S_{*k}} = \dfrac{1}{200/100} = \dfrac{1}{2} = 0.5$

《工业与民用供配电设计手册》(第四版)P281 表(4.6-3)变压器、线路相关公式。

110/10.5kV 变压器短路电抗标幺值:$X_{*T} = \dfrac{u_k\%}{100} \times \dfrac{S_j}{S_{rT}} = 0.08 \times \dfrac{100}{20} = 0.40$

由供电网络关系可知 110kV 的供电线路标幺值:$X_{*l} = X_{*c2} - X_{*c1} - X_{*T} = 0.5 - 0.05 - 0.4 = 0.05$

110kV 的供电线路有名值:$X_l = X_{*l}\dfrac{U_j^2}{S_j} = 0.05 \times \dfrac{115^2}{100} = 6.6125\Omega$

根据 110kV 线路单位长度电抗值求出线路长度:$l = \dfrac{6.6125}{0.4} = 16.53\text{km}$

5.《20kV 及以下变电所设计规范》(GB 50053—2013)第 4.2.1 条表 4.2.1。

查表可得：裸带电部分至用钥匙或工具才能打开或拆卸的栅栏（10kV）的安全净距为 200 + 750 = 950mm。

根据表下的注释，进行海拔参数的修正。

$$m = A \times \left[1 + \frac{(1500 - 1000)}{100} \times 1\%\right] + 750$$

$$= 200 \times \left[1 + \frac{(1500 - 1000)}{100} \times 1\%\right] + 750 = 960\text{mm}$$

题 6 ~ 10 答案：**CCBCC**

6.《工业与民用供配电设计手册》（第四版）P5 式（1.2-1）。

$$P_e = P_r \sqrt{\frac{\varepsilon_r}{0.25}} = 2P_r \sqrt{\varepsilon_r} = 2 \times 30 \times \sqrt{0.4} = 37.95\text{kW}$$

注：原题考查采用需要系数法时，换算为 $\varepsilon = 25\%$ 的功率。

7.《工业与民用供配电设计手册》（第四版）P10 式（1.4-1）、式（1.4-3）。

计算过程见下表。

设 备 名 称	额定功率(kW)	需 要 系 数	设备功率(kW)
金属冷加工机床	40	0.2	8
起重机用电动机	39.75	0.3	11.925
电加热器	20	1	20(单相)
冷水机组、空调设备送风机	40	0.85	34
高强气体放电灯	8	0.9	7.2
荧光灯	4	0.9	3.6

三相负荷总功率：$P = 8 + 11.925 + 34 + 7.2 + 3.6 = 64.725\text{kW}$

单相用电设备占三相负荷设备功率的百分比：$20/64.725 = 30.9\% > 15\%$

根据《工业与民用供配电设计手册》（第四版）P20 中"单相负荷化为三相负荷的简化方法第二条及第三条，式（1.6-4）"，单相 380V 设备为线间负荷，因此，等效三相负荷 $P_{e3} = 20 \times \sqrt{3} = 34.6\text{kW}$。

8.《工业与民用供配电设计手册》（第四版）P10 式（1.4-3）~ 式（1.4-5）。计算过程见下表。

设 备 名 称	设备功率	需要系数	$\cos\varphi$	$\tan\varphi$	有功功率	无功功率
金属冷加工机床	40	0.2	0.5	1.732	8	13.856
起重机用电动机	33	0.3	0.5	1.732	9.9	17.147
电加热器	40	1	0.98	0.203	40	8.12
冷水机组、空调设备送风机	40	0.85	0.8	0.75	34	25.5
高强气体放电灯	8	0.9	0.6	1.333	7.2	9.6
荧光灯	4	0.9	0.9	0.484	3.6	1.742
小计	—	—	—	—	102.7	75.96
$K_P = 0.85, K_Q = 0.9$	—	—	—	—	87.30	68.36
视在功率	—	—	—	—	110.876	

注：此题难度不大，但很容易出错，计算时需仔细，在考场上此类题目会占用较多时间，建议留到最后计算。

9.《工业与民用供配电设计手册》(第四版)P10 式(1.4-6)。

$$I_c = \frac{S_c}{\sqrt{3}U_r} = \frac{105}{\sqrt{3} \times 0.38} = 159.53\text{A}$$

10.《低压配电设计规范》(GB 50054—2011)第 6.3.3 条。

满足 $I_B \leqslant I_n \leqslant I_z$，即熔体额定电流小于等于导体允许持续载流量，按题意应有 $0.8I_z \geqslant I_n = 200\text{A}$，$I_z \geqslant 250\text{A}$。

题 11～15 答案：**AADCA**

11.《35kV～110kV 变电站设计规范》(GB 50059—2011)第 3.2.4 条及条文说明。

12.《工业与民用供配电设计手册》(第四版)P281 表 4.6-3(选择基准容量为 100MV·A)，分列运行等效电路如右图所示。

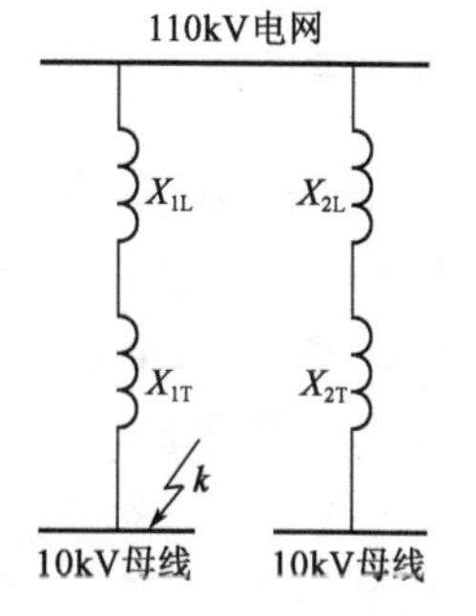

110kV 输电线路电抗标幺值：

$$X_{*1} = X_l \frac{S_j}{U_j^2} = 10 \times 0.4 \times \frac{100}{115^2} = 0.03$$

110/10kV 变压器阻抗标幺值：

$$X_{*T} = \frac{u_k}{100} \times \frac{S_j}{S_{rT}} = 0.105 \times \frac{100}{31.5} = 0.33$$

《工业与民用供配电设计手册》(第四版)P284 式(4.6-11)和式(4.6-13)。

10kV 侧短路电流标幺值：

$$I_* = \frac{1}{X_*} = \frac{1}{0.333 + 0.03} = 2.755$$

10kV 侧短路电流有名值：

$$I_B = I_* \frac{S_j}{\sqrt{3}U_j} = 2.755 \times \frac{100}{\sqrt{3} \times 10.5} = 15.15\text{kA}$$

注：变压器分列运行，应只计算一个变压器与一条输电线路的电流值。

10kV 母线分段运行，10kV 母线短路电流只流过一台主变压器，其短路电流值较两台变压器并联运行时大为降低，从而在许多情况下允许 10kV 侧装设轻型电气设备，故障点的一段母线能维持较高的运行电压，不足之处是变压器的负荷不平衡，使电能损耗较并列运行时稍大，一台变压器故障时，该分段母线的供电在分段断路器接通前要停电，此问题可由分段断路器装设设备自投装置来解决。

13.《工业与民用供配电设计手册》(第四版)P281 表 4.6-3(选择基准容量为 100MV·A)。

110kV 输电线路电抗标幺值：$X_{*1} = X_1 \frac{S_j}{U_j^2} = 10 \times 0.4 \times \frac{100}{115^2} = 0.03$

短路电流小于 20kA 的总电抗：$X_* = \frac{1}{I_{*k}} = \frac{S_j}{\sqrt{3}I_k U_j} = \frac{100}{\sqrt{3} \times 20 \times 10.5} = 0.275$

110/10kV 高阻抗变压器阻抗最小标幺值：$X_{*T}=\frac{u_{kmin}}{100}\times\frac{S_j}{S_{rT}}=\frac{u_{kmin}}{100}\times\frac{100}{50}=0.275-0.03$

整理后得到：$u_{kmin}=(0.275-0.03)\times50=12.25$

14.《电力装置的继电保护和自动装置设计规范》(GB/T 50062—2008)第5.0.7-2条。

利用第7.0.2条、第7.0.4条排除选项A；利用第5.0.3-1、第5.0.3-2条排除选项B，注意本题中的10kV馈线为单侧电源线路，而非双侧电源线路；利用第5.0.7-2条选定C；利用第4.0.3-2条有关主保护的论述排除选项D。

注：单侧电源线路就是只有一侧有电源，另一侧为纯负载，单侧电源线路的开关的合闸无需检同期；双侧电源线路就是线路的两侧均有电源，其开关在合闸时因为开关两侧均有电压，所以通过检同期合闸。

15.《3~110kV高压配电装置设计规范》(GB 50006—2008)第3.0.2条表3.0.2裸导体和电器的环境温度或《导体和电器选择设计技术规定》(DL/T 5222—2005)第6.0.2条表6.0.2。

题16~20答案：**BBCAC**

16.《火力发电厂与变电站设计防火规范》(GB 50229—2006)第6.6.2条及表6.6.2、第11.1.4条表11.1.4及其表下方注解。

原题是考查旧规范《35~110kV变电所设计规范》(GB 50059—1992)附录中的表格，本规范很少考查，但建议考生适当了解该规范后半部分有关变电所防火的有关规定。

注：不建议依据《3~110kV高压配电装置设计规范》(GB 50060—2008)作答，根据其第1.0.2条的要求，该规范仅适用于高压配电装置工程的设计。

17.《3~110kV高压配电装置设计规范》(GB 50060—2008)第5.4.4条表5.4.4。

$$L=1000\times2+1500\times2+900+\text{双车长}=5900+\text{双车长}$$

注：此题若按《20kV及以下变电所设计规范》(GB 50053—2013)第4.2.7条表4.2.7，则长度为5700+双车长，并无答案。

18.《3~110kV高压配电装置设计规范》(GB 50060—2008)第5.4.4条表5.4.4及注解4。

$L=2800+1000(\text{柜后维护通道})+1200+\text{单车长}=5000+\text{单车长}$

19.《3~110kV高压配电装置设计规范》(GB 50060—2008)第5.4.4条表5.4.4。

$L=3\times1000+18\times800+2\times1000=19400$

注：低压配电柜两个出口之间距离超过15m时，应增加出口，但高压配电柜无类似规定。

20.《3~110kV高压配电装置设计规范》(GB 50060—2008)第5.5.3条。

题21～25答案：**BACAA**

21.《工业与民用供配电设计手册》（第四版）P1457 相导体与大地故障引起的故障电压的相关内容，移动式设备发生相线碰外壳接地故障时的电路图如下：

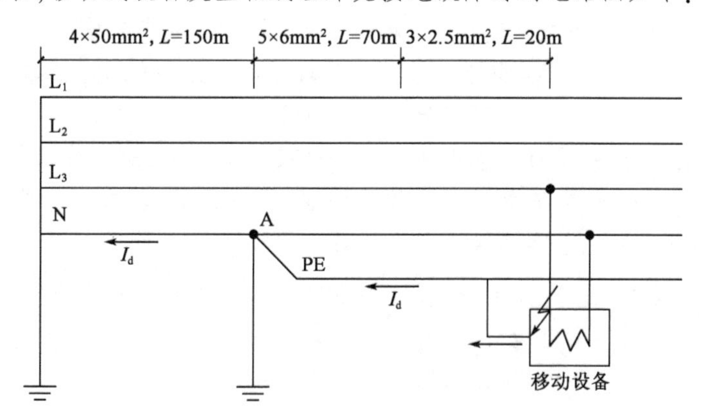

故障电流：$I_d = U_n/R_\Sigma = 220/[2\times(0.15\times0.4+0.07\times3+0.02\times8)] = 255.8A$

注：电流从相线—保护线折返回中性点，电阻应该是单芯电线电阻的2倍。

22. 由上图可知，A点为建筑物总等电位联结接地点，电位为0，则 $U_d = I_d \times R_1 = 200\times(0.07\times3+0.02\times8) = 74V$。

23.《低压配电设计规范》（GB 50054—2011）第6.2.4条。

$I_K >= 1.3\times12\times20 = 312A$

24. 由上图可知，当小间做局部等电位联结，移动式设备发生相线碰外壳接地故障时，移动外壳对于小间的电位差为：

$U_d = I_d R_2 = 200\times(0.02\times8) = 32V$

25.《低压电气装置　第4-41部分：安全防护　电击防护》（GB 16895.21—2011）。

①利用第412.5条排除选项D，剩余电流保护器只能作为附加保护，不是防止发生直接电击的主保护措施。

②利用第412.2条可知，遮拦和外护物可作为直接接触防护的一种措施，第412.2.4条中，当需要移动遮拦或打开外护物或拆下外护物的部件时，应符合以下条件：

a. 使用钥匙或工具。

b. 将遮拦或外护物所防护的带电部分的电源断开后，恢复供电只能在重新放回或重新关闭遮拦或外护物以后。

c. 有能防止触及带电部分的防护等级至少为IPXXB或IP2X的中间遮拦，这种遮拦只有使用钥匙或工具才能移开。

针对移动设备（即人们需要经常携带或推拉的设备）来说，此种防护方式是否最为便利、最好，应该是不言而喻的。

③裸露导体包以绝缘，属于直接接触防护中带电部分的绝缘；小间地板绝缘，实际属于间接接触防护的一种，主要针对0类设备。因此不应在选择范围之内。此外，还需要指出的是，第413.3.5条要求所做的配置应是永久性的，并不应使它有失效的可能。

预计使用移动式或便携式设备时,也要确保有这种防护。此种防护是否为最好的防护措施,应该看是否能保证移动式设备所到之处都能做到地板绝缘。

④安全特低电压是直接接触和间接接触兼有的防护措施,有考友因为此点排除选项A是不妥当的。所谓兼有,即直接接触防护可以使用,间接接触防护也可以使用,而其作为防护措施本身并无排他性。另外,第411.1.5.2条规定,当建筑物内外已按413.1.2设置总等电位联结……不需要符合第411.1.5.1条中的直接接触防护。其实作为防护措施来讲,无论是直接接触防护还是间接接触防护,安全特低电压都是一种普遍最优的选择。一方面,特低电压对人体无伤害;另一方面,其电气回路均设置隔离变压器,只有磁路耦合而无电路连接。因此隔离变压器故障时,也不会造成电击。

注:此题目有争议。有关接触电压、单相接地短路电流计算的题目,无具体依据,可引用《工业与民用供配电设计手册》(第四版)P1456 ~ P1457相关内容,也可直接画出电路图进行计算,只要过程结果都正确,都不会扣分。

2011 年案例分析试题(下午卷)

专业案例题(共 40 题,考生从中选择 25 题作答,每题 2 分)

题 1 ~5:某一除尘风机拟采用变频调速,技术数据为:在额定风量工作时交流感应电动机计算功率 $P = 900\text{kW}$,电机综合效率 $\eta_{m100} = 0.92$,变频器效率 $\eta_{mp100} = 0.976$;50% 额定风量工作时,电动机效率 $\eta_{m50} = 0.8$,变频器效率 $\eta_{mp50} = 0.92$;20% 额定风量工作时 $\eta_{m20} = 0.65$,变频器效率 $\eta_{mp20} = 0.9$;工艺工作制度,年工作时间 6000h,额定风量下工作时间占 40%,50% 额定风量下工作时间占 30%,20% 额定风量下工作时间占 30%,忽略电网损失,请回答下列问题。

1. 采用变频调速,在上述工艺工作制度下,该风机的年耗电量与下述哪项值相近? (　　)

(A)2645500kW·h　　(B)2702900kW·h

(C)3066600kW·h　　(D)4059900kW·h

解答过程:

2. 若不采用变频器调速,风机风量 Q_i 的改变采用控制风机出口挡板开度的方式,在上述工艺工作制度下,该风机的年耗电量与下列哪个数值最接近?(设风机扬程为 $H_i = 1.4 - 0.4Q_i^2$,式中 H_i 和 Q_i 均为标幺值。提示:$P_i = \dfrac{PQ_iH_i}{\eta_m}$) (　　)

(A)3979800kW·h　　(B)4220800kW·h

(C)4353900kW·h　　(D)5388700kW·h

解答过程:

3. 若变频调速设备的初始投资为 84 万元,假设采用变频调速时的年耗电量是 2156300kW·h,不采用变频调速时的年耗电量是 3473900kW·h,若电价按 0.7 元/kW·h 计算,仅考虑电价因素时预计初始投资成本回收期约为多少个月? (　　)

(A)10 个月　　　　　　　　　　　　(B)11 个月
(C)12 个月　　　　　　　　　　　　(D)13 个月

解答过程:

4. 说明除变频调速方式外,下列风量控制方式中哪种节能效果最好? (　　)

(A)风机出口挡板控制
(B)电机变频调速加风机出口挡板控制
(C)风机入口挡板控制
(D)电机变频调速加风机入口挡板控制

解答过程:

5. 说明下列哪一项是采用变频调速方案的缺点? (　　)

(A)调速范围　　　　　　　　　　　　(B)启动特性
(C)节能效果　　　　　　　　　　　　(D)初始投资

解答过程:

题 6～10:下图为一座 110kV/35kV/10kV 变电站,110kV 和 35kV 采用敞开式配电装置,10kV 采用户内配电装置,变压器三侧均采用架空套管出线。正常运行方式下,任一路 110kV 电源线路带全所负荷,另一路热备用,两台主变压器分别运行,避雷器选用阀式避雷器,其中:

110kV 电源进线为架空线路约 5km,进线段设有 2km 架空避雷线,主变压器距 110kV 母线避雷器最大电气距离为 60m。

35kV 系统以架空线路为主,架空线路进线段设有 2km 架空避雷线,主变压器距 35kV 母线避雷器最大电气距离为 60m。

10kV 系统以架空线路为主,主变压器距 10kV 母线避雷器最大电气距离为20m。

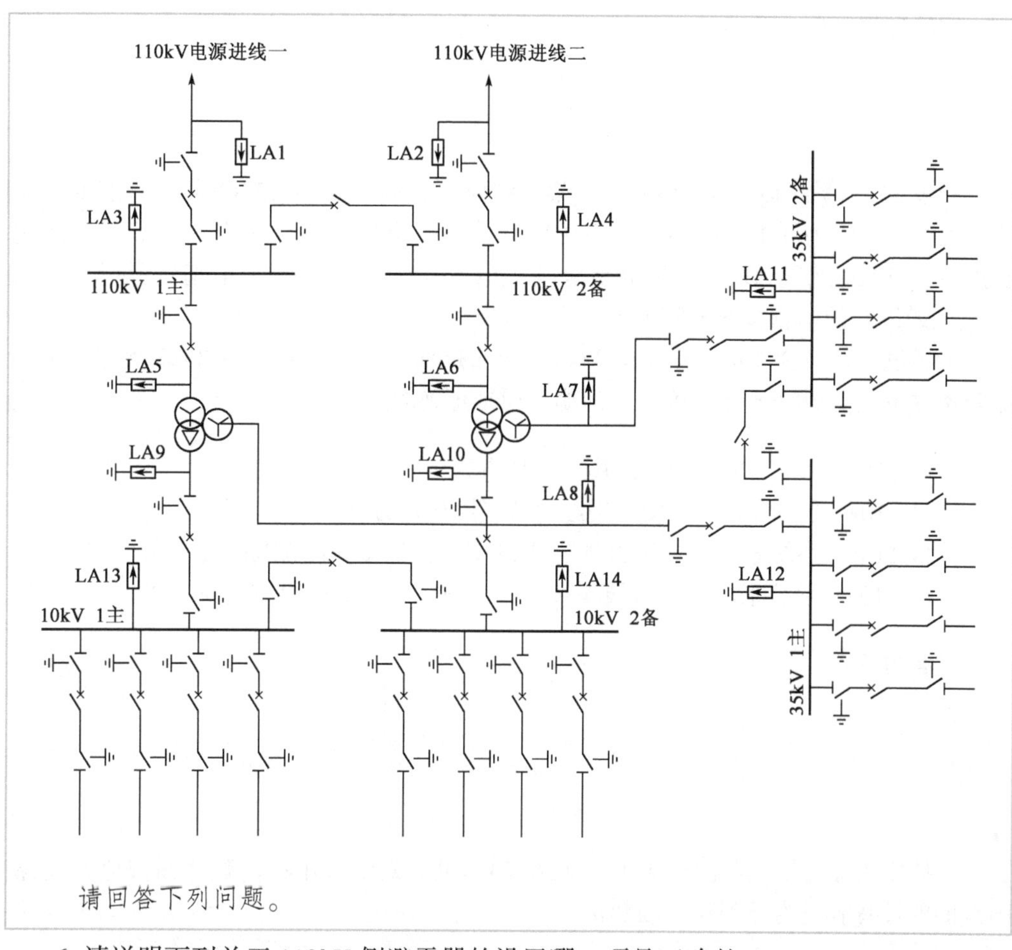

请回答下列问题。

6. 请说明下列关于 110kV 侧避雷器的设置哪一项是正确的？（　　）

（A）只设置 LA3、LA4

（B）只设置 LA1、LA2、LA3、LA4

（C）只设置 LA1、LA2

（D）只设置 LA1、LA2、LA3、LA4、LA5、LA6

解答过程：

7. 主变压器低压侧有开路运行的可能，下列关于 10kV 侧、35kV 侧避雷器的设置哪一项是正确的？（　　）

（A）只设置 LA7、LA8、LA9、LA10

（B）采用独立避雷针保护，不设置避雷器

（C）只设置 LA11、LA12、LA13、LA14

（D）只设置 LA7、LA8、LA9、LA10、LA11、LA12、LA13、LA14

解答过程：

8. 设35kV系统以架空线路为主，架空线路总长度为60km，35kV架空线路的单相接地电容电流均为0.1A/km；10kV系统以钢筋混凝土杆塔架空线路为主，架空线路总长度均为30km，架空线路的单相接地电容电流均为0.03A/km，电缆线路总长度为8km，电缆线路的单相接地电容电流均为1.6A/km。

请通过计算选择10kV系统及35kV系统的接地方式(假定10～35kV系统在接地故障条件下仍需短时运行)，确定下列哪一项是正确的？（　　）

(A)10kV及35kV系统均采用不接地方式

(B)10kV及35kV系统均采用经消弧线圈接地方式

(C)10kV系统采用高电阻接地方式，35kV系统采用低电阻接地方式

(D)10kV系统采用经消弧线圈接地方式，35kV系统采用不接地方式

解答过程：

9. 假定10kV系统接地电容电流为36.7A，10kV系统采用经消弧线圈接地方式，消弧线圈的计算容量为下列哪一项数值？（　　）

(A)275kV·A　　(B)286kV·A　　(C)332kV·A　　(D)1001kV·A

解答过程：

10. 如果变电站接地网的外缘为90m×60m的矩形，站址土壤电阻率$\rho = 100\Omega \cdot m$，请通过简易计算确定变电站接地网的工频接地电阻值为下列哪一项数值？（　　）

(A)$R = 0.38\Omega$　　(B)$R = 0.68\Omega$　　(C)$R = 1.21\Omega$　　(D)$R = 1.35\Omega$

解答过程：

题11～15：某圆形办公室，半径为5m，吊顶高3.3m，采用格栅式荧光灯嵌入顶棚布置成3条光带，平面布置如下图所示。

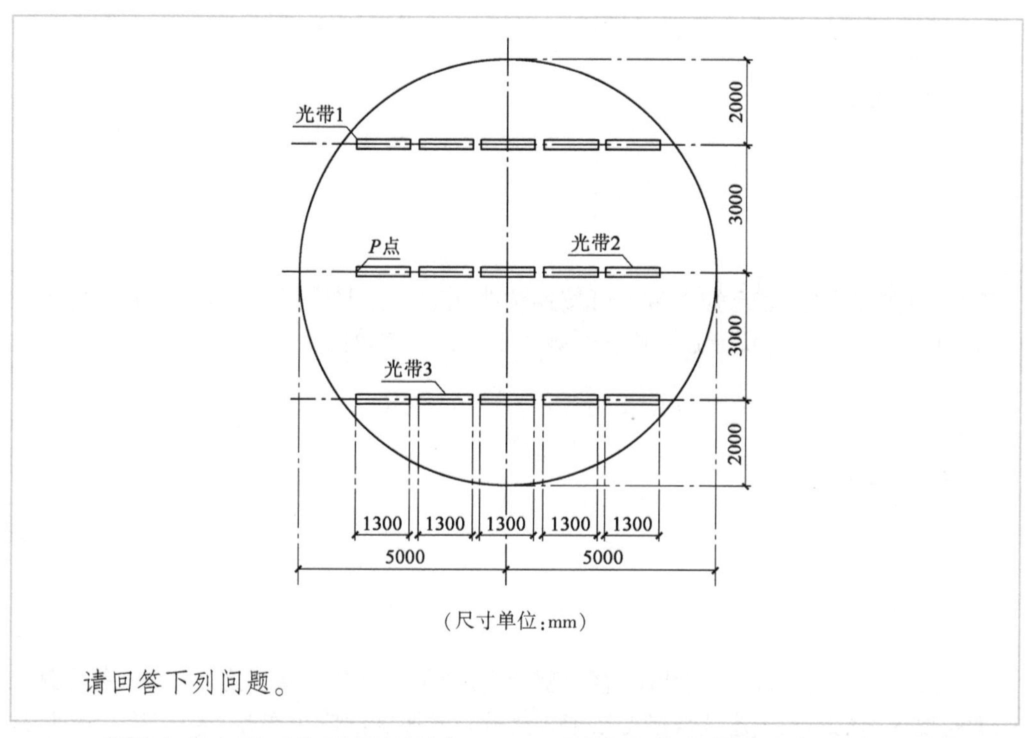

(尺寸单位:mm)

请回答下列问题。

11. 若该办公室的工作面距地面高 0.75m,则该办公室的室空间比为下列哪一项数值? (　　)

(A)1.28　　(B)2.55　　(C)3.30　　(D)3.83

解答过程:

12. 若该办公室的工作面距地面高 0.75m,选用 T5 三基色荧光灯管 36W。其光通量为 3250lm,要求照度标准值为 500lx,已知灯具利用系统为 0.51,维护系数为 0.8,需要光源数为下列哪一项数值(取整数)? (　　)

(A)15　　(B)18　　(C)30　　(D)36

解答过程:

13. 在题干图中,若各段光源采用相同的灯具,并按同一轴线布置,计算光带 1 在距地面 0.75m 高的 P 点的直射水平照度时,当灯具间隔 S 小于下列哪一项数值时,误差小于 10%,发光体可以按连续光源计算照度? (　　)

(A)0.29m　　(B)0.64m　　(C)0.86m　　(D)0.98m

解答过程：

14. 在题干图中，若已知光带1可按连续线光源计算照度，各灯具之间的距离 S 为0.2m，此时不连续线光源光强的修正系数为下列哪一项数值？　　(　　)

(A)0.62　　(B)0.78　　(C)0.89　　(D)0.97

解答过程：

15. 若每套灯具采用2支36W直管型荧光灯，每支荧光灯通量为3250lm，各灯具之间的距离 $S=0.25$m，不连续线光源按连续光源计算照度的修正系数 $c=0.87$，已知灯具的维护系数为0.8，灯具在纵轴向的光强分布确定为C类灯具，荧光灯具发光强度值见下表，若距地面0.75m高的 P 点的水平方位系数为0.662，试用方位系数计算法求光带2在 P 点的直射水平照度为下列哪一项数值？　　(　　)

嵌入式格栅荧光灯发光强度值表

θ(°)	0	30	45	60	90
$I_{a(B-B)}$(cd)	278	344	214	23	0
$I_{o(B-B)}$(cd)	278	218	160	90	1

(A)194lx　　(B)251lx　　(C)289lx　　(D)379lx

解答过程：

题16～20：某工程项目设计中有一台同步电动机，额定功率 $P_n=1450$kW，额定容量 $S_n=1.9$MV·A，额定电压 $U_n=6$kV，额定电流 $I_n=183$A，启动电流倍数 $K_{st}=5.9$，额定转速 $n_0=500$r/min，折算到电动机轴上的总飞轮转矩 $GD^2=80$kN·m^2，电动机全压启动时的转矩相对值 $M_{*q}=1.0$，电动机启动时的平均转矩相对值 $M_{*pq}=1.1$，生产机械的电阻转矩相对值 $M_{*j}=0.16$，6kV母线短路容量 $S_{km}=46$MV·A，6kV母线其他无功负载 $Q_{fh}=2.95$Mvar，要求分别计算及讨论有关该同步电动机的启动电压及启动时间，请回答下列问题。

16. 如采用全压启动，启动前，母线电压相对值为1.0，忽略电动机馈电线路阻抗，计算启动时电动机定子端电压相对值 U_{*q} 应为下列哪一项数值？（　　）

(A)0　　(B)0.803　　(C)0.856　　(D)1.0

解答过程：

17. 为满足生产机械所要求的启动转矩，该同步电动机启动时定子端电压相对值最小应为下列哪一项数值？（　　）

(A)0.42　　(B)0.40　　(C)0.38　　(D)0.18

解答过程：

18. 如上述同步电动机的允许启动一次的时间为 $t_{st}=14s$，计算该同步电动机启动时所要求的定子端电压相对值最小应为哪一项数值？（　　）

(A)0.50　　(B)0.63　　(C)0.66　　(D)1.91

解答过程：

19. 下列影响同步电动机启动时间的因素，哪一项是错误的？（　　）

(A)电动机额定电压
(B)电动机所带的启动转矩相对值
(C)折合到电机轴上的飞轮转矩
(D)电动机启动时定子端电压相对值

解答过程：

20. 如启动前母线电压6.3kV,启动瞬间母线电压5.4kV,启动时母线电压下降相对值为下列哪一项数值? ( )

(A)0.9 (B)0.19

(C)0.15 (D)0.1

解答过程:

题21~25:某35kV变电所10kV系统装有一组4800kvar电力电容器,装于绝缘支架上,星形接线,中性点不接地,电流互感器变比为400/5,10kV最大运行方式下短路容量为300MV·A,最小运行方式下短路容量为200MV·A,10kV母线电压互感器二次额定电压为100V,请回答下列问题。

21. 说明该电力电容器组可不设置下列哪一项保护? ( )

(A)中性线对地电压不平衡电压保护

(B)低电压保护

(C)单相接地保护

(D)过电流保护

解答过程:

22. 电力电容器组带有短延时速断保护装置的动作电流应为下列哪一项数值? ( )

(A)59.5A (B)68.8A (C)89.3A (D)103.1A

解答过程:

23. 电力电容器组过电流保护装置的最小动作电流和相应灵敏系数应为下列哪组数值? ( )

(A)6.1A,19.5 (B)6.4A,18.6

(C)6.4A,27.9　　(D)6.8A,17.5

解答过程：

24. 电力电容器组过负荷保护装置的动作电流为下列哪一项数值？（　　）

(A)4.5A　　(B)4.7A

(C)4.9A　　(D)5.4A

解答过程：

25. 电力电容器组低电压保护装置的动作电压一般为下列哪一项数值？（　　）

(A)40V　　(B)45V

(C)50V　　(D)60V

解答过程：

题26～30：某新建办公建筑，高126m，设避难层和屋顶直升机停机坪，请回答下列问题。

26. 消防控制室内一台火灾报警控制器所连接的火灾探测器、手动火灾报警按钮和模块等设备总数和地址总数，不应超过下列哪项数值？（　　）

(A)3200点　　(B)4800点

(C)5600点　　(D)无限制

解答过程：

27. 按规范规定，本建筑物的火灾自动报警系统形式应为下列哪一项？（　　）

(A)区域报警系统　　(B)集中报警系统

(C)控制中心报警系统　　(D)总线制报警系统

解答过程：

28. 因条件限制，在本建筑物中需布置油浸电力变压器，其总容量不应大于下列哪一项数值？（　　）

(A)630kV·A　　(B)800kV·A

(C)1000kV·A　　(D)1250kV·A

解答过程：

29. 说明在本建筑物中的下列哪个部位应设置备用照明？（　　）

(A)库房　　(B)屋顶直升机停机坪

(C)空调机房　　(D)生活泵房

解答过程：

30. 说明本建筑物的消防设备供电干线及分支干线，应采用哪一种电缆？（　　）

(A)有机绝缘耐火类电缆　　(B)阻燃型电缆

(C)矿物绝缘电缆　　(D)耐热性电缆

解答过程：

题31～35：建筑物内某区域一次回风双风机空气处理机组(AHU)，四管制送冷/热风+加湿控制，定风量送风系统，空气处理流程如下图所示。

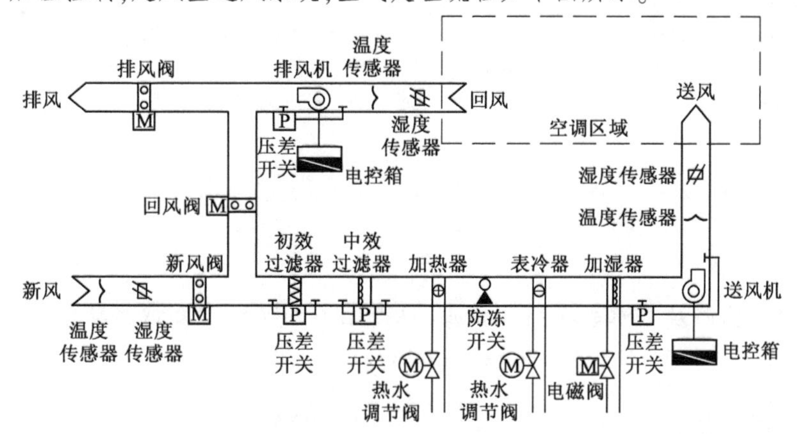

要求采用建筑设备监控系统(BAS)的DDC控制方式，监控功能要求见下表。

序号	监 控 内 容	控 制 策 略
1	检测内容	新风、回风、送风湿温度(PT1000，电容式)，过滤器差压开关信号、风机压差开关信号，新风、回风、排风风阀阀位(DC0～10V)，冷/热电动调节阀阀位(DC0～10V)，风机启停、工作、故障及手/自动状态
2	回风温度自动控制	串级PID调节控制冷/热电动调节阀，主阀回风温度，副阀送风温度，控制回风温度
3	回风温度自动控制	串级PID调节控制加湿电磁阀，主阀回风温度，副阀送风湿度，控制回风湿度
4	新风量自动控制	过渡季根据新风、回风的温湿度计算焓值，自动调节新风、回风、排风风阀的开度，设定最小新风量
5	过滤器堵塞报警	两级空气过滤器，分别设堵塞超压报警，提示清扫
6	机组定时启停控制	根据事先排定的工作及节假日作息时间表，定时启停机组，自动统计机组工作时间，提示定时维修
7	联锁及保护控制	风机启停、风阀、电动调节阀联动开闭，风机启动后，其前后压差过低时，故障报警并连锁停机，热盘管出口处设防冻开关，当温度过低时，报警并打开热水阀

请回答下列问题。

31. 根据控制功能要求，统计输入DDC的AI点数为下列哪一项数值？(风阀、水阀均不考虑并联控制)　　(　　)

(A)9　　(B)10　　(C)11　　(D)12

解答过程：

32. 下列哪一项属于 DI 信号? ( )

(A)防冻开关信号 (B)新风温度信号
(C)回风湿度信号 (D)风机启停控制信号

解答过程:

33. 若要求检测及保障室内空气品质,宜根据下列哪一项参数自动调节控制 AHU 的最小新风量? ( )

(A)回风温度 (B)室内焓值
(C)室内 CO 浓度 (D)室内 CO_2 浓度

解答过程:

34. 若该 AHU 改为变风量送风系统,下列哪一项控制方法不适宜送风量的控制? ( )

(A)定静压法 (B)变静压法
(C)总风量法 (D)定温度法

解答过程:

35. 选择室内温湿度传感器时,规范规定其响应时间不应大于下列哪一项数值? ( )

(A)25s (B)50s
(C)100s (D)150s

解答过程:

题36～40：某企业变电站拟新建一条35kV架空电源线路，采用小接地电流系统，线路采用钢筋混凝土电杆、铁横担、铜芯铝绞线。请回答下列问题。

36. 小接地电流系统中，无地线的架空电力线路杆塔在居民区宜接地，其接地电阻不宜超过下面哪一项数据？ （　　）

(A)1Ω　　(B)4Ω
(C)10Ω　　(D)30Ω

解答过程：

37. 如下图所示为架空线路某钢筋混凝土电杆环绕水平接地装置的示意图，已知水平接地极采用50mm×5mm的扁钢，埋深 $h=0.8$m，土壤电阻率 $\rho=500\Omega\cdot$m，$L_1=4$m，$L_2=2$m，计算该装置工频接地电阻值最接近下列哪一项数值？ （　　）

(A)48Ω　　(B)52Ω
(C)57Ω　　(D)90Ω

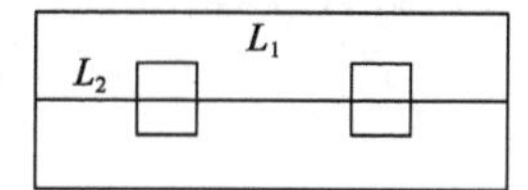

解答过程：

38. 在架空电力线路的导线力学计算中，如果用符号表示比载 γ_n（下角标代表导线在不同条件下），那么 γ_7 代表导线下列哪种比载？并回答导线比载的物理意义是什么？ （　　）

(A)无冰时的风压比载　　(B)覆冰时的风压比载
(C)无冰时的综合比载　　(D)覆冰时的综合比载

解答过程：

39. 已知该架空电力线路设计气象条件和导线的参数如下：

①覆冰厚度 $b=20$mm；　　②覆冰时的风速 $V=10$m/s；
③电线直径 $d=17$；　　④空气密度 $\rho=1.2255$kg/m^2；
⑤空气动力系统 $K=1.2$；　　⑥风速不均匀系数 $\alpha=1.0$；

⑦导线截面积 $A=170\text{mm}^2$；　　⑧理论风压 $W_0=0.5\rho V^2 \text{N/m}^2(\text{P}_\text{a})$。

计算导线覆冰时的风压比载 γ_5 与下列哪一项数值最接近？（　）

(A) $3\times10^{-3}\text{N/(m·mm}^2)$　　(B) $20\times10^{-3}\text{N/(m·mm}^2)$

(C) $25\times10^{-3}\text{N/(m·mm}^2)$　　(D) $4200\times10^{-3}\text{N/(m·mm}^2)$

解答过程：

40. 已知某杆塔相邻两档导线等高悬挂，杆塔两侧导线最低点间的距离为120m，导线截面积 $A=170\text{mm}^2$，出现灾害性天气时的比载 $\gamma_3=100\times10^{-3}\text{N/(m·mm}^2)$，计算此时一根导线施加在横档上的垂直荷载最接近下列哪一项数值？（　）

(A)5000N　　(B)4000N

(C)3000N　　(D)2000N

解答过程：

2011年案例分析试题答案(下午卷)

题1~5答案:**BCBDD**

1.《钢铁企业电力设计手册》(上册)P306有关调节电动机的转速部分内容。

根据风机的压力—流量特性曲线可知,转速与流量成正比,而功率与流量的3次方成比,即 $\frac{P_2}{P_1}=\left(\frac{N_2}{N_1}\right)^3$。

50%额定风量工作时的功率 $P_{50}=(0.5)^3P_n$;20%额定风量工作时的功率 $P_{20}=(0.2)^3P_n$。

《钢铁企业电力设计手册》(上册)P306式(6-43),推导可得年耗电量的公式(忽略轧机相关系数)。

$$W=\frac{PT_Y}{\eta_m}=\frac{P_n\times6000\times40\%}{\eta_{m100}\eta_{mp100}}+\frac{P_{50}\times6000\times30\%}{\eta_{m50}\eta_{mp50}}+\frac{P_{20}\times6000\times30\%}{\eta_{m20}\eta_{mp20}}=2703000\text{kW·h}$$

2.《钢铁企业电力设计手册》(上册)P306式(6-43),推导可得年耗电量的公式(忽略轧机相关系数)。

$$Q_{100}=1,H_{100}=1.4-0.4Q_{100}^2=1.4-0.4\times1^2=1$$

$$Q_{50}=0.5,H_{50}=1.4-0.4Q_{50}^2=1.4-0.4\times0.5^2=1.3$$

$$Q_{20}=0.2,H_{20}=1.4-0.4Q_{20}^2=1.4-0.4\times0.2^2=1.384$$

$$W=\frac{P_nQHT_Y}{\eta_m}$$

$$=\frac{P_n\times Q_{100}\times H_{100}\times6000\times40\%}{\eta_{m100}}+\frac{P_n\times Q_{50}\times H_{50}\times6000\times30\%}{\eta_{m50}}+\frac{P_n\times Q_{20}\times H_{20}\times6000\times30\%}{\eta_{m20}}$$

$$=\frac{900\times1\times6000\times40\%}{0.92}+\frac{900\times0.5\times1.3\times6000\times30\%}{0.8}+\frac{900\times0.2\times1.384\times6000\times30\%}{0.65}=4353947\text{kW·h}$$

3.平均每月节省电费 $W=\frac{(3473900-2156300)\times0.7}{12}=7.686$ 万元,投资回收期(静态)$T=\frac{84}{7.686}=10.9\approx11$ 月。

4.《钢铁企业电力设计手册》(上册)P310表6-12。

此表格虽为例题,但也具有参考性,很明显,表格中各种控制方式下,风机功率消耗由左向右逐渐降低，最节能的是变频调速控制，其次为变极调速+入口挡板控制。

5.《钢铁企业电力设计手册》(下册)P271 表25-2。

独立控制变频调速的特点为效率高，系统复杂，价格较高，转速变化率小。

题6~10答案：**BDDBB**

6.《交流电气装置的过电压保护和绝缘配合设计规范》(GB/T 50064—2014) 第5.4.13条及相关内容。

第5.4.13-2条：未沿全线架设地线的35~110kV线路，其变电站的进线段应采用下图所示的保护接线。

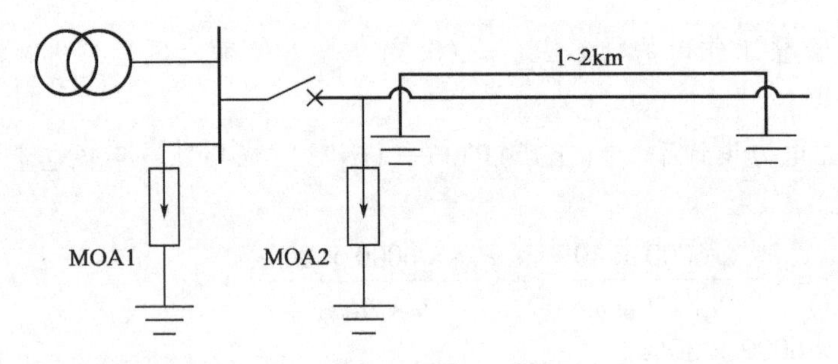

必须设置的避雷器为LA1、LA3和LA2、LA4。

第5.4.13-6条：表5.4.13-1，可知主变压器距110kV母线避雷器最大电气距离未超过允许值，在主变压器附近可不必增设一组阀式避雷器，排除LA5、LA6。

注：也可参考《交流电气装置的过电压保护和绝缘配合》(DL/T 620—1997) 第7.3.2条和第7.3.4条表11，表11中按110kV,2km进线长度，2回路进线确定最大电气距离。

7.《交流电气装置的过电压保护和绝缘配合设计规范》(GB/T 50064—2014) 第5.4.13条及相关内容。

同上题，第5.4.13-2条要求，必须设置的避雷器为LA7、LA11和LA8、LA12。

同上题，第5.4.13-6条：表5.4.13-1，主变压器距35kV母线避雷器最大电气距离未超过允许值。

第5.4.13-11条，必须设置的避雷器为LA9、LA10。

第5.4.13-12条及表5.4.13-2，必须设置的避雷器为LA13、LA14，且10kV母线避雷器最大电气距离未超过允许值。

注：也可参考《交流电气装置的过电压保护和绝缘配合》(DL/T 620—1997) 第7.3.2条和第7.3.4条表11(35kV侧)；第7.3.8条和第7.3.9条表13(10kV侧)。此题不严谨，系统图中未画出10kV和35kV的架空进线端，无法区分变压器中低压侧的避雷器是在架空进线前还是在架空进线后，按题意强调的几个条件，建议选D。

8.《交流电气装置的过电压保护和绝缘配合设计规范》(GB/T 50064—2014) 第3.1.3条。

35kV系统(架空线)接地电容电流：$I_{c35}=60\times0.1=6\text{A}<10\text{A}$，应采用不接地的

方式。

10kV系统(架空线+电缆)接地电容电流:$I_{c10}=0.03\times30+1.6\times8=13.7A>10A$,同时需在接地故障条件下运行,应采用中性点谐振(消弧线圈)接地方式。

注:也可参考《交流电气装置的过电压保护和绝缘配合》(DL/T 620—1997)第3.1.2条,题中要求10kV系统以钢筋混凝土杆塔架空线路为主,根据第3.1.2-a条确认10A为允许值。

9.《交流电气装置的过电压保护和绝缘配合设计规范》(GB/T 50064—2014)第3.1.6-4条。

$$W=1.35I_c\frac{U_n}{\sqrt{3}}=1.35\times36.7\times\frac{10}{\sqrt{3}}=286.05kVA$$

注:也可参考《交流电气装置的过电压保护和绝缘配合》(DL/T 620—1997)第3.1.6-c条,若题目要求确定消弧线圈的规格,则应选择与计算结果相接近的数值,可参见《导体和电器选择设计技术规定》(DL/T 5222—2005)第18.1.4条的要求。另,10kV系统电容电流除线路单相接地电容电流外,还应含有变电所增加的接地电容电流,即"系统电容电流=线路单相接地电容电流+变电所设备增加的电容电流",因此,根据题干已知条件,建议不再补充计算16%的电容电流增量。

10.《交流电气装置的接地设计规范》(GB/T 50065—2011)附录A式(A.0.4-3)。

$$R\approx0.5\frac{\rho}{\sqrt{S}}=0.5\times\frac{100}{\sqrt{90\times60}}=0.68\Omega$$

题11~15答案:**BCDCB**

11.《照明设计手册》(第三版)P146式(5-44)。

$$\text{RCR}=\frac{2.5\text{墙面积}}{\text{地面积}}=\frac{2.5\times2\pi\times5\times(3.3-0.75)}{\pi\times5^2}=2.55$$

注:墙面积计算中的墙高是工作面至吊顶高度。

12.《照明设计手册》(第三版)P145式(5-39)。

$$E_{av}=\frac{N\Phi Uk}{A}$$

$$N=\frac{E_{av}A}{\Phi Uk}=\frac{500\times3.14\times5^2}{3250\times0.51\times0.8}=29.6$$

因此取30只。

13.《照明设计手册》(第三版)P131第5行,其中θ角可查P129表5-5。

$$\theta=\arctan(3\div2.55)=49.6^\circ$$

$$S\leqslant\frac{h}{4\cos\theta}=\frac{3.3-0.75}{4\cos49.6^\circ}=0.983m$$

14.《照明设计手册》(第三版)P131式(5-25)。

$$C=\frac{Nl'}{N(l'+S)-S}=\frac{5\times1.3}{5\times(1.3+0.2)-0.2}=0.89$$

15.《照明设计手册》(第三版)P126 式(5-21)。

$$E_h=\frac{\Phi I'_{\theta0}k}{1000h}\cos^2\theta(AF)=\frac{2\times3250\times0.87\times0.8\times278/1.3}{1000\times2.55}\times1^2\times0.662=251\text{lx}$$

题 16 ~ 20 答案:**BABAC**

16.《工业与民用供配电设计手册》(第四版)P482 ~ P483 表 6.5-4 全压启动公式。

电动机启动回路额定输入容量：$S_{st}=S_{stM}=K_{st}S_{rM}=2.9\times1.9=11.21\text{MV·A}$

母线电压相对值：$U_{stm}=u_s\dfrac{S_{km}}{S_{km}+Q_{fh}+S_{st}}=1.05\times\dfrac{46}{46+2.95+11.21}=0.803$

电动机端电压相对值：$U_{stM}=U_{stm}\dfrac{S_{st}}{S_{stM}}=0.803\times\dfrac{11.21}{11.21}=0.803$

17.《工业与民用供配电设计手册》(第四版)P480 式(6.5-3)。

启动时电动机端子电压应能保证的最小启动转矩：$u_{stM}\geqslant\sqrt{\dfrac{1.1M_j}{M_{stM}}}=\sqrt{\dfrac{1.1\times0.16}{1.0}}=0.42$

18.《钢铁企业电力设计手册》(上册)P277 式(5-16)。

$$t_{st}=\frac{GD^2n_N^2}{3580P_{Nm}(u_{sm}^2m_{sa}-m_r)}=\frac{80\times500^2}{3580\times1450\times(u_{sm}^2\times1.1-0.16)}=14$$

方程求解可得 $u_{sm}=0.63$。

注：本题也可依据《工业与民用供配电设计手册》(第四版)P268 式(6-24)，但需注意：此处总飞轮转矩 GD^2 的单位为 Mg·m^2，与题干给的 kN·m^2 不一致，相差一个重力加速度 g = 9.8。

19.《工业与民用供配电设计手册》(第四版)P480 式(6.5-4)。

由公式 $t_{st}=\dfrac{4gJn_0^2}{3580P_{rM}(u_{stM}^2m_{stM}-m_s)}$，影响启动时间的因素不包括电动机额定电压。

20.《工业与民用供配电设计手册》(第四版)P478 式(6.5-1)。

$$\Delta u_{st}=\frac{U-U_{st}}{U_n}=\frac{6.3-5.4}{6.0}=0.15$$

题 21 ~ 25 答案:**CBBCC**

21.《电力装置的继电保护和自动装置设计规范》(GB/T 50062—2008)第 8.1.3 条。

22.《工业与民用供配电设计手册》(第四版)P572 ~ P573 表 7.5-2。

最小运行方式下，两相短路超瞬态电流：$I''_{k2\cdot min}=0.866I''_{k3\cdot min}=0.866\dfrac{S_{kmin}}{\sqrt{3}U_j}=0.866\dfrac{200}{\sqrt{3}\times 10.5}=9.52kA$

保护装置的动作电流：$I_{op\cdot k}\leqslant\dfrac{I''_{k2\cdot min}}{1.5n_{TA}}=\dfrac{9.52}{1.5\times 400/5}=0.0793kA=79.3A$

23.《工业与民用供配电设计手册》(第四版)P572～P573 表 7.5-2“过电流保护”。

电容器组额定电流：$I_{rC}=\dfrac{Q_n}{\sqrt{3}U_n}=\dfrac{4800}{\sqrt{3}\times 10}=277.13A$

保护装置的动作电流：$I_{opK}=K_{rel}K_{jx}\dfrac{K_{gh}I_{rC}}{K_r n_{TA}}=1.2\times 1.0\times\dfrac{1.3\times 277.13}{0.85\times 400/5}=6.4A$

保护装置一次动作电流：$I_{op}=I_{opK}\dfrac{n_{TA}}{K_{jx}}=6.4\times\dfrac{400\div 5}{1}=512A$

最小运行方式下，两相短路超瞬态电流：$I''_{k2\cdot min}=0.866I''_{k3\cdot min}=0.866\dfrac{S_{kmin}}{\sqrt{3}U_j}=0.866\times\dfrac{200}{\sqrt{3}\times 10.5}=9.52kA$

保护装置灵敏系数：$K_{ren}=\dfrac{I''_{k2\cdot min}}{I_{op}}=\dfrac{9.52}{512}=0.01859kA=18.59A$

24.《工业与民用供配电设计手册》(第四版)P572～P573 表 7.5-2“过负荷保护”。

电容器组额定电流：$I_{rC}=\dfrac{Q_n}{\sqrt{3}U_n}=\dfrac{4800}{\sqrt{3}\times 10}=277.13A$

保护装置的动作电流：$I_{opK}=K_{rel}K_{jx}\dfrac{I_{rC}}{K_r n_{TA}}=1.2\times 1.0\times\dfrac{277.13}{0.85\times 400/5}=4.89A$

25.《工业与民用供配电设计手册》(第四版)P572～P573 表 7.5-2“低电压保护”。

保护装置的动作电压：$U_{opK}=K_{min}U_{r2}=0.5\times 100=50V$

题 26～30 答案：**ABDBC**

26.《火灾自动报警系统设计规范》(GB 50116—2013)第 3.1.5 条：任一台火灾报警控制器所连接的火灾探测器，手动火灾报警按钮和模块等设备总数和地址总数，均不应超过3200 点，其中每一总线回路连接设备的总数不宜超过200 点，且应留有不少于额定容量 10% 的余量。

注：原题考查旧规范，新规范已删除相关内容。

27.《火灾自动报警系统设计规范》(GB 50116—2013)第 3.2.1-2 条：不仅需要报警，同时需要联动自动消防设备，且只设置一台具有集中控制功能的火灾报警控制器和消防联动控制器的保护对象，应采用集中报警系统，并应设置一个消防控制室。

注：原题考查旧规范，新规范已有所修改。

28.《建筑设计防火规范》(GB 50016—2014)第5.4.12-9条。

29.《民用建筑电气设计标准》(GB 51348—2019)第10.4.1条。

30.《民用建筑电气设计标准》(GB 51348—2019)第13.8.4-7条。

题31~35答案:**CADDD**

31.无条文依据。所谓AI点,即模拟量输入点,一般为DDC需要检测模拟量,如温度、湿度、阀门开度等,在监控功能表中应查看监控内容一栏:

①新风、回风、送风湿温度(PT1000,电容式)检测:共6个AI点。

②新风、回风、排风风阀阀位(DC0~10V)检测:共3个AI点(若为阀门开闭,即为DI点)。

③冷/热电动调节阀阀位(DC0~10V)检测:共2个AI点(若为阀门开闭,即为DI点)。

因此共11个AI点。

注:可参考《注册电气工程师执业资格考试专业考试复习指导书》P688图15-2-5相关内容。显然,监控功能表中带有控制的几栏应为输出量(DO或AO),而报警信号为数字输入量(DI)。这样区别对待就很好判断AI点了。

32.无条文依据。点位分析如下:

防冻开关信号:DI点;新风温度信号:AI点;回风湿度信号:AI点;风机启停控制信号:DO点。

33.《民用建筑电气设计标准》(GB 51348—2019)第18.9.1-9条。

34.《民用建筑电气设计标准》(GB 51348—2019)第18.9.2-12条。

35.《民用建筑电气设计标准》(GB 51348—2019)第18.7.1-8条。

题36~40答案:**DBDDD**

36.《66kV及以下架空电力线路设计规范》(GB 50061—2010)第6.0.16-1条。

37.《交流电气装置的接地设计规范》(GB/T 50065—2011)附录F式(F.0.1)。

工频接地电阻:$R=\frac{\rho}{2\pi L}\left(\ln\frac{L^2}{hd}+A_t\right)$

其中$L=4L_1=4\times4=16\text{m}$,$A_t=1.0$,$d=b/2=0.025$。

$$R=\frac{\rho}{2\pi L}\left(\ln\frac{L^2}{hd}+A_t\right)=\frac{500}{2\pi\times16}\times\left(\ln\frac{16^2}{0.8\times0.025}+1\right)=52\Omega$$

38.《钢铁企业电力设计手册》(上册)P1057中“21.3.3电线的比载”及表21-23。

电线上每单位长度(m)在单位截面(mm^2)上的荷载称为比载;γ_7为覆冰时综合比载。

39.《钢铁企业电力设计手册》(上册)P1057表21-23及理论风压公式$W_0=0.5\rho V^2$。

覆冰时风比载：$\gamma_5 = \alpha KW_0(d+2b)\times10^{-3} = 0.5\alpha K\rho V^2(d+2b)\times10^{-3} = 0.5\times 1.0\times1.2\times1.2255\times10^2\times(17+2\times20)\times10^{-3} = 4191\times10^{-3}\mathrm{N/(m\cdot mm^2)}$

注：手册上原式有误。

40.《钢铁企业电力设计手册》(上册)P1064“垂直档距定义”及P1082式(21-28)。

垂直档距近似认为电线单位长度上的垂直力与杆塔两侧电线最低点水平距离之和，因此若两相邻两档杆塔等高，单位长度上的垂直力为零，那么垂直档距近似认为是杆塔两侧电线最低点水平距离。

导线的垂直荷载：$Q = \gamma_3 S l_c = 100\times10^{-3}\times170\times120 = 2040\mathrm{N}$

2012 年

注册电气工程师(供配电)执业资格考试

专业考试试题及答案

2012 年专业知识试题(上午卷)

一、单项选择题(共 40 题,每题 1 分,每题的备选项中只有 1 个最符合题意)

1. 对所有人来说,在手握电极时 15 ~ 100Hz 交流电流通过人体,能自行摆脱的电极的电流有效值应为下列哪一项? ( )

(A)50mA (B)30mA
(C)10mA (D)5mA

2. 在电气专用房间,为防止人体直接接触位于其上方的低压裸带电导体引起的直接接触电击事故,应将此导体置于伸臂范围以外,裸带电体至地面的垂直净距不小于下列哪一个值? ( )

(A)2.2m (B)2.5m
(C)2.8m (D)3.0m

3. 下述哪一项电流值在电流通过人体的效应中被称为"反应阀"? ( )

(A)通过人体能引起任何感觉的最小电流
(B)能引起肌肉不自觉收缩的接触电流的最小值
(C)大于 30mA 的电流值
(D)能引起心室纤维性颤动的最小电流值

4. "防间接电击保护"是针对人接触下面哪一部分? ( )

(A)电气装置的带电部分
(B)在故障情况下电气装置的外露可导电部分
(C)电气装置外(外部)可导电部分
(D)电气装置的接地导体

5. 下列哪一项不可以用作低压配电装置的接地极? ( )

(A)埋于地下混凝土内的非预应力钢筋
(B)条件允许的埋地敷设的金属水管
(C)埋地敷设输送可燃液体或气体的金属管道
(D)埋于基础周围的金属物,如护坡桩等

6. 一栋 25 层普通住宅楼,建筑高度为 73m,根据当地航空部分要求需设置航空障碍标志灯,已知该楼内消防设备用电按一级负荷供电,客梯、生活水泵电力及楼梯照明按二级负荷供电,除航空障碍标志灯外,其余用电设备按三级负荷供电,该楼的航空障碍

标志灯按下列哪一项要求供电？（　　）

（A）一级负荷　　（B）二级负荷

（C）三级负荷　　（D）一级负荷中特别重要负荷

7. 校验 3 ~ 110kV 高压配电装置中的导体和电器的动稳定、热稳定以及电器的短路开断电流时，应按下列哪项短路电流验算？（　　）

（A）按单相接地短路电流验算

（B）按两相接地短路电流验算

（C）按三相短路电流验算

（D）按三相短路电流验算，但当单相、两相接地短路较三相短路严重时，应按严重情况验算

8. 建筑物内消防及其他防灾用电设备，应在下列哪一处设自动切换装置？（　　）

（A）变电所电压出线回路端

（B）变电所常用低压母线与备用电母线端

（C）最末一级配电箱的前一级开关处

（D）最末一级配电箱处

9. 已知一台 35/10kV 额定容量为 5000kV·A 的变压器，其阻抗电压百分值 $u_k\% = 7.5$，基准容量为 100MV·A，该变压器电抗标幺值应为下列哪一项数值？（忽略电阻值）

（　　）

（A）1.5　　（B）0.167

（C）1.69　　（D）0.015

10. 某配电回路中选用的保护电器符合《低压断路器》（JB 1284—1985）的标准，假设所选低压断路器瞬时或短延时过电流脱扣器的整定电流值为 2kA，那么该回路的适中电流值不应小于下列哪个数值？（　　）

（A）2.4kA　　（B）2.6kA

（C）3.0kA　　（D）4.0kA

11. 某企业的 10kV 供配电系统中含有总长度为 25km 的 10kV 电缆线路和 35km 的 10kV 架空线路，请估算该系统线路产生的单相接地电容电流应为下列哪一项数值？

（　　）

（A）26A　　（B）25A

（C）21A　　（D）1A

12. 以下是 10kV 变电所布置的几条原则，其中哪一组是符合规定的？（　　）

(A)变电所宜单层布置,当采用双层布置时,变压器应设在上层,配电室应布置在底层

(B)当采用双层布置时,设于二层的配电室应设搬运设备的通道、平台或孔洞

(C)有人值班的变电所,由于10kV电压低,可不设单独的值班室

(D)有人值班的变电所如单层布置,低压配电室不可以兼作值班室

13. 某变电站10kV母线短路容量250MV·A,如要将某一电缆出线短路容量限制在100MV·A以下,所选择限流电抗器的额定电流为750A,该电抗器的额定电抗百分数应不小于下列哪一项数值? ( )

(A)5 (B)6 (C)8 (D)10

14. 油重为2500kg以上的屋外油浸变压器之间无防火墙,变压器之间要求的防火净距,下列哪一组数据是正确的? ( )

(A)35kV以下为5m,63kV为6m,110kV为8m

(B)35kV以下为6m,63kV为8m,110kV为10m

(C)35kV以下为5m,63kV为7m,110kV为9m

(D)35kV以下为4m,63kV为5m,110kV为6m

15. 某变电所有110±2×2.5%/10.5kV、25MV·A主变压器一台,校验该变压器低压侧的计算工作电流值应为下列哪一项数值? ( )

(A)1375A (B)1443A

(C)1788A (D)2750A

16. 35kV屋外配电装置,不同时停电检修的相邻两回路边相距离(不考虑海拔修正措施)不得小于下列哪一项数值? ( )

(A)2900mm (B)2400mm

(C)1150mm (D)500mm

17. 10kV及以下电缆采用单根保护管埋地敷设时,按规范规定其埋置深度距排水沟底不宜小于下列哪一项数值? ( )

(A)0.3m (B)0.5m (C)0.8m (D)1.0m

18. 选择高压电气设备时,对额定电压、额定电流、机械荷载、额定开断电流、热稳定、动稳定、绝缘水平,均应考虑的是下列哪种设备? ( )

(A)隔离开关 (B)熔断器

(C)断路器 (D)接地开关

19. 低压控制电缆在桥架敷设时，电缆总截面面积与桥架横断面面积之比，按规范规定不应大于下列哪一项数值？ （ ）

（A）20% （B）30% （C）40% （D）50%

20. 某企业变电所，长20m、宽6m、高4m，欲利用其不远处（10m）的金属杆作防雷保护，该杆高20m，位置如右图所示，试计算该变电所能否被金属杆保护？ （ ）

（A）没有被安全保护

（B）能够被金属杆保护

（C）不知道该建筑物的防雷类别，无法计算

（D）不知道滚球半径，无法计算

21. 当高度在15m及以上烟囱的防雷引下线采用圆钢明敷时，按规范规定其直径不应小于下列哪一项数值？ （ ）

（A）8mm （B）10mm

（C）12mm （D）16mm

22. 计算35kV线路电流保护时，计算人员按如下方法计算，请问其中哪一项计算是错误的？ （ ）

（A）主保护整定值按被保护区末端金属性三相短路计算

（B）校验主保护灵敏系数时用系统最大运行方式下本线路三相短路电流除以整定值

（C）后备保护整定值按相邻电力设备和线路末端金属性短路计算

（D）校验后备保护灵敏系数用系统最小运行方式下相邻电力设备和线路末端产生最小短路电流除以整定值

23. 在建筑物防雷击电磁脉冲设计中，380/220V三相配电系统中家用电器的绝缘耐冲击过电压额定值，可按下列哪一项数值选取？ （ ）

（A）6kV （B）4kV （C）2.5kV （D）1.5kV

24. 选择户内电抗器安装处的环境最高温度应采用下列哪一项？ （ ）

（A）最热月平均最高温度 （B）年最高温度

（C）该处通风设计最高温度 （D）该处通风设计最高排风温度

25. 某湖边一座30层的高层住宅，其外形尺寸长、宽、高分别为50m、23m、92m，所在地年平均雷暴日为47.4天，在建筑物年预计雷击次数计算中，与建筑物截收相同雷击次数的等效面积为下列哪一项数值？ （ ）

（A）0.2547km^2 （B）0.0399km^2

(C)0.0469km^2　　　　(D)0.0543km^2

26. 某电流互感器的额定二次负荷为10VA,二次额定电流5A,它对应的额定负荷阻抗为下列何值?　　(　　)

(A)0.4Ω　　　　(B)1Ω

(C)2Ω　　　　(D)10Ω

27. 当避雷针的高度为35m时,请用折线法计算室外配电设备被保护物高度为10m时单支避雷针的保护半径为下列哪一项数值?　　(　　)

(A)23.2m　　　　(B)30.2m

(C)32.5m　　　　(D)49m

28. 用于中性点经消弧线圈接地系统的电压互感器,其第三绕组(开口三角)电压应为下列哪一项?　　(　　)

(A)100/3V　　　　(B)$100/\sqrt{3}$V

(C)67V　　　　(D)100V

29. 已知某配电线路保护导体预期故障电流I_d为23.5kA,故障电流的持续时间t为0.2s,计算系数k取143,根据保护导体最小截面公式计算,下列保护导体最小截面哪一项符合规范要求?　　(　　)

(A)50mm^2　　　　(B)70mm^2

(C)95mm^2　　　　(D)120mm^2

30. 某第一类防雷建筑物,当地土壤电阻率为300Ω·m,其防直击雷的接地装置围绕建筑物设置成环形接地体,当该环形接地体所包围的面积为100m^{2}时,请判断下列问题,哪一个是正确的?　　(　　)

(A)该环形接地体需要补加垂直接地体4m

(B)该环形接地体需要补加水平接地体4m

(C)该环形接地体不需要补加接地体

(D)该环形接地体需要补加两根2m水平接地体

31. 请计算如右图所示架空线简易铁塔水平接地装置的工频接地电阻值最接近下面哪个数值?(假定土壤电阻率$\rho=500\Omega\cdot m$,水平接地极采用50mm×5mm的扁钢,深埋$h=0.8$m)　　(　　)

(A)10Ω

(B)30Ω

(C)50Ω

(D)100Ω

L_1

$L_1=L_2=2$m　L_2

32. 封闭式母线在室内水平敷设时，支持点间距不宜大于下列哪一项数值？（　　）

(A)1.0m　　(B)1.5m

(C)2.0m　　(D)2.5m

33. 按规范要求下列哪项电气设备外露可导电部分可以接地？（　　）

(A)采用设置导电场所保护方式的电气设备外露可导电部分

(B)采用不接地的等电位连接方式的电气设备外露可导电部分

(C)采用电气分隔保护方式的电气设备外露可导电部分

(D)采用双重绝缘及加强绝缘保护方式中的绝缘外护物里面的外露可导电部分

34. 电缆保护管的内径不宜小于电缆外径或多根电缆包络外径的多少倍？（　　）

(A)1.3 倍　　(B)1.5 倍

(C)1.8 倍　　(D)2.0 倍

35. 室内外一般环境污染场所灯具污染的维护系数取值与灯具擦拭周期的关系，下列哪一项表述与国家标准规范的要求一致？（　　）

(A)与灯具擦拭周期有关，规定最少 1 次/年

(B)与灯具擦拭周期有关，规定最少 2 次/年

(C)与灯具擦拭周期有关，规定最少 3 次/年

(D)与灯具擦拭周期无关

36. 应急照明不能选用下列哪种光源？（　　）

(A)白炽灯　　(B)卤钨灯

(C)荧光灯　　(D)高强度气体放电灯

37. 博物馆建筑陈列室对光特别敏感的绘画展品表面应按下列哪一项照明标准值设计？（　　）

(A)不大于 50lx　　(B)100lx

(C)150lx　　(D)300lx

38. 下列有关异步电动机启动控制的描述，哪一项是错误的？（　　）

(A)直接启动时校验在电网形成的电压降不得超过规定值，还应校验其启动功率不得超过供电设备和电网的过载能力

(B)降压启动方式即启动时将电源电压降低加到电动机定子绕组上，待电动机接近同步转速后，再将电动机接至电源电压上运行

(C)晶闸管交流调压调速的主要优点是简单、便宜、使用维护方便，其缺点为功

率损耗高、效率低、谐波大

(D)晶闸管交流调压调速,常用的接线方式为,每相电源各串一组双向晶闸管,分别与电动机定子绕组连接,另外电源中性线与电动机绕组的中心点连接

39. 直接型气体放电灯具,平均亮度不小于 500kcd/m^2,其遮光角不应小于下列哪一项数值? ( )

(A)10° (B)15° (C)20° (D)30°

40. 关于可编程控制器 PLC 的 I/O 接口模块,下列描述哪一项是错误的? ( )

(A)I/O 接口模块是 PLC 中 CPU 与现场输入、输出装置或其他外部设备之间的接口部件

(B)PLC 系统通过 I/O 模块与现场设备连接,每个模块都有与之对应的编程地址

(C)为满足不同需要,有数字量输入输出模块、模拟量输入输出模块、计数器等特殊功能模块

(D)I/O 接口模块必须与 CPU 放置在一起

二、多项选择题(共 30 题,每题 2 分。每题的备选项中有 2 个或 2 个以上符合题意。错选、少选、多选均不得分)

41. 在 TN 系统内做总等电位联结的防电击效果优于仅做人工的重复接地,在下列概念中哪几项是正确的? ( )

(A)在建筑物以低压供电,做总等电位联结时,发生接地故障,人体接触电压较低

(B)总等电位联结能消除自建筑物外沿金属管线传导来的危险电压引发的电击事故

(C)总等电位联结的地下部分接地装置,其有效寿命大大超过人工重复接地装置

(D)总等电位联结能将接触电压限制在安全值以下

42. 关于总等电位联结的论述中,下面哪些是错误的? ( )

(A)电气装置外露可导电部分与总接地端子之间的连接线是保护导体

(B)电气装置外露可导电部分与装置外可导电部分之间的连接线是总等电位联结导体

(C)总接地端子与金属管道之间的连接线是辅助等电位导体

(D)总接地端子与接地极之间的连接线是保护导体

43. 供配电系统短路电流计算中,在下列哪些情况下,可不考虑高压异步电动机对短路峰值电流的影响? ( )

(A)在计算不对称短路电流时
(B)异步电动机与短路点之间已相隔一台变压器
(C)在计算异步电动机附近短路点的短路峰值电流时
(D)在计算异步电动机配电电缆处短路点的短路峰值电流时

44. 下列哪些条件不符合 35kV 变电所所址选择的要求? ( )

(A)与城乡或工矿企业规划相协调,便于架空线和电缆线路的引入和引出
(B)所址标高宜在 30 年一遇的高水位之上,否则变电所应有可靠的防洪措施
(C)周围环境宜无明显污秽,如空气污秽时,所址宜设在受污源影响最小处
(D)可不考虑变电所与周围环境、邻近设施的相互影响

45. 远离发电机端的网络发生短路时,可认为下列哪些项相等? ( )

(A)三相短路电流非周期分量初始值
(B)三相短路电流稳态值
(C)三相短路电流第一周期全电流有效值
(D)三相短路后 0.2s 的周期分量有效值

46. 下列电力负荷中哪些属于一级负荷? ( )

(A)建筑高度为 32m 的乙、丙类厂房的消防用电设备
(B)建筑高度为 60m 的综合楼的电动防火门、窗、卷帘等消防设备
(C)人民防空地下室二等人员隐蔽所、物资库的应急照明
(D)民用机场的机场宾馆及旅客过夜用房用电

47. 在电气工程设计中,采用下列哪些项进行高压导体和电器校验? ( )

(A)三相短路电流非周期分量初始值
(B)三相短路电流持续时间 t 时的交流分量有效值
(C)三相短路电流全电流最大瞬时值
(D)三相短路超瞬态电流有效值

48. 变配电所中,当 6~10kV 母线采用单母线分段接线时,分段处宜装设断路器,但属于下列哪几种情况时,可装设隔离开关或隔离触头组? ( )

(A)母线上短路电流较小
(B)不需要带负荷操作
(C)继电保护或自动装置无要求
(D)出线回路较少

49. 在电力系统中,下列哪些因素影响短路电流计算值? ( )

(A)短路点距电源的远近
(B)系统网的结构
(C)基准容量的取值大小
(D)计算短路电流时采用的方法

50. 对冲击性负荷供电需要降低冲击性负荷引起的电网电压波动和电网闪变时,宜采取下列哪些措施? ( )

(A)采用专线供电
(B)对较大功率的冲击性负荷或冲击性负荷群与对电压波动、闪变敏感的负荷,分别由不同变压器供电
(C)与其他负荷共用配电线路时,加大配电线路阻抗
(D)对大功率电弧炉的炉用变压器由短路容量较大的电网供电

51. 某大型民用建筑内需设置一座10kV变电所,下列哪几种形式比较适宜? ( )

(A)室外变电所 (B)预装式变电站
(C)半露天变电所 (D)户外箱式变电站

52. 电容器组额定电压的选择,应符合下列哪些要求? ( )

(A)宜按电容器接入电网处的运行电压进行计算
(B)电容器运行承受的长期工频过电压,应不大于电容器额定电压的1.1倍
(C)应计入接入串联电抗器引起的电容器运行电压升高
(D)应计入电容器分组回路对电压的影响

53. 选择电流互感器时,应考虑下列哪些技术参数? ( )

(A)短路动稳定性 (B)短路热稳定性
(C)二次回路电压 (D)一次回路电流

54. 对于配电装置室的建筑要求,下列哪些表述是正确的? ( )

(A)配电装置室应设防火门,并应向外开启
(B)配电装置室不宜装设事故通风装置
(C)配电装置室的耐火等级不应低于二级
(D)配电装置室可开窗,但应采取防止雨、雪、小动物、风沙及污秽尘埃进入的措施

55. 民用建筑中消防用电设备的配电线路应满足火灾时连续供电的需要,下列哪些敷设方式是符合规范规定的? ( )

(A)暗敷设时,应穿管并应敷设在不燃烧体结构内且保护层厚度不应小

于 30mm

(B)明敷设时,应穿有防火保护的金属管或有防火保护的封闭式金属线槽

(C)当采用阻燃或耐火电缆时,敷设在电缆井内可不采取防火保护措施

(D)当采用矿物绝缘类不燃性电缆时,可直接敷设

56. 当一级负荷用电由同一配电室两个回路电源所供给时,下列哪几种做法符合规范的要求? ( )

(A)配电装置宜分列设置,当不能分列设置时,其母线分段处应设防火隔板或有门洞的隔墙

(B)供给一级负荷用电的两路电缆不应同沟敷设,当无法分开时,该电缆沟内的两路电缆宜采用绝缘和护套均为难燃 B1 级电缆,分别敷设在电缆沟两侧的支架上

(C)供给一级负荷用电的两路电缆不应同沟敷设,当无法避免时,允许采用阻燃性电缆,分别敷设在电缆沟一侧不同层的支架上

(D)供给一级负荷用电的两路电缆应同沟敷设

57. 人民防空地下室电气设计中,下列哪些项表述符合国家规范要求? ( )

(A)进、出防空地下室的动力、照明线路,应采用电缆或护套线

(B)电缆和电线应采用铜芯电缆和电线

(C)当防空地下室内的电缆或导线数量较多,且又集中敷设时,可采用电缆桥架敷设的方式。电缆桥架可直接穿过临空墙、防护密闭隔墙、密闭隔墙

(D)电缆、护套线、弱电线路和备用预埋管穿过临空墙、防护密闭隔墙、密闭隔墙,除平时有要求外,可不做密闭处理,临战时采取防护密闭或密闭封堵,在 30 天转换时限内完成

58. 保护 35kV 以下变压器的高压熔断器的选择,下列哪几项要求是正确的? ( )

(A)当熔体内通过电力变压器回路最大工作电流时不误熔断

(B)当熔体通过电力变压器回路的励磁涌流时不误熔断

(C)当高压熔断器的断流容量不满足被保护回路短路容量要求时,不可在被保护回路中装设限流电阻来限制短路电流

(D)高压熔断器还应按海拔高度进行校验

59. 下列哪些建筑物应划为第二类防雷建筑物? ( )

(A)有爆炸危险的露天钢质封闭气罐

(B)预计雷击次数为 0.05 次/年的省级办公建筑物

(C)国际通信枢纽

(D)具有 20 区爆炸危险场所的建筑物

60. 对电线、电缆导体截面的选择，下列哪几项符合规范要求？（　　）

(A)按照敷设方式、环境温度确定的导体截面，其导体载流量不应小于预期负荷的最大计算电流和按保护条件所确定的电流

(B)绝缘导体敷设在跨距小于2m的绝缘子的铜导体的最小允许截面为1.5mm^2

(C)线路电压损失不应超过允许值

(D)生产用的移动式用电设备采用铜芯软线的线芯最小允许截面0.75mm^2

61. 某一般性12层住宅楼，经计算预计雷击次数为0.1次/年，为防直击雷，沿屋角、屋脊、屋檐和檐角等易受雷击的部分敷设接闪带、接闪网，并在整个屋面组成接闪网格，按规范规定接闪网格应不大于下列哪些项数值？（　　）

(A)12m×8m　　(B)10m×10m　　(C)24m×16m　　(D)20m×20m

62. 对于变压器引出线、套管及内部的短路故障，下列保护配置哪几项是正确的？（　　）

(A)变电所有两台2.5MV·A变压器，装设纵联差动保护

(B)两台6.3MV·A并列运行变压器，装设纵联差动保护

(C)一台6.3MV·A重要变压器，装设纵联差动保护

(D)8MV·A以下变压器装设电流速断保护和过电流保护

63. 10kV配电系统，系统接地电容电流30A，采用消弧线圈接地，该系统下列哪些项满足规定？（　　）

(A)系统故障点的残余电流不大于5A

(B)消弧线圈的容量为250kV·A

(C)在正常运行情况下，中性点的长时间电压位移不超过1000V

(D)消弧线圈接于容量为500kV·A、接线为YN，d的双绕组变压器中性点上

64. 为了限制3～66kV不接地系统中的中性点接地的电磁式电压互感器因过饱和可能产生的铁磁谐振过电压，可采取的措施有下列哪几项？（　　）

(A)选用励磁特性饱和点较高的电磁式电压互感器

(B)增加同一系统中电压互感器中性点接地的数量

(C)在互感器的开口三角形绕组装设专门消除此类铁磁谐振的装置

(D)在10kV及以下的母线上装设中性点接地的星形接线电容器

65. 某一10/0.4kV车间变电所，配电变压器安装在车间外，高压侧为小电阻接地方式，低压侧为TN系统，为防止高压侧接地故障引起低压侧工作人员的电击事故，可采取下列哪些措施？（　　）

(A)高压保护接地和低压侧系统接地共用接地装置

(B)高压保护接地和低压侧系统接地分开独立设置

(C)高压系统接地和低压侧系统接地共用接地装置
(D)在车间内,实行总等电位联结

66. 在电气设计中,以下哪几项做法符合规范要求? ( )

(A)TT 系统中当电源进线有中性导体时应采用四极开关
(B)TN-C 系统中使用四极开关
(C)TN-S 系统中电源转换开关应采用切断相导体和中性导体的四级开关
(D)IT 系统与 TT 系统之间的电源转换开关,应采用切断相导体和中性导体的四极开关

67. 接地网的接地导体与接地导体,以及接地导体与接地极连接采用搭接时,其符合规范要求的搭接长度不应小于下列哪些项数值? ( )

(A)扁钢宽度的 1.5 倍　　(B)圆钢直径的 4 倍
(C)扁钢宽度的 2 倍　　(D)圆钢直径的 6 倍

68. 某建筑群的综合布线区域内存在高于国家标准规定的干扰时,布线方式选择下列哪些措施符合国家标准规范要求? ( )

(A)宜采用非屏蔽缆线布线方式
(B)宜采用屏蔽缆线布线方式
(C)宜采用金属管线布线方式
(D)可采用光缆布线方式

69. 某办公室照明配电设计中,额定工作电压为 AC220V,已知末端分支线负荷有功功率为 500W($\cos\varphi=0.92$),请判断下列保护开关整定值和分支线导线截面,哪些数值符合规范规定?(不考虑电压降和线路敷设方式的影响,导线允许持续载流量按下表选取) ( )

导线截面(mm^2)	0.75	1.0	1.5	2.5
导线载流量(A)	8	11	16	21

(A)导线过负荷保护开关整定值 3A,分支线导线截面选择 $0.75mm^2$
(B)导线过负荷保护开关整定值 6A,分支线导线截面选择 $1.0mm^2$
(C)导线过负荷保护开关整定值 10A,分支线导线截面选择 $1.5mm^2$
(D)导线过负荷保护开关整定值 16A,分支线导线截面选择 $2.5mm^2$

70. 关于电动机的启动方式的特点比较,下列描述中哪些是正确的? ( )

(A)电阻降压启动适用于低压电动机,启动电流较大,启动转矩较小,启动电阻消耗较大
(B)电抗器降压启动适用于低压电动机,启动电流较大,启动转矩较小

(C)延边三角形降压启动要求电动机具有9个出线头,启动电流较小,启动转矩较大

(D)星形—三角形降压启动要求电动机具有6个出线头,适用于低压电动机,启动电流较小,启动转矩较小

2012 年专业知识试题答案(上午卷)

1. **答案**:D

依据:《电流对人和家畜的效应　第 1 部分:通用部分》(GB/T 13870.1—2008)第 5.4 条。

2. **答案**:B

依据:《低压配电设计规范》(GB 50054—2011)第 4.2.6 条。

3. **答案**:B

依据:《电流对人和家畜的效应 第 1 部分:通用部分》(GB/T 13870.1—2008)第 3.2.2 条。

4. **答案**:B

依据:《低压配电设计规范》(GB 50054—2011)第 5.2.1 条及条文说明。当发生接地故障并在故障持续的时间内,与它有电气联系的电气设备的外露可导电部分对大地和装置可导电部分间存在电位差,此电位差可能使人身遭受电击。间接接触防护针对此种接地故障自动切断电源的防护措施。

注:也可参考《低压配电装置　第 4-41 部分:安全防护　电击防护》(GB 16895.21—2011)第 413 条。

5. **答案**:C

依据:《交流电气装置的接地设计规范》(GB/T 50065—2011)第 8.1.2-6 条。

6. **答案**:A

依据:《民用建筑电气设计标准》(GB 51348—2019)附录 A。

7. **答案**:D

依据:《3 ~ 110kV 高压配电装置设计规范》(GB 50060—2008)第 4.1.3 条。

8. **答案**:D

依据:《建筑设计防火规范》(GB 50016—2014)第 10.1.8 条。

9. **答案**:A

依据:《工业与民用供配电设计手册》(第四版)P280 ~ P281 表 4.6-2、表 4.6-3。变压器电抗标幺值:$X_{*T} = \frac{U_k\%}{100} \cdot \frac{S_j}{S_{rT}} = 0.075 \times \frac{100}{5} = 1.5$

10. **答案**:B

依据:《低压配电设计规范》(GB 50054—2011)第 6.2.4 条。

11. **答案**:A

依据:《工业与民用供配电设计手册》(第四版)P302 式(4.6-35)和式(4.6-38)。

电缆线路单相接地电容电流:$I_{c1} = 0.1U_r l = 0.1 \times 10 \times 25 = 25A$

架空线路单相接地电容电流:$I_{c2} = \frac{U_r l}{350} = \frac{10 \times 25}{350} = 0.7A$

总接地电容电流:$I_c = 25 + 0.7 = 25.7A$

12. **答案**:B

依据:《20kV 及以下变电所设计规范》(GB 50053—2013)第 4.1.4 条、第 4.1.5 条。

13. **答案**:D

依据:《工业与民用供配电设计手册》(第四版)P401 式(5.7-11)。

设 $S_j = 100MVA$,$U_j = 10.5kV$,则 $I_j = 5.5kV$,电抗器的额定电抗百分比:

$$x_{rk}(\%) \geq \left(\frac{I_j}{I_{ky}} - X_{*S}\right)\frac{I_{rk}U_j}{U_{rk}I_j} \times 100\% = \left(\frac{5.5}{5.5} - \frac{100}{250}\right) \times \frac{0.75 \times 10.5}{10 \times 5.5} \times 100\% = 8.6\%,$$

选 10%。

14. **答案**:A

依据:《3~110kV 高压配电装置设计规范》(GB 50060—2008)第 5.4.4 条。

15. **答案**:B

依据:《电力工程电气设计手册》(电气一次部分)P232 表 6-3。

变压器回路计算工作电流:$I_e = 1.05 \times \frac{S}{\sqrt{3}U} = 1.05 \times \frac{25 \times 10^3}{\sqrt{3} \times 10.5} = 1443A$

注:当提及"回路持续工作电流"和"计算工作电流"两个词时,建议参考一次手册作答。

16. **答案**:B

依据:《3~110kV 高压配电装置设计规范》(GB 50060—2008)第 5.1.1 条表 5.1.1 中 *D* 值。

17. **答案**:A

依据:《电力工程电缆设计规范》(GB 50217—2018)第 5.4.5-2 条。

18. **答案**:C

依据:《工业与民用供配电设计手册》(第四版)P311~P312 表 5.1-1。

注:虽缺少机械荷载一项,但根据其他特性已可以选出正确答案了,也可参考《导体和电器选择设计技术规定》(DL/T 5222—2005)第 9.2 条。

19. **答案**:D

依据:《低压配电设计规范》(GB 50054—2011)第 7.2.15 条。

注：也可参考《民用建筑电气设计规范》(JGJ 16—2008)第8.10.7条。

20. **答案**：A

依据：《交流电气装置的过电压保护和绝缘配合设计规范》(GB/T 50064—2014)第5.2.1条。

$4 = h_x < 0.5h = 0.5 \times 20 = 10$

在4m高度的保护半径：$r_x = (1.5h - 2h_x)P = (1.5 \times 20 - 2 \times 4) \times 1 = 22\text{m}$

变电所最远点距金属杆：$l = \sqrt{30^2 + 6^2} = 30.6\text{m}$，显然无法完全保护。

注：也可参考《交流电气装置的过电压保护和绝缘配合》(DL/T 620—1997)第5.2.1条，本题为变电所防雷，非民用建筑防雷计算，因此不建议参考《建筑物防雷设计规范》(GB 50057—2010)。

21. **答案**：C

依据：《建筑物防雷设计规范》(GB 50057—2010)第5.3.3条。

22. **答案**：B

依据：《工业与民用供配电设计手册》(第四版)P177倒数第5行：最小短路电流(即最小运行方式下的短路电流)用于选择熔断器、设定保护定值或作为校验继电保护灵敏度和校验感应电动机启动的依据。

23. **答案**：C

依据：《建筑物防雷设计规范》(GB 50057—2010)第6.4.4条表6.4.4。

24. **答案**：D

依据：《3～110kV高压配电装置设计规范》(GB 50060—2008)第3.0.2条表3.0.2。

25. **答案**：C

依据：《建筑物防雷设计规范》(GB 50057—2010)附录A式(A.0.3-2)。

$$A_e = [LW + 2(L + W)\sqrt{H(200 - H)} + \pi H(200 - H)] \times 10^{-6}$$

$$= (50 \times 23 + 2 \times 73 \times 99.68 + \pi \times 92 \times 108) \times 10^{-6} = 0.0469$$

26. **答案**：A

依据：《工业与民用供配电设计手册》(第四版)P748式(8.3-1)。

27. **答案**：B

依据：《交流电气装置的过电压保护和绝缘配合设计规范》(GB/T 50064—2014)第5.2.1条。

各算子：$h = 35\text{m}, h_x = 10\text{m}, P = \frac{5.5}{\sqrt{h}} = \frac{5.5}{\sqrt{35}} = 0.93$

$h_x < 0.5h, r_x = (1.5h - 2h_x)P = (1.5 \times 35 - 2 \times 10) \times 0.93 = 30.225\text{m}$

注：也可参考《交流电气装置的过电压保护和绝缘配合》(DL/T 620—1997)第5.2.1条式(6)。

28. **答案**:A

依据:《导体和电器选择设计技术规定》(DL/T 5222—2005)第16.0.7条:经消弧线圈接地即为非直接接地方式。

注:第三绕组电压$100/\sqrt{3}$已较为少见,手册中仍可见到,但建议考试时暂不考虑。

29. **答案**:C

依据:《低压配电设计手册》(GB 50054—2011)第3.2.14条。

保护导体截面积:$S \geqslant \frac{I}{k}\sqrt{t} = \frac{23.5\times10^3}{143}\times\sqrt{0.2} = 73.5\text{mm}^2$,取$95\text{mm}^2$。

30. **答案**:C

依据:《建筑物防雷设计规范》(GB 50057—2010)第4.2.4-6条及小注。

注:当土壤电阻率小于或等于500Ω·m时,对环形接地体所包围的面积的等效圆半径大于或等于5m的情况,环形接地体不需要补加接地体。

31. **答案**:C

依据:《交流电气装置的接地设计规范》(GB 50065—2011)附录F式(F.0.1)及表F.0.1。

$A_t = 1.76, L = 4\times4 = 16, d = b/2 = 0.025\text{m}$

$$R = \frac{\rho}{2\pi L}\left(\ln\frac{L^2}{hd} + A_t\right) = \frac{500}{2\pi\times16}\times\left(\ln\frac{16^2}{0.8\times0.025} + 1.76\right) = 55.8\Omega$$

注:也可参考《交流电气装置的接地》(DL/T 621—1997)附录D表D1。

32. **答案**:A

依据:《民用建筑电气设计标准》(GB 51348—2019)第12.4.14条。

33. **答案**:C

依据:《交流电气装置的接地设计规范》(GB/T 50065—2011) 第3.2.2-2条。

注:也可参考《第4部分:安全防护第44章:过电压保护第446节:低压电气装置对高压接地系统接地故障的保护》(GB 16895.11—2001)第442.2条

34. **答案**:B

依据:《电力工程电缆设计规范》(GB 50217—2018)第5.4.4-2条。

35. **答案**:B

依据:《建筑照明设计标准》(GB 50034—2013)第4.1.6条表4.1.6。

36. **答案**:D

依据:《照明设计手册》(第三版)P459"应急照明光源、灯具及系统"。

注:也可参考《建筑照明设计标准》(GB 50034—2013)第3.2.3条。

37. **答案**:A

依据:《建筑照明设计标准》(GB 50034—2013)第5.2.8条及表5.3.8-3。

38. **答案**:D

依据:《钢铁企业电力设计手册》(下册)P89、90及P282。

39. **答案**:D

依据:《建筑照明设计标准》(GB 50034—2013)第4.3.1条及表4.3.1。

40. **答案**:D

依据:《电气传动自动化技术手册》(第三版)P875。

注:也可参考《电气传动自动化技术手册》(第二版)P788倒数第5行。

---

41. **答案**:AB

依据:《工业与民用供配电设计手册》(第四版)P1402~P1403"总等电位联结"。

42. **答案**:BCD

依据:《交流电气装置的接地设计规范》(GB/T 50065—2011)附录H。

注:也可参考行业标准《交流电气装置的接地》(DL/T 621—1997)第7.2.6条图6。

43. **答案**:AB

依据:《工业与民用供配电设计手册》(第四版)P300"异步电动机反馈电流计算"。高压异步电动机对短路电流的影响,只有在计算电动机附近短路点的短路峰值电流时才予以考虑。在下列情况下可不考虑高压异步电动机对短路峰值电流的影响:异步电动机与短路点的连接已相隔一个变压器;在计算不对称短路电流时。

44. **答案**:BD

依据:《35kV~110kV变电站设计规范》(GB 50059—2011)第2.0.1条。

45. **答案**:BD

依据:《工业与民用供配电设计手册》(第四版)P178~P179图4.1-2和P284、P300的内容,远端短路时$I''_k = I_{0.2} = I_k$,即初始值、短路0.2s值和稳态值相等。

选项A:参考P178图4.1-2可知,非周期分量(直流分量)的初始值I_{DC},应与三相短路电流稳态值I''_K有如下关系:$I_{DC} = \sqrt{2}I''_k$

选项C:全电流有效值$I_p = I''_k\sqrt{1+2(K_p-1)^2} = 1.51I''_k$(当短路点远离发电厂时,$K_p = 1.8$)

注:选项C参考《工业与民用配电设计手册》(第三版)P150式(4-25)。

46. **答案**:BCD

依据:《建筑设计防火规范》(GB 50016—2014)第5.1.1条、第10.1.1条,《人民防空地下室设计规范》(GB 50038—2005)第7.2.4条表7.2.4,《民用建筑电气设计标准》(GB 51348—2019)附录A。

47. 答案:BCD

依据:《工业与民用供配电设计手册》(第四版)P331"稳定校验所需用的短路电流"。

注:也可参考《钢铁企业电力设计手册》(上册)P177相关内容。

48. 答案:BC

依据:《20kV及以下变电所设计规范》(GB 50053—2013)第3.2.5条。

49. 答案:AB

依据:《工业与民用供配电设计手册》(第四版)P178第三段第一行。短路过程中短路电流变化的情况决定于系统电源容量的大小和短路点离电源的远近。

50. 答案:ABD

依据:《供配电系统设计规范》(GB 50052—2009)第5.0.11条。

51. 答案:AB

依据:《20kV及以下变电所设计规范》(GB 50053—2013)第4.1.1-3条。

52. 答案:ABC

依据:《并联电容器装置设计规范》(GB 50227—2017)第5.2.2条。

53. 答案:ABD

依据:《导体和电器选择设计技术规定》(DL/T 5222—2005)第15.0.1条。

54. 答案:AD

依据:《3~110kV高压配电装置设计规范》(GB 50060—2008)第7.1.4~第7.1.8条。

注:也可参考《低压配电设计规范》(GB 50054—2011)第4.3.7条。

55. 答案:ABD

依据:《建筑设计防火规范》(GB 50016—2014)第10.1.10条。

56. 答案:AB

依据:《民用建筑电气设计标准》(GB 51348—2019)第4.5.4条、第4.5.5条。

57. 答案:ABD

依据:《人民防空地下室设计规范》(GB 50038—2005)第7.4.1条、第7.4.2条、第7.4.6条、第7.4.10条。

58. **答案**:ABD

依据:《导体和电器选择设计技术规定》(DL/T 5222—2005)第17.0.2条、第17.0.10条,选择C答案在《钢铁企业电力设计手册》P573中"最后一段"。

59. **答案**:AC

依据:《建筑物防雷设计规范》(GB 50057—2010)第3.0.3条。

60. **答案**:ABC

依据:《工业与民用供配电设计手册》(第四版)P810表9.2-1。

61. **答案**:CD

依据:《建筑物防雷设计规范》(GB 50057—2010)第3.0.4-3条、第4.4.1条。

62. **答案**:BC

依据:《电力装置的继电保护和自动装置设计规范》(GB/T 50062—2008)第4.0.3条,选项D中过电流保护为外部相间短路引起的,与题意不符。

63. **答案**:ABD

依据:《交流电气装置的过电压保护和绝缘配合设计规范》(GB/T 50064—2014)第3.1.3条,《导体和电器现则设计技术规定》(DL/T 5222—2005)第18.1.4条、第18.1.7条、第18.1.8-3条。

64. **答案**:ACD

依据:《交流电气装置的过电压保护和绝缘配合设计规范》(GB/T 50064—2014)第4.1.11-4条。

注:也可参考《交流电气装置的过电压保护和绝缘配合》(DL/T 620—1997)第4.1.5-d)条。

65. **答案**:BD

依据:《建筑物电气装置　第4部分:安全防护　第44章:过电压保护　第446节:低压电气装置对高压接地系统接地故障的保护》(GB 16895.11—2001)第442.4.2条及图44B。

66. **答案**:ACD

依据:《民用建筑电气设计标准》(GB 51348—2019)第7.5.3条。

67. **答案**:CD

依据:《交流电气装置的接地设计规范》(GB/T 50065—2011)第4.3.7-6条。

68. **答案**:BD

依据:《综合布线系统工程设计规范》(GB 50311—2016)第8.0.3-2条。

69. **答案**:CD

依据:《建筑照明设计标准》(GB 50034—2013)第7.2.11条。

注:此题不是考查线路电流计算,而仅是考查上述规范条文。

70. **答案**:ACD

依据:《钢铁企业电力设计手册》(下册)P90 ~ P91表24-3。

2012 年专业知识试题(下午卷)

一、单项选择题(共 40 题,每题 1 分,每题的备选项中只有 1 个最符合题意)

1. 在低压配电系统变压器选择中,一般情况下,动力和照明宜共用变压器,在下列关于设置专用照明变压器的表述中哪一项是正确的? ( )

(A)在 TN 系统的低压电网中,照明负荷应设专用变压器
(B)当单台变压器的容量小于 1250kV·A 时,可设照明专用变压器
(C)当照明负荷较大或动力和照明采用共用变压器严重影响照明质量及灯泡寿命时,可设照明专用变压器
(D)负荷随季节性负荷变化不大时,宜设照明专用变压器

2. 下面哪种属于防直接电击的保护措施? ( )

(A)自动切断供电
(B)接地
(C)等电位联结
(D)将裸露导体包以合适的绝缘防护

3. 关于中性点经电阻接地系统的特点,下列表述中哪一项是正确的? ( )

(A)当电网接有较多的高压电动机或较多的电缆线路时,中性点经电阻接地可减少单相接地发展为多重接地故障的可能性
(B)当发生单相接地时,允许带接地故障运行 1 ~2h
(C)单相接地故障电流小,过电压高
(D)继电保护复杂

4. 某建筑高度为 36m 的普通办公楼,地下室平时为 III 类普通汽车库,战时为防空地下室,属二等人员隐蔽所,下列楼内用电设备哪一项为一级负荷? ( )

(A)防空地下室战时应急照明
(B)自动扶梯
(C)消防电梯
(D)消防水泵

5. 110kV 配电装置当出线回路数较多时,一般采用双母线接线,其双母线接线的优点,下列表述中哪一项是正确的? ( )

(A)当母线故障或检修时,隔离开关作为倒换操作电气,不易误操作
(B)操作方便,适于户外布置
(C)一条母线检修时,不致使供电中断
(D)接线简单清晰,设备投资少,可靠性最高

6. 在城市供电规划中,10kV 开关站最大供电容量不宜超过下列哪个数值? ( )

(A)10000kV·A (B)15000kV·A
(C)20000kV·A (D)无具体要求

7. 以下是为某工程 10kV 变电所电气部分设计确定的一些原则,请问其中哪一条不符合规范要求? ( )

(A)10kV 变电所接在母线上的避雷器和电压互感器合用一组隔离开关
(B)10kV 变电所架空进、出线上的避雷器回路中不装设隔离开关
(C)变压器 0.4kV 低压侧有自动切换电源要求的总开关采用隔离开关
(D)变电所中单台变压器(低压为 0.4kV)的容量不宜大于 1250kV·A

8. 低压并联电容器装置应采用自动投切,下列哪种参数不属于自动投切的控制量? ( )

(A)无功功率 (B)功率因素
(C)电压或时间 (D)关合涌流

9. 20kV 及以下的变电所的电容器组件中,放电器件的放电容量不应小于与其并联的电容器组容量,其中高、低压电容器的放电器件应满足断开电源后电容器组两端的电压从$\sqrt{2}$倍额定电压降至 50V 所需的时间分别不应大于下列哪项数值? ( )

(A)5s、1min (B)5s、3min
(C)1min、5min (D)1min、10min

10. 10kV 配电所高压电容器装置的开关设备及导体载流部分的长期允许电流不应小于电容器额定电流的多少倍? ( )

(A)1.2 (B)1.25
(C)1.3 (D)1.35

11. 容量为 2000kV·A 的油浸变压器安装于变压器室内,请问变压器的外轮廓与变压器室后壁、侧壁的最小净距是下列哪一项数值? ( )

(A)600mm (B)800mm
(C)1000mm (D)1200mm

12. 总油量超过 100kg 的 10kV 油浸变压器安装在室内,下面哪一种布置方案符合规范要求? ( )

(A)为减少房屋面积,与 10kV 高压开关柜布置在同一房间内
(B)为方便运行维护,与其他 10kV 高压开关柜布置在同一房间内
(C)宜装设在单独的防爆间内,不设置消防设施
(D)宜装设在单独的变压器间内,并应设置灭火设施

13. 电容器的短时限速断和过电流保护，是针对下列哪一项可能发生的故障设置的？（　　）

(A)电容器内部故障

(B)单台电容器引出线短路

(C)电容器组和断路器之间连接线短路

(D)双星接线的电容器组，双星容量不平衡

14. 在设计远离发电厂的110/10kV 变电所时，校验10kV 断路器分断能力（断路器开端时间为0.15s），应采用下列哪一项？（　　）

(A)三相短路电流第一周期全电流峰值

(B)三相短路电流第一周期全电流有效值

(C)三相短路电流周期分量最大瞬时值

(D)三相短路电流周期分量稳态值

15. 继电保护、自动装置的二次回路的工作电压最高不应超过下列哪一项数值？（　　）

(A)110V　　(B)220V

(C)380V　　(D)500V

16. 当电流互感器二次绕组的容量不满足要求时，可以采取下列哪种正确措施？（　　）

(A)将两个二次绕组串联使用

(B)将两个二次绕组并联使用

(C)更换额定电流大的电流互感器，增大变流比

(D)降低准确级使用

17. 下列有关互感器二次回路的规定哪一项是正确的？（　　）

(A)互感器二次回路中允许接入的负荷与互感器精确度等级有关

(B)电流互感器二次回路不允许短路

(C)电压互感器二次回路不允许开路

(D)1.0 级及2.0 级的电度表处电压降，不得大于电压互感器额定二次电压的1.0%

18. 1kV 及其以下电源中性点直接接地时，单相回路的电缆芯数选择，下列叙述中哪一项符合规范要求？（　　）

(A)保护线与受电设备的外露可导电部分连接接地的情况，保护线与中性线合用同一导体时，应采用三芯电缆

(B)保护线与受电设备的外露可导电部分连接接地的情况，保护线与中性线各自独立时，应采用两芯电缆

(C)保护线与受电设备的外露可导电部分连接接地的情况，保护线与中性线各自独立时，应采用两芯电缆与另外的保护线导体组成，并分别穿管敷设

(D)受电设备的外露可导电部分连接接地与电源系统接地各自独立的情况，应采用两芯电缆

19. 标称电压为110V的直流系统，其所带负荷为控制、继电保护、自动装置，问在正常运行时，直流母线电压应为下列哪一项数值？（　　）

(A)110V　　(B)115.5V

(C)121V　　(D)大于121V

20. 工业企业厂房内（配电室外），交流工频500V以下无遮拦的裸导体至地面的距离不应小于下列哪一项数值？（　　）

(A)2.5m　　(B)3.0m

(C)3.5m　　(D)4.0m

21. 下列哪一项风机和水泵电气传动控制方案的观点是错误的？（　　）

(A)一般采用母线供电，电器控制，为满足生产要求，实现经济运行，可采用交流调速

(B)变频调速的优点是调速性能好，节能效果好，可使用笼型异步电动机；缺点是成本高

(C)串级调速的优点是变流设备容量小，较其他无级调速方案经济；缺点为必须使用绕线转子异步电动机，功率因数低，电机损耗大，最高转速降低

(D)对于100～200kW容量的风机水泵传动宜采用交—交变频装置

22. 变压器的纵联差动保护应符合下列哪一条要求？（　　）

(A)应能躲过外部短路产生的最大电流

(B)应能躲过励磁涌流

(C)应能躲过内部短路产生的不平衡电流

(D)应能躲过最大负荷电流

23. 在交流变频调速装置中，被普遍采用的交—交变频器，实际上就是将其直流输出电压按正弦波调制的可逆整流器，因此网侧电流中会含有大量的谐波分量。下列谐波电流描述中，哪一项是不正确的？（　　）

(A)除基波外，在网侧电流中还含有 $k_m \pm 1$ 次的整数次谐波电流，称为特征谐波

(B)在网侧电流中还存在着非整数次谐波电流，称为旁频谐波

(C)旁频谐波直接和交—交变频器的输出频率及输出相数有关

(D)旁频谐波直接和交—交变频器电源的系统阻抗有关

24. 某电动机，铭牌上的负载持续率为FC＝25%，现所拖动的生产机械的负载

持续率为28%，问负载转矩 M_1 与电动机铭牌上的额定转矩 M_m 应符合下列哪种关系？（　　）

(A) $M_1 \leqslant \frac{0.28}{0.25} M_m$　　(B) $M_1 \leqslant \sqrt{\frac{0.28}{0.25}} M_m$

(C) $M_1 \leqslant \sqrt{\frac{0.25}{0.28}} M_m$　　(D) $M_1 = M_m$

25. 在环境噪声大于60dB的场所设置的火灾应急广播扬声器，按规范要求在其播放范围内最远点的播放声压级应高于背景噪声多少分贝？（　　）

(A) 3dB　　(B) 5dB

(C) 10dB　　(D) 15dB

26. 等电位联结作为一项电气安全措施，它的目的是用来降低下列哪一项电压？（　　）

(A) 故障接地电压　　(B) 跨步电压

(C) 安全电压　　(D) 接触电压

27. 在有梁的顶棚上设置感烟探测器、感温探测器，规范规定当梁间距为下列哪一项数值时不计梁对探测器保护面积的影响？（　　）

(A) 小于1m　　(B) 大于1m

(C) 大于3m　　(D) 大于5m

28. 按照国家标准规范规定，布线竖井内的高压、低压和应急电源的电气线路，相互之间的距离应等于或大于多少？（　　）

(A) 100mm　　(B) 150mm

(C) 200mm　　(D) 300mm

29. 火灾自动报警系统的传输线路采用铜芯绝缘导线敷设于线槽内时，应满足绝缘等级，还应满足机械强度的要求，下列哪一项选择符合规范规定？（　　）

(A) 采用电压等级交流50V、线芯的最小截面面积1.00mm^{2}的铜芯绝缘导线

(B) 采用电压等级交流250V、线芯的最小截面面积0.75mm^{2}的铜芯绝缘导线

(C) 采用电压等级交流380V、线芯的最小截面面积0.50mm^{2}的铜芯绝缘导线

(D) 采用电压等级交流500V、线芯的最小截面面积0.50mm^{2}的铜芯绝缘导线

30. 按照国家标准规范规定，在有电视转播要求的体育场馆，比赛时观众席前排的垂直照度不宜小于场地垂直照度的多少？（　　）

(A) 0.25　　(B) 0.3

(C)0.4　　　　(D)0.5

31. 在有线电视系统工程接收天线的设计中，规范规定两幅天线的水平或垂直间距不应小于较长波长天线的工作波长的1/2，且不应小于下列哪一项数值？　　(　　)

(A)0.6m　　　　(B)0.8m
(C)1.0m　　　　(D)1.2m

32. 下列有关变频启动的描述，哪一项是错误的？　　(　　)

(A)可以实现平滑启动，对电网冲击小
(B)启动电流大，需考虑对被启动电机的加强设计
(C)变频启动装置的功率仅为被启动电动机功率的5% ~7%
(D)适用于大功率同步电动机的启动控制，可若干电动机共用一套启动装置，较为经济

33. 规范规定综合布线系统的配线子系统当采用双绞线电缆时，其信道敷设长度不宜超过下列哪一项数值？　　(　　)

(A)70m　　　　(B)80m
(C)90m　　　　(D)100m

34. 仅供笼型异步电动机启动用的普通晶闸管软启动装置，按变流种类可归类为下列哪一种？　　(　　)

(A)整流　　　　(B)交流调压
(C)交—直—交间接变频　　　　(D)交—交直接变频

35. 规范规定综合布线区域内存在的电磁干扰场强高于下列哪一项数值时，宜采用屏蔽布线系统进行防护？　　(　　)

(A)3V/m　　　　(B)4V/m
(C)5V/m　　　　(D)6V/m

36. 可编程控制器PLC控制系统中的中枢是中央处理单元(CPU)，它包括微处理器和控制接口电路。下面列出的有关CPU主要功能的描述，哪一条是错误的？　　(　　)

(A)以扫描方式读入所有输入装置的状态和数据，存入输入映像区中
(B)逐条解读用户程序，执行包括逻辑运算、算数运算、比较、变换、数据传输等任务
(C)随机将计算结果立即输出到外部设备
(D)扫描程序结束后，更新内部标志位，将结果送入输出映像区或寄存器；随后将映像区内的各输出状态和数据传送到相应的输出设备中

37. 35kV 架空电力线路耐张段的长度不宜大于下列哪个数值？ ( )

(A)5km (B)5.5km
(C)6km (D)8km

38. 系统总线上应设置总线短路隔离器，每只总线短路隔离器保护的火灾探测器、手动火灾报警按钮和模块等消防设备的总数不应超过下列哪项？ ( )

(A)24 点 (B)32 点
(C)36 点 (D)48 点

39. 10kV 架空电力线路在最大计算风偏条件下，边导线与城市多层建筑或规划建筑线间的最小水平距离应为下列哪一项数值？ ( )

(A)1.0m (B)1.5m
(C)2.5m (D)3.0m

40. 闭路电视监控系统中图像水平清晰度，对于彩色摄像机的水平清晰度的要求，下列表述中哪一项是正确的？ ( )

(A)不应低于 270TVL (B)不应低于 400TVL
(C)不应低于 450TVL (D)不应低于 550TVL

二、多项选择题(共 30 题，每题 2 分，每题的备选项中有 2 个或有 2 个以上符合题意。错选、少选、多选均不得分)

41. 用电单位的供电电压等级与用电负荷的下列哪些因素有关？ ( )

(A)用电容量 (B)供电距离
(C)用电单位的运行方式 (D)用电设备特性

42. 安全特低电压配电回路 SELV 的外露可导电部分应符合以下哪些要求？ ( )

(A)安全特低电压回路的外露可导电部分不允许与大地连接
(B)安全特低电压回路的外露可导电部分不允许与其他回路的外露可导电部分连接
(C)安全特低电压回路的外露可导电部分不允许与装置外可导电部分连接
(D)安全特低电压回路的外露可导电部分允许与其他回路的保护导体连接

43. 电力系统的电能质量主要指标包括下列哪几项？ ( )

(A)电压偏差和电压波动
(B)频率偏差
(C)系统容量
(D)电压谐波畸变率和谐波电流含有率

44. 下列关于供电系统负荷分级的叙述,哪几项符合规范的规定? (　　)

(A)火力发电厂与变电站设置的消防水泵、自动灭火系统、电动阀门应按二级负荷供电

(B)室外消防用水量为 20L/s 的可燃材料堆场的消防用电设备应按三级负荷供电

(C)单机容量为 25MW 以上的发电厂,消防水泵应按二级负荷供电

(D)以石油、天然气及其产品为原料的石油化工厂,其消防水泵房用电设备的电源,应按一级负荷供电

45. 当采用低压并联电容器作无功补偿时,低压并联电容器装置回路,投切控制器无显示功能时,应具有下列哪些表计? (　　)

(A)电流表　　(B)电压表

(C)功率因数表　　(D)有功功率表

46. 在供配电系统设计中,计算电压偏差时,应计入采取某些措施后的调压效果,下列所采取的措施,哪些是应计入的? (　　)

(A)自动或手动调整并联补偿电容器的投入量

(B)自动或手动调整异步电动机的容量

(C)改变供配电系统运行方式

(D)自动或手动调整并联电抗器的投入量

47. 设计供配电系统时,为了减小电压偏差应采取下列哪些措施? (　　)

(A)降低系统阻抗

(B)采取补偿无功功率措施

(C)大容量电动机采取降压启动措施

(D)尽量使三相负荷平衡

48. 下列关于 35kV 高压配电装置中导体最高工作温度和最高允许温度的规定,哪几条符合规范的要求? (　　)

(A)裸导体的正常最高工作温度不应大于 +70℃,在计及日照影响时,钢芯铝线及管型导体不宜大于 +80℃

(B)当裸导体接触面处有镀锡的可靠覆盖层时,其最高工作温度可提高到 +85℃

(C)验算短路热稳定时,裸导体的最高允许温度,对硬铝及铝锰合金可取 +200℃,硬铜可取 +250℃

(D)验算短路热稳定时,短路前的导体温度采用额定负荷下的工作温度

49. 某机床加工车间 10kV 变电所设计中,设计者对防火和建筑提出下列要求,请问哪些条不符合规范的要求? (　　)

(A)变压器、配电室、电容器室的耐火等级不应低于二级

(B)油浸变压器室位于地下车库上方，可燃油油浸变压器的门按乙级防火门设计

(C)变电所的油浸变压器室应设置容量为100%变压器油量的储油池

(D)高压配电室设不能开启的自然采光窗，窗台距室外地坪不宜低于1.6m

50. 计算低压侧短路电流时，有时需计算矩形母线的电阻，其电阻值与下列哪些项有关？（　　）

(A)矩形母线的长度　　(B)矩形母线的截面积

(C)矩形母线的几何均距　　(D)矩形母线的材料

51. 变电所内各种地下管线之间和地下管线之间与建筑物、构筑物、道路之间的最小净距，应满足下列哪些要求？（　　）

(A)应满足安全的要求

(B)应满足检修、安装的要求

(C)应满足工艺的要求

(D)应满足气象条件的要求

52. 适用于风机、水泵作为调节压力和流量的电气传动系统有下列哪几项？（　　）

(A)绕线电动机转子串电阻调速系统

(B)绕线电动机串级调速系统

(C)直流电动机的调速系统

(D)笼型电动机交流变频调速系统

53. 某35kV变电所设计的备用电源自动投入装置有如下功能，请指出下列哪些项是不正确的？（　　）

(A)手动断开工作回路断路器时，备用电源自动投入装置动作投入备用电源断路器

(B)工作回路上的电压一旦消失，自动投入装置应立即动作

(C)在检定工作电压确实无电压而且工作回路确实断开后才投入备用电源断路器

(D)备用电源自动投入装置动作后，如投到故障上，再自动投入一次

54. 在有关35kV及以下电力电缆终端和接头的叙述中，下列哪些项符合规范的规定？（　　）

(A)电缆终端的额定电压及其绝缘水平，不得低于所连接电缆额定电压及其要求的绝缘水平

(B)电缆接头的额定电压及其绝缘水平，不得低于所连接电缆额定电压及其要

求的绝缘水平

(C)电缆绝缘接头的绝缘环两侧耐受电压，不得低于所连电缆护层绝缘水平的2倍

(D)电缆与电气连接具有整体式插接功能时，电缆终端的装置类型应采用不可分离式终端

55. 对于无人值班变电所，下列哪些直流负荷统计时间和统计负荷系数是正确的？（　　）

(A)监控系统事故持续放电时间为1h，负荷系数为0.5

(B)监控系统事故持续放电时间为2h，负荷系数为0.8

(C)直流应急照明事故持续放电时间为2h，负荷系数为1.0

(D)交流不间断电源事故持续放电时间为1h，负荷系数为0.8

56. 一台10/0.4kV容量为0.63MV·A的星形—星形连接的配电变压器，低压侧中性点直接接地，请问下列哪几项保护可以作为其低压侧单相接地短路保护？（　　）

(A)高压侧装设三相式过电流保护

(B)低压侧中性线上装设零序电流保护

(C)低压侧装设三相过电流保护

(D)高压侧由三相电流互感器组成的零序回路上装设零序电流保护

57. 下列有关交流电动机能耗制动的描述，哪些项是正确的？（　　）

(A)能耗制动转矩随转速的降低而增加

(B)能耗制动是将运转中的电动机与电源断开，向定子绕组通入直流励磁电流，改接为发电机使电能在其绕组中消耗（必要时还可消耗在外接电阻中）的一种电制动方式

(C)能耗制动所产生的制动转矩较平滑，可方便地改变制动转矩值

(D)能量不能回馈电网，效率较低

58. 关于35kV变电所蓄电池组的容量选择，以下哪些条款是正确的？（　　）

(A)蓄电池组的容量应满足全所事故停电1h放电容量

(B)事故放电容量取全所经常性直流负荷

(C)事故放电容量取全所事故照明负荷

(D)蓄电池组的容量应满足事故放电末期最大冲击负荷容量

59. 有关火灾探测器的规定应符合下列哪些项？（　　）

(A)线型光束感烟火灾探测器的探测区域长度不宜超过100m

(B)不易安装点型探测器的夹层、闷顶宜选择缆式感温火灾探测器

(C)线型可燃气体探测器的保护区域长度不宜大于60m

(D)管路采样式吸气感烟火灾探测器，一个探测单元的采样管总长不宜大于 150m

60. 请判断下列问题中哪些是正确的？（　　）

(A)粮、棉及易燃物大量集中的露天堆场，无论其大小都不是建筑物，不必考虑防直击雷措施

(B)粮、棉及易燃物大量集中的露天堆场，当其年计算雷击次数大于或等于 0.06 时，宜采取防直击雷措施

(C)粮、棉及易燃物大量集中的露天堆场，采取独立避雷针保护时其保护范围的滚球半径 h_r 可取 60m

(D)粮、棉及易燃物大量集中的露天堆场，采取独立避雷针保护时其保护范围的滚球半径 h_r 可取 100m

61. 根据规范要求，下列哪些建筑或场所应设置火灾自动报警系统？（　　）

(A)每座占地面积大于 $1000m^2$ 的棉、毛、丝、麻、化纤及其制品的仓库，占地面积超过 $500m^2$ 或总建筑面积超过 $1000m^2$ 的卷烟库房

(B)建筑面积大于 $500m^2$ 的地下、半地下商店

(C)净高 2.2m 的技术夹层，净高大于 0.8m 的闷顶或吊顶内

(D)2500 个座位的体育馆

62. 对 Y，yn0 接线组的 10/0.4kV 变压器，常利用在低压侧装设零序电流互感器(ZCT)的方法实现低压侧单相接地保护，如为此目的，如下图所示 ZCT 安装位置正确的是哪些？（　　）

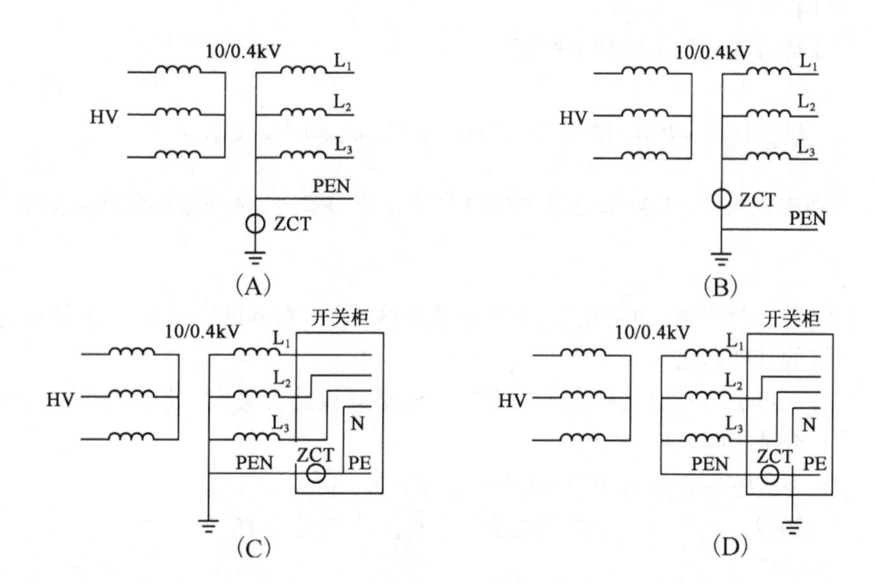

63. 对于安防监控中心的设计，下列哪项不符合规范设计要求？（　　）

(A)应远离产生粉尘、油烟、有害气体、强震源和强噪声源自己生产或贮存具有腐蚀性、易燃、易爆物品的场所

(B)为保证安全性,监控中心内可不设置视频监控装置

(C)监控中心的疏散门应保证双向开启,且应自动关闭,并应保证在任何情况下均能双向开启

(D)应对设置在监控中心的出入口控制系统管理主机、网络接口设备、网络线缆等采取一般保护措施

64.《建筑照明设计标准》(GB 50034—2013)中,下列条款哪些是强制性条文? (　　)

(A)6.1.1　6.1.2　6.1.3　　(B)6.3.3　6.3.4　6.3.5

(C)6.3.6　6.3.7　6.3.9　　(D)6.3.13　6.3.14　6.3.15

65. 在建筑工程中设置的公共广播系统,下列哪些说法符合规范要求? (　　)

(A)衰减不应小于3dB(1000Hz 时)

(B)采用定压输出,输出电压采用80A

(C)分区广播扬声器的总功率250W

(D)消防应急广播的分区应与建筑防火分区相适应

66. 下列有关交流电动机反接制动的描述,哪些是正确的? (　　)

(A)反接制动时,电动机转子电压很高,有很大制动电流,为限制反接电流,必须在转子中再串联反接电阻

(B)能量消耗不大,较经济

(C)制动转矩较大且基本稳定

(D)笼型电动机因转子不能接入外接电阻,为防止制动电流过大而烧毁电动机,只有小功率(10kW 以下)电动机才能采用反接制动

67. 下列 4 条关于 10kV 架空电力线路路径选择的要求,哪些是符合规范要求的? (　　)

(A)应避开洼地、冲刷地带、不良地质地区、原始森林区以及影响线路安全运行的其他地区

(B)应减少与其他设施交叉。当与其他架空线路交叉时,其交叉点不应选在被跨越线路的杆塔顶上

(C)不应跨越存储易燃、易爆物的仓库区域

(D)跨越二级架空弱电线路的交叉角应大于或等于15°

68. 在设计整流变压器时,下列考虑的因素哪些是正确的? (　　)

(A)整流变压器短路机会较多,因此变压器绕组和结构应有较大的机械强度,

在同等容量下整流变压器体积将比一般电力变压器大些

(B)晶闸管装置发生过电压机会较多,因此变压器有较高的绝缘强度

(C)整流变压器的漏抗可限制短路电流,改变电网侧的电流波形,因此变压器的漏抗越大越好

(D)为了避免电压畸变和负载不平衡时中点浮动,整流变压器一次和二次绕组中的一个应接成三角形或附加短路绕组

69. 在设计 35kV 交流架空电力线路时,最大设计风速采用下列哪些是正确的? ( )

(A)架空电力线路通过市区或森林等地区,如两侧屏蔽物的平均高度大于塔杆高度 2/3,其最大设计风速宜比当地最大设计风速减小 20%

(B)架空电力线路通过市区或森林等地区,如两侧屏蔽物的平均高度大于塔杆高度 2/3,其最大设计风速宜比当地最大设计风速增加 20%

(C)山区架空电力线路的最大设计风速,应根据当地气象资料确定,当无可靠资料时,最大设计风速可按附近平地风速减少 10%,且不应低于 25m/s

(D)山区架空电力线路的最大设计风速,应根据当地气象资料确定,当无可靠资料时,最大设计风速可按附近平地风速增加 10%,且不应低于 25m/s

70. 建筑与建筑群的综合布线系统基本配置设计中,用铜芯对绞电缆组网,在干线电缆的配置,对计算机网络配置原则,下列表述中哪些是正确的? ( )

(A)宜按 24 个信息插座配 2 对对绞线

(B)48 个信息插座配 2 对对绞线

(C)主接口为电接口,每个交换机 2 对对绞线

(D)主接口为电接口,每个交换机 4 对对绞线

2012年专业知识试题答案(下午卷)

1. **答案**:C

依据:《20kV及以下变电所设计规范》(GB 50053—2013)第3.3.4-1条。

2. **答案**:D

依据:《低压配电设计规范》(GB 50054—2011)第5.1条"直接接触防护措施"。

3. **答案**:A

依据:《钢铁企业电力设计手册》(上册)P37中"1.5.4 中性点经电阻接地系统"。

注:也可参考《工业与民用供配电设计手册》(第四版)P56"经低电阻接地"和P59"经高电阻接地"的论述。

4. **答案**:A

依据:《人民防空地下室设计规范》(GB 50038—2005)第7.2.4条。

5. **答案**:C

依据:《钢铁企业电力设计手册》(上册)P13表1-5或P45表1-20。母线检修时,可不停电地将所连接回路倒换到另一组母线上继续供电,但接线复杂,投资较高。

6. **答案**:B

依据:《城市电力规划规范》(GB 50293—1999)第7.3.4条。

7. **答案**:C

依据:《20kV及以下变电所设计规范》(GB 50053—2013)第3.2.11条、第3.2.15条、第3.3.3条。

8. **答案**:D

依据:《并联电容器装置设计规范》(GB 50227—2017)第6.2.5条。

9. **答案**:B

依据:《20kV及以下变电所设计规范》(GB 50053—2013)第5.1.7条。

10. **答案**:D

依据:《20kV及以下变电所设计规范》(GB 50053—2013)第5.1.4条。

11. **答案**:B

依据:《3~110kV高压配电装置设计规范》(GB 50060—2008)第5.4.5条。

12. **答案**:D

依据:《3~110kV 高压配电装置设计规范》(GB 50060—2008)第5.5.1条。

13. **答案**:C

依据:《电力装置的继电保护和自动装置设计规范》(GB/T 50062—2008)第8.1.2-1条。

14. **答案**:D

依据:《工业和民用供配电设计手册》(第四版)P178 图4.1-2(a):远离发电厂的变电所可不考虑交流分量的衰减,分断时间0.15s为周期分量稳态值(0.01s为峰值)。

15. **答案**:D

依据:《电力装置的继电保护和自动装置设计规范》(GB/T 50062—2008)第15.1.1条。

16. **答案**:A

依据:无具体条文,电流互感器的特性:两个相同的二次绕组串联时,其二次回路内的电流不变,负荷阻抗数值增加一倍,所以因继电保护或仪表的需要而扩大电流互感器容量时,可采用二次绕组串接连线。

17. **答案**:A

依据:《电力装置电测量仪表装置设计规范》(GB/T 50063—2017)第8.1.2条、第8.2.3-2条和第7.1.7条、第7.2.4条的条文说明,其中选项A是电气常识。

18. **答案**:D

依据:《电力工程电缆设计规范》(GB50217—2018)第3.5.2条。

19. **答案**:B

依据:《电力工程直流系统设计技术规程》(DL/T 5044—2014)第3.2.2条、第4.1.1-1条。

20. **答案**:C

依据:《低压配电设计规范》(GB 50054—2011)第7.4.1条。

21. **答案**:D

依据:《钢铁企业电力设计手册》(下册)P334。交—交变频往往用于功率大于2000kW的低速传动中,用于轧钢机、提升机等。

注:也可参考《电气传动自动化技术手册》(第三版)P301相关内容。

22. **答案**:B

依据:《电力装置的继电保护和自动装置设计规范》(GB/T 50062—2008)第4.0.4-1条。

23. **答案**:D

依据:《电气传动自动化技术手册》(第三版)P816。

注:也可参考《电气传动自动化技术手册》(第二版)P491。

24. **答案**:B

依据:《钢铁企业电力设计手册》(下册)P54 式(23-157)。

25. **答案**:D

依据:《火灾自动报警系统设计规范》(GB 50116—2013)第6.6.1-2条。

26. **答案**:D

依据:《工业与民用供配电设计手册》(第四版)P1402"等电位联结的作用和分类"的第一行:建筑物的低压电气装置应采用等电位联接,以降低建筑物内间接接触电压和不同金属物体间的电位差。

27. **答案**:A

依据:《火灾自动报警系统设计规范》(GB 50116—2013)第6.2.3-5条。

28. **答案**:D

依据:《低压配电设计规范》(GB 50054—2011)第7.7.6条。

29. **答案**:B

依据:《火灾自动报警系统设计规范》(GB 50116—2013)第11.1.2条及表11.1.2。

30. **答案**:A

依据:《建筑照明设计标准》(GB 50034—2013)第4.2.1-6条。

31. **答案**:C

依据:《有线电视系统工程技术规范》(GB 50200—1994)第2.3.6.4条。

32. **答案**:B

依据:《钢铁企业电力设计手册》(下册)P94中"24.1.1.7 变频启动",《电气传动自动化技术手册》(第三版)P399。

注:也可参考《电气传动自动化技术手册》(第二版)P321。

33. **答案**:C

依据:《综合布线系统工程设计规范》(GB 50311—2016)第3.3.3-1条。

34. **答案**:B

依据:《电气传动自动化技术手册》(第三版)P394"软启动控制器的工作原理"。

注:也可参考《电气传动自动化技术手册》(第二版)P316中"软启动控制器工作原理"内容。

35. **答案**:A

依据:《综合布线系统工程设计规范》(GB 50311—2016)第3.5.1-1条。

36. **答案**:C

依据:《电气传动自动化技术手册》(第三版)P875“中央处理单元”部分内容。

注:也可参考《电气传动自动化技术手册》(第二版)P797中“中央处理单元”部分内容。

37. **答案**:A

依据:《66kV及以下架空电力线路设计规范》(GB 50061—2010)第3.0.6-1条。

38. **答案**:B

依据:《火灾自动报警系统设计规范》(GB 50116—2013)第3.1.6条。

39. **答案**:B

依据:《66kV及以下架空电力线路设计规范》(GB 50061—2010)第12.0.10条。

40. **答案**:B

依据:《民用建筑电气设计标准》(GB 51348—2019)第14.3.4条。

---

41. **答案**:ABD

依据:《供配电系统设计规范》(GB 50052—2009)第5.0.1条。

42. **答案**:ABC

依据:依据:《低压配电设计规范》(GB 50054—2011)第5.3.7条。

注:也可参考《低压配电装置 第4-41部分:安全防护 电击防护》(GB 16895.21—2012)第414.4.4条。

43. **答案**:ABD

依据:《工业与民用供配电设计手册》(第四版)第6章目录。电能质量主要指标包括:电压偏差、电压波动和闪变、频率偏差、谐波(电压谐波畸变率和谐波电流含有率)和三相电压不平衡度等。有关电能质量共有如下6本规范:

a.《电能质量 供电电压偏差》(GB/T 12325—2008);

b.《电能质量 电压波动和闪变》(GB/T 12326—2008);

c.《电能质量 三相电压不平衡》(GB/T 15543—2008);

d.《电能质量 暂时过电压和瞬态过电压》(GB/T 18481—2001);

e.《电能质量 公用电网谐波》(GB/T 14549—1993);

f.《电能质量 电力系统频率允许偏差》(GB/T 15945—2008)。

注:也可参考《电能质量 公用电网间谐波》(GB/T 24337—2009),但不属于大纲范围。

44. **答案**:BD

依据：《火力发电厂与变电站设计防火规范》(GB 50229—2019)第9.1.2条、第11.7.1条,《建筑设计防火规范》(GB 50016—2014)第10.1.1条,《石油化工企业设计防火规范》(GB 50160—2008)第9.1.1条。

注：A答案中设备按二级负荷供电的内容只针对变电所而非火力发电厂。

45. **答案：**ABC

依据：《并联电容器装置设计规范》(GB 50227—2017)第7.2.6条。

46. **答案：**ACD

依据：《供配电系统设计规范》(GB 50052—2009)第5.0.5条。

47. **答案：**ABD

依据：《供配电系统设计规范》(GB 50052—2009)第5.0.9条。

48. **答案：**ABD

依据：《3~110kV高压配电装置设计规范》(GB 50060—2008)第4.1.6条、第4.1.7条,《导体和电器选择设计技术规定》(DL/T 5222—2005)第7.1.4条。

49. **答案：**BD

依据：《20kV及以下变电所设计规范》(GB 50053—2013)第6.1.1条、第6.1.2条、第6.2.1条。

50. **答案：**ABD

依据：《工业与民用供配电设计手册》(第四版)P307~P308相关内容。

51. **答案：**ABC

依据：《35kV~110kV变电站设计规范》(GB 50059—2011)第2.0.9条。

52. **答案：**BD

依据：《钢铁企业电力设计手册》(上册)P307相关内容。风机、水泵的调速方法有以下几种：①对于小容量的笼型电动机,当流量只需几级调节时,可选用变极调速电机。②对于要求连续无级变流量控制,当为笼型电动机时,可采用变频调速和液力耦合调速。③对于要求连续无级变流量控制,当为绕线型电动机时,可采用晶闸管串级调速。

53. **答案：**ABD

依据：《电力装置的继电保护和自动装置设计规范》(GB/T 50062—2008)第11.0.2条。

54. **答案：**ABC

依据：《电力工程电缆设计规范》(GB 50217—2018)第4.1.3-1条、第4.1.7条、第4.1.1-3条。

55. **答案:**BC

依据:《电力工程直流系统设计技术规程》(DL/T 5044—2014)表5.2.3、表5.2.4。

56. **答案:**ABC

依据:《电力装置的继电保护和自动装置设计规范》(GB 50062—2008)第4.0.13条。

57. **答案:**BCD

依据:《钢铁企业电力设计手册》(下册)P95表24-7。

注:也可参考《电气传动自动化技术手册》(第三版)P305相关内容。

58. **答案:**AD

依据:《35kV~110kV变电站设计规范》(GB 50059—2011)第3.7.4条。

59. **答案:**ABC

依据:《火灾自动报警系统设计规范》(GB 50116—2013)第6.2.15-2条、第5.3.3条、第8.2.4条、第6.2.17-3条。

60. **答案:**BD

依据:《建筑物防雷设计规范》(GB 50057—2010)第4.5.5条。

61. **答案:**AB

依据:《建筑设计防火规范》(GB 50016—2014)第11.4.1条。

62. **答案:**BD

依据:实际应用题,需结合图进行分析。

63. **答案:**BCD

依据:《安全防范工程技术规范》(GB 50348—2018)第6.14.1条~第6.14.3条。

64. **答案:**BCD

依据:《建筑照明设计标准》(GB 50034—2013)P3关于建设部发布该标准的公告。

65. **答案:**ABD

依据:《民用建筑电气设计标准》(GB 51348—2019)第16.2.4条~第16.2.6条。

66. **答案:**ACD

依据:《钢铁企业电力设计手册》(下册)P96表24-7。

注:也可参考《电气传动自动化技术手册》(第三版)P406~P407相关内容。

67. **答案:**ABC

依据:《66kV及以下架空电力线路设计规范》(GB 50061—2010)第3.0.3条。

68. **答案:**ABD

依据:《钢铁企业电力设计手册》(下册)P403。

69. **答案**:AD

依据:《66kV及以下架空电力线路设计规范》(GB 50061—2010)第4.0.11条。

70. **答案**:AD

依据:《综合布线系统工程设计规范》(GB 50311—2016)第5.3.5条。

2012年案例分析试题(上午卷)

[案例题是4选1的方式,各小题前后之间没有联系,共25道小题,每题分值为2分,上午卷50分,下午卷50分,试卷满分100分。案例题一定要有分析(步骤和过程)、计算(要列出相应的公式)、依据(主要是规程、规范、手册),如果是论述题要列出论点]

题1~5:某小型企业拟新建检修车间、办公附属房屋和10/0.4kV车间变电所各一处。变电所设变压器一台,车间的用电负荷及有关参数见下表。

设备组名称	单 位	数 量	设备组总容量	电压(V)	需要系数K_c	$\cos\varphi/\tan\varphi$
小批量金属加工机床	台	15	60kW	380	0.5	0.7/1.02
恒温电热箱	台	3	3×4.5kW	220	0.8	1.0/0
交流电焊机(ε=65%)	台	1	32kV·A	单相380	0.5	0.5/1.73
泵、风机	台	6	20kW	380	0.8	0.8/0.75
5t吊车(ε=40%)	台	1	30kW	380	0.25	0.5/1.73
消防水泵	台	2	2×4.5kW	380	1.0	0.8/0.75
单冷空调	台	6	6×1kW	220	1.0	0.8/0.75
电采暖器	台	2	2×1.5kW	220	1.0	1.0/0
照明			20kW	220	0.9	0.8/0.75

注:ε为短时工作制设备的额定负载持续率。

请回答下列问题。

1. 当采用需要系数法计算负荷时,吊车的设备功率与下列哪个数值最接近? ( )

(A)19kW　　(B)30kW

(C)38kW　　(D)48kW

解答过程:

2. 计算交流电焊机的等效三相负荷(设备功率)于下列哪个数值最接近? ( )

(A)18kW　　(B)22kW　　(C)28kW　　(D)39kW

解答过程：

3. 假定5t吊车的设备功率为40kW、交流电焊机的等效三相负荷(设备功率)为30kW，变电所低压侧无功补偿容量为60kvar，用需要系数法计算的该车间变电所0.4kV侧总计算负荷(视在功率)与下列哪个数值最接近？(车间用电负荷的同时系数取0.9，除交流电焊机外的其余单相负荷按平均分配到三相考虑)　　(　　)

(A)80kV·A　　(B)100kV·A　　(C)125kV·A　　(D)160kV·A

解答过程：

4. 假定该企业变电所低压侧计算有功功率为120kW、自然平均功率因数为0.75，如果要将变电所0.4kV侧的平均功率因数提高到0.9，计算最小的无功补偿容量与下列哪个数值最接近？(假定年平均有功负荷系数 $\alpha_{av}=1$)　　(　　)

(A)30kvar　　(B)50kvar　　(C)60kvar　　(D)75kvar

解答过程：

5. 为了限制并联电容器回路的涌流，拟在低压电容器组的电源侧设置串联电抗器，请问此时电抗率宜选择下列哪个数值？　　(　　)

(A)0.1%～1%　　(B)3%　　(C)4.5%～6%　　(D)12%

解答过程：

题6～10：某办公楼供电电源10kV电网中性点为小电阻接地系统，双路10kV高压电缆进户，楼内10kV高压与低压电器装置共用接地网，请回答下列问题。

6. 低压配电系统接地及安全保护采用TN-S方式，下列常用机电设备简单接线示意图中哪一项不符合规范的相关规定？（　　）

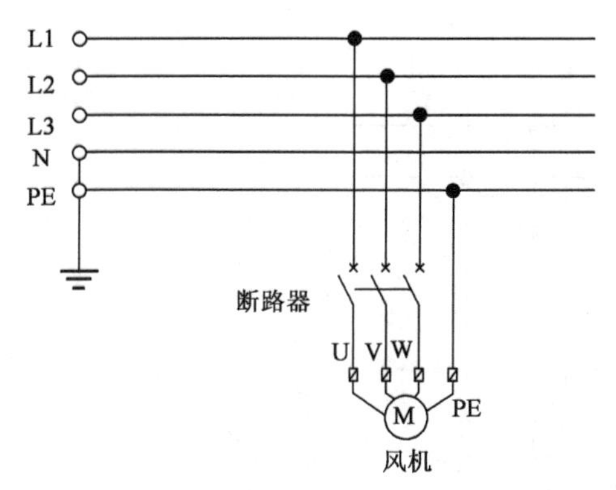

（A）风机接线示意图

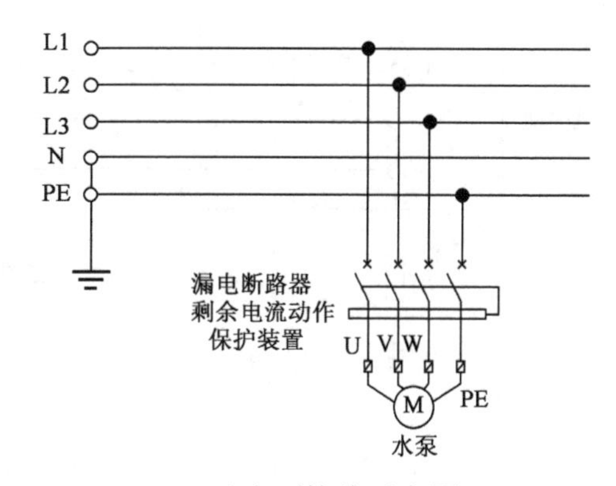

（B）水泵接线示意图

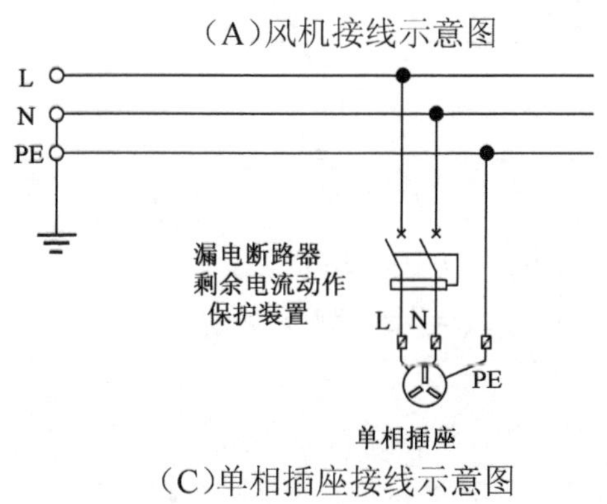

（C）单相插座接线示意图

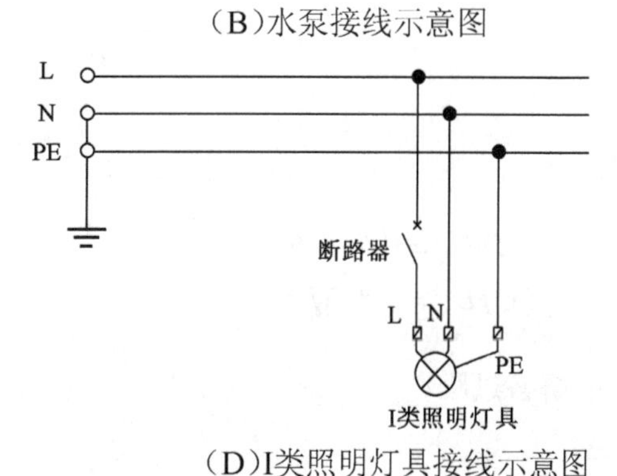

（D）I类照明灯具接线示意图

解答过程：

7. 高压系统计算用的流经接地网的入地短路电流为800A，计算高压系统接地网最大允许的接地电阻是下列哪一项数值？（　　）

（A）1Ω　　　　（B）2.5Ω

（C）4Ω　　　　（D）5Ω

解答过程：

8. 楼内安装 AC220V 落地式风机盘管(橡胶支撑座与地面绝缘),电源相线与 PE 线等截面,配电线路接线示意图如下图,已知:变压器电阻 $R_T = 0.015\Omega$,中性点接地电阻 $R_B = 0.5\Omega$,全部相线电阻 $R_L = 0.5\Omega$,人体电阻 $R_K = 1000\Omega$,人体站立点的大地过渡电阻 $R_E = 20\Omega$,其他未知电阻、电抗、阻抗计算时忽略不计,计算发生如下图短路故障时人体接触外壳的接触电压 U_K 为下列哪一项? ( )

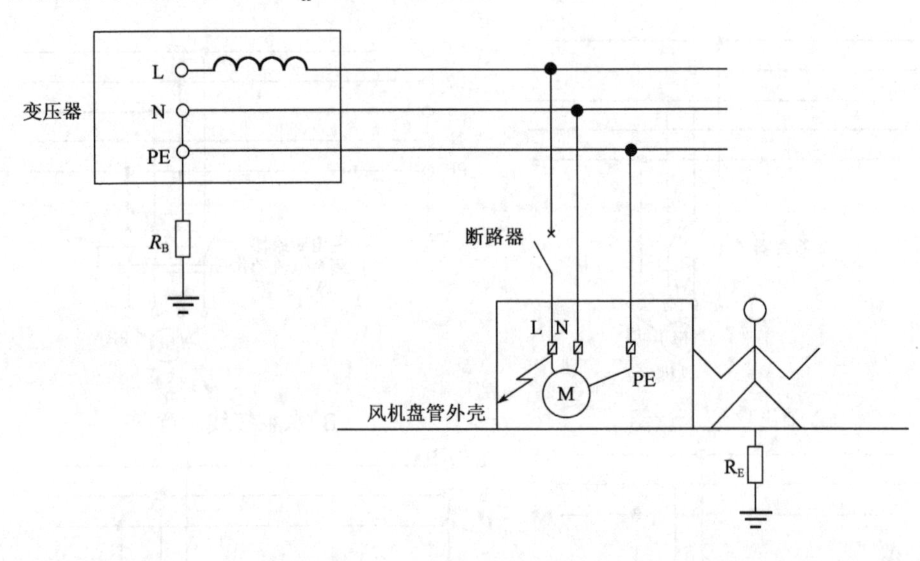

(A) $U_K = 106.146V$　　(B) $U_K = 108.286V$

(C) $U_K = 108.374V$　　(D) $U_K = 216.000V$

解答过程:

9. 建筑物基础为钢筋混凝土桩基,桩基数量 800 根,深度 $t = 36m$,基底长边 $L_1 = 180m$,短边 $L_2 = 90m$,土壤电阻率 $\rho = 120\Omega\cdot m$,若利用桩基基础做自然接地极,计算其接地电阻 R 是下列哪一项数值?(计算形状系数查图时,取靠近图中网格交叉点的近似值) ( )

(A) $R = 0.287\Omega$　(B) $R = 0.293\Omega$　(C) $R = 0.373\Omega$　(D) $R = 2.567\Omega$

解答过程:

10. 已知变电所地面土壤电阻率 $\rho_t = 1000\Omega\cdot m$,接地故障电流持续时间 $t = 0.5s$,高压电气装置发生单相接地故障时,变电所接地装置的接触电位差 U_t 和跨步电位差 U_s 不应超过下列哪一项数值? ( )

(A) $U_t = 100V, U_s = 250V$　　(B) $U_t = 550V, U_s = 250V$

(C) $U_t = 487V, U_s = 1236V$　　(D) $U_t = 688V, U_s = 1748V$

解答过程:

题 11 ~ 15:某工程设计中,一级负荷中的特别重要负荷统计如下:

1)给水泵电动机:共 3 台(两用一备),每台额定功率 45kW,允许断电时间 5min;

2)风机用润滑油泵电动机:共 4 台(三用一备),每台额定功率 10kW,允许断电时间 5min;

3)应急照明安装容量:50kW,允许断电时间 5s;

4)变电所直流电源充电装置安装容量:6kW,允许断电时间 10min。

5)计算机控制与监视系统安装容量:30kW,允许断电时间 5ms。

上述负荷中电动机的启动电流倍数为 7,电动机的功率因数为 0.85,电动机效率为 0.92,启动时的功率因数为 0.5,直接但不同时启动,请回答下列问题。

11. 下列哪一项不能采用快速自启动柴油发电机作为应急电源? ( )

(A)变电所直流电源充电装置

(B)应急照明和计算机控制与监视系统

(C)给水泵电动机

(D)风机用润滑油泵电动机

解答过程:

12. 若用不可变频的 EPS 作为电动机和应急照明的应急电源,其容量最小为下列哪一项? ( )

(A)170kW　　(B)187kW　　(C)495kW　　(D)600kW

解答过程:

13. 采用柴油发电机为所有负荷供电，发电机功率因数为0.8，用电设备的需要系数为0.85，综合效率均为0.9。那么，按稳定负荷计算，发电机的容量为下列哪一项？（　　）

(A)229kV·A　　(B)243.2kV·A
(C)286.1kV·A　　(D)308.1kV·A

解答过程：

14. 当采用柴油发电机作为应急电源，最大一台电动机启动前，发电机已经带有负载200kV·A、功率因数为0.9，不考虑因尖峰负荷造成的设备功率下降，发电机的短时过载系数为1.5，那么，按短时过负载能力校验，发电机的容量约为多少？（　　）

(A)329kV·A　　(B)343.3kV·A
(C)386.21kV·A　　(D)553.3kV·A

解答过程：

15. 当采用柴油发电机作为应急电源，已知发电机为无刷励磁，它的瞬变电抗 $X_d{}'=0.2$，当要求最大电动机启动时，满足发电机母线上的电压不低于80%的额定电压，则该发电机的容量至少应是多少？（　　）

(A)252kV·A　　(B)272.75kV·A
(C)296.47kV·A　　(D)322.25kV·A

解答过程：

题16~20：某110kV变电站有110kV、35kV、10kV三个电压等级，设一台三相三卷变压器，系统图如下图所示，主变110kV中性点采用直接接地，35kV、10kV中性点采用消弧线圈接地。(10kV侧无电源，且不考虑电动机的反馈电流)

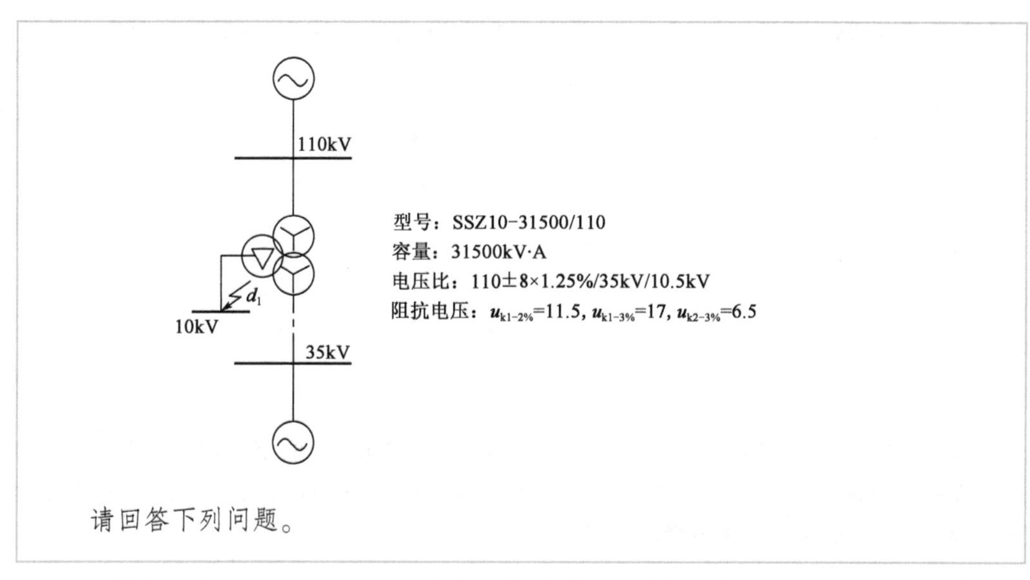

请回答下列问题。

16. 假定该变电站110kV、35kV母线系统阻抗标幺值分别为0.025和0.12，请问该变电站10kV母线最大三相短路电流为下列哪一项？（$S_j=100\text{MV}\cdot\text{A}$，$U_{j110}=115\text{kV}$，$U_{j35}=37\text{kV}$，$U_{j10}=10.5\text{kV}$）（　　）

(A)9.74kA　　(B)17.00kA

(C)18.95kA　　(D)21.12kA

解答过程：

17. 该变电站10kV母线共接有16回10kV线路，其中，架空线路12回，每回线路长度约6km，单回路架设，无架空地线；电缆线路4回，每回线路长度为3km，采用标称截面为150mm² 三芯电力电缆。问该变电站10kV线路的单相接地电容电流为下列哪一项？（要求精确计算并保留小数点后3位数）（　　）

(A)18.646A　　(B)19.078A

(C)22.112A　　(D)22.544A

解答过程：

18. 假定该变电站10kV母线三相短路电流为29.5kA，现需将本站10kV母线三相短路电流限制到20kA以下，拟采用在变压器10kV侧串联限流电抗器的方式，所选电抗

器额定电压10kV、额定电流2000A，该限流电抗器电抗率最小应为下列哪一项？（　　）

(A)3%　　(B)4%

(C)5%　　(D)6%

解答过程：

19. 该变电站某10kV出线采用真空断路器作为开断电器，假定110kV、35kV母线均接入无限大电源系统，10kV母线三相短路电流初始值为18.5kA，对该断路器按动稳定条件检验，断路器额定峰值耐受电流最小值应为下列哪一项？（　　）

(A)40kA　　(B)50kA

(C)63kA　　(D)80kA

解答过程：

20. 变电站10kV出线选用的电流互感器有关参数如下：型号LZZB9-10，额定电流200A，短时耐受电流24.5kA，短时耐受时间1s，峰值耐受电流60kA。当110kV、35kV母线均接入无限大电源系统，10kV线路三相短路电流持续时间为1.2s时，所选电流互感器热稳定允许通过的三相短路电流有效值是下列哪一项数值？（　　）

(A)19.4kA　　(B)22.4kA

(C)24.5kA　　(D)27.4kA

解答过程：

题21～25：一座35kV变电所，有两回35kV进线，装有两台35/10kV容量为5000kV·A主变压器，35kV母线和10kV母线均采用单母线分段接线方式，有关参数如图所示，继电保护装置由电流互感器、DL型电流继电器、时间继电器组成，可靠系数为1.2，接线系数为1，继电器返回系数为0.85。

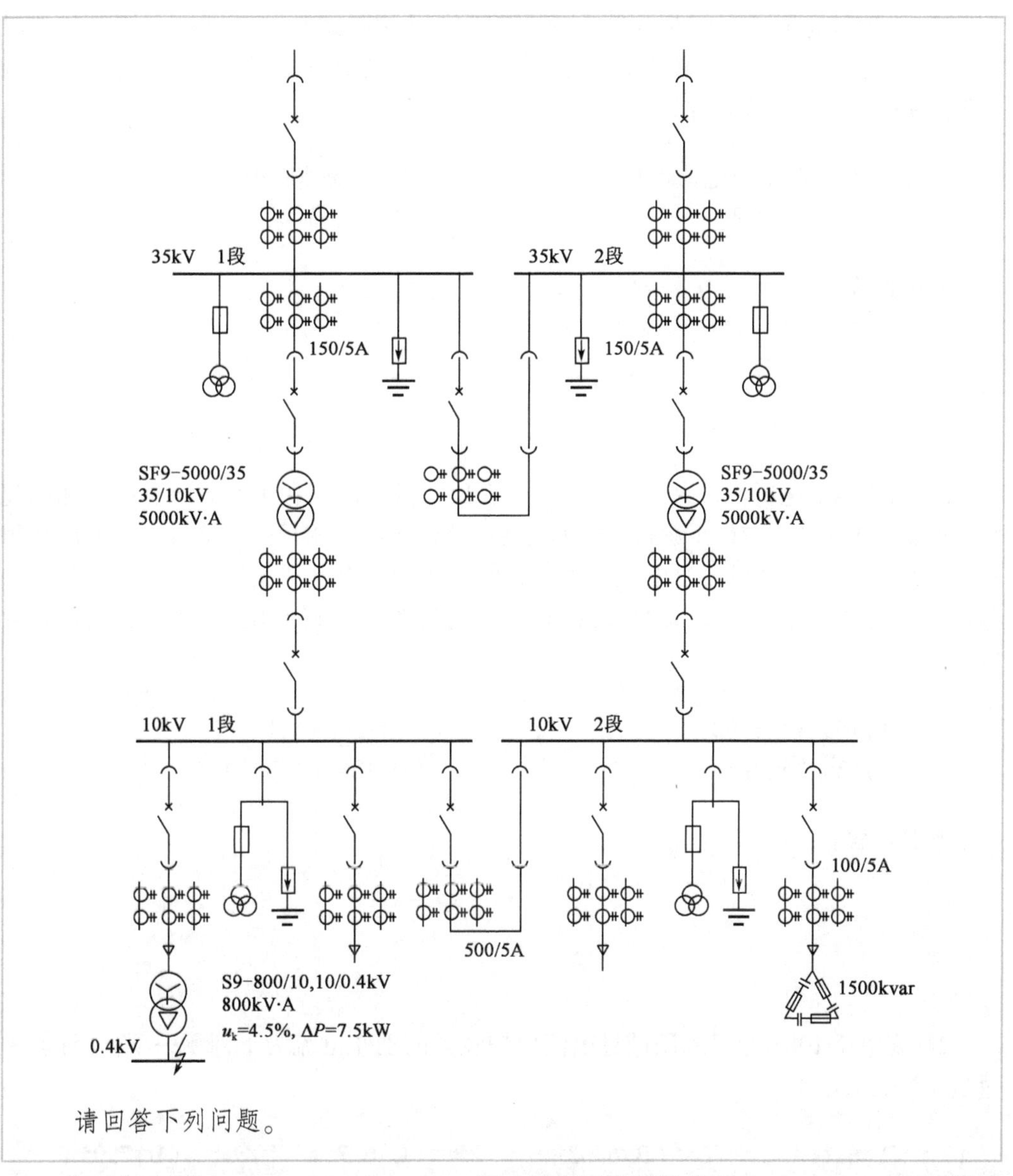

请回答下列问题。

21. 已知上图中10/0.4kV,800kV·A变压器高压侧短路容量为200MV·A,变压器短路损耗为7.5kW,低压侧0.4kV母线上三相短路和两相短路电流稳态值为下列哪一项?(变压器阻抗平均值:$R_T=1.88\text{m}\Omega$,$X_T=8.8\text{m}\Omega$,低压侧母线段阻抗忽略不计)　(　　)

(A)22.39kA,19.39kA　　(B)23.47kA,20.33kA

(C)25.56kA,22.13kA　　(D)287.5kA,248.98kA

解答过程:

22. 若该变电所两台 35/10kV 主变压器采用并联运行方式，当过电流保护时限 >0.5s，电流速断保护能满足灵敏性要求时，在正常情况下主变压器的继电保护配置中下列哪一项可不装设？并说明其理由。 （　　）

(A)带时限的过电流保护　　(B)电流速断保护

(C)纵联差动保护　　(D)过负荷保护

解答过程：

23. 假定该变电所在最大运行方式下主变压器低压侧三相短路时流过高压侧的超瞬态电流为 1.3kA。在最小运行方式下主变压器低压侧三相短路时流过高压侧的超瞬态电流为 1.1kA，主变压器过电流保护装置的一次动作电流和灵敏度系数为下列哪一项？（假定系统电源容量为无穷大，稳态短路电流等于超瞬态短路电流，过负荷系数取 1.1） （　　）

(A)106.8A，8.92　　(B)106.8A，12.17

(C)128.1A，7.44　　(D)128.1A，8.59

解答过程：

24. 变电所 10kV 电容器组的过电流保护装置的动作电流为下列哪一项？（计算中过负荷系数取 1.3） （　　）

(A)6.11A　　(B)6.62A　　(C)6.75A　　(D)7.95A

解答过程：

25. 假定变电所的两段 10kV 母线在系统最大运行方式下母线三相短路超瞬态电流为 5480A，系统最小运行方式下母线三相短路超瞬态电流为 4560A，10kV 母线分段断路器电流速断保护装置的动作电流为下列哪一项？ （　　）

(A)19.74A　　(B)22.8A　　(C)23.73A　　(D)26.32A

解答过程：

2012年案例分析试题答案(上午卷)

题1~5答案:**CBBBA**

1.《工业与民用供配电设计手册》(第四版)P5(式1.2-1)。

吊车设备功率:$P_e = P_r\sqrt{\dfrac{\varepsilon_r}{0.25}} = 2P_r\sqrt{\varepsilon_r} = 2\times30\sqrt{0.4} = 60\times0.632 = 37.95\text{kW}$

注:原题考查采用需要系数法时,换算为 $\varepsilon = 25\%$ 的功率。

2.《工业与民用供配电设计手册》(第四版)P2式(1.2-2)及P13式(1.6-41)。

电焊机设备功率(单相380V):$P_e = S_r\sqrt{\varepsilon_r}\cos\varphi = 32\times\sqrt{0.65}\times0.5 = 12.90\text{kW}$

电焊机设备功率(三相380V):$P_d = \sqrt{3}P_e = \sqrt{3}\times12.90 = 22.34\text{kW}$

3.《工业与民用供配电设计手册》(第四版)P10式(1.4-3)、式(1.4-4)、式(1.4-5)及P41表1.12-2。

除交流电焊机外的其余单相负荷按平均分配到三相考虑,消防水泵及电采暖器不计入负荷,恒温电热箱应计入负荷。

设备组名称	设备组总容量	需要系数 K_c	有功功率 P_c	$\cos\varphi/\tan\varphi$	无功功率 Q_c
小批量金属加工机床	60kW	0.5	30	0.7/1.02	30.6
交流电焊机	30kW	0.5	15	0.5/1.73	25.95
泵、风机	20kW	0.8	16	0.8/0.75	12
5t吊车	40kW	0.25	10	0.5/1.73	17.3
单冷空调	6kW	1.0	6	0.8/0.75	4.5
恒温电热箱	13.5kW	0.8	10.8	1.0/0	0
照明	20kW	0.9	18	0.8/0.75	13.5
小计			105.8		103.85
同时系数 K_x=0.9			95.22		93.465
无功补偿60kvar			95.22		33.465

0.4kV侧总计算负荷:$S_c = \sqrt{P_c^2 + Q_c^2} = \sqrt{95.22^2 + 33.465^2} = 100.93\text{kV·A}$

注:此题无难度,仅计算量大,建议最后完成。同时系数与补偿容量带入先后顺序绝不能错,可参考《工业与民用供配电设计手册》(第四版)P41表1.12-2。

4.《工业与民用供配电设计手册》(第四版)P37式(1.11-7)。

由 $\cos\varphi_1 = 0.75$,得 $\tan\varphi_1 = 0.88$。

由 $\cos\varphi_2 = 0.9$,得 $\tan\varphi_2 = 0.48$。

最小无功补偿容量:$Q_c = \alpha_{av}P_c(\tan\varphi_1 - \tan\varphi_2) = 1\times120\times(0.88-0.48) = 48\text{kvar}$

5.《并联电容器装置设计规范》(GB 50227—2017)第5.5.2-1条。

仅用于限制涌流时,电抗率宜取0.1%~1.0%。

题6~10答案:**BBACC**

6.《低压配电设计规范》(GB 50054—1995)第4.4.17条、第4.4.18条、第4.4.19-1条。

7.《交流电气装置的接地设计规范》(GB/T 50065—2011)第4.2.1-1。

接地装置的接地电阻: $R \leqslant 2000/I = 2000/800 = 2.5\Omega$

8.《工业与民用供配电设计手册》(第四版)P1456~P1457。

短路分析:发生故障后,相保回路电流由变压器至相线L(0.015+0.5Ω)至短路点,再流经PE线(0.5Ω)与人体、大地及中性点接地电阻(1000+20+0.5Ω)的并联回路返回至变压器中性点,全回路电阻R和电路电流I_d为:

$R = 0.015 + 0.5 + (0.5//1020.5) = 1.015\Omega$

$I_d = 220/1.015 = 216.75\Omega$

接触电压(即人体电压): $U_K = I_d R_d = 216.75 \times \dfrac{0.5}{1020.5 + 0.5} \times 1000 = 106.15V$

注:此题与2008年案例分析试题(上午卷)第1题等效电路一样。

9.《工业与民用供配电设计手册》(第四版)P1417表14.6-4及P1415图14.6-1。

特征值C_1:$C_1 = n/A = 800/(180 \times 90) = 4.94 \times 10^{-2}$,因此$K_1 = 1.4$。

$L_1/L_2 = 180/90 = 2$,$t/L_2 = 36/90 = 0.4$,查图14.6-1可知$K_2 = 0.3$。

接地电阻: $R = K_1 K_2 \dfrac{\rho}{L_1} = 1.4 \times 0.4 \times \dfrac{120}{180} = 0.373\Omega$

10.《交流电气装置的接地设计规范》(GB/T 50065—2011)第4.2.2条(表层衰减系数取1)。

6~35kV低电阻接地系统发生单相接地,发电厂、变电所接地装置的接触电位差和跨步电位差不应超过下列数值:

接触电位差: $U_t = \dfrac{174 + 0.17\rho_t}{\sqrt{t}} = \dfrac{174 + 0.17 \times 1000}{\sqrt{0.5}} = 486.5V$

跨步电位差: $U_s = \dfrac{174 + 0.7\rho_t}{\sqrt{t}} = \dfrac{174 + 0.7 \times 1000}{\sqrt{0.5}} = 1236V$

注:原题考查旧大纲要求的行业标准《交流电气装置的接地》(DL/T 621—1997)第3.4条a)款,式(1)和式(2),此规范无"表层衰减系数"参数。

题11~15答案:**BDBCD**

11.《供配电系统设计规范》(GB 50052—2009)第3.0.5条第1款。

12.《工业与民用供配电设计手册》(第四版)P105"EPS容量选择"。

选用EPS的容量必须同时满足以下条件:

(1)负载中最大的单台直接启动的电机容量,只占EPS容量的1/7以下: $P_{e1} = 45 \times$

7 = 315kW

(2) EPS容量应是所供负载中同时工作容量总和的1.1倍以上：$P_{e2}=1.1(50+90+30)=187\text{kW}$

(3)直接启动风机、水泵时，EPS的容量为同时工作的风机水泵容量的5倍以上：$P_{e2}=5(90+30)=600\text{kW}$

因此选择最大的一个容量为600kW。

注：题中未明确仅针对风机、水泵、启动方式及海拔高度，因此后三条不校验。

13.《工业与民用供配电设计手册》(第四版)P95式2.6-8。

按稳定负荷计算发电机容量：

$$S_{G1}=\frac{P_{\Sigma}}{\eta_{\Sigma}\cos\varphi}=\frac{(2\times45+3\times10+50+6+30)\times0.85}{0.8\times0.9}=243.2\text{kV}\cdot\text{A}$$

注：题中未提及负荷率，可按1计算。

14.《钢铁企业电力设计手册》(上册)P332式(7-22)式(7-23)。

$$\beta'=\frac{\beta}{\eta_{mn}\cos\varphi_{mn}}=\frac{7}{0.92\times0.85}=8.95$$

$\sin\varphi_0=\sin(\arccos0.9)=0.436$

$\sin\varphi_{ms}=\sin(\arccos0.5)=0.866$

发电机容量：$S_{G2}=\dfrac{\sqrt{(P_0\cos\varphi_0+\beta'P_{max}\cos\varphi_{ms})^2+(P_0\sin\varphi_0+\beta'P_{max}\sin\varphi_{ms})^2}}{K_G}$

$$=\frac{\sqrt{(200\times0.9+8.95\times45\times0.5)^2+(200\times0.436+8.95\times45\times0.866)^2}}{1.5}$$

$=386.16\text{kV}\cdot\text{A}$

注：《钢铁企业电力设计手册》(上册)上对应的公式角标印刷错误，应该第一个括号内代入启动功率因数$\cos\varphi_{ms}$，而不是电动机额定功率因数$\cos\varphi_{mn}$，此点十分重要，如果存疑异，可参考《钢铁企业电力设计手册》(上册)P334中例题的计算过程。

15.《钢铁企业电力设计手册》(上册)P332式(7-24)。

$$S_{G3}=\beta'P_{max}X_d\frac{1-\Delta V}{\Delta V}=8.95\times45\times0.2\times\frac{1-0.2}{0.2}=322.2\text{kW}$$

题16～20答案：**CABBB**

16.《工业与民用供配电设计手册》(第四版)P183式(4.2-10)，P281表4.6-3。

三相三绕组电力变压器每个绕组的电抗百分值及其标幺值为：

$x_1\%=0.5(u_{k1\text{-}2}\%+u_{k1\text{-}3}\%-u_{k2-3}\%)=0.5\times(11.5+17-6.5)=11$

$$X_{1*k}=\frac{u_k\%}{100}\times\frac{S_j}{S_{rT}}=0.11\times\frac{100}{31.5}=0.35$$

$x_2\%=0.5(u_{k1\text{-}2}\%+u_{k2\text{-}3}\%-u_{k1\text{-}3}\%)=0.5\times(11.5+6.5-17)=0.5$

$X_{2*k}=\frac{u_k\%}{100}\times\frac{S_j}{S_{rT}}=0.005\times\frac{100}{31.5}=0.01587$

$x_3\%=0.5(u_{k1\text{-}3}\%+u_{k2\text{-}3}\%-u_{k1\text{-}2}\%)=0.5\times(17+6.5-11.5)=6$

$X_{3*k}=\frac{u_k\%}{100}\times\frac{S_j}{S_{rT}}=0.06\times\frac{100}{31.5}=0.19$

三相短路总电抗标幺值：$X_{*k}=[(0.025+0.35)//(0.12+0.01587)]+0.19=0.29$

《工业与民用供配电设计手册》(第四版)P284 式(4.6-11)和式(4.6-14)。

三相短路电流标幺值：$I_{*k}=\frac{1}{X_{*k}}=\frac{1}{0.29}=3.4483$

10kV 侧三相短路电流有名值：$I_k=I_{*k}\frac{S_j}{\sqrt{3}U_j}=3.4483\times\frac{100}{\sqrt{3}\times10.5}=18.96\text{kA}$

17.《工业与民用供配电设计手册》(第四版)P302 式(4.6-34)、式(4.6-36)及表(4.6-10)。

10kV 电缆线路电容电流：$I_{C1}=\frac{95+1.44S}{2200+0.23S}U_r l=\frac{95+1.44\times150}{2200+0.23\times150}\times10\times3=4.17543\text{A}$

10kV 无架空地线单回路：$I_{C2}=2.7U_r l\times10^{-3}=2.7\times10\times6\times10^{-3}=0.162\text{A}$

10kV 线路单相接地电容电流：$I_C=4I_{C1}+12I_{C2}=4\times4.17543+12\times0.162=18.64572\text{A}$

注：此题争议在于是否需要计算变电所附加的接地电容电流，按本题的出题意图：如果包括附加接地电容电流则没有答案可选，且本题目求的是 10kV 线路的单相接地电容电流值，而不是求 10kV 系统的单相接地电容电流值，因此不建议计算变电所附加的电容电流。

18.《工业与民用供配电设计手册》(第四版)P280～P281 表 4.6-2、表 4.6-3 和 P401 式(5.7-11)。

设：$S_j=100\text{MV·A}$；$U_j=10.5\text{kV}$；$I_j=5.50\text{kA}$。

$I_{*s}=\frac{I_s}{I_j}=\frac{29.5}{5.5}=5.364$

$X_{*s}=\frac{1}{I_{*s}}=\frac{1}{5.364}=0.1864$

$x_{rk}\%\geqslant\left(\frac{I_j}{I_{ky}}-X_{*S}\right)\frac{I_{rk}U_j}{U_{rk}I_j}\times100\%=\left(\frac{5.5}{20}-0.1864\right)\times\frac{2\times10.5}{10\times5.5}\times100\%=0.0338=3.38\%$

因此选择电抗器电抗率不得小于 4%。

19.《工业与民用供配电设计手册》(第四版)P376 表 5.5-15 和 P300 式(4.6-21)。

$i_{p3}=K_p\sqrt{2}I_k''=2.55I_k''=2.55\times18.5=47.175\text{kA}$

断路器动稳定校验计算公式：$i_{p3}\leqslant i_{max}$。

因 $i_{max} \geq 47.175\text{kA}$，因此选择 50kA。

20.《工业与民用供配电设计手册》(第四版)P385 表 5.6-8。

电流互感器热稳定校验计算公式：$Q_t \leq I_{th}^2 t$

$I_k^2 \times 1.2 \leq 24.5^2 \times 1$

$I_k^2 \leq 500.208$

$I_k \leq 22.365\text{kA}$

题 21～25 答案：**BCCDD**

21.《工业与民用供配电设计手册》(第四版) P154 表 4-21 和 P177 表 4.1-1、P229 (式 4.3-1)。

根据表 4-21，高压侧短路容量为 200MV·A 对应的电阻和电抗(归算到 0.4kV 侧)分别为 $R_s = 0.08\text{m}\Omega$，$X_s = 0.8\text{m}\Omega$。

低压侧三相短路电流：$I''_{k3} = \dfrac{230}{\sqrt{R_k^2 + X_k^2}} = \dfrac{230}{\sqrt{(1.88 + 0.08)^2 + (8.8 + 0.8)^2}} = 23.47\text{kA}$

低压侧两相短路电流：$I''_{k2} = 0.866 I''_{k3} = 0.866 \times 23.47 = 20.33\text{kA}$

注：若采用直接计算的方式，计算结果与查表法有些许偏差，根据选项的设置，出题者的意图还是考查查表计算短路电流的方法，因此建议考生若在考场上遇到类似题目时，应优先选择查表计算。为对比说明，作者也将直接计算过程列在下面，供考生参考。

高压侧系统阻抗：$Z_s = \dfrac{(cU_n)^2}{S''_s} \times 10^3 = \dfrac{(1.05 \times 0.38)^2}{200} \times 10^3 = 0.796\text{m}\Omega$

归算到低压侧的高压系统电阻电抗：

$X_s = 0.995 Z_s = 0.995 \times 0.796 = 0.792\text{m}\Omega$，$R_s = 0.1 X_s = 0.1 \times 0.792 = 0.0792\text{m}\Omega$

变压器阻抗：$Z_T = \dfrac{u_k\%}{100} \times \dfrac{U_r^2}{S_{rT}} = 0.045 \times \dfrac{0.38^2}{0.8} = 0.0081225\Omega = 8.1225\text{m}\Omega$

变压器电阻：$R_T = \dfrac{\Delta P \times U_r^2}{S_{rT}} = \dfrac{7.5 \times 0.38^2}{0.8} \times 10^3 = 1.35375\text{m}\Omega$

变压器电抗：$X_T = \sqrt{Z_T^2 - R_T^2} = \sqrt{8.1225^2 - 1.35375^2} = 8.00889\text{m}\Omega$

短路电路总阻抗：$R_k = R_T + R_s = 1.35375 + 0.0792 = 1.43295\text{m}\Omega$

$X_k = X_T + X_s = 8.00889 + 0.792 = 8.80089\text{m}\Omega$

低压侧三相短路电流：$I''_{k3} = \dfrac{230}{\sqrt{R_k^2 + X_k^2}} = \dfrac{230}{\sqrt{1.43295^2 + 8.80089^2}} = 25.794\text{kA}$

低压侧两相短路电流：$I''_{k2} = 0.866 I''_{k3} = 0.866 \times 25.794 = 22.338\text{kA}$

22.《工业与民用供配电设计手册》(第四版)P519 表 7.2-1。

23.《工业与民用供配电设计手册》(第四版)P520～P521 表 7.2-3“过电流保护”及注释 2。

变压器高压侧额定电流：$I_{1rT} = \frac{S}{\sqrt{3}U} = \frac{5000}{\sqrt{3} \times 35} = 82.48\text{A}$

保护装置的动作电流：$I_{op \cdot k} = K_{rel}K_{jx}\frac{K_{gh}I_{1rT}}{K_r n_{TA}} = 1.2 \times 1 \times \frac{1.1 \times 82.48}{0.85 \times 150/5} = 4.27\text{A}$

保护装置一次动作电流：$I_{op} = I_{op \cdot k}\frac{n_{TA}}{K_{jx}} = 4.27 \times \frac{150/5}{1} = 128.1\text{A}$

保护装置的灵敏度系数：$K_{sen} = \frac{I_{2k2min}}{I_{op}} = \frac{0.866 \times 1100}{128.1} = 7.44$

24.《工业与民用供配电设计手册》(第四版) P572 ~ P573 表 7.5-2"过电流保护"。

电容器组额定电流：$I_{1C} = \frac{Q}{\sqrt{3}U} = \frac{1500}{\sqrt{3} \times 10} = 86.6\text{A}$

保护装置的动作电流：$I_{op \cdot K} = K_{rel}K_{jx}\frac{K_{gh}I_{1C}}{K_r n_{TA}} = 1.2 \times 1 \times \frac{1.3 \times 86.6}{0.85 \times 100/5} = 7.95\text{A}$

25.《工业与民用供配电设计手册》(第四版) P564 表 7.4-4"电流速断保护"。

保护装置的动作电流：$I_{op \cdot K} \leqslant \frac{I''_{k2 \cdot min}}{1.5n_{TA}} = \frac{0.866 \times 4560}{1.5 \times 500/5} = 26.32\text{ A}$

2012 年案例分析试题(下午卷)

[专业案例题(共 40 题,考生从中选择 25 题作答,每题 2 分)]

题 1 ~5:某城市拟在市中心建设一座 400m 高集商业、办公、酒店为一体的标志性公共建筑,当地海拔标高 2000m,主电源采用 35kV 高压电缆进户供电、建筑物内设 35/10kV 电站与 10/0.4kV 的变配电室,高压与低压电气装置共用接地网,请回答下列问题。

1. 本工程 TN-S 系统,拟采用剩余电流动作保护电器作为手持式和移动设备的间接接触保护电器,为确保电流流过人体无有害的电生理效应,按右手到双脚流过 25mA 电流计算,保护电器的最大分断时间不应超过下列哪一项数值? ( )

(A)0.20s (B)0.30s

(C)0.50s (D)0.67s

解答过程:

2. 楼内低压配电为 TN-S 系统,办公开水间设置 AC220/6kW 电热水器,间接接触保护断路器过电流额定值 $I_n = 32A$(瞬动 $I_a = 6I_n$),电热水器旁 500mm 处有一组暖气。为保障人身安全,降低电热水器发生接地故障时产生的接触电压,开水间做局部等电位联结,计算产生接触电压的那段线路导体的电阻最大不应超过下列哪一项数值? ( )

(A)0.26Ω (B)1.20Ω

(C)1.56Ω (D)1.83Ω

解答过程:

3. 已知某段低压线路末端短路电流为 2.1kA,计算该断路器瞬动或短延时过流脱扣器整定值最大不超过多少? ( )

(A)1.6kA (B)1.9kA

(C)2.1kA (D)2.4kA

解答过程：

4. 请确定变电所室内10kV空气绝缘母线桥相间距离最小不应小于多少？（ ）

(A)125mm (B)140mm
(C)200mm (D)300mm

解答过程：

5. 燃气锅炉房内循环泵低压电机额定电流为25A，请确定电机配电线路导体长期允许载流量不应小于下列哪一项数值？（ ）

(A)25A (B)28A
(C)30A (D)32A

解答过程：

题6~10：某工程通信机房设有静电架空地板，用绝缘缆线敷设，室内要求有通信设备、网络、UPS及接地设备，请回答下列问题。

6. 人体与导体内发生放电的电荷达到2×10^{-7}cm以上时就可能受到电击，当人体的电容为100pF时，依据规范确定静电引起的人体电击的电压大约是下列哪一项数值？（ ）

(A)100V (B)500V
(C)1000V (D)3000V

解答过程：

7. 用电设备过电流保护器5s时的动作电流为200A，通信机房内等电位联结，依据规范要求可能触及的外露可导电部分和外界可导电部分内的电阻应小于或等于下列哪一项数值？（ ）

(A)0.125Ω　　(B)0.25Ω

(C)1.0Ω　　(D)4.0Ω

解答过程：

8. 若电源线截面为 $50mm^2$，接地故障电流为 8.2kA，保护电器切断供电的时间为 0.2s，计算系数 K 取 143，计算保护导体的最小截面为下列哪一项数值？（　　）

(A)$16mm^2$　　(B)$25mm^2$

(C)$35mm^2$　　(D)$50mm^2$

解答过程：

9. 当防静电地板与接地导体采用导电胶粘接时，规范要求其接触面积不宜小于下列哪一项数值？（　　）

(A)$10cm^2$　　(B)$20cm^2$

(C)$50cm^2$　　(D)$100cm^2$

解答过程：

10. 机房内设备最高频率 2500MHz，等电位采用 SM 混合型，设等电位联结网格，网格四周设等电位联结时，对高频信号设备接地设计应采用下列哪一项措施符合规范要求？（　　）

(A)采用悬浮不接地

(B)避免接地导体长度为干扰频率波的 1/4 或奇数倍

(C)采用 2 根相同长度的接地导体就近与等电位联结网络连接

(D)采用 1 根接地导体汇聚连接至接地汇流排一点接地

解答过程：

题11～15：某企业10kV变电所，装机容量为两台20MV·A的主变压器，2回110kV出线（GIS），10kV母线为单母线分段接线方式，每段母线均有15回馈线，值班室设置变电所监控系统，并有人值班，请回答下列问题。

11. 关于直流负荷的叙述，下列哪一项叙述是错误的？（　　）

(A)电气和热工的控制、信号为控制负荷
(B)交流不停电装置负荷为动力负荷
(C)测量和继电保护、自动装置负荷为控制负荷
(D)断路器电磁操动合闸机构为控制负荷

解答过程：

12. 12. 若变电所信号控制保护装置容量为2500W（负荷系数为0.6），UPS装置为3000W（负荷系数为0.6），直流应急照明容量为1500W（负荷系数为1.0），断路器操作负荷为800W（负荷系数为0.6），各设备额定电压为220V，功率因数取1，那么直流负荷的经常负荷电流、0.5h事故放电容量、1h事故放电容量为下列哪一项数值？（　　）

(A)6.82A，10.91A·h，21.82A·h
(B)6.82A，10.91A·h，32.73A·h
(C)6.82A，12.20A·h，24.55A·h
(D)9.09A，12.05A·h，24.09A·h

解答过程：

13. 如果该变电所事故照明、事故停电放电容量为44A·h，蓄电池采用阀控式铅酸蓄电池（胶体）（单体2V），单个电池的放电终止电压1.8V，则该变电所的蓄电池容量宜选择下列哪一项？（　　）

(A)80A·h　　(B)100A·h
(C)120A·h　　(D)150A·h

解答过程：

14. 如果该变电所220V直流电源选用220A·h的GF型铅酸蓄电池，蓄电池的电池个数为108个，经常性负荷电流15A，事故放电末期随机(5s)冲击放电电流值为18A，事故放电初期(1min)冲击电流和1h事故放电末期电流均为36A，计算事故放电末期承受随机(5s)冲击放电电流的实际电压和事故放电初期1min承受冲击放电电流时的实际电压为下列哪一项？（查曲线时所需数据取整数） （ ）

(A)197.6V/210.6V (B)99.8V/213.8V
(C)205V/216V (D)217V/226.8V

解答过程：

15. 如果该变电所1h放电容量为20A·h，该蓄电池拟仅带控制负荷，蓄电池个数为108个，选用阀控式铅酸蓄电池(贫液)(单体2V)，则该变电所的蓄电池容量为下列哪一项？（查表时放电终止电压据计算结果就近取值） （ ）

(A)65A·h (B)110A·h (C)140A·h (D)150A·h

解答过程：

题16～20：某企业供电系统计算电路如下图所示。

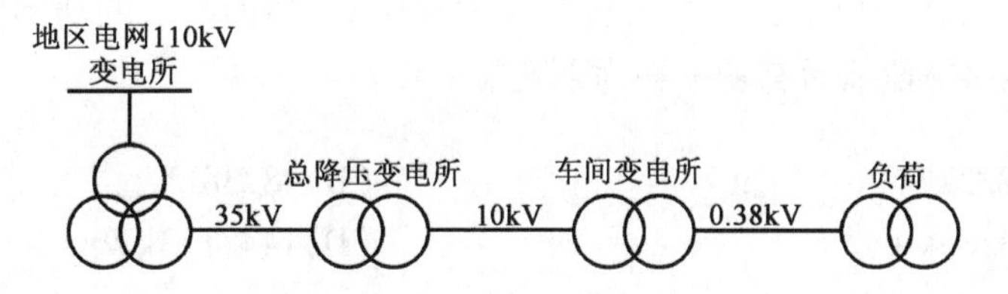

图中35kV电缆线路采用交联聚乙烯铜芯电缆，长度为3.5km，电缆截面为150mm²，35kV电缆有关参数见下表。

截面 (mm^2)	电阻25℃ Ω/km	电抗 Ω/km	埋地25℃允许负荷	埋地30℃允许负荷	电压损失 [%(MW·km)]			电压损失 [%(kA·km)]		
					cosφ			cosφ		
					0.8	0.85	0.9	0.8	0.85	0.9
3×50	0.428	0.137	7.76	10.85	0.043	0.042	0.039	2.099	2.158	2.202
3×70	0.305	0.128	9.64	13.88	0.033	0.031	0.029	1.589	1.613	1.638

续上表

截面 (mm^2)	电阻25℃ Ω/km	电抗 Ω/km	埋地25℃允许负荷	埋地30℃允许负荷	电压损失 [%(MW·km)]			电压损失 [%(kA·km)]		
					cosφ			cosφ		
					0.8	0.85	0.9	0.8	0.85	0.9
3×95	0.225	0.121	11.46	16.79	0.026	0.025	0.022	1.250	1.262	1.267
3×120	0.178	0.116	12.97	19.52	0.022	0.020	0.018	1.049	1.049	1.044
3×150	0.143	0.112	14.67	22.19	0.019	0.017	0.015	0.896	0.896	0.881
3×185	0.116	0.109	16.49	25.70	0.016	0.015	0.013	0.782	0.772	0.752
3×240	0.090	0.104	19.04	30.31	0.014	0.013	0.011	0.663	0.653	0.624
3×300	0.072	0.103	21.40	34.98	0.012	0.011	0.009	0.593	0.571	0.544
3×400	0.054	0.103	24.07	39.46	0.011	0.010	0.008	0.519	0.496	0.465

请回答下列问题。

16. 已知35kV电源线供电负荷为三相平衡负荷，至降压变电所35kW侧计算电流为200A，功率因数为0.8，请问该段35kV电缆线路的电压损失 Δu 为下列哪一项？（　　）

(A)0.019%　　(B)0.63%

(C)0.72%　　(D)0.816%

解答过程：

17. 假定总降压变电所计算有功负荷为15000kW，补偿前后的功率因数分别为0.8和0.9，该段线路补偿前后有功损耗为下列哪一项？（　　）

(A)28/22kW　　(B)48/38kW

(C)83/66kW　　(D)144/113kW

解答过程：

18. 假定总降压变电所变压器的额定容量 $S_N = 20000$kV·A，短路损耗 $P_s = 100$kW，变压器的阻抗电压 $u_k = 9\%$，计算负荷 $S_j = 15000$kV·A，功率因数 $\cos\varphi = 0.8$，该变压器的电压损失 Δu 为下列哪一项？（　　）

(A)0.5%　　(B)4.35%　　(C)6.75%　　(D)8.99%

解答过程：

19. 假定车间变电所变压器额定容量为 $S_N=20000\text{kV}\cdot\text{A}$，空载损耗为 $P_o=3.8\text{kW}$，短路损耗 $P_s=100\text{kW}$，正常运行时的计算负荷 $S_j=15000\text{kV}\cdot\text{A}$，该变压器在正常运行时的有功损耗 ΔP 为下列哪一项？（　　）

(A)9kW　　(B)12.8kW　　(C)15.2kW　　(D)19.2kW

解答过程：

20. 该系统末端有一台交流异步电动机，如果电动机端子电压偏差为 -5%，忽略运行中其他参数变化，该电动机电磁转矩偏差百分数为下列哪一项？（　　）

(A)10.6%　　(B) -9.75%　　(C)5.0%　　(D)0.25%

解答过程：

题 21 ~ 25：某炼钢厂除尘风机电动机额定功率 $P_e=2100\text{kW}$，额定转速 $N=1500\text{r/min}$，额定电压 $U_n=10\text{kV}$；除尘风机额定功率 $P_n=2000\text{kW}$，额定转速 $N=1491\text{r/min}$，据工艺状况工作在高速或低速状态，高速时转速为 1350r/min，低速时为 300r/min，年作业 320 天，每天 24h，进行方案设计时，做液力耦合器调速方案和变频器调速方案的技术比较，变频器效率为 0.98，忽略风机电动机效率和功率因数影响，请回答下列问题。

21. 在做液力耦合器调速方案时，计算确定液力耦合器工作轮有效工作直径 D 是多少？（　　）

(A)124mm　　(B)246mm　　(C)844mm　　(D)890mm

解答过程：

22. 若电机工作在额定状态,液力耦合器输出转速为300r/min时,电动机的输出功率是多少? (　　)

(A)380kW　　(B)402kW　　(C)420kW　　(D)444kW

解答过程:

23. 当采用变频调速器且除尘风机转速为300r/min时,电动机的输出功率是多少? (　　)

(A)12.32kW　　(B)16.29kW　　(C)16.80kW　　(D)80.97kW

解答过程:

24. 当除尘风机运行在高速时,试计算这种情况下用变频调速器调速比液力耦合器调速每天省多少度电? (　　)

(A)2350.18kW·h　　(B)3231.36kW·h
(C)3558.03kW·h　　(D)3958.56kW·h

解答过程:

25. 已知从风机的供电回路测得,采用变频调速方案时,风机高速运行时功率1202kW,低速运行时功率为10kW,采用液力耦合器调速方案时,风机高速运行时功率为1406kW,低速时为56kW,若除尘风机高速和低速各占50%,问采用变频调速比采用液力耦合器调速每年节约多少度电? (　　)

(A)688042kW·h　　(B)726151kW·h
(C)960000kW·h　　(D)10272285kW·h

解答过程:

题26～30：某工程设计一电动机控制中心（MCC），其中最大一台笼型电动机额定功率 $P_{ed}=200kW$，额定电压 $U_{ed}=380V$，额定电流 $I_{ed}=362A$，额定转速 $N_{ed}=1490r/min$，功率因数 $\cos\varphi_{ed}=0.89$，效率 $\eta_{ed}=0.945$，启动电流倍数 $K_{IQ}=6.8$，MCC由一台 $S_B=1250kV\cdot A$ 的变压器（$U_d=4\%$）供电，变压器二次侧短路容量 $S_{d1}=150MV\cdot A$，MCC除最大一台笼型电动机外，其他负荷总计 $S_{fh}=650kV\cdot A$，功率因数 $\cos\varphi=0.72$，请回答下列问题。

26.关于电动机转速的选择，下列哪一项是错误的？（　　）

（A）对于不需要调速的高转速或中转速的机械，一般应选用相应转速的异步或同步电动机直接与机械相连接

（B）对于不需要调速的低转速或中转速的机械，一般应选用相应转速的电动机通过减速机来转动

（C）对于需要调速的机械，电动机的转速产生了机械要求的最高转速相适应，并留存5%～8%的向上调速的余量

（D）对于反复短时工作的机械，电动机的转速除能满足最高转速外，还需从保证生产机械达到最大的加减速度而选择最合适的传动比

解答过程：

27.如果该电动机的空载电流 $I_{kz}=55A$，定子电阻 $R_d=0.12\Omega$，采用能耗制动时，外加直流电压 $U_{zd}=60V$，忽略线路电阻，通常为获得最大制动转矩，外加能耗制动电阻值为下列哪一项？（　　）

（A）0.051Ω　　（B）0.234Ω　　（C）0.244Ω　　（D）0.124Ω

解答过程：

28.如果该电机每小时接电次数20次，每次制动时间为12s，则制动电阻接电持续率为下列哪一项数值？（　　）

（A）0.67%　　（B）6.67%　　（C）25.0%　　（D）66.7%

解答过程：

29. 若忽略线路阻抗影响，按全压启动方案，计算该电动机启动时的母线电压相对值等于下列哪一项数值？（　　）

(A)0.972　　(B)0.946

(C)0.943　　(D)0.921

解答过程：

30. 若该电动机启动时的母线电压相对值为0.89，该线路阻抗为0.0323Ω，计算启动时该电动机端子电压相对值等于下列哪一项？（　　）

(A)0.65　　(B)0.84

(C)0.78　　(D)0.89

解答过程：

题31～35：某教室平面为扇形面积减去三角形面积，扇形的圆心角为60°，布置见下图，圆弧形墙面的半径为30m，教室中均匀布置格栅荧光灯具，计算中忽略墙体面积。

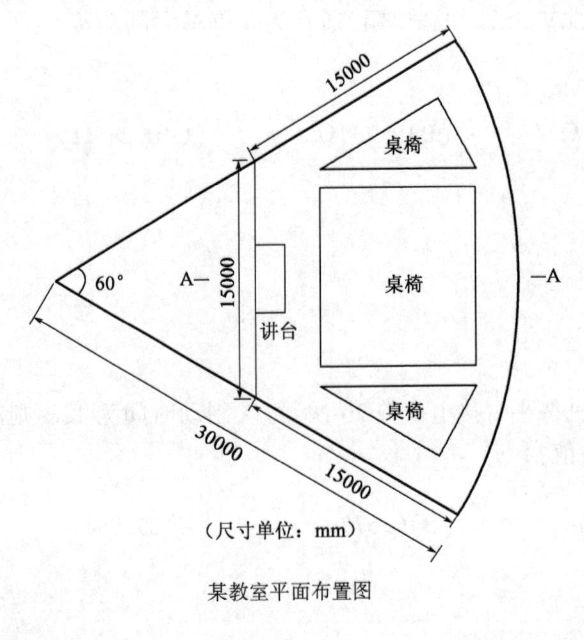

某教室平面布置图

请回答下列问题。

31. 若该教室按多媒体室选择光源色温，照明器具统一眩光值和照度标准值，下列哪一项是正确的？ (　　)

(A) 色温 4500k，统一眩光值不大于 19，0.75 水平面照度值 300lx
(B) 色温 4500k，统一眩光值不大于 19，地面照度值 300lx
(C) 色温 6500k，统一眩光值不大于 22，0.75 水平面照度值 500lx
(D) 色温 6500k，统一眩光值不大于 22，地面照度值 500lx

解答过程：

32. 教室黑板采用非对称光强分布特性的灯具照明，黑板照明灯具安装位置如下图所示。若在讲台上教师的水平视线距地 1.85m，距黑板 0.7m，为使黑板灯不会对教室产生较大的直接眩光，黑板灯具不应安装在教师水平视线 θ 角以内位置，黑板灯安装位置与黑板的水平距离 L 不应大于下列哪一项数值？ (　　)

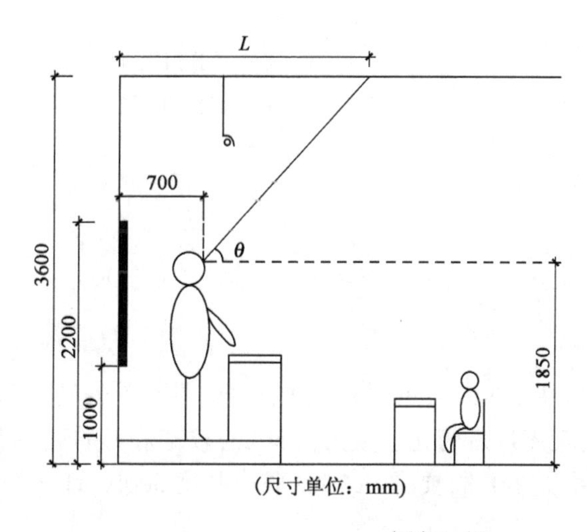

(A) 1.85m　　(B) 1.92m
(C) 2.45m　　(D) 2.78m

解答过程：

33. 若该教室室内空间 A-A 剖面如下图所示，无光源。采用嵌入式格栅荧光灯具，已知顶棚空间表面平均反射比为 0.77，计算顶棚的有效空间反射比为下列哪一项？

(　　)

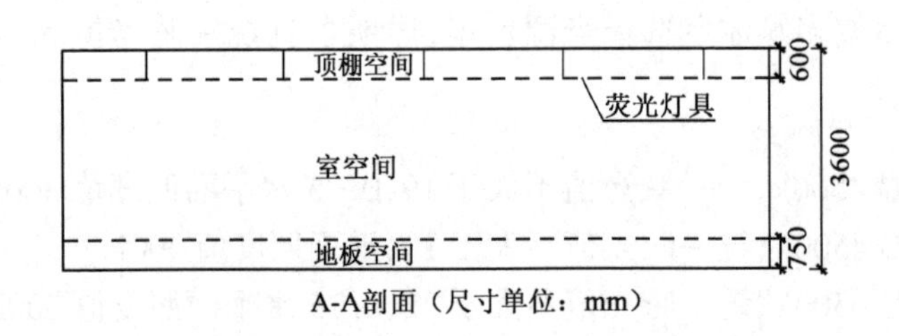

A-A剖面（尺寸单位：mm）

(A)0.69 (B)0.75
(C)0.78 (D)0.83

解答过程：

34. 若该教室顶棚高度3.6m,灯具嵌入顶棚安装,工作面高0.75m,该教室室空间比为下列哪一项数值？ ( )

(A)1.27 (B)1.34
(C)1.46 (D)1.54

解答过程：

35. 若该教室平均高度3.6m,采用嵌入式格栅灯具均匀安装,每套灯具2×20W,采用节能型荧光灯。若荧光灯灯管光通量为3250lm,教室灯具的利用系数为0.6,灯具效率为0.7,灯具维护系数为0.8,要求0.75m平均照度300lx,计算需要多少套灯具(取整数)? ( )

(A)46 (B)42
(C)36 (D)32

解答过程：

题36～40：某市有一新建办公楼，地下2层，地上20层，在第20层有一个多功能厅和一个大会议厅，其层高均为5.5m，吊顶为平吊顶，高度为5m，多功能厅长35m、宽15m，会议厅长20m、宽10m，请回答下列问题。

36. 在多功能厅设有4组扬声器音箱，每组音箱额定噪声功率25W，配置的功率放大器峰值功率1000W，如果驱动每组扬声器的有效值功率为25W，试问工作时其峰值余量的分贝数为下列哪一项？（　　）

(A)6dB　　(B)10dB
(C)20dB　　(D)40dB

解答过程：

37. 在会议厅设扬声器，为嵌入式安装，其辐射角为100°，根据规范要求计算，扬声器的间距不应超过下列哪一项？（　　）

(A)8.8m　　(B)10m
(C)12.5m　　(D)15m

解答过程：

38. 在多功能厅中有一反射声是由声源扬声器经反射面(体)到测试点，整个反射声的声程为18m，试问该反射声到达测试点的时间为下列哪一项？（　　）

(A)56.25ms　　(B)52.94ms
(C)51.43ms　　(D)50ms

解答过程：

39. 在会议厅中，当会场中某一点位置两只扬声器单独扩声时，第一只扬声器在该点产生的声压级为80dB，另一只扬声器在该点产生的声压级为90dB，请判断当两只扬声器同时作用时，在该点测得的声压级为下面哪一项？（　　）

(A)90dB　　(B)90.414dB

(C)92.762dB　　(D)120dB

解答过程：

40. 在会议厅将扬声器靠一墙角布置，已知会议厅平均吸声系数为0.2，$D(\theta)=1$，请计算扬声器的供声临界距离，并判断下列哪一个数值是正确的？（　　）

(A)1.98m　　(B)2.62m

(C)3.7m　　(D)5.24m

解答过程：

2012年案例分析试题答案(下午卷)

题1～5答案:**CAABD**

1.《电流对人和家畜的效应　第1部分:通用部分》(GB/T 13870.1—2008)表12及心脏电流系数 F 公式。

折算到从"左手到双脚"的人体电流:$I_h = \frac{I_{ref}}{F}$

$I_{ref} = I_h F = 25 \times 0.8 = 20mA$

查表11和图20,可知从"左手到双脚"的20mA的人体电流对应的电流持续时间为500ms。

注:此题依据不能引用《电流通过人体的效应　第一部分:常用部分》(GB/T 13870.1—1992),依据作废规范解题原则上是不给分的。

2.《低压配电设计规范》(GB 50054—2011)第5.2.5条。

辅助等电位的最大线路电阻:$R_{max} \leqslant \frac{50}{I_a} = \frac{50}{6 \times I_n} = \frac{50}{6 \times 32} = 0.26\ \Omega$

注:间接接触防护短路电流值应取断路器整定的瞬动电流值,而非过电流值。

3.《低压配电设计规范》(GB 50054—2011)第6.2.4条。

脱扣器整定电流:$I_a \leqslant \frac{2.1}{1.3} = 1.6kA$

4.《20kV及以下变电所设计规范》(GB 50053—2013)第4.2.1条表4.2.1。

注:表中符号A项数值应按每升高100m增大1%进行修正。

查表10kV空气绝缘母线桥相间距离为125mm,按海拔高度修正为 $L = 125 \times (1 + 10 \times 1\%) = 137.5mm$,取140mm。

注:题干中若出现海拔超过1000m的数据,要有足够的敏感度——考查海拔修正的问题。此题与2011年上午案例第1题相似。

5.《爆炸危险环境电力装置设计规范》(GB 50058—2014)第3.2.1条、第5.4.1条。

第3.2.1-3条:2区应在正常运行时不太可能出现爆炸性气体混合物的环境,或即使出现也仅是短时存在的爆炸性气体混合的环境。燃气锅炉房属于2区。

第5.4.1-6条:引向电压为1000V以下鼠笼型感应电动机支线的长期允许载流量不应小于电动机额定电流的1.25倍。

则导体允许载流量:$I_n = 1.25 \times 25 = 31.25A$,取32A。

题 6 ~ 10 答案：**DBCBB**

6.《防止静电事故通用导则》（GB 12158—2006）第 7.3.1 条，规范原文：发生电击的人体电位约 3kV。

注：此规范是历年考试中第一次考查，题目较偏。

7.《低压配电设计规范》（GB 50054—2011）第 5.2.5 条。

可同时触及的外露可导电部分和装置外可导电部分之间的电阻：$R \leqslant \frac{50}{I_a} = \frac{50}{200} = 0.25\Omega$

注：此题与第二题考查点重复，但未考查动作电流与整定电流的关系，相对较为简单。

8.《建筑物电气装置　第 5-54 部分：电气设备的选择和安装　—接地配置、保护导体和保护联结导体》（GB 16895.3—2004）第 543.1 条表 54.3 及第 543.1.2 条。

电源线（即相线）截面为 $50mm^2$，根据表 54-3 要求，截面不能小于 $16mm^2$。

根据公式 $S = \frac{\sqrt{I^2 t}}{K} = \frac{\sqrt{8.2^2 \times 0.2}}{143} \times 10^3 = 25.64mm^2$，保护导体的截面积不应小于该值，综合以上两个条件，因此保护导体的截面取 $35mm^2$。

9.《数据中心设计规范》（GB 50174—2017）第 8.3.5 条。

注：此规范较少考查，题目较偏。

10.《工业与民用供配电设计手册》（第四版）P1430"单点接地和多点接地"。

无论采用哪种接地系统，其接地线长度 $L = \lambda/4$ 及 $L = \lambda/4$ 的奇数倍的情况应避开。因此时其阻抗为无穷大，相当于一根天线，可接收和辐射干扰信号。

注：本题与 2007 年专业知识试题（上午卷）第 66 题重复。

题 11 ~ 15 答案：**DACCA**

11.《电力工程直流系统设计技术规程》（DL/T 5044—2014）第 4.1.1 条。

12.《电力工程直流系统设计技术规程》（DL/T 5044—2014）表 4.2.5。

经常性负荷电流：$\frac{2500 \times 0.6}{220} \times 1 = 6.82A$

事故放电电流：$\frac{2500 \times 0.6 + 3000 \times 0.6 + 1500 \times 1.0}{220} \times 1 = 21.82A$

0.5 小时事故放电容量：$0.5 \times 21.82 = 10.91A \cdot h$

1.0 小时事故放电容量：$1.0 \times 21.82 = 21.82A \cdot h$

13.《电力工程直流系统设计技术规程》（DL/T 5044—2014）第 6.1.5 条、附录 C 第 C.2.3 条。

查表 C.3-5，阀控式铅酸蓄电池（胶体）（单体 2V）的 $K_{cc} = 0.52$

满足事故全停电状态下的持续放电容量：

变电所蓄电池容量：$C_C = K_K \frac{C_{S\cdot X}}{K_{cc}} = 1.4 \times \frac{44}{0.52} = 118.46\text{A}\cdot\text{h}$，取答案 120A·h。

注：旧规范题目，依据《电力工程直流系统设计技术规程》(DL/T 5044—2004)附录 B.2.1.2 式(B.1)。有关蓄电池容量计算方法，2014 版新规范修正较多，但内容较之旧规范更为简洁，题目供考生参考。

14. 旧规范《电力工程直流系统设计技术规程》(DL/T 5044—2004)附录 B.2.1.3 式(B.2)、式(B.3)、式(B.4)和式(B.5)。

a. 事故放电末期承受随机(5s)冲击放电电流的实际电压：

$$K_{m.x} = K_K \frac{C_{S.X}}{tI_{10}} = 1.1 \times \frac{1 \times 36}{1 \times 22} = 1.8$$

根据此数据，查图 B.1 中 $2.0I_{10}$ 曲线。

$$K_{chm.x} = K_K \frac{I_{chm}}{I_{10}} = 1.1 \times \frac{18}{1 \times 22} = 0.9$$

横坐标点位 0.9。

依据图 B.1 中 $2.0I_{10}$ 曲线，横坐标 0.9 的点对应纵坐标为 $U_d = 1.9\text{V}$，由式(B.3)得

$U_D = nU_d = 108 \times 1.9 = 205.2\text{ V}$

b. 事故放电初期 1min 承受冲击放电电流的实际电压：

$$K_{cho} = K_K \frac{I_{cho}}{I_{10}} = 1.1 \times \frac{36}{220/10} = 1.8$$

查图 B.1 中的 0 族曲线，取整后得 $U_d = 2.0\text{V}$。

$U_D = nU_d = 108 \times 2.0 = 216V$

根据式(B.4)的计算结果确定曲线，根据式(B.5)的计算结果确定横坐标。旧规范题目，有关蓄电池容量计算方法，2014 版新规范修正较多，相关曲线图删除，题目供考生参考。

15. 旧规范《电力工程直流系统设计技术规程》(DL/T 5044—2004)附录 B.1.3。

对控制负荷，蓄电池放电终止电压：$U_m \geqslant \frac{0.85U_n}{n} = \frac{0.85 \times 220}{108} = 1.73\text{V}$

查表 B.8 得 $K_{CC} = 0.615$，$C_c = K_K \frac{C_{S.X}}{K_{CC}} = 1.4 \times \frac{20}{0.615} = 45.5\text{A}\cdot\text{h}$

旧规范题目，有关蓄电池容量计算方法，2014 版新规范修正较多，相关曲线图删除，题目供考生参考。

题 16～20 答案：**BDBBB**

16.《工业与民用供配电设计手册》(第四版)P459 式(6.2-5)或 P865 表 9.4-3 有关电流矩公式。

三相平衡负荷线路电压损失：

$$\Delta u = \frac{\sqrt{3}Il}{10U_n}(R'\cos\varphi + X'\sin\varphi) = \frac{\sqrt{3} \times 200 \times 3.5}{10 \times 35} \times (0.143 \times 0.8 + 0.112 \times 0.6) = 0.629$$

注:此题实际考查的电流矩的公式,注意各参数的单位与手册是否一致,另提请考生注意负荷矩公式,未来有可能考查。

17.《工业与民用供配电设计手册》(第四版)P26 式(1.10-1)。

补偿前每相线路有功功率损耗:$\Delta P_1' = 3I_c^2R \times 10^{-3} = \left(\frac{15000}{\sqrt{3} \times 35 \times 0.8}\right)^2 \times 0.143 \times 3.5 \times 10^{-3} = 48\text{kW}$

补偿前线路总损耗:$\Delta P_1 = 3\Delta P_1' = 3 \times 48 = 144\text{kW}$

补偿后每相线路有功功率损耗:$\Delta P_2' = 3I_c^2R \times 10^{-3} = \left(\frac{15000}{\sqrt{3} \times 35 \times 0.9}\right)^2 \times 0.143 \times 3.5 \times 10^{-3} = 38\text{kW}$

补偿后线路总损耗:$\Delta P_2 = 3\Delta P_2' = 3 \times 38 = 114\text{kW}$

注:此类题目要注意各参数的单位是否与手册中一致。

18.《工业与民用供配电设计手册》(第四版)P460 式(6.2-8)。

$$u_a = \frac{100\Delta P_T}{S_{rT}} = \frac{100 \times 100}{20000} = 0.5$$

$$u_r = \sqrt{u_T^2 - u_a^2} = \sqrt{9^2 - 0.5^2} = 8.986$$

变压器电压损失:$\Delta u_T = \beta(u_a\cos\varphi + u_r\sin\varphi) = \frac{15000}{20000} \times (0.5 \times 0.8 + 8.986 \times 0.6) = 4.34$

注:此题与 2011 年案例上午第 1 题雷同,可参考。变压器与线路电压损失几乎年年必考,务必掌握。

19.《工业与民用供配电设计手册》(第四版)P30 式(1.10-3)或《钢铁企业电力设计手册》(上册)P291 或(6-14)。

电力变压器有功损耗:$\Delta P_T = \Delta P_o + \beta^2\Delta P_k = \Delta P_o + \left(\frac{S_c}{S_r}\right)^2\Delta P_k = 3.8 + \left(\frac{15000}{20000}\right)^2 \times 16 = 12.8\text{kW}$

20.《工业与民用供配电设计手册》(第四版)P479 表 6.5-1。

由表可知,电磁转矩(近似等于启动转矩)与电动机端子电压的平方成正比,因此电磁转矩偏差百分数:

$$\Delta M_p = (1 - 5\%)^2 - 1 = -0.0975 = -9.75\%$$

注:电磁转矩与电动机端子电压无直接关系,电动机端子电压直接决定电动机启动转矩,电磁转矩与启动转矩及电机转动效率有直接关系。

题 21～25 答案：**CCBBC**

21.《钢铁企业电力设计手册》(下册)P362 式(25-131)。

耦合器有效工作直径：$D = K\sqrt[5]{\frac{P_n}{n_B^3}} = 14.7 \times \sqrt[5]{\frac{2000}{1491^3}} = 0.838\text{m} = 838\text{mm}$

注：液力耦合器的题目是第一次考查，虽然从来没接触过类似题目，但如果复习的时候注意到《钢铁企业电力设计手册》(下册)中的有关液力耦合器调速方式的章节，快速定位应该不难。另请注意负载额定轴功率，可参考该页的例题。

22.《钢铁企业电力设计手册》(下册)P362 式(25-128)。

由$\frac{P_T}{P_B} = \frac{n_T}{n_B}$，得 $P_B = \frac{P_T n_B}{n_T} = \frac{2100 \times 300}{1500} = 420\text{kW}$。

23.《钢铁企业电力设计手册》(上册)P306 中"6.6 风机、水泵的节电"。

流量与转速成正比，而功率与流量的 3 次方成比例：$\frac{P_T}{P_B} = \left(\frac{n_T}{n_B}\right)^3$

则 $P_B = P_T\left(\frac{n_B}{n_T}\right)^3 = 2000 \times \left(\frac{300}{1491}\right)^3 = 16.29\text{kW}$

注：与 2011 下午案例第 1 题雷同，可参考。

24.《钢铁企业电力设计手册》(上册)P306"6.6 风机、水泵的节电"，由题干忽略风机电动机效率和功率因数影响。

变频调速器——流量与转速成正比，而功率与流量的 3 次方成比例，在高速运行时电机的输出功率 P_B 为：

$$\frac{P_T}{P_B} = \left(\frac{n_T}{n_B}\right)^3 \Rightarrow P_B = P_T\left(\frac{n_B}{n_T}\right)^3 = 2000 \times \left(\frac{1350}{1491}\right)^3 = 1484.6\text{kW}$$

根据《钢铁企业电力设计手册》(下册)P362 式(25-128)，液力耦合器调速的效率：

$$\eta_2 = \frac{\eta_T}{\eta_B} = \frac{1350}{1500} = 0.9$$

由题干条件：变频器的效率为 0.96，和《钢铁企业电力设计手册》(上册)P306 式(6-43)，每天节省的电能为：

$$W = P_B\left(\frac{1}{\eta_2} - \frac{1}{\eta_1}\right) \times 24 = 1484.6 \times \left(\frac{1}{0.9} - \frac{1}{0.98}\right) \times 24 = 3231.8\text{kW} \cdot \text{h}$$

25.《钢铁企业电力设计手册》(上册)P303 例 7 中的相关节能公式。

$\Delta W = \Delta Ph = [(1406 + 56) - (1202 + 10)] \times 24 \times 320 \times 50\% = 960000\text{kW}\cdot\text{h}$

题 26～30 答案：**CDBAA**

26.《钢铁企业电力设计手册》(下册)P9 中"23.2.2 电动机转速的选择"第(1)～(4)条。

27.《钢铁企业电力设计手册》(下册)P114 例题。

外加能耗制动电阻：$R_{ed} = R - (2R_d + R_1) = \dfrac{60}{3 \times 55} - 2 \times 0.12 + 0 = 0.124\Omega$

注：与2009年下午案例第11题雷同，可参考。

28.《钢铁企业电力设计手册》(下册)P115例题。

负载持续率：$FC_\tau = \dfrac{20 \times 12}{3600} = 0.0667 = 6.67\%$

29.《工业与民用供配电设计手册》(第四版)P482表6.5-4全压启动公式。

题干中未提及低压线路电抗，则：

$X_l = 0, S_{st} = S_{stM} = k_{st} \times S_{rM} = 6.8 \times \sqrt{3} \times 0.38 \times 0.362 = 1.62\text{MV}\cdot\text{A}$

预接负荷的无功功率：$Q_{fh} = S_{fh} \times \sqrt{1 - \cos^2\varphi} = 650 \times \sqrt{1 - 0.72^2} = 451\text{kV}\cdot\text{A} = 0.451\text{MV}\cdot\text{A}$

$$S_{km} = \frac{S_{rT}}{x_T + \dfrac{S_{rT}}{S_k}} = \frac{1.25}{0.04 + \dfrac{1.25}{150}} = 25.86\text{MV}\cdot\text{A}$$

母线短路容量：

电动机启动时母线电压相对值：

$$u_{stm} = u_s \frac{S_{km}}{S_{km} + Q_{fh} + S_{st}} = 1.05 \times \frac{25.86}{25.86 + 0.451 + 1.62} = 0.972$$

注：与2010年案例分析试题(下午卷)第1题雷同，可参考。需注意公式中参数的单位。

30.《工业与民用供配电设计手册》(第四版)P482表6.5-4全压启动公式。

电动机额定启动容量：$S_{stM} = k_{st}S_{rm} = 6.8 \times \sqrt{3} \times 0.38 \times 0.362 = 1.62\text{MV}\cdot\text{A}$

电动机启动时启动回路额定容量：$S_{st} = \dfrac{1}{\dfrac{1}{S_{stM}} + \dfrac{X_l}{U_m^2}} = \dfrac{1}{\dfrac{1}{1.62} + \dfrac{0.0323}{0.38^2}} = 1.189\text{MV}\cdot\text{A}$

电动机端子电压相对值：$u_{stM} = u_{stM}\dfrac{S_{st}}{S_{stM}} = 0.89 \times \dfrac{1.189}{1.62} = 0.6533$

题31～35答案：**ACBCC**

31.《建筑照明设计标准》(GB 50034—2013)第4.4.1条及表4.1.1、第5.2.7条及表5.2.7。

32.《照明设计手册》(第三版)P192中间内容和图7-4“黑板照明灯具安装位置示意图”。

灯具不应布置在教师站在讲台上水平上视线45°仰角以内位置，即灯具与黑板的水平距离不应大于L_2(P249图7-4)，因此可以通过三角函数直接求出，其水平距离不应大于：

$L = 0.7 + (3.6 - 1.85)/\tan 45° = 2.45\text{m}$

注：重点是要找到对应角 θ 的大小，与 2008 年下午案例第 15 题有关体育场照明类似，可参考。

33.《照明设计手册》（第三版）P146 式（5-45）。

空间开口平面面积（灯具所在平面面积），即扇形面积（半径 r）减去正三角形面积（边长 $r/2$）：

$$A_0 = \frac{60}{360}\pi r^2 - \frac{1}{2} \times \frac{r^2}{2} \times \frac{\sqrt{3}}{4} = \left(\frac{\pi}{6} - \frac{\sqrt{3}}{16}\right) r^2 = 0.415 \times 30^2 = 373.8\text{m}^2$$

空间表面面积（除灯具所在平面外的顶棚表面积）：

$$A_s = A_0 + \left(3 \times 15 + \frac{1}{3}\pi r\right) \times 0.6 = 373.8 + 76.4 \times 0.6 = 419.65\text{m}^2$$

有效空间反射比：$\rho_{\text{eff}} = \dfrac{\rho A_0}{A_s - \rho A_s + \rho A_0} = \dfrac{0.77 \times 373.8}{419.65 - 0.77 \times 419.65 + 0.77 \times 373.8} = 0.74887$

注：此题较偏，空间开口平面面积和空间表面面积在手册中未给出明确定义。

34.《照明设计手册》（第三版）P146 式（5-44）。

地面积：$S_g = \dfrac{60}{360}\pi r^2 - \dfrac{1}{2} \times \dfrac{r^2}{2} \times \dfrac{\sqrt{3}}{4} = \left(\dfrac{\pi}{6} - \dfrac{\sqrt{3}}{16}\right) r^2 = 0.415 \times 30^2 = 373.8\text{m}^2$

墙面积：$S_w = \left(3 \times 15 + \dfrac{1}{3}\pi r\right) \times (3.6 - 0.75) = 76.4 \times 2.85 = 217.74\text{m}^2$

室空间比：$\text{RCR} = \dfrac{2.5 \times S_w}{S_g} = \dfrac{2.5 \times 217.74}{373.8} = 1.45626$

注：与 2010 年上午案例第 3 题雷同，可参考。

35.《照明设计手册》（第三版）P145 式（5-39）。

工作面平均照度：$E_{av} = \dfrac{N\Phi Uk}{A}$

则 $N = \dfrac{AE_{av}}{\Phi Uk} = \dfrac{373.8 \times 300}{3250 \times 0.6 \times 0.8} = 71.88 \approx 72$

因此共需要 72/2 = 36 套。

注：题目中的灯具效率属于干扰项，易出错，对比 2008 年下午案例第 16 题。

题 36～40 答案：**BABBA**

36.《民用建筑电气设计标准》（GB 51348—2019）附录 F 式（F.0.1-2）。

扬声器的有效功率为电功率，扬声器的噪声功率为声功率，题干中均为 25W，即说明扬声器的电声转换效率为 1，即声功率 W_a = 电功率 W_e × 效率 η，因此有 $W_e = W_a$，为理想状态情况。

由公式 $L_W = 10\lg W_a + 120$ 推出 $L_W = 10\lg W_e + 120$ 可知，声压每提高 10dB，所要求的电功率（或说声功率）就必须增加 10 倍，一般为了峰值工作，扬声器的功率留出必要的功率余量是十分必要的。

因此，峰值余量的分贝数为：

$$\Delta L_W = 10\lg W_{e2} - 10\lg W_{e1} = 10\lg 1000 - 10\lg(4\times 25) = 30 - 20 = 10\text{dB}$$

37.《民用建筑电气设计标准》(GB 51348—2019)第16.5.5条式(16.5.5-3)。

扬声器的间距：$L = 2(H-1.3)\tan\dfrac{\theta}{2} = 2\times(5-1.3)\tan\dfrac{100}{2} = 8.8\text{m}$

注：嵌入式安装意味着吊顶安装，因此应代入吊顶高度5.0m，而不能采用层高5.5m。

38.此题无直接依据，只能根据音速直接计算，按空气中的音速在1个标准大气压和15℃的条件下约为340m/s。

因此反射声到达测试点的时间：$t = 18/340 = 0.05294 = 52.94\text{ms}$

39.属于超纲题目，手册和规范中均无明确依据。

声压级公式：$L = 20\lg\left(\dfrac{p}{p_0}\right)$

$$p = p_0\times 10^{\frac{L}{20}}$$

因此：$p_1 = p_0\times 10^{\frac{80}{20}} = p_0\times 10^4$

$p_2 = p_0\times 10^{\frac{90}{20}} = p_0\times 10^{4.5}$

总声压级：$\sum p = \sqrt{p_1^2 + p_2^2} = \sqrt{p_0^2\times 10^8 + p_0^2\times 10^9} = p_0\times 10^4\times\sqrt{11}$

代入声压级公式：$L = 20\lg\left(\dfrac{p}{p_0}\right) = 20\lg(\sqrt{11}\times 10^4) = 90.414\text{dB}$

40.《民用建筑电气设计标准》(GB 51348—2019)附录F式(F.0.1-3)、式(F.0.2-4)和表F.0.1。

房间常数：$R = S\alpha/(1-\alpha) = 20\times 10\times 0.2/(1-0.2) = 50$

指向性因数：$Q=4$(查表G.0.1，靠一墙角布置)

供声临界距离：$r_e = 0.14D(\theta)\sqrt{QR} = 0.14\times 1\times\sqrt{4\times 50} = 1.980$

2013年

注册电气工程师(供配电)执业资格考试

专业考试试题及答案

2013年专业知识试题(上午卷)

一、单项选择题(共40题,每题1分,每题的备选项中只有1个最符合题意)

1. 相对地电压为220V的TN系统配电线路或仅供给固定设备用电的末端线路,其间接接触防护电器切断故障回路的时间不宜大于下列哪一项数值? ( )

(A)0.4s (B)3s

(C)5s (D)10s

2. 人体的"内阻抗"是指下列人体哪个部位间阻抗? ( )

(A)在皮肤上的电极与皮下导电组织之间的阻抗

(B)是手和双脚之间的阻抗

(C)在接触电压出现瞬间的人体阻抗

(D)与人体两个部位相接触的二电极间的阻抗,不计皮肤阻抗

3. 爆炸性粉尘环境内,应尽量减少插座和局部照明灯具的数量,且安装的插座开口的一面应朝下,且与垂直面的角度不应大于多少? ( )

(A)30° (B)36°

(C)45° (D)60°

4. 在建筑物内实施总等电位联结时,应选用下列哪一项做法? ( )

(A)在进线总配电箱近旁安装接地母排,汇集诸联结线

(B)仅将需联结的各金属部分就近互相连通

(C)将需联结的金属管道结构在进入建筑物处联结到建筑物周围地下水平接地扁钢上

(D)利用进线总配电箱内PE母排汇集诸联结线

5. 下列电力负荷分级原则中哪一项是正确的? ( )

(A)根据对供电可靠性的要求及中断供电在政治、经济上所造成损失或影响的程度

(B)根据中断供电后,对恢复供电的时间要求

(C)根据场所内人员密集程度

(D)根据对正常工作和生活影响程度

6. 某35kV架空配电线路,当系统基准容量取100MV·A、线路电抗值为0.43Ω时,该线路的电抗标幺值应为下列哪一项数值? ( )

(A)0.031　　(B)0.035

(C)0.073　　(D)0.082

7. 断续或短时工作制电动机的设备功率，当采用需要系数法计算负荷时，应将额定功率统一换算到下列哪一项负荷持续率的有功功率？　　(　　)

(A)$\varepsilon=25\%$　　(B)$\varepsilon=50\%$

(C)$\varepsilon=75\%$　　(D)$\varepsilon=100\%$

8. 在考虑供电系统短路电流问题时，下列表述中哪一项是正确的？　　(　　)

(A)以 100MV·A 为基准容量的短路电路计算电抗不小于 3 时，按无限大电源容量的系数进行短路计算

(B)三相交流系统的远端短路的短路电流是由衰减的交流分量和衰减的直流分量组成

(C)短路电流计算的最大短路电流值，是校验继电保护装置灵敏系数的依据

(D)三相交流系统的近端短路时，短路稳态电流有效值小于短路电流初始值

9. 并联电容器装置设计，应根据电网条件、无功补偿要求确定补偿容量，在选择单台电容器额定容量时，下列哪种因素是不需要考虑的？　　(　　)

(A)电容器组设计容量

(B)电容器组每相电容器串联、并联的台数

(C)宜在电容器产品额定容量系数的优先值中选取

(D)电容器组接线方式(星形、三角形)

10. 当基准容量为 100MV·A 时，系统电抗标幺值为 0.02；当基准容量取1000MV·A时，系统电抗标幺值应为下列哪一项数值？　　(　　)

(A)20　　(B)5　　(C)0.2　　(D)0.002

11. 成排布置的低压配电屏，其长度超过 6m 时，屏后的通道应设两个出口，并宜布置在通道两端，在下列哪种条件下应增加出口？　　(　　)

(A)当屏后通道两出口之间的距离超过 15m 时

(B)当屏后通道两出口之间的距离超过 30m 时

(C)当屏后通道内有柱或局部突出

(D)当屏前操作通道不满足要求时

12. 一个供电系统由两个无限大电源系统 S1、S2 供电，其短路电流设计时的等值电抗如右图所示，计算 d 点短路时，电源 S1 支路的分布系数应为下列哪一项数值？　　(　　)

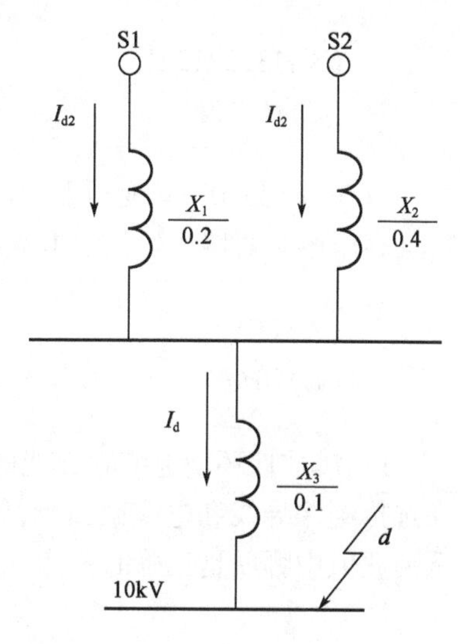

(A)0.67　　(B)0.5　　(C)0.37　　(D)0.25

13. 对于低压配电系统短路电流的计算,下列表述中哪一项是错误的?　(　)

(A)当配电变压器的容量远小于系统容量时,短路电流可按无限大电源容量的网络进行计算

(B)计入短路电路各元件的有效电阻,但短路点的电弧电阻、导线连接点、开关设备和电器的接触电阻可忽略不计

(C)当电路电阻较大,短路电流直流分量衰减较快一般可以不考虑直流分量

(D)可不考虑变压器高压侧系统阻抗

14. 某10kV线路经常输送容量为1343kV·A,该线路测量仪表用的电流互感器变比宜选用下列哪一项数值?　(　)

(A)50/5　　(B)75/5

(C)100/5　　(D)150/5

15. 某变电所用于计算短路电流的接线示意图见下图,已知电源S为无穷大系统;变压器B的参数为 S_e = 20000kV·A,110/38.5/10.5kV,$u_{k1-2}\%$ = 10.5,$u_{k1-3}\%$ = 17,$u_{k2-3}\%$ = 6.5;K_1 点短路时35kV母线不提供反馈电流,试求10kV母线的短路电流与下列哪一个值最接近?　(　)

S
110kV
35kV
B
10kV
K_1
S
110kV
X_1
35kV
X_3
X_2
K_1
10kV

(A)16.92kA

(B)6.47kV

(C)4.68kV

(D)1.18kA

16. 某变电所的10kV母线(不接地系统)装设无间隙氧化锌避雷器,此避雷器应选定下列哪组参数?(氧化锌避雷器的额定电压/最大持续运行电压)　(　)

(A)13.2/12kV　　(B)14/32kV

(C)15/12kV　　(D)17/13.2kV

17. 一台35/0.4V变压器,容量为1000kV·A,其高压侧用熔断器保护,可靠系数取2,其高压熔断器熔体的额定电流应选择下列哪一项?　(　)

(A)15A　　(B)20A

(C)30A　　(D)40A

18. 爆炸性环境电缆和导线的选择,除需满足电缆配线与钢管配线的技术要求外,在选择绝缘导线和电缆截面时,导体允许截流量不应小于熔断器熔体额定电流的倍数,下列数值中哪项是正确的?　(　)

(A)1.00　　(B)1.25
(C)1.30　　(D)1.50

19. 交流系统中,35kV 及以下电力电缆缆芯的相间额定电压,按规范规定不得低于使用回路的下列哪一项数值?　(　　)

(A)工作线电压　　(B)工作相电压
(C)133%工作相电压　　(D)173%工作线电压

20. 某六层中学教学楼,经计算预计雷击次数为 0.07 次/年,按建筑物的防雷分类属下列哪类防雷建筑物?　(　　)

(A)第一类防雷建筑物　　(B)第二类防雷建筑物
(C)第三类防雷建筑物　　(D)以上都不是

21. 一座桥形接线的 35kV 变电所,若不能从外部引入可靠的低压备用电源,考虑所用变压器的设置时,下列哪一项选择是正确的?　(　　)

(A)宜装设两台容量相同可互为备用的所用变压器
(B)只装设一台所用变压器
(C)应装设三台不同容量的所用变压器
(D)应装设两台不同容量的所用变压器

22. 粮、棉及易燃物大量集中的露天堆场,当其年计算雷击次数大于或等于 0.05 时,应采用独立接闪杆或架空接闪线防直击雷,独立接闪杆和架空接闪线保护范围的滚球半径 h,可取下列哪一项数值?　(　　)

(A)30m　　(B)45m
(C)60m　　(D)100m

23. 户外配电装置中的穿墙套管、支持绝缘子,在承受短路引起的荷载短时作用时,其设计的安全系数不应小于下列哪个数值?　(　　)

(A)4　　(B)2.5
(C)2　　(D)1.67

24. 某医院 18 层大楼,预计雷击次数为 0.12 次/年,利用建筑物的钢筋作为引下线,同时建筑物的钢筋、钢结构等金属物连接在一起、电气贯通,为了防止雷电流流经引下线和接地装置时产生的高电位对附近金属物或电气和电子系统线路的反击,金属物或线路与引下线之间的距离要求中,下列哪一项与规范要求一致?　(　　)

(A)大于 1m　　(B)大于 3m
(C)大于 5m　　(D)可无要求

25. 一建筑物高90m、宽25m、长180m，建筑物为金属屋面的砖木结构，该地区年平均雷暴日为80天，求该建筑物年预计雷击次数为下列哪一项数值？（　　）

(A)1.039次/年　　(B)0.928次/年

(C)0.671次/年　　(D)0.546次/年

26. 10kV中性点不接地系统，在开断空载高压感应电动机时产生的过电压一般不超过下列哪一项数值？（　　）

(A)12kV　　(B)14.4kV　　(C)24.5kV　　(D)17.3kV

27. 每组蓄电池宜设置蓄电池自动巡检装置，蓄电池自动巡检装置宜监测下列哪些信息？（　　）

(A)总蓄电池电压、单体蓄电池电压、蓄电池组温度、噪声

(B)总蓄电池电压、单体蓄电池电压、蓄电池组温度

(C)单体蓄电池电压、蓄电池组温度、噪声

(D)单体蓄电池电压、蓄电池组温度

28. 某民用居住建筑为16层，高45m，其消防控制室、消防水泵、消防电梯等应按下列哪级要求供电？（　　）

(A)一级负荷　　(B)二级负荷

(C)三级负荷　　(D)一级负荷中特别重要负荷

29. 对于采用低压IT系统供电要求场所，其故障报警应采用哪种装置？（　　）

(A)绝缘监视装置　　(B)剩余电流保护器

(C)零序电流保护器　　(D)过流脱扣器

30. 请用简易计算法计算如右图所示水平接地极为主边缘闭合的复合接地极(接地网)的接地电阻值最接近下面的哪一项数值？(假定土壤电阻率$\rho=1000\Omega\cdot m$)（　　）

(A)1Ω

(B)4Ω

(C)10Ω

(D)30Ω

31. 正常环境下的屋内场所，采用护套绝缘电线直敷布线时，下列哪一项表述与国家标准规范的要求一致？（　　）

(A)其截面不应大于$1.5mm^2$

(B)其截面不宜大于2.5mm^2
(C)其截面不宜大于4mm^2
(D)其截面不宜大于6mm^2

32. 按照国家标准规范规定,下列哪类灯具需要有保护接地? (　　)

(A)0类灯具　(B)I类灯具
(C)II类灯具　(D)III类灯具

33. 电缆竖井中,宜每隔多少米设置阻火隔层? (　　)

(A)5m　(B)6m
(C)7m　(D)8m

34. 根据规范要求,判断下述哪一项可以做接地极? (　　)

(A)建筑物钢筋混凝土基础桩
(B)室外埋地的燃油金属储罐
(C)室外埋地的天然气金属管道
(D)供暖系统的金属管道

35. 按现行国家标准规定,设计照度值与照度标准值比较,允许的偏差是哪一项? (　　)

(A) -5% ~ +5%　(B) -7.5% ~ +7.5%
(C) -10% ~ +10%　(D) -15% ~ +15%

36. 某办公室长8m、宽6m、高3m,选择照度标准值500lx,设计8盏双管2×36W荧光灯,计算最大照度512lx,最小照度320lx,平均照度446lx,针对该设计下述哪条描述正确? (　　)

(A)平均照度低于照度标准值,不符合规范要求
(B)平均照度低于照度标准值偏差值,不符合规范要求
(C)照度均匀度值,不符合规范要求
(D)平均照度、平均照度与照度标准值偏差值、照度均匀度均符合规范要求

37. 关于电动机的交—交变频调速系统的描述,下列哪一项是错误的? (　　)

(A)用晶闸管移相控制的交—交变频调速系统,适用于大功率(3000kW以上)、低速(600r/min以下)的调速系统
(B)交—交变频调速电动机可以是同步电动机或异步电动机
(C)当电源频率为50Hz时,交—交变频装置最大输出频率被限制为$f_{o.max} \leq$ 16~20Hz
(D)当输出频率超过16~20Hz后,随输出频率增加,输出电流的谐波分量减少

38. 无彩电转播需求的羽毛球馆，下列哪一项指标符合比赛时的体育建筑照明质量标准？（　　）

(A) GR 不应大于 30，Ra 不应小于 65
(B) GR 不应小于 30，Ra 不应大于 65
(C) UGR 不应大于 30，Ra 不应小于 80
(D) UGR 不应小于 30，Ra 不应大于 80

39. 民用建筑内，设置在走道和大厅等公共场所的火灾应急广场扬声器的额定功率不应小于 3W，对于其数量的要求，下列的表述中哪一项符合规范的规定？（　　）

(A) 从一个防火分区的任何部位到最近一个扬声器的距离不大于 15m
(B) 从一个防火分区的任何部位到最近一个扬声器的距离不大于 20m
(C) 从一个防火分区的任何部位到最近一个扬声器的距离不大于 25m
(D) 从一个防火分区的任何部位到最近一个扬声器的距离不大于 30m

40. 照明灯具电源的额定电压为 AC220V，在一般工作场所，规范允许的灯具端电压波动范围为下列哪一项？（　　）

(A) 185 ~ 220V　　(B) 195 ~ 240V
(C) 210 ~ 230V　　(D) 230 ~ 240V

二、多项选择题（共 30 题，每题 2 分，每题的备选项中有 2 个或 2 个以上符合题意，错选、少选、多选均不得分）

41. 下列有关探测区域的划分表述正确的是哪些？（　　）

(A) 空气管差温火灾探测器的探测区域长度宜为 50 ~ 100m
(B) 从主要入口可以看清其内部，且面积不超过 $1000m^2$ 的房间
(C) 探测区域应按独立房（套）间划分
(D) 一个探测区域的面积不宜超过 $400m^2$

42. 低压配电接地装置的总接地端子，应与下列哪些导体连接？（　　）

(A) 保护联结导体　　(B) 接地导体
(C) 保护导体　　(D) 中性线

43. 提高车间电力负荷的功率因数，可以减少车间变压器的哪些损耗？（　　）

(A) 有功损耗　　(B) 无功损耗
(C) 铁损　　(D) 铜损

44. 当 35/10kV 终端变电所需限制 10kV 侧短路电流时，一般情况下可采取下列哪些措施？（　　）

(A) 变压器分列运行

(B)采用高阻抗的变压器

(C)10kV 母线分段开关采用高分断能力断路器

(D)在变压器回路中装设电抗器

45. 二级电力负荷的供电系统,采用以下哪几种供电方式是正确的? ( )

(A)宜由两回线路供电

(B)在负荷较小或地区供电条件困难时,可由一回 6kV 及以上专用架空线路供电

(C)当采用一回电缆线路时,应采用两根电缆组成的电缆线路供电,其每根电缆应能承受 100% 的二级负荷

(D)当采用一回电缆线路时,应采用两根电缆组成的电缆线路供电,其每根电缆应能承受 50% 的二级负荷

46. 在进行短路电流计算时,如满足下列哪些项可视为远端短路? ( )

(A)短路电流中的非周期分量在短路过程中由初始值衰减到零

(B)短路电流中的周期分量在短路过程中基本不变

(C)以供电电源容量为基准的短路电路计算电抗标幺值不小于 3

(D)以供电电源容量为基准的短路电路计算电抗标幺值小于 2

47. 为减少供配电系统的电压偏差,可采取下列哪些措施? ( )

(A)正确选用变压器变比和电压分接头

(B)根据需要,增大系统阻抗

(C)采用无功补偿措施

(D)宜使三相负荷平衡

48. 在电气工程设计中,短路电流的计算结果的用途是下列哪些项? ( )

(A)确定中性点的接地方式

(B)继电保护的选择与整定

(C)确定供配电系统无功功率的补偿方式

(D)验算导体和电器的动稳定、热稳定

49. 低压配电网络中,对下列哪些项宜采用放射式配电网络? ( )

(A)用电设备容量大

(B)用电负荷性质重要

(C)有特殊要求的车间、建筑物内的用电负荷

(D)用电负荷容量不大,但彼此相距很近

50. 对 3 ~ 20kV 电压互感器,当需要零序电压时,一般选用下列哪些项? ( )

(A)两个单相电压互感器 V-V 接线
(B)一个三相五柱式电压互感器
(C)一个三相三柱式电压互感器
(D)三个单相三线圈互感器，高压侧中性点接地

51. 选择 35kV 及以下变压器的高压熔断器熔体时，下列哪些要求是正确的？ (　　)

(A)当熔体内通过电力变压器回路最大工作电流时不熔断
(B)当熔体内通过电力变压器回路的励磁涌流时不熔断
(C)跌落式熔断器的断流容量仅需按短路电流上限校验
(D)高压熔断器还应按海拔高度进行校验

52. 选择低压接触器时，应考虑下列哪些要求？ (　　)

(A)额定工作制　　(B)使用类别
(C)正常负载和过载特性　　(D)分断短路电流的能力

53. 某 10kV 架空线路向一台 500kV·A 变压器供电，该线路终端处装设了一组跌落熔断器，该熔断器具有下列哪些作用？ (　　)

(A)限制工作电流　　(B)投切操作
(C)保护作用　　(D)隔离作用

54. 对于 35kV 及以下电力电缆绝缘类型的选择，下列哪些项表述符合规范规定？ (　　)

(A)高温场所不宜选用普通聚氯乙烯绝缘电缆
(B)低温环境宜选用聚氯乙烯绝缘电缆
(C)防火有低毒性要求时，不宜选用聚氯乙烯电缆
(D)100℃以上高温环境，宜选用矿物绝缘电缆

55. 有关交流调速系统的描述，下列哪些项是错误的？ (　　)

(A)转子回路串电阻的调速方法为变转差率，用于绕线型异步电动机
(B)变极对数的调速方法为有级调速，作用于转子侧
(C)定子侧调压为调转差率
(D)液力耦合器及电磁转差离合器调速均为调电机转差率

56. 低压配电设计中，有关绝缘导线布线的敷设要求，下列哪些表述符合规范规定？ (　　)

(A)直敷布线可用于正常环境的屋内场所，当导线垂直敷设至地面低于 1.8m 时，应穿管保护

(B)直敷布线应采用护套绝缘导线,其截面不宜大于 6mm^2

(C)在同一个槽盒里有几个回路时,其所有的绝缘导线应采用与最高标称电压回路绝缘相同的绝缘

(D)明敷或暗敷于干燥场所的金属管布线时,应采用管壁厚度不小于 1.2mm 的电线管

57. 下面是一组有关接地问题的叙述,其中正确的是哪些项? ( )

(A)接地装置的对地电位是零电位

(B)电力系统中,电气装置、设施的某些可导电部分应接地,接地装置按用途分为工作(系统)接地、保护接地、雷电保护接地、防静电接地四种

(C)一般来说,同一接地装置的冲击接地电阻总不小于工频接地电阻

(D)在 3~10kV 变配电所中,当采用建筑物基础做自然接地极,且接地电阻又满足规定值时,可不另设人工接地网

58. 对于 35kV 及以下电缆,下列哪些项敷设方式符合规定? ( )

(A)地下电缆与公路交叉时,应采用穿管

(B)有防爆、防火要求的明敷电缆,应采用埋砂敷设的电缆沟

(C)在载重车辆频繁经过的地段,可采用电缆沟

(D)有化学腐蚀液体溢流的场所,不得用电缆沟

59. 某变电所 35kV 备用电源自动投入装置功能如下,请指出哪几项功能是不正确的? ( )

(A)手动断开工作回路断路器时,备用电源自动投入装置动作,投入备用电源断路器

(B)工作回路上的电压一旦消失,自动投入装置应立即动作

(C)在鉴定工作电压确定无电压而且工作回路确实断开后才投入备用电源断路器

(D)备用电源自动投入装置动作后,如投到故障上,再自动投入一次

60. 建筑物防雷设计,下列哪些表述与国家规范一致? ( )

(A)当独立烟囱上的防雷引下线采用圆钢时,其直径不应小于 10mm

(B)架空接闪线和接闪网宜采用截面不小于 50mm^2 的热镀锌钢绞线

(C)当建筑物利用金属屋面作为接闪器,金属板下面无易燃物品时,其厚度不应小于 0.4mm

(D)当独立烟囱上采用热镀锌接闪环时,其圆钢直径不应小于 12mm;扁钢截面不应小于 100mm^2,其厚度不应小于 4mm

61. 综合布线系统设备间机架和机柜安装时宜符合的规定,下列哪些项表述与规范的要求一致? ( )

(A)机柜单排安装时,前面的净空不应小于 800mm,后面的净空不应小于 800mm
(B)机柜单排安装时,前面的净空不应小于 1000mm,后面的净空不应小于 800mm
(C)机柜单排安装时,前面的净空不应小于 600mm,后面的净空不应小于 800mm
(D)多排安装时,列间距不应小于 1200mm

62. 某中学教学楼属第二类防雷建筑物,下列屋顶上哪些金属物宜作为防雷装置的接闪器? ( )

(A)高 2.5m、直径 80mm、壁厚为 4mm 的钢管旗杆
(B)直径为 50mm,壁厚为 2.0mm 的镀锌钢管栏杆
(C)直径为 16mm 的镀锌圆钢爬梯
(D)安装在接收无线电视广播的功用天线的杆顶上的接闪器

63. 在变电所设计和运行中应考虑直接雷击、雷电反击和感应雷电过电压对电气装置的危害,其直击雷过电压保护可采用避雷针或避雷线,下列设施应装设直击雷保护装置的有哪些? ( )

(A)露天布置的 GIS 的外壳
(B)有火灾危险的建构筑物
(C)有爆炸危险的建构筑物
(D)屋外配电装置,包括组合导线和母线廊道

64. 下列哪些消防用电设备应按一级负荷供电? ( )

(A)室外消防用水量超过 30L/s 的工厂、仓库
(B)建筑高度超过 50m 的乙、丙类厂房和丙类库房
(C)一类高层建筑的电动防火门、窗、卷帘、阀门等
(D)室外消防用水量超过 25L/s 的企业办公楼

65. 关于静电保护的措施及要求,下列叙述有哪些是正确的? ( )

(A)静电接地的接地电阻一般不应大于 100Ω
(B)对非金属静电导体不必做任何接地
(C)为消除静电非导体的静电,宜采用静电消除器
(D)在频繁移动的器件上使用的接地导体,宜使用 $6mm^2$ 以上的单股线

66. 下列关于电子设备信号电路接地系统接地导体长度的规定哪些是正确的? ( )

(A)长度不能等于信号四分之一波长
(B)长度不能等于信号四分之一波长的偶数倍
(C)长度不能等于信号四分之一波长的奇数倍
(D)不受限制

67. 某设计院旧楼改造,为改善设计室照明环境,下列哪几种做法符合国家标准规范的要求? ( )

(A)增加灯具容量及数量,提高照度标准到750lx
(B)加大采光窗面积,布置浅色家具,白色顶棚和墙面
(C)每个员工工作桌配备20W节能工作台灯
(D)限制灯具中垂线以上等于和大于65°高度角的亮度

68. 某市有彩电转播需求的足球场场地平均垂直照度为1870lx,满足摄像照明要求,下列主席台前排的垂直照度,哪些数值符合国家规范标准规定的要求? ( )

(A)200lx　　(B)300lx
(C)500lx　　(D)750lx

69. 关于可编程序控制器PLC循环扫描周期的描述,下列哪几项是错误的? ( )

(A)扫描速度的快慢与控制对象的复杂程度和编程的技巧无关
(B)扫描速度的快慢与PLC所采用的处理器型号无关
(C)PLC系统的扫描周期包括系统自诊断、通信、输入采样、用户程序执行和输出刷新等用时的总和
(D)通信时间的长短,连接的外部设备的多少,用户程序的长短,都不影响PLC扫描时间的长短

70. 采取下列哪些措施可降低或消除气体放电灯的频闪效应? ( )

(A)灯具采用高频电子镇流器
(B)相邻灯具分接在不同相序
(C)灯具设置电容补偿
(D)灯具设置自动稳压装置

2013 年专业知识试题答案(上午卷)

1. **答案**:C

依据:《低压配电设计规范》(GB 50054—2011)第 5.2.9-1 条。

2. **答案**:D

依据:《电流对人和家畜的效应　第 1 部分:通用部分》(GB/T 13870.1—2008)第 3.1.3 条。

3. **答案**:D

依据:《爆炸危险环境电力装置设计规范》(GB 50058—2014)第 5.1.1-6 条。

4. **答案**:A

依据:《工业与民用供配电设计手册》(第四版) P1403 中"总等电位联结"内容。

5. **答案**:A

依据:《供配电系统设计规范》(GB 50052—2009)第 3.0.1 条。

6. **答案**:A

依据:《工业与民用供配电设计手册》(第四版)P281 表 4.6-3。

线路电抗标幺值:$X_* = X\dfrac{S_j}{U_j^2} = 0.43 \times \dfrac{100}{37^2} = 0.031$

7. **答案**:A

依据:《工业与民用供配电设计手册》(第四版)P4 ~ P5"单台用电设备的设备功率"注解小字部分。

短时或周期工作制电动机(如起重机用电动机等)的设备功率是指将额定功率换算成统一负载持续率下的有功功率。当采用需要系数法计算负荷时,应统一换算到负载持续率为 25% 下的有功功率;当采用利用系数法计算负荷时,应统一换算到负载持续率为 100% 下的有功功率。

注:原题考查注解小字部分,按第四版手册要求应按式(1.2-1)进行计算,一律换算为负载持续率 100% 的有功功率。

8. **答案**:D

依据:《工业与民用供配电设计手册》(第四版)P176 ~ P178 相关内容。无准确对应条文,但分析可知,选项 A 应为"以供电电源容量为基准",选项 B 应为"不含衰减的交流分量",选项 C 应为"最小短路电流值"。

9. **答案**:D

依据:《并联电容器装置设计规范》(GB 50227—2017)第 5.2.4 条。

10. **答案**:C

依据:《工业与民用供配电设计手册》(第四版)P281 表 4.6-3 第 6 项。

11. **答案**:A

依据:《低压配电设计规范》(GB 50054—2011)第 4.2.4 条。

12. **答案**:A

依据:《钢铁企业电力设计手册》(上册)P188“分布系数法”。即为 0.4/(0.2+0.4)=0.67。

注:也可参考《电力工程电气设计手册》(电气一次部分)P128“求分布系数示意图”。第 i 个电源的电流分布系数的定义,即等于短路点的输入阻抗与该电源对短路点的转移阻抗之比。

13. **答案**:D

依据:《工业与民用供配电设计手册》(第四版)P303“低压网络短路电流计算”之计算条件。

14. **答案**:C

依据:《电力装置电测量仪表装置设计规范》(GB/T 50063—2017)第 7.1.5 条。

额定电流(实际负荷电流):$I_n = \dfrac{1343}{10 \times \sqrt{3}} = 77.5\text{A}$,选 100A。

注:电流互感器一次额定电流采用 100A 时,实际运行电流可达到额定值的 77.5%,满足规范要求;电流互感器一次额定电流采用 150A 时,实际运行电流可达到额定值的 51.7%,不满足规范要求。

15. **答案**:B

依据:《工业与民用供配电设计手册》(第四版)P183 式(4.2-10),P280 ~ P281 表 4.6-2 和表 4.6-3。

设 $S_j = 100\text{MV·A}$,则 $U_j = 10.5\text{kV}$,$I_j = 5.5\text{kA}$。

高压端 X_1:$x_1\% = \dfrac{1}{2}(u_{k1\text{-}2}\% + u_{k1\text{-}3}\% - u_{k2\text{-}3}\%) = \dfrac{1}{2} \times (10.5 + 17 - 6.5) = 10.5$

$$X_{1*} = \frac{x\%}{100} \times \frac{S_j}{S_{rT}} = \frac{10.5}{100} \times \frac{100}{20} = 0.525$$

中压端 X_3:$x_2\% = \dfrac{1}{2}(u_{k1\text{-}2}\% + u_{k2\text{-}3}\% - u_{k1\text{-}3}\%) = \dfrac{1}{2} \times (10.5 + 6.5 - 17) = 0$

$$X_{3*} = \frac{x\%}{100} \times \frac{S_j}{S_{rT}} = \frac{0}{100} \times \frac{100}{20} = 0$$

低压端 X_2:$x_3\% = \dfrac{1}{2}(u_{k1\text{-}3}\% + u_{k2\text{-}3}\% - u_{k1\text{-}2}\%) = \dfrac{1}{2} \times (17 + 6.5 - 10.5) = 6.5$

$$X_{2*} = \frac{x\%}{100} \times \frac{S_j}{S_{rT}} = \frac{6.5}{100} \times \frac{100}{20} = 0.325$$

$$I''_k = \frac{I_j}{X_{*\sum}} = \frac{5.5}{0.525 + 0.325} = 6.47\text{kA}$$

16. **答案**:D

依据:《交流电气装置的过电压保护和绝缘配合设计规范》(GB/T 50064—2014)第4.4.3条。

注:也可参考《交流电气装置的过电压保护和绝缘配合》(DL/T 620—1997)第5.3.4-a条。最高电压 U_m 查《标准电压》(GB/T 156—2007)第4.3条。

17. **答案**:C

依据:《钢铁企业电力设计手册》(上册)P573式(13-40)。

$$I_{rr} = KI_{gmax} = 2 \times \frac{1000}{35 \times 1.732} = 33\text{A}$$,取最接近值30A。

注:由于公式本身未明确需大于结果,建议选取与结果接近的熔断器。

18. **答案**:B

依据:《爆炸危险环境电力装置设计规范》(GB 50058—2014)第5.4.1-6条。

19. **答案**:A

依据:《电力工程电缆设计规范》(GB 50217—2018)第3.2.1条。

20. **答案**:B

依据:《建筑物防雷设计规范》(GB 50057—2010)第3.0.3条及条文说明,其中条文说明中明确:人员密集的公共建筑物是指如集会、展览、博览、体育、商业、影剧院、医院、学校等。

21. **答案**:A

依据:《35kV ~110kV变电站设计规范》(GB 50059—2011)第3.6.1条。

22. **答案**:D

依据:《建筑物防雷设计规范》(GB 50057—2010)第4.5.5条。

23. **答案**:D

依据:《导体和电器选择设计技术规定》(DL/T 5222—2005)第5.0.15条及表5.0.15。

24. **答案**:D

依据:《建筑物防雷设计规范》(GB 50057—2010)第4.3.8-1条。

25. **答案**:A

依据:《建筑物防雷设计规范》(GB 50057—2010)附录A,本建筑物高度小于100m,采用如下公式:

$$A_e = [LW + 2(L + W)\sqrt{H(200 - H)} + \pi H(200 - H)] \times 10^{-6} = (180 \times 25 + 2 \times$$

$205\times99.5+\pi\times9900)\times10^{-6}=0.0764$

$N_g=0.1T_d=0.1\times80=8$

$N=kN_gA_e=1.7\times8\times0.0764=1.039$ 次/年

注：金属屋面的砖木结构 k 取 1.7。

26. **答案**：C

依据：《交流电气装置的过电压保护和绝缘配合设计规范》(GB/T 50064—2014) 第 4.2.9 条及条文说明。

第 3.2.2-2) 条：操作过电压的基准电压(1.0p.u.)为：

$1.0\text{p.u.}=\sqrt{2}U_m/\sqrt{3}=\sqrt{2}\times12\div\sqrt{3}=9.8\text{kV}$

$2.5\text{p.u.}=2.5\times9.8=24.5\text{kV}$

注：也可参考《交流电气装置的过电压保护和绝缘配合》(DL/T 620—1997) 第 4.2.7条。最高电压 U_m 可参考《标准电压》(GB/T 156—2007) 第 4.3 条 ~ 第 4.5 条。

27. **答案**：D

依据：《电力工程直流系统设计技术规程》(DL/T 5044—2014) 第 6.2.6 条。

28. **答案**：B

依据：《建筑设计防火规范》(GB 50016—2014) 第 5.1.1 条、第 10.1.2 条。

29. **答案**：A

依据：《低压配电设计规范》(GB 50054—2011) 第 5.2.20 条。

30. **答案**：D

依据：《交流电气装置的接地设计规范》(GB 50065—2011) 附录 A 式(A.0.4-3) ~ 式(A.0.4-4)。

接地电阻：$R\frac{\sqrt{\pi}}{4}\times\frac{\rho}{\sqrt{S}}+\frac{\rho}{L}=0.443\times\frac{1000}{\sqrt{100+300}}+\frac{1000}{210}=26.91\Omega$

31. **答案**：D

依据：《低压配电设计规范》(GB 50054—2011) 第 7.2.1-1 条。

32. **答案**：B

依据：《建筑照明设计标准》(GB 50034—2013) 第 7.2.9 条。

注：也可参考《照明设计手册》(第三版) P77 表 3-7 或《照明设计手册》(第二版) P100 表 4-6。

33. **答案**：C

依据：《电力工程电缆设计规范》(GB 50217—2018) 第 7.0.2-5 条。

34. **答案**：A

依据：《交流电气装置的接地设计规范》(GB/T 50065—2011) 第 8.1.2-3 条、第 8.1.2-6

条。

注:也可参考《建筑物电气装置　第5-54部分:电气设备的选择和安装—接地配置、保护导体和保护联结导体》(GB 16895.3—2004)第542.2.3条、第542.2.6条。

35. **答案**:C

依据:《建筑照明设计标准》(GB 50034—2013)第4.1.7条。

36. **答案**:B

依据:《建筑照明设计标准》(GB 50034—2013)第4.1.7条。

37. **答案**:D

依据:《电气传动自动化技术手册》(第三版)P566~P569相关内容、P568倒数第4行。

注:也可参考《电气传动自动化技术手册》(第二版)P488~P492相关内容,P490倒数第5行。

38. **答案**:A

依据:《建筑照明设计标准》(GB 50034—2013)第5.3.12条表5.3.12-1。

注:UGR为统一眩光值,GR为眩光值,Ra为显色指数。

39. **答案**:C

依据:《火灾自动报警系统设计规范》(GB 50116—2013)第6.6.1-1条。

40. **答案**:C

依据:《供配电系统设计规范》(GB 50052—2009)第5.0.4-2条。

注:准确的范围应是209~231V。

---

41. **答案**:BC

依据:《火灾自动报警系统设计规范》(GB 50116—2013)第3.3.2条。

42. **答案**:ABC

依据:《交流电气装置的接地设计规范》(GB/T 50065—2011)第8.1.4条。

43. **答案**:ABD

依据:《钢铁企业电力设计手册》(上册)P297中"6.3 变配电设备的节电　(2)提供功率因数减少电能损耗　2)减少变压器的铜耗"及式(6-36)和式(6-37)。

44. **答案**:ABD

依据:《35kV~110kV变电站设计规范》(GB 50059—2011)第3.2.6条。

45. **答案**:AB

依据:《供配电系统设计规范》(GB 50052—2009)第3.0.7条。

46. 答案:ABD

依据:《工业与民用供配电设计手册》(第四版)P178第三段内容。

47. 答案:ACD

依据:《供配电系统设计规范》(GB 50052—2009)第5.0.9条。

48. 答案:ABD

依据:《工业与民用供配电设计手册》(第四版)P177倒数第八行:最大短路电流,用于选择电气设备的容量或额定值以校验电器设备的动稳定、热稳定及分断能力,整定继电保护装置。

《钢铁企业电力设计手册》(上册)P177中“4.1 短路电流计算的目的及一般规定(5)接地装置的设计及确定中性点接地方式”。

注:也可参考《电力工程电气设计手册》(电气一次部分)P119中短路电流计算目的的内容。

49. 答案:ABC

依据:《供配电系统设计规范》(GB 50052—2009)第7.0.3条。

50. 答案:BD

依据:《导体和电器选择设计技术规定》(DL/T 5222—2005)第16.0.4条。

51. 答案:ABD

依据:《导体和电器选择设计技术规定》(DL/T 5222—2005)第17.0.10条、第17.0.13条、第17.0.2条。

52. 答案:ABC

依据:《工业与民用供配电设计手册》(第四版)P1026“接触器选择要点”。

注:也可参考《工业与民用配电设计手册》(第三版)P642 ~ P643标题内容。

53. 答案:BC

依据:《导体和电器选择设计技术规定》(DL/T 5222—2005)第17.0.13条及条文说明。

条文说明:跌落式高压熔断器没有限流作用。而防雷作用没有提及,跌落式熔断器本身结构具有投切作用。

54. 答案:ACD

依据:《电力工程电缆设计规范》(GB 50217—2018)第3.3.5条、第3.3.6条、第3.3.7条。

55. 答案:BD

依据:《钢铁企业电力设计手册》(下册)P271、P272表25-2“常用交流调速方案比较”。

56. **答案**:ABC

依据:《低压配电设计规范》(GB 50054—2011)第7.1.4条、第7.2.1条、第7.2.10条。

57. **答案**:BD

依据:《交流电气装置的接地设计规范》(GB 50065—2011)第2.0.9条:接地装置是接地导体(线)和接地极的总和,显然“接地装置”不全是零电位的。选项A错误,依据第3.1.1条。选项B正确,依据《建筑物防雷设计规范》(GB 50057—2010)附录C式(C.0.1)。选项C错误。选项D未找到对应条文,但显然是正确的。

58. **答案**:ABD

依据:《电力工程电缆设计规范》(GB 50217—2018)第5.2.3-1条、第5.2.5-4条、第5.2.5-1条。

59. **答案**:ABD

依据:《电力装置的继电保护和自动装置设计规范》(GB/T 50062—2008)第11.0.2条。

60. **答案**:BD

依据:《建筑物防雷设计规范》(GB 50057—2010)第5.3.3条、第5.2.5条、第5.2.7-2条、第5.2.4条。

61. **答案**:BD

依据:《综合布线系统工程设计规范》(GB 50311—2016)第7.7.1-2条。

62. **答案**:AC

依据:《建筑物防雷设计规范》(GB 50057—2010)第5.2.8-1条、第5.2.10条。

注:本题有争议。

63. **答案**:CD

依据:《交流电气装置的过电压保护和绝缘配合设计规范》(GB/T 50064—2014)第5.4.1条、第5.4.3条。

注:也可参考《交流电气装置的过电压保护和绝缘配合》(DL/T 620—1997)第7.1.1条、第7.1.3条。

64. **答案**:BC

依据:《建筑设计防火规范》(GB 50016—2014)第5.1.1条、第10.1.1条。

65. **答案**:AC

依据:《防止静电事故通用导则》(GB 12158—2006)第6.1.2条、第6.1.10条、第6.2.6条。

注：防静电接地内容，可参考《工业与民用供配电设计手册》（第四版）P1434～P1437的内容，但内容有限。超纲内容。

66. **答案**：AC

依据：《工业与民用供配电设计手册》（第四版）P1430，无论采用哪种接地系统，其接地线长度 $L = \frac{\lambda}{4}$ 及 $L = \frac{\lambda}{4}$ 的奇数倍的情况应避开。

67. **答案**：BCD

依据：依据《建筑照明设计标准》（GB 50034—2013）第5.3.2条，选项A错误；依据第6.4条天然光利用，选项B正确；依据《照明设计手册》（第三版）P213"2. 直接照明与局部照明组合"，参考图8-8，选项C正确；依据《照明设计手册》（第二版）P264第2行"有视频显示终端的工作场所照明应限制灯具中垂线以上不小于65°高度角的亮度"，选项D正确。

注：电脑显示屏即为视频显示终端。

68. **答案**：CD

依据：《建筑照明设计标准》（GB 50034—2013）第4.2.1-6条。

注：也可参考《照明设计手册》（第三版）P315倒数第6行：主席台面的照度不宜低于200lx。靠近比赛区前12排观众席的垂直照度不宜小于场地垂直照度的25%。题目不严谨，"主席台前排"在这里应理解为"前排观众席"。

69. **答案**：ABD

依据：《电气传动自动化技术手册》（第三版）P877"3. PLC系统的扫描周期"。

注：也可参考《电气传动自动化技术手册》（第二版）P799"3. PLC系统的扫描周期"。

70. **答案**：AB

依据：《建筑照明设计标准》（GB 50034—2013）第7.2.8条。

2013年专业知识试题(下午卷)

一、单项选择题(共40题,每题1分,每题的备选项中只有1个最符合题意)

1. 国家标准中规定,在建筑照明设计中对照明节能评价指标采用的单位是下列哪一项? ( )

(A)W/lx　(B)W/lm　(C)W/m^2　(D)lm/m^2

2. 高压配电系统可采用放射式、树干式、环式或其他组合方式配电,其放射式配电的特点在下列表述中哪一项是正确的? ( )

(A)投资少、事故影响范围大
(B)投资较高、事故影响范围较小
(C)切换操作方便、保护配置复杂
(D)运行比较灵活、切换操作不便

3. 在三相配电系统中,每相均接入一盏交流220V、1kW的碘钨灯,同时在A相和B相间接入一个交流380V、2kW的全阻性负载,请计算等效三相负荷,下列哪一项数值是正确的? ( )

(A)5kW　(B)6kW　(C)9kW　(D)10kW

4. 35kV变电所主接线一般有单母线分段、单母线、外桥、内桥、线路变压器组几种形式,下列哪种情况宜采用内桥接线? ( )

(A)变电所有两回电源线路和两台变压器,供电线路较短或需经常切换变压器
(B)变电所有两回电源线路和两台变压器,供电线路较长或不需经常切换变压器
(C)变电所有两回电源线路和两台变压器,且35kV配电装置有一至二回转送负荷的线路
(D)变电所有一回电源线路和一台变压器,且35kV配电装置有一至二回转送负荷的线路

5. 10kV及以下变电所设计中,一般情况下,动力和照明宜共用变压器,在下列关于设置专用变压器的表述中哪一项是正确的? ( )

(A)在TN系统的低压电网中,照明负荷应设专用变压器
(B)当单台变压器的容量小于1250kV·A时,可设照明专用变压器
(C)当照明负荷较大或动力和照明采用共用变压器严重影响照明质量及灯泡的寿命时,可设照明专用变压器

(D)负荷随季节性变化不大时,宜设照明专用变压器

6. 具有 3 种电压的 110kV 变电所,通过主变压器各侧线圈的功率均达到该变压器容量的下列哪个数值以上时,主变压器宜采用三线圈变压器? ( )

(A)10%　　(B)15%
(C)20%　　(D)30%

7. 下列哪一项为供配电系统中高次谐波的主要来源? ( )

(A)工矿企业中各种非线性用电设备
(B)60Hz 的用电设备
(C)运行在非饱和段的铁芯电抗器
(D)静补装置中的容性无功设备

8. 20kV 及以下的变电所的电容器组件中,放电器件的放电容量不应小于与其并联的电容器组容量,其中低压电容器的放电器件应满足断开电源后电容器组两端的电压从$\sqrt{2}$倍额定电压降至 50V 所需的时间不应大于下列哪项数值? ( )

(A)1min　　(B)3min
(C)5min　　(D)10min

9. 下列关于高压配电装置设计的要求中,哪一条不符合规范的规定? ( )

(A)63kV 敞开式配电装置中,每段母线上不宜装设接地刀闸或接地器
(B)63kV 敞开式配电装置中,断路器两侧隔离开关的断路器侧和线路隔离开关的线路侧,宜配置接地开关
(C)气体绝缘金属封闭开关设备宜设隔离断口
(D)屋内、外配电装置的隔离开关与相应的断路器和接地刀闸之间应装设闭锁装置

10. 110kV 屋外配电装置的设计时,按下列哪一项确定最大风速? ( )

(A)离地 10m 高,30 年一遇 15min 平均最大风速
(B)离地 10m 高,20 年一遇 10min 平均最大风速
(C)离地 10m 高,30 年一遇 10min 平均最大风速
(D)离地 10m 高,30 年一遇 10min 平均风速

11. 已知一条 50km 长的 110kV 架空线路,其架空导线每公里电抗为 0.409Ω,若计算基准容量为 100MV·A,该线路电抗标幺值是多少? ( )

(A)0.204　　(B)0.169
(C)0.155　　(D)0.003

12. 某10/0.4kV变电所低压侧设并联电容器装置，下列相关描述中哪一项是不正确的？（　　）

(A)投切开关应具有可以频繁操作的性能
(B)宜采用具有选相功能的开关器件
(C)宜采用具有功耗较小的开关器件
(D)分断能力和短路强度应符合设备装设点的电网条件

13. 某远离发电厂的变电所10kV母线最大三相短路电流为7kA，请指出10kA开关柜中的隔离开关的动稳定电流，选用下列哪一项最合理？（　　）

(A)16kA　　(B)20kA
(C)31.5kA　　(D)40kA

14. 下列哪一项变压器可不装设纵联差动保护？（　　）

(A)10MV·A及以上的单独运行变压器
(B)6.3MV·A及以上的并列运行变压器
(C)2MV·A及以上的变压器，当电流速断保护灵敏系数满足要求时
(D)3MV·A及以上的变压器，当电流速断保护灵敏系数不满足要求时

15. 按低压电器的选择原则规定，下列哪一项电器不能用作功能性开关电器？（　　）

(A)负荷开关　　(B)继电器
(C)半导体开关电器　　(D)熔断器

16. 根据回路性质确定电缆芯线最小截面时，下列哪一项不符合规定？（　　）

(A)电压互感器至保护和自动装置屏的电缆芯线截面不应小于1.5mm^2
(B)电流互感器二次回路电缆芯线截面不应小于2.5mm^2
(C)操作回路电缆芯线截面不应小于4mm^2
(D)弱电控制回路电缆芯线截面不应小于0.5mm^2

17. 在10kV及以下电力电缆和控制电缆的敷设中，下列哪一项叙述符合规范的规定？（　　）

(A)在隧道、沟、线槽、竖井、夹层等封闭式电缆通道中，不得含有可能影响环境温升持续超过10℃的供热管路
(B)直埋敷设于非冻土地区时，电缆外皮至地面深度不得小于0.5m
(C)敷设于保护管中，使用排管时，管路纵向排水坡度不宜小于0.2%
(D)电缆沟、隧道的纵向排水坡度不应大于0.5%

18. 采用蓄电池组的直流系统，正常运行时其母线电压应与蓄电池组的下列哪种运

行方式下的电压相同？（　　）

(A)初充电电压　　(B)均衡充电电压
(C)浮充电电压　　(D)放电电压

19. 某 380/220V 照明回路，灯具全部采用荧光灯、铁芯镇流器且不设电容补偿(功率因数为 0.5)，假定该回路的照明负荷三相均衡，计算负荷为 9kW，请计算该回路的计算电流最接近下列哪个数值？（　　）

(A)13.7A　　(B)27.3A
(C)47.2A　　(D)47.4A

20. 为直流电动机、直流应急照明负荷提供电源的直流系统，下列哪个电压值宜选为其标称电压？（　　）

(A)380V　　(B)220V　　(C)110V　　(D)48V

21. 对双绕组变压器的外部相间短路保护，以下说法哪一项是正确的？（　　）

(A)单侧电源的双绕组变压器的外部相间短路保护宜装于各侧
(B)单侧电源的双绕组变压器的外部相间短路保护电源侧保护可带三段时限
(C)双侧电源的双绕组变压器的外部相间短路保护应装于主电源侧
(D)三侧电源的双绕组变压器的外部相间短路保护应装于低压侧

22. 某厂有一台交流变频传动异步机，额定功率 75kW，额定电压 380V，额定转速 985r/min，额定频率 50Hz，最高弱磁转速 1800r/min，采用通用电压型变频装置供电。如果电机拖动恒转矩负载，当电机运行在 25Hz 时，变频器输出电压最接近下列哪一项数值？（　　）

(A)400V　　(B)380V
(C)220V　　(D)190V

23. 应用于标称电压为 10kV 的中性点不接地系统中的变压器的相对地雷击冲击耐受电压和短路时工频耐受电压分别是下列哪一项？（　　）

(A)75kV，35kV　　(B)75kV，28kV
(C)60kV，35kV　　(D)60kV，28kV

24. 根据现行的国家标准，下列哪一项指标不属于电能质量指标？（　　）

(A)电压偏差和三相电压不平衡度限值
(B)电压波动和闪变限值
(C)谐波电压和谐波电流限值
(D)系统短路容量限值

25. 综合分析低压配电系统的各种接地形式，对于有自设变电所的智能型建筑最适合的接地形式是下列哪一种？（　　）

（A）TN-S　　（B）TT

（C）IT　　（D）TN-C-S

26. 火灾自动报警系统中，各避难层设置一个消防专用电话分机或电话塞孔间隔应为下列哪一项数值？（　　）

（A）20m　　（B）25m　　（C）30m　　（D）40m

27. 按照国家标准规范规定，每套住宅进户线截面不应小于多少？（　　）

（A）$4mm^2$　　（B）$6mm^2$

（C）$10mm^2$　　（D）$16mm^2$

28. 在进行火灾自动报警系统设计时，对于报警区域和探测区域的划分不符合规范规定的是下列哪一项？（　　）

（A）报警区域可按防火分区划分，也可以按楼层划分

（B）报警区域既可将一个防火分区划分为一个报警区域，也可以将两层数个防火分区划分为一个报警区域

（C）探测区域应按独立房（套）间划分，一个探测区域的面积不宜超过 $500m^2$，从主要入口能看清其内部，且面积不超过 $1000m^2$ 的房间，也可划分为一个探测区域

（D）敞开或封闭楼梯间应单独划分探测区域

29. 请问下列哪款光源必须选配电子镇流器？（　　）

（A）T8，36W 直管荧光灯　　（B）400W 高压钠灯

（C）T5，28W 超细管荧光灯　　（D）250W 金属卤化灯

30. 火灾报警控制器容量和每一总线回路分别所连接的火灾探测器、手动火灾报警按钮和模块等设备总数和地址总数，宜留有一定余量，下列哪项选择是正确的？（　　）

（A）任一台火灾报警控制器连接的设备总数和地址总数均不应超过 2400 点，每一总线回路连接的设备总数不宜超过 160 点，且应留有不少于额定容量 10% 的余量

（B）任一台火灾报警控制器连接的设备总数和地址总数均不应超过 3200 点，每一总线回路连接的设备总数不宜超过 200 点，且应留有不少于额定容量 20% 的余量

（C）任一台火灾报警控制器连接的设备总数和地址总数均不应超过 3200 点，每一总线回路连接的设备总数不宜超过 200 点，且应留有不少于额定容量

10%的余量

(D)任一台火灾报警控制器连接的设备总数和地址总数均不应超过2400点,每一总线回路连接的设备总数不宜超过160点,且应留有不少于额定容量20%的余量

31. 根据他励直流电动机的机械特性,由负载力矩引起的转速降落Δn符合下列哪一项关系? ( )

(A)Δn与电动机工作转速成正比

(B)Δn与电枢电流平方成正比

(C)Δn与电动机磁通成反比

(D)Δn与电动机磁通平方的倒数成正比

32. 在进行民用建筑共用天线电视系数设计时,对系统的交扰调制比、载噪比和载波互调比有一定的要求,下列哪一项要求符合规范规定? ( )

(A)交扰调制比≥44dB,载噪比≥47dB,载波互调比≥58dB

(B)交扰调制比≥45dB,载噪比≥58dB,载波互调比≥54dB

(C)交扰调制比≥52dB,载噪比≥45dB,载波互调比≥44dB

(D)交扰调制比≥47dB,载噪比≥44dB,载波互调比≥58dB

33. 改变定子电压可以实现异步电动机的简易调速,当向下调节定子电压时,电动机的电磁转矩按下列哪一项关系变化? ( )

(A)随定子电压值按一次方的关系下降

(B)随定子电压值按二次方的关系下降

(C)随定子电压值按三次方的关系下降

(D)随电网频率按二次方的关系下降

34. 按规范要求,综合布线系统配线子系统水平缆线的最大长度不应大于下列哪项数值? ( )

(A)100m (B)500m

(C)1000m (D)2000m

35. 消防控制室内设备的布置,下列哪一项表述与规范的要求一致? ( )

(A)设备面盘前的操作距离:单列布置时不应小于最小操作空间1.0m,双列布置时不应小于1.5m

(B)设备面盘前的操作距离:单列布置时不应小于最小操作空间1.5m,双列布置时不应小于2.0m

(C)设备面盘前的操作距离:单列布置时不应小于最小操作空间1.8m,双列布置时不应小于2.5m

(D)设备面盘前的操作距离:单列布置时不应小于最小操作空间 2.0m,双列布置时不应小于 2.5m

36. 按规范规定,$100m^3$ 乙类液体储罐与 10kV 架空电力线的最近水平距离不应小于电杆(塔)高度的倍数应为下列哪一项数值? ( )

(A)1.0 倍 (B)1.2 倍
(C)1.5 倍 (D)2.0 倍

37. 有线电视系统工程在系统质量主观评价时,若电视图像上出现垂直、倾斜或水平条纹,即"网纹",请判断是由下列哪一项原因引起的? ( )

(A)载噪比 (B)交扰调制比
(C)载波互调比 (D)载波交流声比

38. 在最大计算弧垂情况下,35kV 架空电力线路导线与建筑物之间的最小垂直距离,应符合下列哪一项数值的要求? ( )

(A)2.5m (B)3.0m
(C)4.0m (D)5.0m

39. 有线电视系统中,对系统载噪比(C/N)的设计值要求,下列的表述中哪一项是正确的? ( )

(A)应不小于 38dB (B)应不小于 40dB
(C)应不小于 44dB (D)应不小于 47dB

40. 某 10kV 架空电力线路采用铝绞线,在下列跨越高速公路和一、二级公路时,跨越档(交叉档)的导线接头、导线最小截面、绝缘子固定方式、至路面的最小垂直距离的描述中,哪组符合规定要求? ( )

(A)跨越档不得有接头,导线最小截面 $35mm^2$,交叉档绝缘子双固定,至路面的最小垂直距离为 7m
(B)跨越档允许有一个接头,导线最小截面 $25mm^2$,交叉档绝缘子双固定,至路面的最小垂直距离为 7m
(C)跨越档不得有接头,导线最小截面 $35mm^2$,交叉档绝缘子固定方式不限,至路面的最小垂直距离为 7m
(D)跨越档不得有接头,导线最小截面 $25mm^2$,交叉档绝缘子双固定,至路面的最小垂直距离为 6m

二、多项选择题(共 30 题,每题 2 分。每题的备选项中有 2 个或 2 个以上符合题意,错选、少选、多选均不得分)

41. 在 TN-C 系统中,当部分回路必须装设漏电保护器(RCD)保护时,应将被保护部分的系统接地形式改成下列哪几种形式? ( )

(A)TN-S 系统　　(B)TN-C-S 系统
(C)局部 TT 系统　　(D)IT 系统

42. 下列哪些电源可作为应急电源？（　　）

(A)供电网络中独立于正常电源的专用馈电线路
(B)与系统联络的燃气轮机发电机组
(C)独立于正常电源的发电机组
(D)蓄电池组

43. 某建筑高度 60m 的普通办公楼，下列楼内用电设备哪些为一级负荷？（　　）

(A)消防电梯　　(B)自动扶梯
(C)公共卫生间照明　　(D)楼梯间应急照明

44. 下列关于 10kV 变电所并联电容器装置设计方案中哪几项不符合规范的要求？（　　）

(A)低压电容器组采用三角形接线
(B)单台高压电容器设置专用熔断器作为电容器内部故障保护，熔丝额定电流按电容器额定电流的 1.5 倍考虑
(C)因采用非可燃介质的电容器且电容器组容量较小时，高压电容器装置设置在高压配电室内
(D)如果高压电容器装置在单独房间内，当成套电容器柜单列布置时，柜正面与墙面距离不应小于 1.0m

45. 与高压并联电容器装置配套的断路器选择，除应符合断路器有关标准外，尚应符合下列哪几条规定？（　　）

(A)合、分时触头弹跳不应大于限定值，开断时不应出现重击穿
(B)应具备频繁操作的性能
(C)应能承受电容器组的关合涌流
(D)总回路中的断路器，应具有切除所连接的全部电容器组和开端总回路电容电流的能力

46. 某 110/35/10kV 全户内有人值班变电所，依据相关流程下列哪几项电气设备宜采用就地控制？（　　）

(A)主变压器各侧断路器
(B)110kV 母线分段、旁路及母线断路器
(C)35kV 馈电线路的隔离开关
(D)10kV 配电装置的接地开关

47. 35kV 室外配电装置架构的荷载条件，应符合下列哪些要求？（　　）

(A)确定架构设计应考虑断线
(B)连续架构可根据实际受力条件,分别按终端或中间架构设计
(C)计算用气象条件应按当地的气象资料
(D)架构设计计算其正常运行、安装、检修时的各种荷载组合

48. 在10kV变电所所址选择条件中,下列哪些描述不符合规范的要求? ( )

(A)装有油浸电力变电器的10kV车间内变电所,不应设在四级耐火等级的建筑物内,当设在三级耐火等级的建筑物内时,建筑物应采取局部防火措施
(B)多层建筑中,装有可燃性油的电气设备的10kV变电所应设置在底层靠内墙部位
(C)高层主体建筑内不宜设置装有可燃性油的电气设备的变电所
(D)附近有棉、粮及其他易燃、易爆物品集中的露天堆场,不应设置露天或半露天的变电所

49. 在进行低压配电线路的短路保护设计时,关于绝缘导体的热稳定校验,当短路持续时间为下列哪几项时,应计入短路电流非周期分量的影响? ( )

(A)0.05s (B)0.08s
(C)0.15s (D)0.2s

50. 110kV变电所所址选择应考虑下列哪些条件? ( )

(A)靠近生活中心
(B)节约用地
(C)周围环境宜无明显污秽,空气污秽时,站址宜设在受污秽源影响最小处
(D)便于架空线路和电缆线路的引入和引出

51. 验算高压断路器开断短路电流的能力时,应按下列哪几项规定? ( )

(A)按系统10~15年规划容量计算短路电流
(B)按可能发生最大短路电流的所有可能接线方式
(C)应分别计及分闸瞬间的短路电流交流分量和直流分量
(D)应计及短路电流峰值

52. 在选择用于I类和II类计量的电流互感器和电压互感器时,下列哪些选择是正确的? ( )

(A)110kV及以上的电压等级电流互感器二次绕组额定电流宜选用1A
(B)电压互感器的主二次绕组额定二次线电压为$100/\sqrt{3}$ V
(C)准确级为0.2S的电流互感器二次绕组中所接入的负荷应保证实际二次负荷在25%~100%
(D)电流互感器二次绕组中所接入的负荷应保证实际二次负荷在30%~90%

53. 在外部火势作用一定时间内需维持通电的下列哪些场所或回路，明敷的电缆应实施耐火防护或选用具有耐火性的电缆？（ ）

(A)公共建筑设施中的回路
(B)计算机监控、双重化继电保护、保安电源或应急电源及双回路合用同一通道未相互隔离时其中一个回路
(C)油罐区、钢铁厂中可能有熔化金属溅落等易燃场所
(D)消防、报警、应急照明、断路器操作直流或发电机组紧急停机的保安电源等重要回路

54. 下面所列出的直流负荷哪些是动力负荷？（ ）

(A)交流不停电电源装置　(B)断路器电磁操动的合闸机构
(C)直流应急照明　(D)继电保护

55. 下列哪几项电测量仪表精准度选择不正确？（ ）
(A)馈线电缆回路电流表综合准确度选为2.0级
(B)蓄电池回路电流表综合准确度选为1.5级
(C)发电机励磁回路仪表的综合误差为2%
(D)电测量变送器二次仪表的准确度选为1.5级

56. 下列有关绕线异步电动机反接制动的描述，哪些项是正确的？（ ）

(A)反接制动时，电动机转子电压很高，有很大的制动电流，为限制反接电流，在转子中须串接反接电阻或频敏变阻器
(B)在绕线异步电动机的转子回路接入频敏变阻器进行反接制动，可以较好地限制制动电流，并可取得近似恒定的制动力矩
(C)反接制动开始时，一般考虑电动机的转差率 $s=1.0$
(D)反接制动的能量消耗较大，不经济

57. 为了防止在开断高压感应电动机时，因断路器的截流，三相同时开断和高频重复重击穿等会产生过电压，一般在工程中常用的办法有下列哪几种？（ ）

(A)采用少油断路器
(B)在断路器与电动机之间装设旋转电机型金属氧化物避雷器
(C)在断路器与电动机之间装设R-C阻容吸收装置
(D)过电压较低，可不采取保护措施

58. 对于交流变频传动异步机，额定电压为380V，额定频率为50Hz，采用通用电压型变频装置供电，当电机实际速度超过额定转速运行在弱磁状态时，下列变频器输出电压和输出频率值哪些项是正确的？（ ）

(A)532V，70Hz　(B)380V，70Hz

(C)380V,60Hz (D)228V,30Hz

59. A类变、配电电气装置中下列哪些项目中的金属部分均应接地? ( )

(A)电机、变压器和高压电器等的底座和外壳
(B)配电、控制、保护用的屏(柜、箱)及操作台灯的金属框架
(C)安装在配电屏、控制屏和配电装置上的电测量仪表、继电器盒等其他低压电器的外壳
(D)装在配电线路杆塔上的开关设备、电容器等电气设备

60. 在宽度小于3m的建筑物内走道顶棚上设置探测器时,应满足下列哪几项要求? ( )

(A)感温探测器的安装间距不应超过10m
(B)感烟探测器的安装间距不应超过15m
(C)感温及感烟探测器的安装间距均不应超过20m
(D)探测器至端墙的距离,不应大于探测器安装间距的一半

61. 在绝缘导线布线时,不同回路的线路不应穿于同一根管路内,但规范规定了一些特定情况可穿在同一根管路内,某工程中下列哪些项表述符合国家标准规范要求? ( )

(A)消防排烟阀DC24V控制信号回路和现场手动联动启排烟风机的AC220V控制回路,穿在同一根管路内
(B)某台AC380V功率为5.5kW的电机的电源回路和现场按钮AC220V控制回路穿在同一根管路内
(C)消火栓箱内手动起泵按钮AC24V控制回路和报警信号回路穿在同一根管路内
(D)同一盏大型吊灯的2个电源回路穿在同一根管路内

62. 有线电视系统在一般室外无污染区安装的部件应具备的性能,根据规范要求,下列哪些提法是正确的? ( )

(A)应具备防止电磁波辐射和电磁波侵入的屏蔽性能
(B)应有良好的防潮措施
(C)应有良好的防雨和防霉措施
(D)应具有抗腐蚀能力

63. 下列哪几项照度标准值分级表述与国家标准规范的要求一致? ( )

(A)0.5、1、3、4、10(lx)
(B)10、20、30、50、70、100(lx)
(C)100、200、300、500、700、1000(lx)

(D)1500、2000、3000、5000(lx)

64. 当有线电视系统传输干线的衰耗(以最高工作频率下的衰耗值为准)大于100dB时,可采用以下哪些传输方式? ( )

(A)甚高频(VHF) (B)超高频(UHF)
(C)邻频 (D)FM

65. 下列对电动机变频调速系统的描述中哪几项是错误的? ( )

(A)交—交变频系统,直接将电网工频电源变换为频率、电压均可控制的交流,由于不经过中间直流环节,也称直接变频器
(B)交—直—交变频系统,按直流电源的性质,可分为电流型和电压型
(C)电压型交—直—交变频的储能元件为电感
(D)电流型交—直—交变频的储能元件为电容

66. 综合布线系统的缆线弯曲半径应符合下列哪几项要求? ( )

(A)主干光缆的弯曲半径不小于光缆外径的10倍
(B)4对非屏蔽电缆的弯曲半径不小于电缆外径的4倍
(C)大对数主干电缆的弯曲半径不小于电缆外径的10倍
(D)室外光缆的弯曲半径不小于光缆外径的15倍

67. 在闭路监视电视系统中,对于摄像机的安装位置及高度,下列论述中哪些项是正确的? ( )

(A)摄像机宜安装在距监视器目标5m且不易受外界损伤的地方
(B)安装位置不应影响现场设备运行和人员正常活动
(C)室内宜距地面3~4.5m
(D)室外应距地面3.5~10m,并不得低于3.5m

68. 下面哪些项关于架空电力线路在最大计算弧垂情况下导线与地面的最小距离符合规范规定? ( )

(A)线路电压10kV,人口密集地区6.5m
(B)线路电压35kV,人口稀少地区6.0m
(C)线路电压66kV,人口稀少地区5.5m
(D)线路电压66kV,交通困难地区5.0m

69. 对于建筑与建筑群综合布线系统指标之一的多模光纤波长,下列的数据中哪几项是正确的? ( )

(A)1310nm (B)1300nm (C)850nm (D)650nm

70. 在架空电力线路设计中,下列哪些措施符合规范规定? ( )

(A) 市区 10kV 及以下架空电力线路,在繁华街道成人口密集地区,可采用绝缘铝绞线

(B) 35kV 及以下架空电力线路导线的最大使用张力,不应小于绞线瞬时破坏张力的 40%

(C) 10kV 及以下架空电力线路的导线初伸长对弧垂的影响,可采用减少弧垂补偿

(D) 35kV 架空电力线路的导线与树干(考虑自然生长高度)之间的最小垂直距离为 3.0m

2013 年专业知识试题答案（下午卷）

1. **答案**：C

依据：《建筑照明设计标准》（GB 50034—2013）第6.1.2条、第2.0.53条。

2. **答案**：B

依据：《工业与民用供配电设计手册》（第四版）P61"配电分式"中"放射式：供电可靠性高，故障发生后影响范围较小，切换操作方便，保护简单，便于自动化，但配电线路和高压开关柜数量多而造价较高"。

3. **答案**：B

依据：《工业与民用供配电设计手册》（第四版）P14表1.4-6，卤钨灯的功率因数为1；P12式（1-28）和式（1-30）以及P13表1-14。

根据题意，相负荷（碘钨灯）为 $P_{U1} = 1kW$，$P_{V1} = 1kW$，$P_{W1} = 1kW$。

线间负荷转换为相间负荷：

$P_{U2} = P_{UV}p_{(UV)U} + 0 = 2 \times 0.5 = 1kW$

$P_{V2} = P_{UV}p_{(UV)V} + 0 = 2 \times 0.5 = 1kW$

$P_{W2} = 0kW$

因此：$P_U = P_{U1} + P_{U2} = 1 + 1 = 2kW$

$P_V = P_{V1} + P_{V2} = 1 + 1 = 2kW$

$P_W = P_{W1} + P_{W2}1 + 0 = 1kW$

根据只有相间负荷，等效三相负荷取最大相负荷的3倍，因此 $P_d = 3 \times 2 = 6kW$。

注：碘钨灯为卤钨灯的一种。

4. **答案**：B

依据：《工业与民用供配电设计手册》（第四版）P70～P71表2.4-6"常用35～110kV变电所主接线"。

5. **答案**：C

依据：《20kV及以下变电所设计规范》（GB 50053—2013）第3.3.4条。

6. **答案**：B

依据：《35kV～110kV变电站设计规范》（GB 50059—2011）第3.1.4条。

7. **答案**：A

依据：《供配电系统设计规范》（GB 50052—2009）第5.0.13条。

注：也可参考《工业与民用配电设计手册》P281"谐波源"内容。常见的谐波源主要有：①换流设备；②电弧炉；③铁芯设备；④照明设备；⑤某些生活日用电器等非线性电器设备。

8. **答案**:B

依据:《20kV及以下变电所设计规范》(GB 50053—2013)第5.1.7条。

9. **答案**:A

依据:《3~110kV高压配电装置设计规范》(GB 50060—2008)第2.0.6条、第2.0.7条、第2.0.10条。

10. **答案**:C

依据:《3~110kV高压配电装置设计规范》(GB 50060—2008)第3.0.5条。

11. **答案**:C

依据:《工业与民用供配电设计手册》(第四版)P280~P281表4.1-2及表4.1-3。

线路电抗标幺值:$X_* = X\frac{S_j}{U_j^2} = 0.409 \times 50 \times \frac{100}{115^2} = 0.155$

12. **答案**:D

依据:《并联电容器装置设计规范》(GB 50227—2017)第5.3.3条。

13. **答案**:B

依据:《工业与民用供配电设计手册》(第四版)P331"稳定校验所需用的短路电"。校验高压电器和导体的动稳定时,应计算短路电流峰值;P300式(4.6-21)及当短路点远离发电厂时:

$i_p = 2.55I_k'' = 2.55 \times 7 = 17.85\text{kA}$

14. **答案**:C

依据:《电力装置的继电保护和自动装置设计规范》(GB/T 50062—2008)第4.0.3-2、第4.0.3-3条。

15. **答案**:D

依据:《低压配电设计规范》(GB 50054—2011)第3.1.10条。

16. **答案**:C

依据:《电力装置电测量仪表装置设计规范》(GB/T 50063—2017)第8.1.5条;《电力工程电缆设计规范》(GB 50217—2018)第3.7.5-4条。

17. **答案**:C

依据:《电力工程电缆设计规范》(GB 50217—2018)第5.1.9条、第5.3.3-2条、第5.4.6-4条、第5.5.5-1条。

18. **答案**:C

依据:《电力工程直流系统设计技术规程》(DL/T 5044—2014)第3.1.7条。

19. **答案**:B

依据:无依据,计算负荷视为等效三相负荷。

$$I = \frac{P}{\sqrt{3}U\cos\varphi} = \frac{9}{\sqrt{3} \times 0.38 \times 0.5} = 27.3\text{A}$$

20. **答案**:B

依据:《电力工程直流系统设计技术规程》(DL/T 5044—2014)第4.1.1-2条和第3.2条。

21. **答案**:A

依据:《电力装置的继电保护和自动装置设计规范》(GB/T 50062—2008)第4.0.6-1条。

22. **答案**:D

依据:《钢铁企业电力设计手册》(下册)P316最后一段:在变频调速中,额定转速以下的调速通常采用恒磁通变频原则,即要求磁通 Φ_m = 常数,其控制条件是 U/f = 常数。

注:恒转矩调速即磁通恒定,可查阅相关教科书。

23. **答案**:A

依据:《交流电气装置的过电压保护和绝缘配合设计规范》(GB/T 50064—2014)第6.4.6-1条及注2。

注:也可参考《交流电气装置的过电压保护和绝缘配合》(DL/T 620—1997)第10.4.5-a)条表19及注2。

24. **答案**:D

依据:《工业与民用供配电设计手册》(第四版)第6章目录。电能质量主要指标包括电压偏差、电压波动和闪变、频率偏差、谐波(电压谐波畸变率和谐波电流含有率)和三相电压不平衡度等。有关电能质量共6本规范如下:

a.《电能质量　供电电压偏差》(GB/T 12325—2008)。

b.《电能质量　电压波动和闪变》(GB/T 12326—2008)。

c.《电能质量　三相电压不平衡》(GB/T 15543—2008)。

d.《电能质量　暂时过电压和瞬态过电压》(GB/T 18481—2001)。

e.《电能质量　公用电网谐波》(GB/T 14549—1993)[也可参考《电能质量　公用电网间谐波》(GB/T 24337—2009),但后者不属于大纲范围]。

f.《电能质量　电力系统频率允许偏差》(GB/T 15945—1995)。

25. **答案**:A

依据:无明确条文,需熟悉TN/TT/IT系统原理及各自应用范围,TT系统一般用在长距离配电中,如路灯等;IT系统一般应用于轻易不允许停电的场所,如地下煤矿井道等;而TN系统应用最为广泛,一般民用建筑物均采用本系统。

26. **答案**:A

依据:《火灾自动报警系统设计规范》(GB 50116—2013)第6.7.4-3条。

27. **答案**:C

依据:《住宅设计规范》(GB 50096—2011)第 8.7.2-2 条。

28. **答案**:B

依据:《火灾自动报警系统设计规范》(GB 50116—2013)第 3.3.1-1 条、第 3.3.2-1 条、第 3.3.3-1 条。

29. **答案**:C

依据:《建筑照明设计标准》(GB 50034—2013) 第 3.3.6-1 条。

30. **答案**:C

依据:《火灾自动报警系统设计规范》(GB 50116—2013)第 3.1.5 条。

31. **答案**:D

依据:《电气传动自动化技术手册》(第三版) P469 式(6-1)。

转速降落: $\Delta n = \dfrac{R_0}{C_e C_T \Phi^2} T$

32. **答案**:D

依据:《有线电视系统工程技术规范》(GB 50200—1994)第 2.2.2 条及表 2.2.2。

33. **答案**:B

依据:《钢铁企业电力设计手册》(下册)P280"第 25.2.3 改变定子电压调速"。

异步电动机的电磁转矩:$M = \dfrac{m_1}{\omega_0} \cdot \dfrac{u_1^2 \dfrac{r_2'}{s}}{\left(r_1 + \dfrac{r_2'}{s}\right)^2 + (x_1 + x_2')^2}$

注:也可参考《电气传动自动化技术手册》(第三版)P564 式(7-18)。

34. **答案**:D

依据:《综合布线系统工程设计规范》(GB 50311—2016)第 3.3.1 条。

35. **答案**:B

依据:《火灾自动报警系统设计规范》(GB 50116—2013)第 3.4.8-1 条。

36. **答案**:C

依据:《建筑设计防火规范》(GB 50016—2014)第 10.2.1 条。

37. **答案**:C

依据:《有线电视系统工程技术规范》(GB 50200—1994)第 4.2.1.2 条及表 4.2.1-2 主观评价项目。

38. **答案**:C

依据:《66kV 及以下架空电力线路设计规范》(GB 50061—2010)第 12.0.9 条。

39. **答案**:C

依据:《有线电视系统工程技术规范》(GB 50200—1994)第2.2.2条。

40. **答案**:A

依据:《66kV及以下架空电力线路设计规范》(GB 50061—2010)第12.0.16条及表12.0.16。

---

41. **答案**:BC

依据:《系统接地的型式及安全技术要求》(GB 14050—2008)第5.2.3条。

注:也可参考《剩余电流动作保护装置安装和运行》(GB 13955—2005)第4.2.2.1条,但其中表述有所不同。超纲规范。

42. **答案**:ACD

依据:《民用建筑电气设计标准》(GB 51348—2019)第3.3.9条。

注:也可参考《供配电系统设计规范》(GB 50052—2009)第3.0.4条。

43. **答案**:AD

依据:《建筑设计防火规范》(GB 50016—2014)第5.1.1条、第10.1.1条。

注:也可参考《民用建筑电气设计标准》(GB 51348—2019)附录A中表A。

44. **答案**:BD

依据:《20kV及以下变电所设计规范》(GB 50053—2013)第5.2.1条、第5.2.4条、第5.3.1条、第5.3.3条。

45. **答案**:ABC

依据:《并联电容器装置设计规范》(GB 50227—2017)第5.3.1条。

46. **答案**:CD

依据:《35kV~110kV变电站设计规范》(GB 50059—2011)第3.10.1条。

47. **答案**:BCD

依据:《3~110kV高压配电装置设计规范》(GB 50060—2008)第7.2.1~7.2.3条。

注:构架有独立构架与连续构架之分。

48. **答案**:AB

依据:《20kV及以下变电所设计规范》(GB 50053—2013)第2.0.2条、第2.0.3条、第2.0.6-3条。

49. **答案**:AB

依据:《低压配电设计规范》(GB 50054—2011)第6.2.3-2条。

50. **答案**:BCD

依据:《35kV~110kV变电站设计规范》(GB 50059—2011)第2.0.1条。

51. **答案**:AC

依据:《3~110kV高压配电装置设计规范》(GB 50060—2008)第4.1.3条,《工业与民用供配电设计手册》(第四版)P385~P386"高压断路器"相关内容。

注:《导体和电器选择设计技术规定》(DL/T 5222—2005)第5.0.4条的表述略有不同。另根据第9.2.2条及附录F:主保护动作时间+断路器分闸时间>0.01s(短路电流峰值出现时间),可以排除选项D。

52. **答案**:AC

依据:《电力装置的电测量仪表装置设计规范》(GB/T 50063—2017)第7.1.6条、第7.1.7条和《导体和电器选择设计技术规定》(DL/T 5222—2005)第16.0.7条。

53. **答案**:BCD

依据:《电力工程电缆设计规范》(GB 50217—2018)第7.0.7条。

54. **答案**:ABC

依据:《电力工程直流系统设计技术规程》(DL/T 5044—2014)第4.1.1-2条。

55. **答案**:CD

依据:《电力装置电测量仪表装置设计规范》(GB/T 50063—2017)第3.1.4条、第3.1.10条。

56. **答案**:ABD

依据:《钢铁企业电力设计手册》(下册)P96表24-7。

注:也可参考《电气传动自动化技术手册》(第三版)P406~P407表5-16。

57. **答案**:BC

依据:《交流电气装置的过电压和绝缘配合设计规范》(GB/T 50064—2014)第4.2.9条。

注:也可参考《交流电气装置的过电压和绝缘配合》(DL/T 620—1997)第4.2.7条。

58. **答案**:BC

依据:《钢铁企业电力设计手册》(下册)P309倒数第4行(左侧):电动机在额定转速以上运转时,定子频率将大于额定频率,但由于电动机绕组本身不允许耐受高的电压,电动机电压必须限制在允许值范围内。

59. **答案**:ABD

依据:《交流电气装置的接地设计规范》(GB 50065—2011)第3.2.1、第3.2.2条。

注:所谓"A类"的说法是行业标准《交流电气装置的接地》(DL/T 621—1997)中的描述,国家规范《交流电气装置的接地设计规范》(GB 50065—2011)中已取消。

60. **答案**:ABD

依据:《火灾自动报警系统设计规范》(GB 50116—2013)第6.2.4条。

61. **答案**:BD

依据:《低压配电设计规范》(GB 50054—2011)第7.1.3条。

注:旧规范GB 50054—1995中"标称电压为50V以下的回路",新规范中已取消该条。

62. **答案**:ABC

依据:《有线电视系统工程技术规范》(GB 50200—1994)第2.8.1条。

63. **答案**:AD

依据:《建筑照明设计标准》(GB 50034—2013)第4.1.1条。

64. **答案**:AC

依据:《有线电视系统工程技术规范》(GB 50200—1994)第2.1.2条。

65. **答案**:CD

依据:《钢铁企业电力设计手册》(下册)P310、311。

66. **答案**:ABC

依据:《综合布线系统工程设计规范》(GB 50311—2016)第7.6.4条及表7.6.4"管线敷设弯曲半径"。

67. **答案**:ABD

依据:《民用建筑电气设计标准》(GB 51348—2019)第14.3.3-3条、第14.3.6-7条,《视频安防监控系统工程设计规范》(GB 50395—2007)第6.0.1-9条。

68. **答案**:ABD

依据:《66kV及以下架空电力线路设计规范》(GB 50061—2010)第12.0.7条。

69. **答案**:BC

依据:《综合布线系统工程设计规范》(GB 50311—2007)第3.4.3条或查看条文说明3.3中表1和表2。

70. **答案**:AC

依据:《66kV及以下架空电力线路设计规范》(GB 50061—2010)第5.1.2条、第5.2.3条、第5.2.6条、第12.0.11条。

2013年案例分析试题(上午卷)

[案例题是4选1的方式,各小题前后之间没有联系,共25道小题,每题分值为2分,上午卷50分,下午卷50分,试卷满分100分。案例题一定要有分析(步骤和过程)、计算(要列出相应的公式)、依据(主要是规程、规范、手册),如果是论述题要列出论点]

题1~5:某高层办公楼供电电源为交流10kV,频率50Hz,10/0.4kV变电所设在本楼内,10kV侧采用低电阻接地系统,400/230V侧接地形式采用TN-S系统且低压电气装置采用保护总等电位联结系统。请回答下列问题。

1.因低压系统发生接地故障,办公室有一电气设备的金属外壳带电,若已知干燥条件,大的接触表面积,50Hz/60Hz交流电流路径为手到手的人体总阻抗 Z_T 见下表,试计算人体碰触到该电气设备,交流接触电压75V,干燥条件,大的接触表面积,当电流路径为人体双手对身体躯干成并联,接触电流应为下列哪一项数值? ( )

人体总阻抗 Z_T 表

接触电压(V)	人体总阻抗 Z_T 值(Ω)	接触电压(V)	人体总阻抗 Z_T 值(Ω)
25	3250	125	1550
50	2500	150	1400
75	2000	175	1325
100	1725	200	1275

(A)38mA (B)75m (C)150mA (D)214mA

解答过程:

2.办公楼10/0.4kV变电所的高压接地系统和低压接地系统相互连接,变电所的接地电阻为3.2Ω,若变电所10kV高压侧发生单相接地故障,测得故障电流为150A,在故障持续时间内低压系统线导体与变电所低压设备外露可导电部分之间的工频应力电压为下列哪一项数值? ( )

(A)110V (B)220V (C)480V (D)700V

解答过程:

3. 办公楼内一台风机采用交联铜芯电缆 YJV-0.6/1kV-3×25+1×16 配电，该风机采用断路器的短路保护兼作单相接地故障保护，已知该配电线路保护断路器之前系统的相保电阻为 65mΩ，相保电抗为 40mΩ，保证断路器在 5s 内自动切断故障回路的动作电流为 1.62kA，线路单位长度阻抗值见下表，若不计该配电网络保护开关之后线路的电抗和接地故障点的阻抗，该配电线路长度不能超过下列哪一项数值？（ ）

线路单位长度电阻值(mΩ/m)

<table>
<tr><td colspan="7">R'①</td></tr>
<tr><td colspan="2">$S(mm^2)$②</td><td>50</td><td>35</td><td>25</td><td>16</td><td>10</td></tr>
<tr><td colspan="2">铝</td><td>0.575</td><td>0.822</td><td>1.151</td><td>1.798</td><td>2.875</td></tr>
<tr><td colspan="2">铜</td><td>0.351</td><td>0.501</td><td>0.702</td><td>1.097</td><td>1.754</td></tr>
<tr><td colspan="7">$R'_{php}=1.5(R'_{ph}+R'_{p})$③</td></tr>
<tr><td colspan="2">$S_p=S(mm^2)$②4×</td><td>50</td><td>35</td><td>25</td><td>16</td><td>10</td></tr>
<tr><td colspan="2">铝</td><td>1.725</td><td>2.466</td><td>3.453</td><td>5.394</td><td>8.628</td></tr>
<tr><td colspan="2">铜</td><td>1.053</td><td>1.503</td><td>2.106</td><td>3.291</td><td>5.262</td></tr>
<tr><td rowspan="2">$S_p \approx S/2$ (mm^2)</td><td>3×</td><td>50</td><td>35</td><td>25</td><td>16</td><td>10</td></tr>
<tr><td>+1×</td><td>25</td><td>16</td><td>16</td><td>10</td><td>6</td></tr>
<tr><td colspan="2">铝</td><td>2.589</td><td>3.930</td><td>4.424</td><td>7.011</td><td>11.364</td></tr>
<tr><td colspan="2">铜</td><td>1.580</td><td>2.397</td><td>2.699</td><td>4.277</td><td>6.932</td></tr>
</table>

注：①R'为导线 20℃时单位长度电阻：$R'=C_j\frac{\rho_{20}}{S}\times10^3 m\Omega$。

铝 $\rho_{20}=2.82\times10^{-6}\Omega cm$，铜 $\rho_{20}=1.72\times10^{-6}\Omega cm$，$C_j$ 为绞入系数，导线截面≤$6mm^2$ 时，C_j 取 1.0；导线截面≥$6mm^2$ 时，C_j 取 1.02。

②S 为相线线芯截面，S_p 为 PEN 线芯截面。

③R'_{php} 为计算单相对地短路电流用，其值取导线 20℃时电阻的 1.5 倍。

(A)12m (B)24m (C)33m (D)48m

解答过程：

4. 楼内某办公室配电箱配电给除湿机，除湿机为三相负载，功率为 15kW，保证间接接触保护电器在规定时间内切断故障回路的动作电流为 756A，为降低除湿机发生接地故障时与邻近暖气片之间的接触电压，在该办公室设置局部等电位联结，计算该配电箱除湿机供电线路中 PE 线的电阻值最大不应超过下列哪一项数值？（ ）

(A)66mΩ (B)86mΩ (C)146mΩ (D)291mΩ

解答过程：

5. 该办公楼电源 10kV 侧采用低电阻接地系统，10/0.4kV 变电站接地网地表层的土壤电阻率 $\rho = 200\Omega \cdot m$，若表层衰减系数 $C_s = 0.86$，接地故障电流的持续时间 $t = 0.5s$，当10kV 高压电气装置发生单相接地故障时，变电站接地装置的接触电位差不应超过下列哪一项数值？ （ ）

(A)59V (B)250V

(C)287V (D)416V

解答过程：

题 6～10：某省会城市综合体项目，地上 4 栋一类高层建筑，地下室连成一体，总建筑面积 280301m²，建筑面积分配见下表，设置 10kV 配电站一座。

建筑区域	五星级酒店	金融总部办公大楼	出租商务办公大楼	综合商业大楼	合计
建筑面积(m²)	58794	75860	68425	77222	280301

请回答下列问题。

6. 已知 10kV 电源供电线路每回路最大电流 600A，本项目方案设计阶段负荷估算见下表，请说明按规范要求应向电力公司最少申请几回路 10kV 电源供电线路？ （ ）

建筑区域	建筑面积(m²)	装机指标(V·A/m²)	变压器装机容量(kV·A)	预测负荷率(%)	预测一、二级负荷容量(kV·A)
五星级酒店	58794	97	2×1600 2×1250	60	2594
金融总部办公大楼	75860	106	4×2000	60	2980
出租商务办公楼	68425	105	2×2000 2×1600	60	2792
综合商业大楼	77222	150	6×2000	60	3600
合计	280301	117	32900	60	11966

(A)1 回供电线路 (B)2 回供电线路

(C)3 回供电线路 (D)4 回供电线路

解答过程：

7. 裙房商场电梯数量见下表,请按需要系数法计算(同时系数取0.8)供全部电梯的干线导线载流量不应小于下列哪一项? (　　)

设备名称	功率(kV·A)	额定电压(V)	数量(部)	需用系数
直流客梯	50	380	6	0.5
交流货梯	32①	380	2	0.5
交流食梯	4①	380	2	0.5

注:①持续运行时间1h额定容量。

(A)226.1A　　(B)294.6A

(C)361.5A　　(D)565.2A

解答过程:

8. 已知设计选用额定容量为1600kV·A变压器的空载损耗2110W、负载损耗10250W、空载电流0.25%、阻抗电压6%,计算负载率51%的情况下,变压器的有功及无功功率损耗应为下列哪组数值? (　　)

(A)59.210kW,4.150kvar　　(B)6.304kW,4.304kvar

(C)5.228kW,1.076kvar　　(D)4.776kW,28.970kvar

解答过程:

9. 室外照明电源总配电柜三相供电,照明灯具参数及数量见下表,当需用系数 $K_x = 1$ 时,计算室外照明总负荷容量为下列哪一项数值? (　　)

灯具名称	额定电压	光源功率(W)	电器功率(W)	功率因数 $\cos\varphi$	数量(盏)	接于线电压的灯具数量		
						UV	VW	WU
大功率金卤投光灯	单相380V	1000	105	0.80	18	4	6	8

已查线间负荷换算系数:

$p_{(UV)U} = p_{(VW)V} = p_{(VW)V} = 0.72$

$p_{(UV)V} = p_{(VW)W} = p_{(VW)U} = 0.28$

$q_{(UV)U} = q_{(VW)V} = q_{(VW)V} = 0.09$

$q_{(UV)V} = q_{(VW)W} = q_{(VW)U} = 0.67$

(A)19.89kV·A　　(B)24.86kV·A　　(C)25.45kV·A　　(D)29.24kV·A

解答过程：

10.酒店自备柴油发电机组带载负荷统计见下表，请计算发电机组额定视在功率不应小于下列哪一项数值？（同时系数取1）（　　）

用电设备组名称	功率(kW)	需用系数 k_x	$\cos\varphi$	备　注
照明负荷	56	0.4	0.9	火灾时可切除
动力负荷	167	0.6	0.8	火灾时可切除
UPS	120	0.8	0.9	功率单位 kV·A
24h 空调负荷	125	0.7	0.8	火灾时可切除
消防应急照明	100	1	0.9	
消防水泵	130	1	0.8	
消防风机	348	1	0.8	
消防电梯	40	1	0.5	

(A)705kV·A　　(B)874kV·A　　(C)915kV·A　　(D)1133kV·A

解答过程：

题11～15：某企业新建35/10kV变电所，10kV侧计算有功功率17450kW，计算无功功率11200kvar，选用两台16000kV·A的变压器，每单台变压器阻抗电压8%，短路损耗为70kW，两台变压器同时工作，分列运行，负荷平均分配，35kV侧最大运行方式下短路容量为230MV·A，最小运行方式下短路容量为150MV·A，该变电所采用两回35kV输电线路供电，两回线路同时工作，请回答下列问题。

11.该变电所的两回35kV输电线路采用经济电流密度选择的导线的截面应为下列哪一项数值？（不考虑变压器损耗，经济电流密度取0.9A/mm²）（　　）

(A)150mm²　　(B)185mm²　　(C)300mm²　　(D)400mm²

解答过程：

12. 假定该变电所一台变压器所带负荷的功率因数为 0.7,其最大电压损失是为下列哪一项数值? ( )

(A)3.04% (B)3.90% (C)5.18% (D)6.07%

解答过程:

13. 请计算补偿前的 10kV 侧平均功率因数(年平均负荷系数 $\alpha_{av}=0.75$、$\beta_{av}=0.8$,假定两台变压器所带负荷的功率因数相同),如果要求 10kV 侧平均功率因数补偿到 0.9 以上,按最不利条件计算补偿容量,其计算结果最接近下列哪组数值? ( )

(A)0.76,3315.5kvar (B)0.81,2094kvar
(C)0.83,1658kvar (D)0.89,261.8kvar

解答过程:

14. 该变电所 10kV 1 段母线皆有两组整流设备,整流器接线均为三相全控桥式,已知 1 号整流设备 10kV 侧 5 次谐波电流值为 20A,2 号整流设备 10kV 侧 5 次谐波电流值为 30A,则 10kV 1 段母线注入电网的 5 次谐波电流值为下列哪一项? ( )

(A)10A (B)13A (C)14A (D)50A

解答过程:

15. 该变电所 10kV 母线正常运行时电压为 10.2kV,请计算 10kV 母线的电压偏差为下列哪一项? ( )

(A) -2.86% (B) -1.9% (C)2% (D)3%

解答过程:

题16~20：某企业新建35/10kV变电所，短路电流计算系统图如下图所示，其已知参数均列在图上，第一电源为无穷大容量，第二电源为汽轮发电机，容量为30MW，功率因数0.8，超瞬态电抗值$X_d=13.65\%$，两路电源同时供电，两台降压变压器并联运行，10kV母线上其中一回馈线给一台1500kW的电动机供电，电动机效率0.95，启动电流倍数为6，电动机超瞬态电抗相对值为0.156，35kV架空线路的电抗为0.37Ω/km（短路电流计算，不计及各元件电阻）。

汽轮发电机运算曲线数字表

X_c \ I^* \ t (s)	0	0.01	0.06	0.1	0.2	0.4	0.5
0.12	8.963	8.603	7.186	6.400	5.220	4.252	4.006
0.14	7.718	7.467	6.441	5.839	4.878	4.040	3.829
0.16	6.763	6.545	5.660	5.146	4.336	3.649	3.481
0.18	6.020	5.844	5.122	4.697	4.016	3.429	3.288
0.20	5.432	5.280	4.661	4.297	3.715	3.217	3.099
0.22	4.938	4.813	4.296	3.988	3.487	3.052	2.951
0.24	4.526	4.421	3.984	3.721	3.286	2.904	2.816
0.26	4.178	4.088	3.714	3.486	3.106	2.769	2.693
0.28	3.872	3.705	3.472	3.274	2.939	2.641	2.575
0.30	3.603	3.536	3.255	3.081	2.785	2.520	2.463
0.32	3.368	3.310	3.063	2.909	2.646	2.410	2.360
0.34	3.159	3.108	2.891	2.754	2.519	2.308	2.264
0.36	2.975	2.930	2.736	2.614	2.403	2.213	2.175
0.38	2.811	2.770	2.597	2.487	2.297	2.126	2.093
0.40	2.664	2.628	2.471	2.372	2.199	2.045	2.017
0.42	2.531	2.499	2.357	2.267	2.110	1.970	1.946
0.44	2.411	2.382	2.253	2.170	2.027	1.900	1.879
0.46	2.302	2.275	2.157	2.082	1.950	1.835	1.817
0.48	2.203	2.178	2.069	2.000	1.879	1.774	1.759
0.50	2.111	2.088	1.988	1.924	1.813	1.717	1.704
0.55	1.913	1.894	1.810	1.757	1.665	1.589	1.581
0.60	1.748	1.732	1.662	1.617	1.539	1.478	1.474
0.65	1.610	1.596	1.535	1.497	1.431	1.382	1.381
0.70	1.492	1.479	1.426	1.393	1.336	1.297	1.298
0.80	1.301	1.291	1.249	1.223	1.179	1.154	1.159
0.90	1.153	1.145	1.110	1.089	1.055	1.039	1.047
1.00	1.035	1.028	0.999	0.981	0.954	0.945	0.954
1.50	0.686	0.682	0.665	0.656	0.644	0.650	0.662
2.00	0.512	0.510	0.498	0.492	0.486	0.496	0.508

续上表

t(s) / I^* / X_c	0	0.01	0.06	0.1	0.2	0.4	0.5
2.20	0.465	0.463	0.453	0.448	0.443	0.453	0.464
2.30	0.445	0.443	0.433	0.428	0.424	0.435	0.444
2.40	0.426	0.424	0.415	0.411	0.407	0.418	0.426

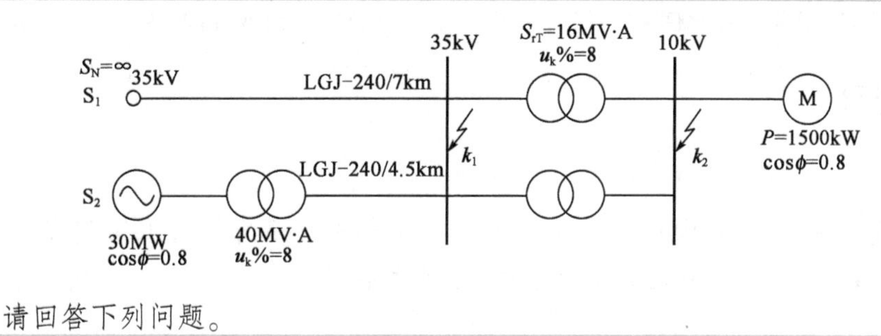

请回答下列问题。

16. k_1 点三相短路时,第一电源提供的短路电流和短路容量为下列哪组数值?（　　）

(A)2.65kA,264.6MV·A　　(B)8.25kA,529.1MV·A

(C)8.72kA,529.2MV·A　　(D)10.65kA,684.9MV·A

解答过程:

17. k_2 点三相短路时,第一电源提供的短路电流和短路容量为下列哪组数值?（　　）

(A)7.58kA,139.7MV·A　　(B)10.83kA,196.85MV·A

(C)11.3kA,187.3MV·A　　(D)12.60kA,684.9MV·A

解答过程:

18. k_1 点三相短路时(0s),第二电源提供的短路电流和短路容量为下列哪组数值?（　　）

(A)0.40kA,25.54MV·A　　(B)2.02kA,202MV·A

(C)2.44kA,156.68MV·A　　(D)24.93kA,309MV·A

解答过程:

19. k_2 点三相短路时(0s),第二电源提供的短路电流和短路容量为下列哪组数值? ( )

(A)2.32kA,41.8MV·A (B)3.03kA,55.11MV·A

(C)4.14kA,75.3MV·A (D)6.16kA,112MV·A

解答过程:

20. 假设短路点 k_2 在电动机附近,计算异步电动机反馈给 k_2 点的短路峰值电流为下列哪一项数值?(异步电动机反馈的短路电流系数取1.5) ( )

(A)0.99kA (B)1.13kA

(C)1.31kA (D)1.74kA

解答过程:

题21~25:某企业从电网引来两路6kV电源,变电所主接线如下图所示,短路计算中假设工厂远离电源,系统电源容量为无穷大。

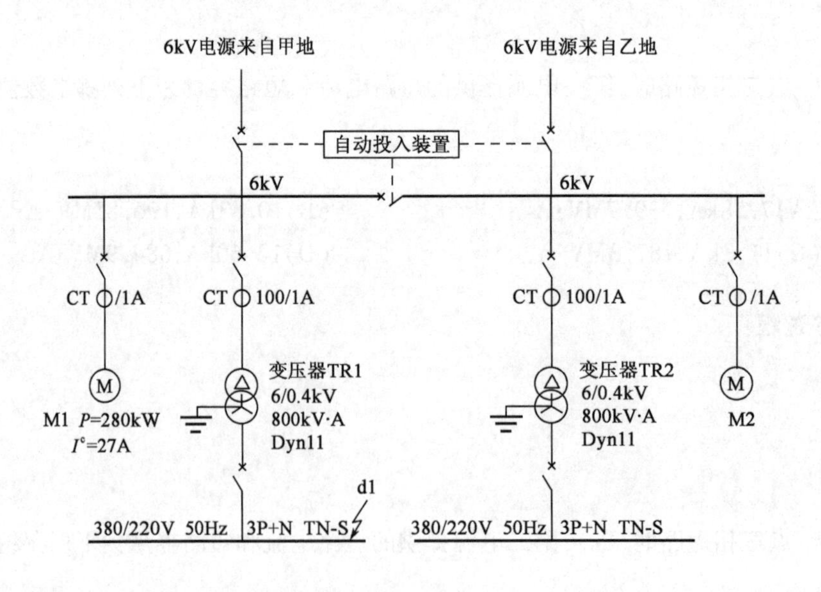

请回答下列问题。

21. 该企业的计算有功功率为6800kW,年平均运行时间为7800h,年平均有功负荷

系数为0.8,计算该企业的电能计量装置中有功电能表的准确度至少为下列哪一项数值? ( )

(A)0.2 (B)0.5 (C)1.0 (D)2.0

解答过程:

22. 设上图中电动机的额定功率为280kW,额定电流为27A,6kV母线的最大短路电流 I_k 为28kA。电动机回路的短路电流切除时间为0.6s,此回路电流互感器CT的额定热稳定参数如下表,说明根据量程和热稳定条件选择的CT应为下列哪一项? ( )

编 号	一次额定电流(A)	准 确 度	额定热稳定电流(kA/s)
①	40	0.5	16/1
②	60	0.5	20/1
③	75	0.5	25/1
④	100	0.5	31.5/1

(A)① (B)② (C)③ (D)④

解答过程:

23. 图中6kV系统的主接线为单母线分段,工作中两电源互为备用,在分段断路器上装设备用电源自动投入装置,说明下列哪一项不满足作为备用电源自动投入装置的基本要求? ( )

(A)保证任意一段电源开断后,另一段电源有足够高的电压时,才能投入分段断路器

(B)保证任意一段母线上的电压,不论因何原因消失时,自动投入装置均应延时动作

(C)保证自动投入装置只动作一次

(D)电压互感器回路断线的情况下,不应启动自动投入装置

解答过程:

24. 本变电所采用了含铅酸蓄电池的直流电器作为操作控制电源，经计算，在事故停电时，要求电池持续放电60min，其容量为40A·h，已知此电池在终止电压下的容量系数为0.58，并且取可靠系数为1.4，计算直流电源中的电池在10h放电率下的计算容量应为下列哪一项数值？（　　）

(A)32.5A·h　　(B)56A·h

(C)69A·h　　(D)96.6A·h

解答过程：

25. 变压器的过电流保护装置电流回路的接线如右图所示，过负荷系数取3，可靠系数取1.2，返回系数取0.9，最小运行方式下，变压器低压侧母线d_1点单相接地稳态短路电流$I_k = 13.6\text{kA}$。当利用此过流保护装置兼作低压侧单相接地保护时其灵敏系数为下列哪一项数值？（　　）

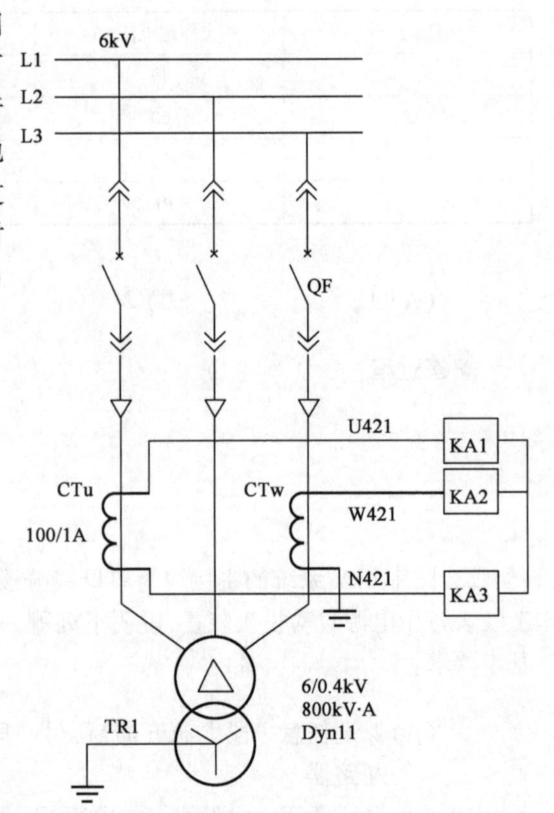

(A)1.7

(B)1.96

(C)2.1

(D)2.94

解答过程：

2013年案例分析试题答案(上午卷)

题1~5答案:**CBBAC**

1.《电流对人和家畜的效应　第1部分:通用部分》(GB/T 13870.1—2008)附录D中例1和例3。

根据题意查表可知,接触电压75V对应的人体总阻抗(手到手)为2000Ω,因此:

$Z_{TA}(H-H)$ 人体总阻抗,大的接触表面积,手到手:$Z_{TA}(H-H)=2000\Omega$

$Z_{TA}(H-T)$ 人体总阻抗,大的接触表面积,手到躯干:$Z_{TA}(H-T)=Z_{TA}(H-H)/2=1000\Omega$

双手对人体躯干成并联:$Z_T=Z_{TA}(H-T)/2=1000/2=500\Omega$

接触电流:$I_T=U_T/Z_T=75/500=0.15\text{A}=150\text{mA}$

2.《低压电气装置　第4-44部分:安全防护　电压骚扰和电磁骚扰防护》(GB/T 16895.10—2010)第442.2条中图44.A1和表44.A1。

表44.A1:TN系统接地类型,当 $R_E=R_B$ 时,$U_1=U_0=220\text{V}$。

另参见第442.1.2条:R_E 为变电所接地配置的接地电阻,R_B 为低压系统接地电阻(高、低压接地装置连通时),U_0 为低压系统线导体对地标称电压,U_1 为故障持续时间内低压系统线导体与变电所低压设备外露可导电部分之间的工频应力电压。

3.《工业与民用供配电设计手册》(第四版)P308式(4.6-44),《低压配电设计规范》(GB 50054—2011)第5.2.8条式(5.2.8)。

根据题中表格,短路时线路单位长度的相保电阻 $R'_{php}=2.699\text{m}\Omega/\text{m}$,又根据题意,忽略保护开关之后的线路电抗和接地故障点阻抗,则 $U_0\geqslant Z_sI_a=\sqrt{R_{php}^2+X_{php}^2}I_a=\sqrt{(L\times R_{php}+65^2)^2+40^2}\times1.62$,其中 $U_0=220\text{V}$,可得到 $L\leqslant24\text{m}$。

注:题中的1.62kA为断路器动作电流,而不是整定电流,因此不需考虑1.3的系数。

4.《低压配电设计规范》(GB 50054—2011)第5.2.5条式(5.2.5)。

$$R\leqslant\frac{50}{I_a}=\frac{50}{756}=0.0661=66.1\text{m}\Omega$$

注:示意图可参考《工业与民用供配电设计手册》(第四版)P1456图15.2-2"局部等电位联结降低接触电压"。

5.《交流电气装置的接地设计规范》(GB/T 50065—2011)第4.2.2条式(4.2.2-1)。

接触电位差:$U_t\leqslant\dfrac{174+0.17\rho C_s}{\sqrt{t}}=\dfrac{174+0.17\times200\times0.86}{\sqrt{0.5}}=287\text{V}$

题6~10答案:**DBDDB**

6.《20kV 及以下变电所设计规范》(GB 50053—2013)第3.3.2条。

按总装机容量计算：$I_1 = \frac{S}{\sqrt{3}U_n} = \frac{32900}{\sqrt{3}\times 10} = 1899.5\text{A}$，则回路数 $N_1 = \frac{I_1}{I_n} = \frac{1899.5}{600} = 3.17$，取4路。

第3.3.2条：装有两台及以上变压器的变电所，当其中任一台变压器断开时，其余变压器的容量应满足一级负荷及二级负荷的用电。

按一、二级负荷容量计算：$I_2 = \frac{S'}{\sqrt{3}U_n} = \frac{11966}{\sqrt{3}\times 10} = 690.9\text{A}$，则回路数 $N_1 = \frac{I_1}{I_n} = \frac{690.9}{600} = 1.15$，取2路主用，1路备用，共3路。

取两者较大者，为4路进线。

注：电源供电回路数量应按总装机容量计算，再用一、二级负荷容量校验，不能用60%的负荷率(即计算负荷)核定电源数量，在实际应用中，供电局也是不允许的。本题还可参考《供配电系统设计规范》(GB 50052—2009)第4.0.5条。

7.《通用用电设备配电设计规范》(GB 50055—2011)第3.3.4条以及《工业与民用供配电设计手册》(第四版)P10式(1.4-4)~式(1.4-6)。

计算过程见下表。

设备组名称	设备组总容量	个数	需要系数 K_c	综合系数 K_z	计算容量
直流客梯	50kV·A	6	0.5	1.4	210kV·A
交流货梯	32kV·A	2	0.5	0.9	28.8kV·A
交流食梯	4kV·A	2	0.5	0.9	3.6kV·A
小计					242.4kV·A
同时系数 $K_x = 0.8$					194kV·A
计算电流					294.64A

注：本题重点考查《通用用电设备配电设计规范》(GB 50055—2011)的相关条款。

8.《工业与民用供配电设计手册》(第四版)P30式(1.10-3)、式(1.10-4)。

有功损耗：$\Delta P_T = \Delta P_0 + \Delta P_K\left(\frac{S_c}{S_r}\right)^2 = 2.11 + 10.25\times 0.51^2 = 4.776\text{kW}$

无功损耗：$\Delta Q_T = \Delta Q_0 + \Delta Q_K\left(\frac{S_c}{S_r}\right)^2 = \frac{I_0\%}{100}\times S_r + \frac{u_k\%}{100}\times S_r\times\left(\frac{S_c}{S_r}\right)^2 = \frac{0.25}{100}\times 1600 + \frac{6}{100}\times 1600\times 0.51^2 = 28.97\text{kvar}$

注：也可参考《钢铁企业电力设计手册》(上册)P291、292式(6-14)和式(6-19)。

9.《工业与民用供配电设计手册》(第四版)P20式(1.6-5)~式(1.6-10)及表1.6-1。

第一种方法：按单相负荷转三相负荷准确计算。

灯具总功率：$P = 1000 + 105 = 1105\text{W} = 1.105\text{kW}$

UV 线间负荷：$P_{UV}=4\times1.105=4.42kW$

VW 线间负荷：$P_{VW}=6\times1.105=6.63kW$

WU 线间负荷：$P_{WU}=8\times1.105=8.84kW$

将线间负荷换算成相负荷：

U 相：$P_U=P_{UV}p_{(UV)U}+P_{WU}p_{(WU)U}=4.42\times0.72+8.84\times0.28=5.66kW$

$Q_U=P_{UV}q_{(UV)U}+P_{WU}q_{(WU)U}=4.42\times0.09+8.84\times0.67=6.32kvar$

$S_U=\sqrt{5.66^2+6.32^2}=8.48kV\cdot A$

V 相：$P_V=P_{UV}p_{(UV)V}+P_{VW}p_{(VW)V}=4.42\times0.28+6.63\times0.72=6.01kW$

$Q_V=P_{UV}q_{(UV)V}+P_{VW}q_{(VW)V}=4.42\times0.67+6.63\times0.09=3.56kW$

$S_V=\sqrt{6.01^2+3.56^2}=6.99kV\cdot A$

W 相：$P_W=P_{VW}p_{(VW)W}+P_{WU}p_{(WU)W}=6.63\times0.28+8.84\times0.72=8.22kW$

$Q_W=P_{VW}q_{(VW)W}+P_{WU}q_{(WU)W}=6.63\times0.67+8.84\times0.09=5.24kW$

$S_W=\sqrt{8.22^2+5.24^2}=9.75kV\cdot A$

W 相为最大相负荷，取其 3 倍作为等效三相负荷，即 $S=3S_W=3\times9.75=29.25kV\cdot A$。

第二种方法：采用简化方法计算[式(1-34)]。

$P_d=1.73P_{WU}+1.27P_{VW}=1.73\times8.84+1.27\times6.63=23.71kW$

$S_d=\frac{P_d}{\cos\varphi}=\frac{23.71}{0.8}=29.64kV\cdot A$

注：题干中系数有误，不知是否有意为之。第二种方法的结果与选项有偏差，也不知是否可判正确。本题原意是考查单相负荷转三相负荷的准确计算，但计算量偏大了。

10.《工业与民用供配电设计手册》（第四版）P93(2)“柴油发电机组容量选择的原则”。

柴油发电机组容量应根据应急负荷大小和投入顺序以及单台电动机最大启动容量等因素综合考虑，按本题已知条件，按应急负荷大小考虑：

设备组名称	设备组总容量	需用系数 K_x	有功功率 P_c	$\cos\varphi/\tan\varphi$	无功功率 Q_c
UPS	$120\times0.9kW$	0.8	86.4	0.9/0.484	41.8
应急照明	100kW	1	100	0.9/0.484	48.4
消防水泵	130kW	1	130	0.8/0.75	97.5
消防风机	348kW	1	348	0.8/0.75	261
消防电梯	40kW	1	40	0.5/1.73	69.28
小计			704.4		518

柴油发电机视在功率：$S=\sqrt{P^2+Q^2}=\sqrt{704.4^2+518^2}=874.4V$

注：柴油发电机应按消防负荷和重要负荷分别计算，但本题中未明确重要负荷，可不必考虑。

题 11～15 答案：**BDCBC**

11.《电力工程电缆设计规范》(GB 50217—2018)附录B式(B.0.1-1)。

第一年导体最大负荷电流：$I_{max}=\frac{S_c}{\sqrt{3}U_n}=\frac{\sqrt{17450^2+11200^2}}{2}\times\frac{1}{\sqrt{3}\times35}=171.0A$

经济电流截面计算：$S=\frac{I_{max}}{J}=\frac{171}{0.9}=190mm^2$

第B.0.3-3条：当电缆经济电流截面介于电缆标称截面档次之间，可视其接近程度，选择较接近一档截面，且宜偏小选取。因此取185mm²。

注：I_{max}为第一年导体最大负荷电流，不能以变压器容量计算运行电流。

12.《工业与民用供配电设计手册》(第四版)P460式(6.2-8)。

$u_a=\frac{100\Delta P_T}{S_{rT}}=\frac{100\times70}{16000}=0.44$

$u_r=\sqrt{u_T^2-u_a^2}=\sqrt{8^2-0.438^2}=7.99$

$\cos\varphi=0.7$

$\sin\varphi=0.714$

变压器电压损失(%)：$\Delta u_T=\beta(u_a\cos\varphi+u_r\sin\varphi)=1\times(0.44\times0.7+7.99\times0.714)=6.01$

注：题意要求"最大电压损失"，因此此处变压器负载率取1，且假定功率因数为0.7，而按负荷平均分配功率因数应为0.84，说明此假定下两台变压器不是平均分配负荷的。若按大题干内条件计算负荷率，计算过程列在下方，供参考。

变压器负载率：$\beta=\frac{S_c}{S_{rT}}=\frac{\sqrt{17450^2+11200^2}}{2\times16000}=0.648$

变压器电压损失(%)：$\Delta u_T=\beta(u_a\cos\varphi+u_r\sin\varphi)=0.648\times(0.44\times0.7+7.99\times0.714)=3.90$

13.《工业与民用供配电设计手册》(第四版)P37式(1.11-7)。

补偿前平均功率因数：$\cos\varphi=\sqrt{\frac{1}{1+\left(\frac{\beta_{av}Q_c}{\alpha_{av}P_c}\right)^2}}=\sqrt{\frac{1}{1+\left(\frac{0.8\times11200}{0.75\times17450}\right)^2}}=0.83$

无功补偿容量：由$\cos\varphi_1=0.83$，得$\tan\varphi_1=0.67$。

由$\cos\varphi_2=0.9$，得$\tan\varphi_2=0.484$。

$Q_c=\alpha_{av}P_c(\tan\varphi_1-\tan\varphi_2)=1\times(17450/2)\times(0.672-0.484)=1640.3kvar$

注：题意要求按最不利条件计算补偿容量，因此$\alpha_{av}=1$。

14.《电能质量　公用电网谐波》(GB/T 14549—1993)附录C表C1和式(C5)。

10kV母线谐波总电流：$I_h=\sqrt{I_{h1}^2+I_{h2}^2+K_hI_{h1}I_{h2}}=\sqrt{20^2+30^2+1.28\times20\times30}=45.48A$

折算至35kV电网侧谐波总电流：$I'_h=\frac{I_h}{n_T}=45.48\times\frac{10}{35}=13A$

注：也可参考《电能质量　公用电网间谐波》(GB/T 24337—2009)。

15.《工业与民用供配电设计手册》(第四版)P458 式(6.2-1)。

$$\delta U = \frac{U - U_n}{U_n} \times 100\% = \frac{10.2 - 10}{10} \times 100\% = 2\%$$

题 16～20 答案：**BBCBC**

16.《工业与民用供配电设计手册》(第四版)P280～P281 式(4.6-2)～式(4.6-8)、表 4.6-3，P284 式(4.6-11)～式(4.6-15)。

设：$S_j = 100\text{MV·A}$；$U_j = 37\text{kV}$；$I_j = 1.56\text{kA}$。

1 号电源线路电抗标幺值：$X_* = X\frac{S_j}{U_j^2} = 0.37 \times 7 \times \frac{100}{37^2} = 0.189$

1 号电源提供的短路电流(k_1 短路点)：$I_k = \frac{I_j}{X_{*k}} = \frac{1.56}{0.189} = 8.25\text{kA}$

1 号电源提供的短路容量(k_1 短路点)：$S_k = \frac{S_j}{X_{*k}} = \frac{100}{0.189} = 529.1\text{MV·A}$

17.《工业与民用供配电设计手册》(第四版)P280～P281 式(4.6-2)～式(4.6-8)、表 4.6-3，P284 式(4.6-11)～式(4.6-15)。

设：$S_j = 100\text{MV·A}$；$U_j = 10.5\text{kV}$；$I_j = 5.5\text{kA}$。

35/10kV 变压器电抗标幺值：$X'_{*T1} = \frac{u_k\%}{100} \times \frac{S_j}{S_{rT}} = 0.08 \times \frac{100}{16} = 0.5$

35/10kV 并联变压器标幺值：$X_{*T1} = \frac{X'_{*T1}}{2} = \frac{0.5}{2} = 0.25$

发电机等值电抗标幺值：$X_{*G} = X_d\frac{S_j}{S_G} = 13.65\% \times \frac{100}{37.5} = 0.364$

发电机升压变压器电抗标幺值：$X_{*T2} = \frac{u_k\%}{100} \times \frac{S_j}{S_{rT}} = 0.08 \times \frac{100}{40} = 0.2$

1 号电源线路电抗标幺值：$X_{*L1} = X\frac{S_j}{U_j^2} = 0.37 \times 7 \times \frac{100}{37^2} = 0.189$

2 号电源线路电抗标幺值：$X_{*L2} = X\frac{S_j}{U_j^2} = 0.37 \times 4.5 \times \frac{100}{37^2} = 0.122$

短路等值电路见图 1。

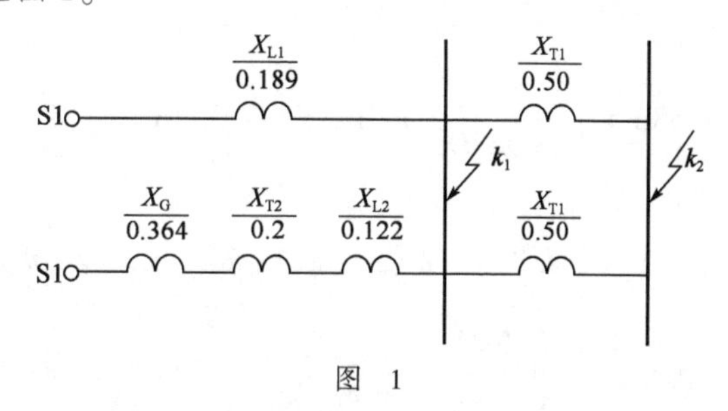

图 1

电路一次变换：$X_{*21} = X_{*L1} = 0.189$

$X_{*22} = X_{*G} + X_{*T2} + X_{*L2} = 0.686$

$X_{*23} = X'_{*T1} // X'_{*T1} = 0.25$，见图 2。

《钢铁企业电力设计手册》(上册) P188 式(4-7) ~ 式(4-13)，电路二次变换，见图 3。

$$X_{*\Sigma} = (X_{*21} // X_{*22}) + X_{*23} = 0.398$$

$$C_1 = X_{*22} / (X_{*21} + X_{*22}) = 0.784$$

$$C_2 = X_{*21} / (X_{*21} + X_{*22}) = 0.216$$

$$X_{*31} = \frac{X_{*\Sigma}}{C_1} = \frac{0.398}{0.784} = 0.508$$

$$X_{*32} = \frac{X_{*\Sigma}}{C_2} = \frac{0.398}{0.216} = 1.843$$

1 号电源提供的短路电流(k_2 短路点)：$I_k = \frac{I_j}{X_{*k}} = \frac{5.5}{0.508} = 10.83\text{kA}$

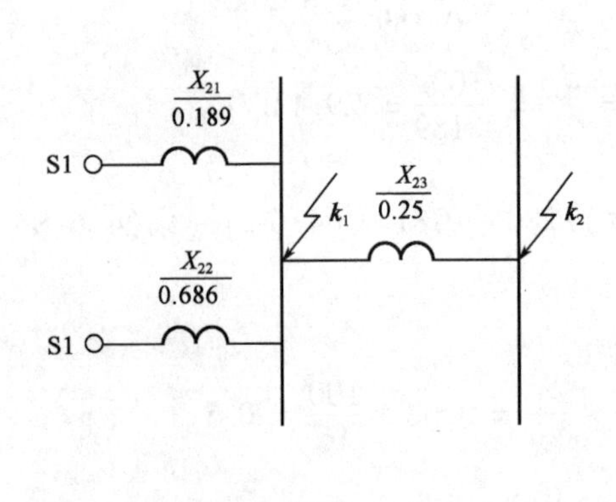

图 2

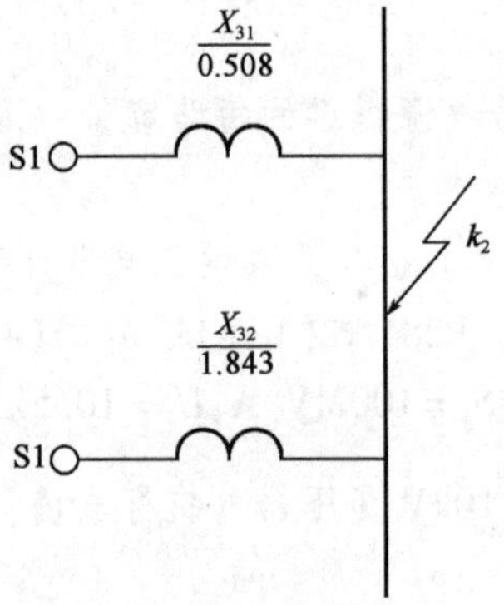

图 3

1 号电源提供的短路容量(k_2 短路点)：$S_k = \frac{S_j}{X_{*k}} = \frac{100}{0.508} = 196.85\text{MV·A}$

注：本题关键在于图 2、图 3 的变换，但计算量较大。变换公式参考《工业与民用配电设计手册》(第三版) P149 式(4-23)。

18.《工业与民用供配电设计手册》(第四版) P285 ~ P289 式(4.6-16)和式(4.6-18)及按发电机运算曲线计算。

设：$S_j = 100\text{MV·A}$；$U_j = 37\text{kV}$；$I_j = 1.56\text{kA}$。

各电源对短路点的等值电抗归算到以本电源等值发电机的额定容量为基准的标幺值：

$$X_c = X_{*22} \frac{S_G}{S_j} = 0.686 \times \frac{30}{0.8 \times 100} = 0.257 \approx 0.26$$

查表得到 $I_* = 4.178$。

电源基准电流(由等值发电机的额定容量和相应的平均额定电压求的)：$I_{rj} = \frac{P_G}{\sqrt{3} U_G \cos\varphi} = \frac{30}{\sqrt{3} \times 37 \times 0.8} = 0.585\text{kA}$

2 号电源提供的短路电流(k_1 短路点)：$I_k = I_* I_{rj} = 4.178 \times 0.585 = 2.44\text{kA}$

2 号电源提供的短路容量(k_1 短路点)：$S_k = \sqrt{3} I_k U_j = \sqrt{3} \times 2.44 \times 37 = 156.36\text{MV·A}$

注：发电机端电压显然不是37kV，但由于 k_1 点为35kV，可按此平均电压计算电源的基准电流。也可参考《工业与民用配电设计手册》（第三版）P137 式(4-18)和式(4-20)及按发电机运算曲线计算。

19.《工业与民用供配电设计手册》（第四版）P285～P289 式(4.6-16)和式(4.6-18)及按发电机运算曲线计算。

设：$S_j = 100\text{MV}\cdot\text{A}, U_j = 10.5\text{kV}, I_j = 5.5\text{kA}$

则 $X_{*32} = X_{*\Sigma} = \frac{0.398}{0.216} = 1.843$

各电源对短路点的等值电抗归算到以本电源等值发电机的额定容量为基准的标幺值：

$$X_c = X_{*32}\frac{S_G}{S_j} = 1.843 \times \frac{30}{0.8\times 100} = 0.691 \approx 0.70$$

查表得到 $I_* = 1.492$。

电源基准电流（由等值发电机的额定容量和相应的平均额定电压求的）：

$$I_{rj} = \frac{P_G}{\sqrt{3}U_G\cos\varphi} = \frac{30}{\sqrt{3}\times 10.5\times 0.8} = 2.062\text{kA}$$

2号电源提供的短路电流（k_2 短路点）：$I_k = I_* I_{rj} = 1.492\times 2.062 = 3.076\text{kA}$

2号电源提供的短路容量（k_2 短路点）：$S_k = \sqrt{3}I_k U_j = \sqrt{3}\times 3.076\times 10.5 = 55.94$ MV·A

注：同18题，发电机端电压未知，但由于 K_2 点为10kV，可按此平均电压计算电源的基准电流。也可参考《工业与民用配电设计手册》（第三版）P137 式(4-18)和式(4-20)及按发电机运算曲线计算。

20.《钢铁企业电力设计手册》（上册）P219 式(4-46)及式(4-47)。

电动机额定电流：$I_{ed} = \frac{P}{\sqrt{3}U_n\eta\cos\varphi} = \frac{1500}{\sqrt{3}\times 10\times 0.95\times 0.8} = 114\text{A} = 0.114\text{kA}$

电动机反馈冲击电流：$i_{chd} = \sqrt{2}\frac{E''_{*d}}{X''_{*d}}K_{ch}I_{ed} = \sqrt{2}\times\frac{0.9}{1/6}\times 1.5\times 0.114 = 1.31\text{kA}$

题21～25答案：**BCBDA**

21.《工业与民用供配电设计手册》（第四版）P24 式(1.9-1)与式(1.9-3)结合。

年平均电能消耗：$W_n = \alpha_{av}P_c T_n = 0.8\times 6800\times 7800 = 42432000\text{kW}\cdot\text{h} = 42432\text{MW}\cdot\text{h}$

月平均电能消耗：$W_y = 42432/12 = 3536\text{MW}\cdot\text{h}$

《电力装置电测量仪表装置设计规范》（GB/T 50063—2017）第4.1.2条及条文说明。

月平均用电量1000MW·h及以上，应为Ⅱ类电能计量装置，按表Ⅰ中要求，应选择0.5S级的有功电能表。

22.《电力装置电测量仪表装置设计规范》（GB/T 50063—2017）第7.1.5条。

电流互感器额定一次电流宜满足正常运行时实际负荷电流达到额定值的60%,且不应小于30%的要求。

$I=27/(30\% \sim 60\%)=45 \sim 90\text{A}$,选择75A。

《工业与民用供配电设计手册》(第四版)P385 表5.6-8“电流互感器热稳定”。

电动机回路实际短路热效应:$Q_{tn} = I_k^2 t = 28^2 \times 0.6 = 470.4\text{kA}^2\text{s}$

电流互感器额定短路热效应:$Q_t = I_k^2 t = 25^2 \times 1 = 625\text{kA}^2\text{s}$(根据题中表格,75A)

$Q_{tn} < Q_t$,满足要求。

23.《电力装置的继电保护和自动装置设计规范》(GB/T 50062—2008)第11.0.2-3条。

注:此题应为2013年案例分析最简单一题。B条实际为旧规范条文,新规范已修改。

24.《电力工程直流系统设计技术规程》(DL/T 5044—2014)第6.1.5条、附录C第C.2.3条。

满足事故全停电状态下的电池10h放电率的计算容量:

$$C_c = K_K \frac{C_{S.X}}{K_{CC}} = 1.4 \times \frac{40}{0.58} = 96.6A \cdot h$$

注:旧规范题目,依据《电力工程直流系统设计技术规程》(DL/T 5044—2004)附录B.2.1.2式(B.1)。有关蓄电池容量计算方法,2014版新规范修正较多,但内容较之旧规范更为简洁,旧规范题目供考生参考。

25.《工业与民用供配电设计手册》(第四版)P520 表7.2-3“过电流保护”。

变压器高压侧额定电流:$I_{1rT} = \frac{S}{\sqrt{3}U} = \frac{800}{\sqrt{3} \times 6} = 76.98\text{A}$

过电流保护装置动作电流:$I_{opK} = K_{rel}K_{jx}\frac{K_{st}I_{1rT}}{K_r n_{TA}} = 1.2 \times 1 \times \frac{3 \times 76.98}{0.9 \times 100/1} = 3.08\text{A}$

保护装置一次动作电流:$I_{op} = I_{opK}\frac{n_{TA}}{K_{js}} = 3.08 \times \frac{100}{1} = 308\text{A}$

最小运行方式下低压末端单相接地短路时,流过高压侧的稳态电流(D,yn):

$$I_{2k1 \cdot min} = \frac{\sqrt{3}}{3}\frac{I_{22k1 \cdot min}}{n_T} = \frac{\sqrt{3}}{3} \times \frac{13600}{6/0.4} = 523.5\text{A}$$

保护装置灵敏度系数:$K_{ren} = \frac{I_{2k1 \cdot min}}{I_{op}} = \frac{523.5}{308} = 1.7$

注:也可参考《工业与民用配电设计手册》(第三版)P297 表7-3。

2013年案例分析试题(下午卷)

[专业案例题(共40题,考生从中选择25题作答,每题2分)]

题1~5:某110/10kV变电所,变压器容量为2×25MV·A,两台变压器一台工作一台备用,变电所的计算负荷为17000kV·A,变压器采用室外布置,10kV设备采用室内布置。变电所所在地海拔高度为2000m,户外设备运行的环境温度为-25~45℃,且冬季时有冰雪天气,在最大运行方式下10kV母线的三相稳态短路电流有效值为20kA(回路总电阻小于总电抗的三分之一),请回答下列问题。

1.若110/10kV变电所出线间隔采用10kV真空断路器,断路器在正常环境条件下额定电流为630A,周围空气温度为40℃时允许温升为20℃,请确定该断路器在本工程所在地区环境条件下及环境温度5℃时的额定电流和40℃时的允许值为下列哪一项数值? (　　)

(A)740A,19℃　　(B)740A,20℃

(C)630A,19℃　　(D)630A,20℃

解答过程:

2.110/10kV变电所10kV供电线路中,电缆总长度约为32km,无架空地线的钢筋混凝土电杆架空线路10km,若采用消弧线圈经接地变压器接地,使接地故障点的残余电流小于等于10A。请确定消弧线圈的容量(计算值)应为下列哪一项数值? (　　)

(A)32.74kV·A　　(B)77.94kV·A

(C)251.53kV·A　　(D)284.26kV·A

解答过程:

3.若110/10kV变电所的10kV系统的电容电流为35A,阻尼率取3%,试计算当脱谐度和长时间中性点位移电压满足规范要求且采用过补偿方式时,消弧线圈的电感电流取值范围为下列哪一项数值? (　　)

(A)31.50~38.5A　　(B)35.0~38.50A
(C)34.25~36.75A　　(D)36.54~38.50A

解答过程：

4. 110/10kV 变电所 10kV 出线经穿墙套管引入室内，试确定穿墙套管的额定电压、额定电流宜为下列哪组数值？（　　）

(A)20kV,1600A　　(B)20kV,1000A
(C)10kV,1600A　　(D)10kV,1000A

解答过程：

5. 110/10kV 变电所 10kV 出线经穿墙套管引入室内，三相矩形母线水平布置，已知穿墙套管与最近的一组母线支撑绝缘子的距离为 800mm，穿墙套管的长度为 500mm，相间距离为 300mm，绝缘子上受力的折算系数取 1，试确定穿墙套管的最小弯矩破坏负荷为下列哪一项数值？（　　）

(A)500N　　(B)1000N　　(C)2000N　　(D)4000N

解答过程：

题 6~10：某 35kV 变电所，两回电缆进线，装有两台 35/10kV 变压器、两台 35/0.4kV 所用变，10kV 馈出回路若干。请回答下列问题。

6. 已知某 10kV 出线电缆线路的计算电流为 230A，采用交联聚乙烯绝缘铠装铜芯三芯电缆，直埋敷设在多石地层、非常干燥、湿度为 3% 的砂土层中，环境温度为 25℃，请计算按持续工作电流选择电缆截面时，该电缆最小截面为下列哪一项数值？（　　）

(A)$120mm^2$　　(B)$150mm^2$　　(C)$185mm^2$　　(D)$240mm^2$

解答过程：

7. 已知变电所室内10kV母线采用矩形硬铝母线，母线工作温度为75℃，母线短路电流交流分量引起的热效应为400kA²s，母线短路电流直流分量引起的热效应为4kA²s，请计算母线截面最小应该选择下面哪一项数值？（　　）

(A) 160mm² (B) 200mm²

(C) 250mm² (D) 300mm²

解答过程：

8. 假定变电所所在地海拔高度为2000m，环境温度为+35℃，已知35kV户外软导线在正常使用环境下的载流量为200A，请计算校正后的户外软导线载流量为下列哪一项数值？（　　）

(A) 120A (B) 150A

(C) 170A (D) 210A

解答过程：

9. 已知变电所一路380V所用电回路是以气体放电灯为主的照明回路，拟采用1kV交联聚乙烯等截面铜芯四芯电缆直埋敷设（环境温度25℃，热阻系数$\rho = 2.5$）见下表，该回路的基波电流为80A，各相线电流中三次谐波分量为35%，该回路的电缆最小截面应为下列哪一项数值？（　　）

交联聚乙烯绝缘电缆直埋敷设载流量表

敷设方式			三、四芯或单芯三角排列			二芯		
线芯截面(mm^2)			不同环境温度的载流量(A)					
主线芯		中性线	20℃	25℃	30℃	20℃	25℃	30℃
铜	1.5		22	21	20	26	25	24
	2.5		29	28	27	34	33	32
	4	4	37	36	34	44	42	41
	6	6	46	44	43	56	54	52
	10	10	61	59	57	73	70	68
	16	16	79	76	73	95	91	88
	25	16	101	97	94	121	116	113
	35	16	122	117	118	146	140	136

续上表

敷设方式		三、四芯或单芯三角排列			二　芯		
线芯截面(mm²)		不同环境温度的载流量(A)					
主线芯	中性线	20℃	25℃	30℃	20℃	25℃	30℃
铜 50	25	144	138	134	173	166	161
铜 70	35	178	171	166	213	204	198
铜 95	50	211	203	196	252	242	234
铜 120	70	240	230	223	287	276	267
铜 150	70	271	260	252	324	311	301
铜 185	95	304	292	283	363	311	301
铜 240	120	351	337	326	419	402	390
铜 300	150	396	380	368	474	455	441

(A)25mm² (B)35mm² (C)50mm² (D)70mm²

解答过程:

10. 已知变电所另一路380V所用电回路出线采用聚氯乙烯绝缘铜芯电缆,线芯长期允许工作温度70℃,且用电缆的金属护层做保护导体,假定通过该回路的保护电器预期故障电流为14.1kA,保护电器自动切断电流的动作时间为0.2s,请确定该回路保护导体的最小截面应为下面哪一项数值? ( )

(A)25mm² (B)35mm² (C)50mm² (D)70mm²

解答过程:

题11~15:某无人值班的35/10kV变电所,35kV侧采用线路变压器组接线,10kV侧采用单母线分段接线,设母联断路器:两台变压器同时运行、互为备用,当任一路电源失电或任一台变压器解列时,该路35kV断路器及10kV进线断路器跳闸,10kV母联断路器自动投入(不考虑两路电源同时失电),变电所采用蓄电池直流操作电源,电压等级为220V,直流负荷中,信号装置计算负荷电流为5A,控制保护装置计算负荷电流为5A,应急照明(直流事故照明)计算负荷电流为5A,35kV及10kV断路器跳闸电流均为5A,合闸电流均为120A(以上负荷均已考虑负荷系数),请回答下列问题。

11. 请计算事故全停电情况下，与之相对应的持续放电时间的放电容量最接近下列哪一项数值？（　　）

(A) 15A·h　　(B) 25A·h
(C) 30A·h　　(D) 50A·h

解答过程：

12. 假定事故全停电情况下（全停电前充电装置与蓄电池浮充电运行），与之相对应的持续放电时间的放电容量为 40A·h，选择蓄电池容量为 150A·h，电池数 108 块，采用阀控式贫液铅酸蓄电池，为了确定放电初期（1min）承受冲击放电电流时，蓄电池所能保持的电压，请计算事故放电初期冲击系数 K_{cho} 值，其结果最接近下列哪一项数值？（　　）

(A) 1.1　　(B) 1.47　　(C) 9.53　　(D) 10.63

解答过程：

13. 假定事故全停电情况下，与之相对应的持续放电时间的放电容量为 40A·h，选择蓄电池容量为 150A·h，电池数为 108 块，采用阀控式贫液铅酸蓄电池，为了确定事故放电末期承受随机（5s）冲击放电电流时，蓄电池所能保持的电压，请分别计算任意事故放电阶段的 10h 放电率电流倍数 $K_{m.x}$ 值及 x_h 事故放电末期冲击系数 $K_{chm.x}$，其结果最接近下列哪组数值？（　　）

(A) $K_{m.x}=1.47, K_{chm.x}=8.8$　　(B) $K_{m.x}=2.93, K_{chm.x}=17.6$
(C) $K_{m.x}=5.50, K_{chm.x}=8.8$　　(D) $K_{m.x}=5.50, K_{chm.x}=17.6$

解答过程：

14. 假定选择蓄电池容量为 120A·h，采用阀控式贫液铅酸蓄电池，蓄电池组与直流母线连接，不考虑蓄电池初充电要求，请计算变电所充电装置的额定电流，其结果最接近下列哪一项数值？（蓄电池自放电电流按最大考虑）（　　）

(A)15A　　(B)20A　　(C)25A　　(D)30A

解答过程:

15. 按上题条件,假设该变电所设一组蓄电池组,采用2套高频开关模块型充电装置,单个模块的额定电流为2.2A,则高频开关电源模块的数量宜为下列哪一项?　　(　　)

(A)10　　(B)12

(C)14　　(D)16

解答过程:

题16~20:某新建项目,包括生产车间、66kV变电所、办公建筑等,当地的年平均雷暴日为20天,预计雷击次数为0.2次/年,请回答下列问题。

16. 该项目厂区内有一个一类防雷建筑,电源由500m外10kV变电所通过架空线路引来,在距离该建筑物18m处改由电缆穿钢管埋地引入该建筑物配电室,电缆由室外引入室内后沿电缆沟敷设,长度为5m,电缆规格为YJV-10kV,$3 \times 35mm^2$,电缆埋地处土壤电阻率为200Ω·m,电缆穿钢管埋地的最小长度宜为下列哪一项数值?　　(　　)

(A)29m　　(B)23m　　(C)18m　　(D)15m

解答过程:

17. 该项目厂区内有一烟囱建筑,高20m,防雷接地的水平接地体形式为近似边长6m的正方形,测得引下线的冲击接地电阻为35Ω,土壤电阻率为1000Ω·m,请确定是否需要补加水平接地体,若需要,补加的最小长度宜为下列哪一项数值?　　(　　)

(A)需要1.61m　　(B)需要5.61m

(C)需要16.08m　　(D)不需要

解答过程:

18. 该项目66kV变电所内有A、B两个电气设备，室外布置，设备的顶端平面为圆形，半径均为0.3m，且与地面平行，高度分别为16.5m和11m，拟在距A设备中心15m、距B设备中心25m的位置安装32m高的避雷针一座，请采用折线法计算避雷针在A、B两个电气设备顶端高度上的保护半径应为下列哪组数值？并判断A、B两个电气设备是否在避雷针的保护范围内？（　　）

(A) 11.75m, 18.44m, 均不在　　(B) 15.04m, 25.22m, 均在

(C) 15.04m, 25.22m, 均不在　　(D) 15.50m, 26.0m, 均在

解答过程：

19. 该项目66kV变电所电源线路采用架空线，线路全程架设避雷线，其中有两档的档距分别为500m和180m，试确定当环境条件为15℃无风时，这两档中央导线和避雷线间的最小距离分别宜为下列哪组数值？（　　）

(A) 3.10m, 3.10m　　(B) 6.00m, 3.16m

(C) 6.00m, 6.00m　　(D) 7.00m, 3.16m

解答过程：

20. 该项目厂区内某普通办公建筑，低压电源线路采用带内屏蔽层的4芯电力电缆架空引入，作为建筑内用户0.4kV电气设备的电源，电缆额定电压为1kV，土壤电阻率为500Ω·m，屏蔽层电阻率为17.24×10^{-9}Ω·m，屏蔽层每公里电阻为1.4Ω，电缆芯线每公里的电阻为0.2Ω，电缆线路总长度为100m，电缆屏蔽层在架空前接地，架空距离为80m，通过地下和架空引入该建筑物的金属管道和线路总数为3，试确定电力电缆屏蔽层的最小面积宜为下列哪一项数值？（　　）

(A) $0.37mm^2$　　(B) $2.22mm^2$　　(C) $2.77mm^2$　　(D) $4.44mm^2$

解答过程：

题21～25：某企业所在地区海拔高度为2300m，总变电所设有110/35kV变压器，从电网用架空线引来一路110kV电源，110kV和35kV配电设备均为户外敞开式；其中，110kV系统为中性点直接接地系统，35kV和10kV系统为中性点不接地系统，企业设有35kV分变电所，请回答下列问题。

21. 总变电所某110kV间隔接线平、断面图如下图所示，请问现场安装的110kV不同相的裸导体之间的安全净距不应小于下列哪一项数值？（　）

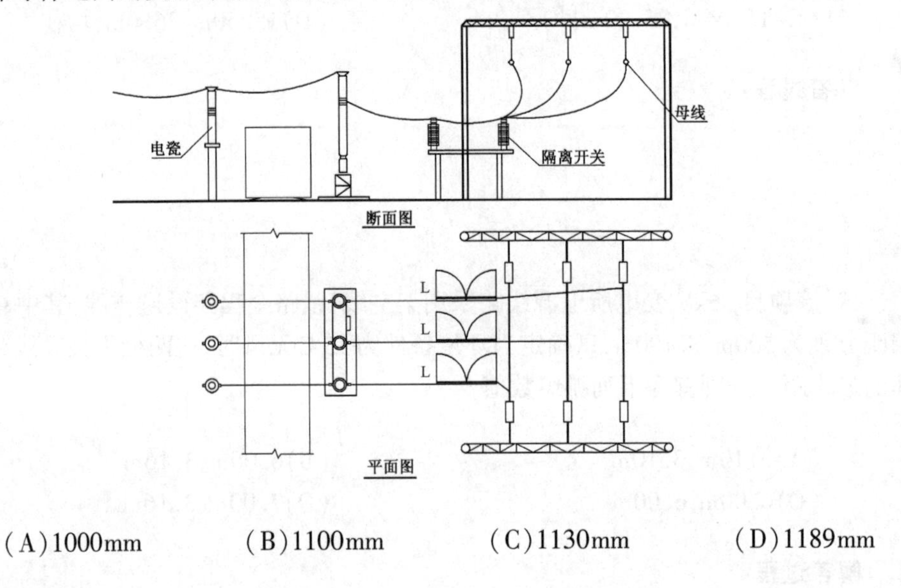

（A）1000mm　（B）1100mm　（C）1130mm　（D）1189mm

解答过程：

22. 上题图中，如果设备运输道路上方的110kV裸导体最低点距离地面高为5000mm，请确定汽车运输设备时，运输限高应为下列哪一项数值？（　）

（A）1650mm　（B）3233mm　（C）3350mm　（D）3400mm

解答过程：

23. 企业分变电所布置如下图所示，为一级负荷供电，其中一路电源来自总变电所，另一路电源来自柴油发电机。变压器T1为35/10.5kV，4000kV·A，油重3100kg，高3.5m；变压器T2、T3均为10/0.4kV，1600kV·A，油重1100kg，高2.2m。高低压开关柜均为无油设备同室布置，10kV电力电容器独立布置于一室，变压器露天布置，设有1.8m高的固定遮拦。请指出变电所布置上有几处不合乎规范要求？并说明理由。（　）

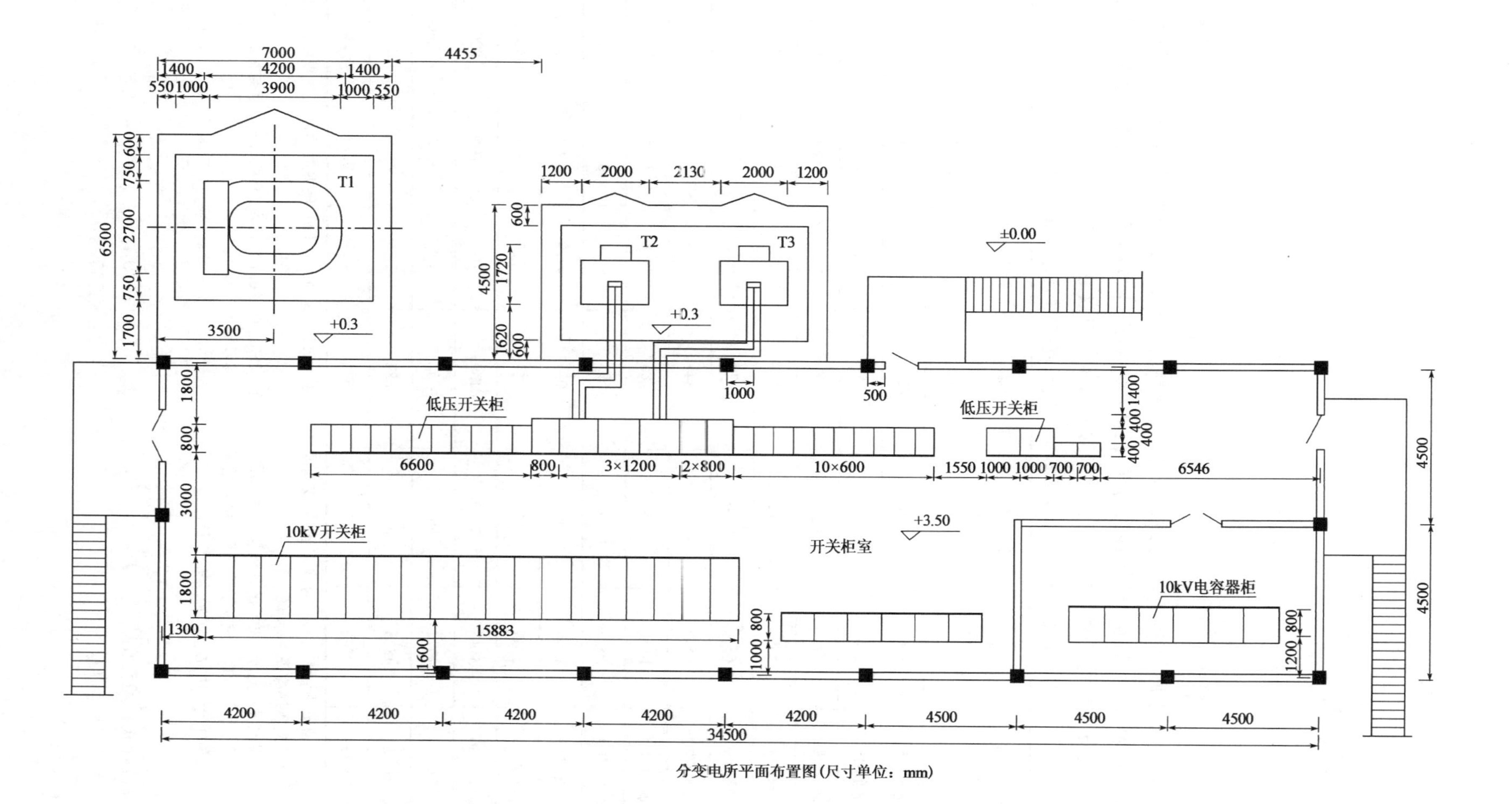

分变电所平面布置图(尺寸单位：mm)

(A)一处　　(B)二处

(C)三处　　(D)四处

解答过程：

24. 总变电所的35kV裸母线拟采用管形母线，该母线的长期允许载流量及计算用数据见下表，设计师初选的导体尺寸为ϕ100/90，若当地最热月平均最高温度为35℃，计算该导体在实际环境条件下的载流量为下列哪一项数值？（　　）

铝镁硅系(6063)管形母线长期允许载流量及计算用数据

导体尺寸 D/d (mm)	导体截面 (mm^2)	载流量(导体最高允许温度)		截面系数 W (cm^3)	惯性半径 r_1 (cm)	截面惯性矩 I (cm^4)
		+70℃	+80℃			
ϕ30/25	216	578	624	1.37	0.976	2.06
ϕ40/35	294	735	804	2.60	1.33	5.20
ϕ50/45	373	925	977	4.22	1.68	10.6
ϕ60/54	539	1218	1251	7.29	2.02	21.9
ϕ70/64	631	1410	1428	10.2	2.37	35.5
ϕ80/72	954	1888	1841	17.3	2.69	69.2
ϕ100/90	1491	2652	2485	33.8	3.36	169
ϕ110/100	1649	2940	2693	41.4	3.72	228
ϕ120/110	1806	3166	2915	49.9	4.07	299
ϕ130/116	2705	3974	3661	79.0	4.36	513
ϕ150/136	3145	4719	4159	107	5.06	806
ϕ170/154	4072	5696	4952	158	5.73	1339
ϕ200/184	4825	6674	5687	223	6.79	2227
ϕ250/230	7540	9139	7635	435	8.49	5438

注：1. 最高允许温度+70℃的载流量，是按基准环境温度+25℃，无风、无日照，辐射散热系数与吸收系数为0.5，不涂漆条件计算的。

2. 最高允许温度+80℃的载流量，是按基准环境温度+25℃，日照0.1W/cm^2，风速0.5m/s且与管形导体垂直，海拔1000m，辐射散热系数与吸收系数为0.5，不涂漆条件计算的。

3. 导体尺寸中，D为外径，d为内径。

(A)1975.6A　　(B)2120A

(C)2247A　　(D)2333.8A

解答过程：

25. 总变电所所在地区的污秽特征如下，大气污染较为严重，重雾重盐碱，离海岸盐场 2.5km，盐密 0.2mg/cm²，总变电所中 35kV 断路器绝缘瓷瓶的爬电距离为 875mm，请判断下列断路器绝缘瓷瓶爬电距离检验结论中，哪一项是正确的？并说明理由。（　　）

(A)经计算，合格　　(B)经计算，不合格

(C)无法计算，不能判定　　(D)无须计算，合格

解答过程：

题 26～30：某变电所设一台 400kV·A 动力变压器，$U_d\%=4$，二次侧单母线给电动机负荷供电，其中一台笼型电动机额定功率 $P=132$kW，额定电压 380V，额定电流 240A，额定转速 1480r/min，$\cos\varphi_{ed}=0.89$，额定效率 0.94，启动电流倍数 6.8，启动转矩倍数 1.8，接至电动机的沿桥架敷设的电缆线路电抗为 0.0245Ω，变压器一次侧的短路容量为 20MV·A，母线已有负荷为 200kV·A，$\cos\varphi_n=0.73$。请回答下列问题。

26. 计算电动机启动时母线电压为下列哪一项数值？（忽略母线阻抗，仅计线路电抗）（　　）

(A)337.32V　　(B)338.81V

(C)340.79V　　(D)345.10V

解答过程：

27. 若该低压笼型电动机具有 9 个出线端子，现采用延边三角形降压启动，设星形部分和三角形部分的抽头比为 2∶1，计算电动机的启动电压和启动电流应为下列哪组数值？（　　）

(A)242.33V，699.43A　　(B)242.33V，720A

(C)242.33V，979.2A　　(D)283.63V，699.43A

解答过程：

28. 若采用定子回路接入对称电阻启动，设电动机的启动电压与额定电压之比为0.7，忽略线路电阻，计算每相外加电阻应为下列哪一项数值？（　　）

(A)0.385Ω　　(B)0.186Ω

(C)0.107Ω　　(D)0.104Ω

解答过程：

29. 若采用定子回路接入单相电阻启动，设电动机的允许启动转矩为1.2M_{st}，忽略线路电阻，计算流过单相电阻的电流应为下列哪一项数值？（　　）

(A)1272.60A　　(B)1245.11A

(C)1236.24A　　(D)1231.02A

解答过程：

30. 当采用自耦变压器降压启动时，设电动机启动电压为额定电压的70%，允许每小时启动6次，电动机一次启动时间为12s，计算自耦变压器的容量应为下列哪一项数值？（　　）

(A)450.62kV·A　　(B)324.71kV·A

(C)315.44kV·A　　(D)296.51kV·A

解答过程：

题31～35：某办公室平面长14.4m、宽7.2m、高3.6m，墙厚0.2m(照明计算平面按长14.2m、宽7.0m)，工作面高度为0.75m，平面图如下图所示，办公室中均匀布置荧光灯具。

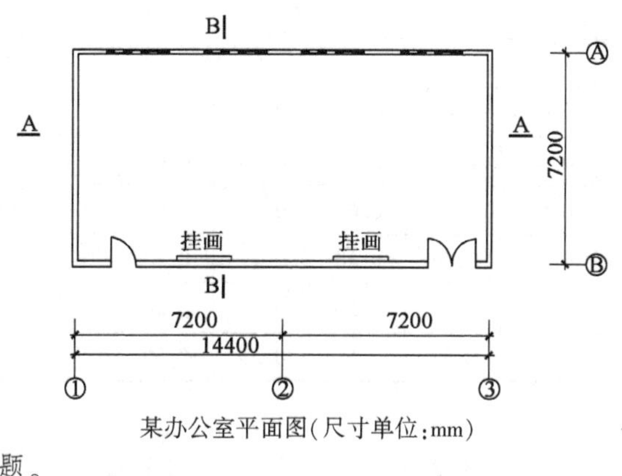

某办公室平面图(尺寸单位：mm)

请回答下列问题。

31. 若办公室无吊顶，采用杆吊式格栅荧光灯具，灯具安装高度3.1m，其A-A剖面见下图，其室内顶棚反射比为0.7，地面反射比为0.2，墙面反射比为0.5，玻璃窗反射比为0.09，窗台距室内地面高0.9m，窗高1.8m，玻璃窗面积为12.1m²，若挂画的反射比与墙面反射比相同，计算该办公室空间墙面平均反射比ρ_{wav}应为下列哪一项数值？（　　）

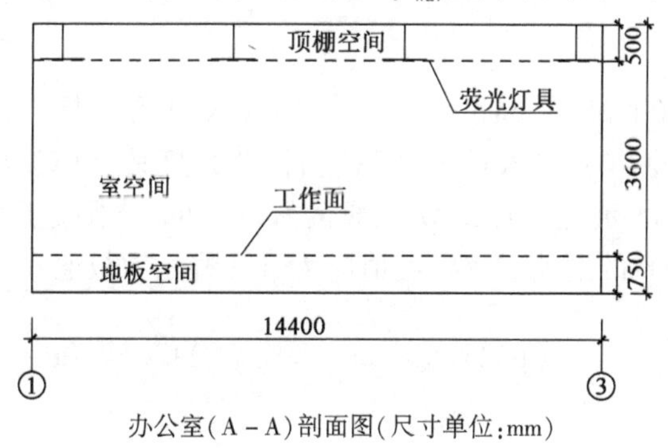

办公室(A－A)剖面图(尺寸单位：mm)

(A)0.40　　(B)0.45

(C)0.51　　(D)0.55

解答过程：

32. 若该办公室有平吊顶，高度3.1m，灯具嵌入顶棚安装，已知室内有效顶棚反射比为0.7，墙反射比为0.5，地面反射比为0.2，现均匀布置8套嵌入式3×28W格栅荧光灯具，用T5直管荧光灯配电子镇流器，28W荧光灯管光通量为2660lm，格栅灯具效率为0.64，其利用系数见下表，计算中RCR取小数点后1位数值，维护系数为0.8，求该房间的平均照度为下列哪一项？（　　）

荧光灯格栅灯具利用系数表

有效顶棚反射比(%)	70			50			30		
墙反射比(%)	50	30	10	50	30	10	50	30	10
地面反射比(%)	20								
室空间比 RCR									
1	0.69	0.68	0.67	0.66	0.65	0.64	0.63	0.62	0.61
1.2	0.67	0.66	0.65	0.64	0.63	0.62	0.61	0.60	0.59
1.5	0.65	0.64	0.63	0.62	0.61	0.60	0.58	0.57	0.57
2.0	0.61	0.59	0.58	0.59	0.57	0.56	0.57	0.55	0.53
2.5	0.57	0.56	0.54	0.56	0.54	0.52	0.54	0.51	0.49
3.0	0.54	0.52	0.51	0.53	0.50	0.48	0.51	0.48	0.46

(A)275lx　　(B)293lx　　(C)313lx　　(D)329lx

解答过程：

33. 若该办公室有平吊顶，高度 3.1m，灯具嵌入顶棚安装，为满足工作面照度为 500lx，经计算均匀布置 14 套嵌入式 3×28W 格栅荧光灯具，单支 28W 荧光灯管配的电子镇流器功耗为 4W，T5 荧光灯管 28W 光通量为 2660lm，格栅灯具效率为 0.64，维护系数为 0.8，计算该办公室的照明功率密度值应为下列哪一项数值？　　(　　)

(A)$9.7W/m^2$　　(B)$11.8W/m^2$　　(C)$13.5W/m^2$　　(D)$16W/m^2$

解答过程：

34. 若该办公室平吊顶高度为 3.1m，采用嵌入式格栅灯具均匀安装，每套灯具 4×14W，采用 T5 直管荧光灯，每支荧光灯管光通量为 1050lm，灯具的利用系数为 0.62，灯具效率为 0.71，灯具维护系数为 0.8，要求工作面照度为 500lx，计算需要灯具套数为下列哪一项数值？(取整数)　　(　　)

(A)14　　(B)21　　(C)24　　(D)27

解答过程：

35. 若该办公室墙面上有一幅挂画，画中心距地 1.8m，采用一射灯对该画局部照明，灯具距地 3m，光轴对准画中心，与墙面成 30°角，位置示意如下图所示，射灯光源的光强分布如下表，试求该面中心点的垂直照度应为下列哪项数值？（　）

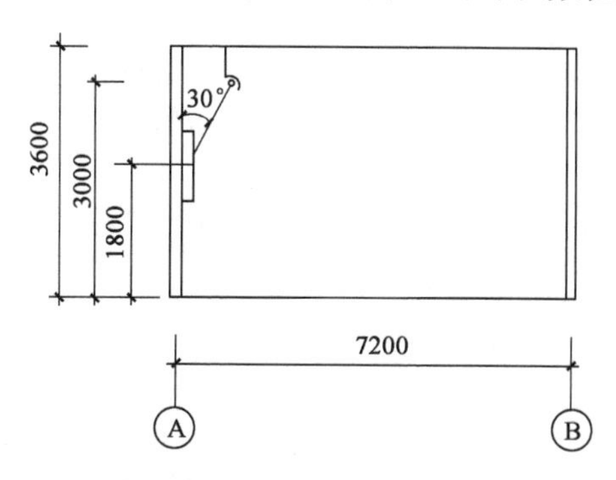

墙上挂画采用射灯照明位置（B-B）剖面图（尺寸单位：mm）

光源光强分布表

$\theta°$	0	10	20	25	30	35	40	45	90
I_θ（cd）	3220	2300	1150	470	90	23	15	9	5

（A）23lx　　（B）484lx　　（C）839lx　　（D）1452lx

解答过程：

题 36～40：有一栋写字楼，地下一层，地上 10 层，其中 1～4 层带有裙房，每层建筑面积 3000m²；5～10 层为标准办公层，每层面积为 2000m²，标准办公层每层公共区域面积占该层面积为 30%，其余为纯办公区域，请回答下列问题。

36. 在四层有一设有主席台的大型电视会议室，在主席台后部设有投影幕，观众席第一排至会议的投影幕布的距离为 8.4m，观众席设有 24 排座席，两排座席之间的距离为 1.2m，试通过计算确定为满足最后排的人能看清投影幕的内容，投影幕的最小尺寸（对角线）为下列哪一项数值？（　）

（A）7.0m　　（B）8.0m　　（C）9.0m　　（D）10.0m

解答过程：

37. 在第六层办公区域按照每 $5m^2$ 设一个语音点，语音点采用 8 位模块通用插座，连接综合业务数字网，并采用 S 接口，该层的语音主干线若采用 50 对的三类大对数电缆，在考虑备用后，请计算至少配置的语音主干电缆根数应为下列哪一项数值？（　　）

(A)15　　(B)14

(C)13　　(D)7

解答过程：

38. 该办公楼第七层由一家公司租用，共设置了 270 个网络数据点，现采用 48 口的交换机，每台交换机(SW)设置一个主干端口，数据光纤按最大配置，试计算光纤芯数，按规范要求应为下列哪一项数值？（　　）

(A)8　　(B)12　　(C)14　　(D)16

解答过程：

39. 在 2 层有一个数据机房，设计了 10 台机柜，每台机柜设备的计算负荷为 8kW（功率因数为 0.8），需要配置不间断电源(UPS)，计算确定 UPS 输出容量应为下列哪一项数值？（　　）

(A)120kV·A　　(B)100kV·A　　(C)96kV·A　　(D)80kV·A

解答过程：

40. 在首层大厅设置视频安防摄像机，已知该摄像机的镜头焦距为 24.99mm，物体成像的像距为 25.01mm，计算并判断摄像机观察物体的物距应为下列哪一项数值？（　　）

(A)25.65m　　(B)31.25m　　(C)43.16m　　(D)51.5m

解答过程：

2013 年案例分析试题答案(下午卷)

题 1～5 答案:**ADDAC**

1.《导体和电器选择设计技术规定》(DL/T 5222—2005)第 5.0.3 条。

环境温度 5℃时的额定电流:$I_t = I[1+(40-5)\times0.5\%] = 630\times1.175 = 740A$

根据《工业与民用供配电设计手册》(第四版)P324:(2)空气温度随海拔的增加而相应递减,其值足以补偿由于海拔增加对高压电器温升的影响。因而在高海拔(不超过 4000m)地区使用时,高压电器的额定电流可以保持不变。

环境温度 40℃时的允许温升:$T = T_n\left(1-\frac{2000-1000}{100}\times0.3\%\right) = 20\times0.97 = 19.4℃$

注:在 4000m 以下的环境中高压电器的额定电流可不修正。

2.《工业与民用供配电设计手册》(第四版)P302 式(4.6-35)和式(4.6-36)和《导体和电器选择设计技术规定》(DL/T 5222—2005)第 18.1.4 条式(18.1.4)。

电缆线路单相接地电容电流:$I_{c1} = 0.1U_r l = 0.1\times10\times32 = 32A$

无架空地线单相接地电容电流:$I_{c2} = 2.7U_r l\times10^{-3} = 2.7\times10\times10\times10^{-3} = 0.27A$

P152 倒数第 5 行:电网中的单相接地电容电流由电力线路和电力设备两部分组成,考虑电力设备的电容电流,总电容电流 $I = (I_{c1}+I_{c2})\times(1+16\%) = 1.16\times(32+0.27) = 37.4A$

消弧线圈补偿容量:$Q = KI_c\frac{U_n}{\sqrt{3}} = 1.35\times37.4\times\frac{10}{\sqrt{3}} = 291.51kV\cdot A$

选答案 D,即 284.86kV·A。

校验接地故障点残余电流 $I_{cy} = \frac{Q'}{\sqrt{3}U_n} = \frac{291.51-284.86}{\sqrt{3}\times10} = 0.384A < 10A$,满足要求。

注:不可忽略电网中电力设备产生的电容电流。可参考《工业与民用配电设计手册》(第三版)P153 式(4-41)和式(4-42)。

3.《导体和电器选择设计技术规定》(DL/T 5222—2005)第 18.1.7 条式(18.1.7)。

脱谐度:$U_0 = \frac{U_{bd}}{\sqrt{d^2+v^2}} \Rightarrow \frac{10}{\sqrt{3}}\times15\% = \frac{(10/\sqrt{3})\times0.8\%}{\sqrt{0.03^2+v^2}}$

则:$v = \pm0.044$

由于采用过补偿方式,脱谐度应取负值,为 -0.044,即 -4.4%。另规范规定脱谐度一般不应大于 10%(绝对值),因此本题脱谐度范围为 -10% ~ -4.4%。

消弧线圈电感电流：$v_1 = \dfrac{I_c - I_L}{I_c}$

$I_L = I_c(1 - v_1)$

$I_L = 35 \times (1 + 0.044) = 36.54A$

$v_2 = \dfrac{I_c - I_L}{I_c}$

$I_L = I_c(1 - v_2)$

$I_L = 35 \times (1 + 0.1) = 38.5A$

注：公式 $Q = KI_c \dfrac{U_n}{\sqrt{3}}$，欠补偿时，一般 K 取（1－脱谐度），因此若采用过补偿时，脱谐度实际应为负值。

4.《导体和电器选择设计技术规定》（DL/T 5222—2005）第21.0.4条。

3～20kV屋外绝缘子和穿墙套管，当有冰雪时，宜采用高一级电压的产品，因此额定电压选择20kV。

《电力工程电气设计手册》（电气一次部分）P232表6-3。

10kV回路持续工作电流：$I = 1.05 \times \dfrac{S_n}{\sqrt{3}U_n} = 1.05 \times \dfrac{25000}{\sqrt{3} \times 10} = 1515.15A$

取1600A。

5.《工业与民用供配电设计手册》（第四版）P367式（5.5-58）、P376表5.5-15。

作用在穿墙套管上的作用力：$F_{k3} = 8.66\dfrac{l_{r1} + l_{r2}}{D}i_{p3}^2 \times 10^{-2} = 8.66 \times \dfrac{800 + 500}{300} \times (2.55 \times 20)^2 \times 10^{-2} = 976N$

穿墙套管弯矩破坏负荷：$F_{ph} \geqslant \dfrac{F_c}{0.6} = \dfrac{976}{0.6} = 1626N$，选取2000N。

注：也可参考《工业与民用配电设计手册》（第三版）P213表5-10。

题6～10答案：**BCCBC**

6.《电力工程电缆设计规范》（GB 50217—2018）附录C表C.0.3及附录D式（D.0.2）和表D.0.3。

根据表C.0.3交联聚乙烯绝缘铠装电力电缆直埋环境温度为25℃，因此环境温度系数不修正。

根据表D.0.3，土壤热阻系数修正系数：$k_1 = 0.75$

铝芯与铜芯电缆的持续载流量系数：$k_2 = 1.29$

电缆载流量：$I_z = \dfrac{I_n}{k_1 k_2} = \dfrac{230}{\dfrac{0.75}{0.87} \times 1.29} = 206.8A < 219A$

因此选150mm²。

注：由于表 C.0.3，10kV 三芯电缆载流量数据的环境条件为温度 25℃及土壤热阻系数为 2.0K·m/W，因此 K_1 值在计算时需做必要的修正。

7.《导体和电器选择设计技术规定》（DL/T 5222—2005）第 7.1.8 条及式（7.1.8）。

裸导体的热稳定验算：$S \geqslant \frac{\sqrt{Q_d}}{c} = \frac{\sqrt{400+4}}{85} \times 10^3 = 236\text{mm}^2$

选取 250mm^2。

8.《导体和电器选择设计技术规定》（DL/T 5222—2005）附录 D 表 D.11。

海拔 2000m，环境温度 +35℃，根据表 D.11，校正系数 $K=0.85$。

校正后的户外软导线载流量：$I = KI_n = 0.85 \times 200 = 170\text{A}$

9.《低压配电设计规范》（GB 50054—2011）第 3.2.9 条。

三次谐波分量为 35%，按中性导体电流选择截面：$I_b = \frac{80 \times 0.35 \times 3}{0.86} = 97.67\text{A}$

查表选 35mm^2。

注：也可参考《工业与民用供配电设计手册》（第四版）P811 表 9.2-2 及例 9.2-1。

10.《低压配电设计规范》（GB 50054—2011）第 3.2.14 条及附录 A 表 A.0.2。

保护导体最小截面：$S \geqslant \frac{I}{\text{k}}\sqrt{t} \times 10^3 = \frac{14.1}{141} \times \sqrt{0.2} \times 10^3 = 44.7\text{mm}^2 < 50\text{ mm}^2$

题 11～15 答案：**CBACB**

11.《电力工程直流系统设计技术规程》（DL/T 5044—2014）第 4.2.5 条表 4.2.5。

无人值班变电所信号和控制负荷事故放电计算时间为 2h，直流应急照明为 2h，因此放电容量为：

$C_{cc} = 2 \times 5 + 2 \times 5 + 2 \times 5 = 30\text{A} \cdot \text{h}$

注：2014 年新规范将直流应急照明的事故放电计算时间调整为 2h，旧规范为 1h。

12.《电力工程直流系统设计技术规程》（DL/T 5044－2014）第 6.1.5 条、附录 C 第 C.2.3 条 。

根据表 5.2.3，事故放电初期 1min 冲击放电电流值，控制、信号、断路器跳闸与分闸电流、直流应急照明均需计入。

全所停电初期即两路电源均失电，则断路器将跳闸（仅考虑一台断路器）则：

事故放电初期冲击系数：$K_{cho} = K_K \frac{I_{cho}}{I_{10}} = 1.1 \times \frac{5+5+5+5}{150 \div 10} = 1.47$

注：旧规范题目，依据《电力工程直流系统设计技术规程》（DL/T 5044—2004）附录 B.2.1.3 式（B.2）。有关蓄电池容量计算方法，2014 版新规范修正较多，但内容较之旧规范更为简洁，旧规范题目供考生参考。

13.《电力工程直流系统设计技术规程》(DL/T 5044—2014)表 4.2.5 和第 6.1.5 条、附录 C 第 C.2.3 条。

任意事故放电阶段的 10h 放电率电流倍数：$K_{m.x} = K_K \dfrac{C_{s.x}}{tI_{10}} = 1.1 \times \dfrac{40}{2 \times 150/10} = 1.47$

Xh 事故放电末期冲击系数：$K_{chm.x} = K_K \dfrac{I_{chm}}{I_{10}} = 1.1 \times \dfrac{120}{150/10} = 8.8$

注：旧规范题目，依据《电力工程直流系统设计技术规程》(DL/T 5044—2004)附录 B.2.1.3 式(B.5)。有关蓄电池容量计算方法，2014 版新规范修正较多，但内容较之旧规范更为简洁，旧规范题目供考生参考。

14.《电力工程直流系统设计技术规程》(DL/T 5044—2014)附录 D 中．D.1.1-3。

蓄电池自放电电流按最大考虑，铅酸蓄电池取 $1.25I_{10}$。

则 $I_r = 1.25I_{10} + I_{jc} = 1.25 \times \dfrac{120}{10} + 5 + 5 = 25A$

15.《电力工程直流系统设计技术规程》(DL/T 5044—2014) 附录 D．D.2.1-5。

高频开关电源模块数量：$n = \dfrac{I_r}{I_{me}} = \dfrac{25}{2.2} = 11.36$，取 12 个。

题 16～20 答案：**AACDB**

16.《建筑物防雷设计规范》(GB 50057—2010)第 4.2.3-3 条式(4.2.3)。

当架空线转换成一段铠装电缆或护套电缆穿钢管直接埋地引入时，其埋地长度可按下式计算：

$l \geqslant 2\sqrt{\rho} = 2 \times \sqrt{200} = 28.28m$

取 29m。

注：部分考友质疑从距离建筑 18m 处开始埋地，怎么埋地 28m 才能进入建筑物？其实这是考试时紧张过度，若建筑物体量大，没有规范规定电缆应在最近点进入建筑物，通常考虑到配电室位置及其他相关因素，电缆完全可以在建筑一侧敷设一段距离(如 10m)再进入建筑物，平常设计时也经常遇到这样的情况。

17.《建筑物防雷设计规范》(GB 50057—2010)第 3.0.4-4 条：烟囱为第三类防雷建筑物。

第 4.4.6-1 条及式(4.2.4-1)，补打水平接地体的最小长度：$l_r = 5 - \sqrt{\dfrac{A}{\pi}} = 5 - \sqrt{\dfrac{6 \times 6}{\pi}} = 1.61m$

18.《交流电气装置的过电压保护和绝缘配合设计规范》(GB/T 50064—2014) 第 5.2.1 条。

$h = 32m > 30m, P = \dfrac{5.5}{\sqrt{h}} = \dfrac{5.5}{\sqrt{32}} = 0.972$

(1): $h_{xA}=16.5>\frac{h}{2}=16$, $r_{xA}=(h-h_{xA})P=(32-16.5)\times0.972=15.07\text{m}<15+0.3=15.3\text{m}$

(2): $h_{xB}=11<\frac{h}{2}=16$, $r_{xB}=(1.5h-2h_{xB})P=(1.5\times32-2\times11)\times0.972=25.27\text{m}<25+0.3=25.3\text{m}$

因此均不在保护范围内。

注:也可参考《交流电气装置的过电压保护和绝缘配合》(DL/T 620—1997) 第5.2.1条本题的关键在于设备顶端平面为圆形,半径均为0.3m,因此设备最高点为顶端中心点。

19.《66kV及以下架空电力线路设计规范》(GB 50061—2010)第5.2.2条式(5.2.2)。

导线与地线在档距中央的距离:

$S_{l1}=0.012L+1=0.012\times500+1=7\text{m}$

$S_{l2}=0.012L+1=0.012\times180+1=3.16\text{m}$

20.《建筑物防雷设计规范》(GB 50057—2010)第3.0.4-3条:办公楼为第三类防雷建筑物。

第4.2.4-9条,式(4.2.4-7): $I_f=\frac{0.5IR_s}{n(mR_s+R_c)}=\frac{0.5\times100\times1.4}{3\times(4\times1.4+0.2)}=4.023\text{kA}$

附录H,式(H.0.1): $S_c\geqslant\frac{I_f\rho_c L_c\times10^6}{U_w}=\frac{4.023\times17.24\times10^{-9}\times80\times10^6}{2.5}=2.22\text{mm}^2$

注:本题线路长度是关键,按表H.0.1-1要求,L_c应取架空线路长度,而非线路总长度,另建议熟悉《建筑物防雷设计规范》(GB 50057—2010)中的所有附录,此规范更新后,考查的概率很大。

题21~25答案:**CBDAB**

21.《3~110kV高压配电装置设计规范》(GB 50060—2008)第5.1.1条 表5.1.1,110J的A_2值。

《工业与民用供配电设计手册》(第四版)P324:(3)海拔增加时,……,对于海拔高于1000m但不超过4000m的高压电器外绝缘,海拔每升高100m,其外绝缘强度约降低0.8%~1.3%。

因此: $A'_2=1000\times\left[1+\frac{2300-1000}{100}\times(0.8\%\sim1.3\%)\right]=(1104\sim1169)\text{mm}$

注:也可参考《高压配电装置设计技术规程》(DL/T 5352—2006)附录B 图B.1。

22.《3~110kV高压配电装置设计规范》(GB 50060—2008)第5.1.1条表5.1.1,110J的B1值。

依据同题21：

$$B_1' = 1650 + \left(900 \times \frac{2300 - 1000}{100} \times 1\%\right) = 1767\text{mm}$$

$$h = 5000 - B_1 = 5000 - 1767 = 3233\text{mm}$$

23.《低压配电设计规范》(GB 50054—2011)第4.2.4条：两个出口间的距离超过15m时，期间尚应增加出口(第一处)。《20kV及以下变电所设计规范》(GB 50053—2013)第6.2.2条：变压器室、配电室、电容器室的门应向外开启(第二处)。第4.2.3条：当露天或半露天变压器供给一级负荷用电，相邻的可燃油油浸变压器的防火净距不应小于5m，当小于5m时应设防火墙(第三处)。

《并联电容器装置设计规范》(GB 50227—2017)第9.1.5条：并联电容器室的长度超过7.0m，应设两个出口(第四处)。《3～110kV高压配电装置设计规范》(GB 50060—2008)第5.5.3条：贮油和挡油设施应大于设备外廓每边各1000mm(第五处)。

注：也许还有违反规范之处，请考友指正，应该任选出4处就可得分吧。此类题目需要对规范有足够的熟练度，且需有丰富的审图经验才能锻炼出来，在考场上自己很难判断图中大量信息的取舍是否全部正确，所以建议放弃此类题目。

24.《导体和电器选择技术规定》(DL/T 5222—2005)附录D表D.11。

由主题干可知，35kV裸母线为室外导体，因此导体最高允许温度为+80℃，根据题干表格查得基准载流量为2485A。

根据表D.11的数据，实际环境温度+35℃时，校正系数为0.81(海拔2000m)和0.76(海拔3000m)。

利用插值法：海拔2300m时，校正系数 $K = 0.81 - 300 \times \frac{0.81 - 0.76}{3000 - 2000} = 0.81 - 0.015 = 0.795$

实际载流量：$I_a = KI'_a = 0.795 \times 2485 = 1975.6\text{A}$

也可参考《工业与民用供配电设计手册》(第四版)P205、206的内容。

25.《导体和电器选择设计技术规定》(DL/T 5222—2005)附录C表C.1和表C.2；《交流电气装置的过电压保护和绝缘配合》(DL/T 620—1997)第10.4.1条式(34)。

根据题意可知，污秽等级为III级，对应的爬电比距 $\lambda = 2.5\text{cm/kV}$。

爬电距离：$L = K_d \lambda U_m = (1 \sim 1.2) \times 2.5 \times 40.5 = 101.25 \sim 121.5\text{cm} = 1012.5 \sim 1215\text{mm} > 875\text{mm}$

注：《交流电气装置的过电压保护和绝缘配合设计规范》(GB 50064—2014)中已取消相关公式，理解解题思路即可。系统最高电压 U_m 参考《标准电压》(GB/T 156—2007)第4.3条、第4.4条、第4.5条。另爬电距离公式也可参考《导体和电器选择设计技术规定》(DL/T 5222—2005)第21.0.9条的条文说明。

题 26 ~ 30 答案：**DACCC**

26.《工业与民用供配电设计手册》(第四版)P482 表 6.5-4：全压启动相关公式。

母线短路容量：$S_{km} = \dfrac{S_{rT}}{x_T + \dfrac{S_{rT}}{S_k}} = \dfrac{0.4}{0.04 + \dfrac{0.4}{20}} = 6.667\text{MV·A}$

电动机额定容量：$S_{rm} = \sqrt{3}U_{rm}I_{rm} = \sqrt{3} \times 0.38 \times 0.24 = 0.158\text{MV·A}$

电动机额定启动容量：$S_{stM} = k_{st}S_{rm} = 6.8 \times 0.158 = 1.074\text{MV·A}$

启动时启动回路额定输入容量：$S_{st} = \dfrac{1}{\dfrac{1}{S_{stM}} + \dfrac{X_1}{U_m^2}} = \dfrac{1}{\dfrac{1}{1.074} + \dfrac{0.0245}{0.38^2}} = 0.908\text{MV·A}$

预接负荷无功功率：$Q_{fh} = S_{fh} \times \sqrt{1 - \cos^2\varphi_{fh}} = 0.2 \times \sqrt{1 - 0.73^2} = 0.137\text{Mvar}$

母线电压相对值：$u_{stB} = u_s \dfrac{S_{km}}{S_{km} + Q_{fh} + S_{st}} = 1.05 \times \dfrac{6.667}{6.667 + 0.137 + 0.908} = 0.908$

母线电压有名值：$U_{stm} = u_{stm} \cdot U_n = 0.908 \times 0.38 = 0.345\text{kV} = 345\text{V}$

注：也可参考《工业与民用配电设计手册》第三版 P270 表 6-16，全压启动相关公式。

27.《钢铁企业电力设计手册》(下册)P102 式(24-2)和式(24-3)。

电动机的启动电压：$\dfrac{U'_{q\Delta}}{U_{q\Delta}} = \dfrac{1 + \sqrt{3}K}{1 + 3K}$

$U'_{q\Delta} = U_{q\Delta} \times \dfrac{1 + \sqrt{3}K}{1 + 3K} = 380 \times \dfrac{1 + \sqrt{3} \times 2}{1 + 3 \times 2} = 242.33\text{V}$

电动机全压启动的启动电流：$I_{q\Delta} = k_{st}I_{rM} = 6.8 \times 240 = 1632\text{A}$

电动机的启动电流：$\dfrac{I'_{q\Delta}}{I_{q\Delta}} = \dfrac{1 + K}{1 + 3K}$

$I'_{q\Delta} = I_{q\Delta} \times \dfrac{1 + K}{1 + 3K} = 1632 \times \dfrac{1 + 2}{1 + 3 \times 2} = 699.43\text{A}$

注：延边三角形降压启动现应用渐少，此题稍偏。

28.《钢铁企业电力设计手册》(下册)P104 式(24-7) ~ 式(24-9)。

电动机启动阻抗：$Z_{qd} = \dfrac{380}{\sqrt{3}I_{qd}} = \dfrac{380}{\sqrt{3} \times 6.8 \times 240} = 0.134\Omega$

电动机启动电阻：$R_{qd} = Z_{qd}\cos\varphi_{qd} = 0.134 \times 0.25 = 0.0336\Omega$

电动机启动电抗：$X_{qd} = Z_{qd}\sin\varphi_{qd} = 0.134 \times 0.97 = 0.1304\Omega$

每相允许的全部外加电阻：$R_w = \sqrt{\left(\dfrac{Z_{qd}}{a}\right)^2 - X_{qd}^2} - R_{qd} = \sqrt{\left(\dfrac{0.134}{0.7}\right)^2 - 0.1304^2} - 0.0336 = 0.107\Omega$

29.《钢铁企业电力设计手册》(下册)P105、106 式(24-10) ~ 式(24-12)。

允许的启动转矩与电动机额定启动转矩之比：$\mu_q = \frac{M'_{qd}}{M_{qd}} = \frac{1.2}{1.8} = 0.667$

电动机启动阻抗：$Z_{qd} = \frac{380}{\sqrt{3} I_{qd}} = \frac{380}{\sqrt{3} \times 6.8 \times 240} = 0.134\Omega$

外加单相启动电阻：$R_w = \frac{3}{2} Z_{qd} \left[\frac{1 - 2\mu_q}{2\mu_q} \cos\varphi_{qd} + \sqrt{\left(\frac{1 - 2\mu_q}{2\mu_q} \right)^2 \cos\varphi_{qd}^2 + \frac{1 - \mu_q}{\mu_q}} \right] =$

$$\frac{3}{2} \times 0.134 \times \left[\frac{1 - 2 \times 0.667}{2 \times 0.667} \times 0.25 + \sqrt{\left(\frac{1 - 2 \times 0.667}{2 \times 0.667} \right)^2 \times 0.25^2 + \frac{1 - 0.667}{0.667}} \right] = 0.1305\Omega$$

流过单相电阻的电流：$I'_{qd} = I_{qd} \sqrt{\frac{9}{4\left(\frac{R_w}{Z_{qd}}\right)^2 + 12 \frac{R_w}{Z_{qd}} \cos\varphi_{qd} + 9}}$

$$= 1632 \times \sqrt{\frac{9}{4 \times \left(\frac{0.1305}{0.134}\right)^2 + 12 \times \frac{0.1305}{0.134} \times 0.25 + 9}}$$

$$= 1236.24\text{A}$$

注：计算过程非常烦琐，但只要直接代入公式，细心即可。

30.《钢铁企业电力设计手册》（下册）P106 式（24-13）、式（24-15）。

电动机额定容量：$S_{ed} = \sqrt{3} U_{rm} I_{rm} = \sqrt{3} \times 0.38 \times 0.24 = 0.158\text{MV·A}$

电动机启动容量：$S_{qd} = \left(\frac{U_{qd}}{U_{ed}}\right)^2 K_{iq} S_{ed} = 0.7^2 \times 6.8 \times 0.158 = 0.526\text{MV·A}$

自耦变压器容量：$S_{bz} = \frac{S_{qd} N t_q}{2} = \frac{0.526 \times 6 \times \frac{12}{60}}{2} = 0.3156\text{MV·A} = 315.6\text{kV·A}$

题 31 ~ 35 答案：**BBCCC**

31.《照明设计手册》（第二版）P213 式（5-47）。

墙总面积：$A_w = 2 \times (14.2 + 7.0) \times (3.6 - 0.5 - 0.75) = 99.64\text{m}^2$

墙面平均反射比：$\rho_{wav} = \frac{\rho_w (A_w - A_g) + \rho_g A_g}{A_w}$

$$= \frac{0.5 \times (99.64 - 12.1) + 0.09 \times 12.1}{99.64} = 0.45$$

注：A_g 为玻璃窗或装饰物的面积，ρ_g 为玻璃窗或装饰物的反射比。

32.《照明设计手册》（第二版）P211、212 式（5-39）和式（5-44）。

室空间比：$\text{RCR} = \frac{2.5 A_w}{A_0} = \frac{2.5 \times 99.64}{14.2 \times 7.0} = 2.5$

查题干表格，利用系数为 0.57。

工作面上的平均照度：$E_{av} = \frac{N\Phi U k}{A} = \frac{8 \times 3 \times 2660 \times 0.57 \times 0.8}{14.2 \times 7} = 293\text{lx}$

33.《建筑照明设计标准》（GB 50034—2013）第 2.0.53 条。

照明功率密度值：$LPD=\frac{14\times3\times(28+4)}{14.2\times7}=13.52W/m^2$

注：不能遗漏镇流器功率。

34.《照明设计手册》(第二版)P211 式(5-48)。

灯具数量：$E_{av}=\frac{N\Phi Uk}{A}$

$$N=\frac{E_{av}A}{\Phi Uk}=\frac{500\times14.2\times7}{4\times1050\times0.62\times0.8}=23.9$$，取24个。

35.《照明设计手册》(第二版)P189 式(5-4)，参考图5-2。

中心点垂直照度：$E_h=\frac{I_\theta\cos^3\theta}{h^2}=\frac{3220\times\cos^3 60^\circ}{[(3-1.8)\tan30^\circ]^2}=839lx$

注：本题有争议，垂直照度的定义为本题关键。

题36~40答案：**ACDAB**

36.《民用建筑电气设计标准》(GB 51348—2019)第20.8.10-6条。

最后排能看清屏幕的最小尺寸：$D=\frac{8.4+1.2\times(24-1)}{4\sim5}=(7.2\sim9)m$，取最小值8m。

37.《民用建筑电气设计标准》(GB 51348—2019)第21.3.5-1条及条文说明。

标准层语音点位数量：$n=\frac{2000\times(1-30\%)}{5}=280$个

语音主干线缆数量：$N=2\times\frac{n}{50}\times(1+10\%)=2\times\frac{280}{50}\times1.1=12.32$根，取13根。

38.《民用建筑电气设计标准》(GB 51348—2019)第21.3.5-2条及条文说明。

最大量配置：按每个集线器(HUB)或交换机(SW)设置一个主干端口，每4个主干端口宜考虑一个备份端口。当主干端口为光接口时，每个主干端口应按2芯光纤容量配置。

主干端口数量$n=\frac{270}{48}=5.625$个，因此取6个。备用端口$n'=\frac{6}{4}=1.5$个，取2个。

光纤电缆芯数：$m=2\times(6+2)=16$芯

39.《电子信息系统机房设计规范》(GB 50174—2017)第8.1.7条式(8.1.7-1)。

不间断电源系统(UPS)的基本容量：$E\geqslant1.2P=1.2\times10\times8/0.8=120kV\cdot A$

40.《视频安防监控系统工程设计规范》(GB 50395—2007)第6.0.2-3条的条文说明。

公式：$\frac{1}{f}=\frac{1}{u}+\frac{1}{v}$

$$\frac{1}{u}=\frac{1}{f}-\frac{1}{v}=\frac{1}{24.99}-\frac{1}{25.01}=0.000032$$

物距：$u=\frac{1}{0.000032}=31250\text{mm}=31.25\text{m}$

注：透镜成像的基本物理原理。

2014年

注册电气工程师(供配电)执业资格考试

专业考试试题及答案

2014年专业知识试题(上午卷)

一、单项选择题(共40题,每题1分,每题的备选项中只有1个最符合题意)

1. 在低压配电系统中,当采用隔离变压器作故障保护措施时,其隔离变压器的电气隔离回路的电压不应超过以下所列的哪项数值? ( )

(A)500V (B)220V
(C)110V (D)50V

2. 易燃物质可能出现的最高浓度不超过爆炸下限的哪项数值,可划为非爆炸危险区域? ( )

(A)5% (B)10%
(C)20% (D)30%

3. 在低压配电系统中SELV特低电压回路内的外露可导电部分应符合下列哪一项? ( )

(A)不接地 (B)接地
(C)经低阻抗接地 (D)经高阻抗接地

4. 二级负荷的供电系统,宜由两回线路供电,在负荷较小或地区供电条件困难时,规范规定二级负荷可由下列哪项数值的一回专用架空线路供电? ( )

(A)1kV及以上 (B)3kV及以上
(C)6kV及以上 (D)10kV及以上

5. 石油化工企业中的消防水泵应划为下列哪一项用电负荷? ( )

(A)一级负荷中特别重要 (B)一级
(C)二级 (D)三级

6. 某大型企业几个车间负荷均较大,当供电电压为35kV,能减少配电级数、简化接线且技术经济合理时,配电电压宜采用下列哪个电压等级? ( )

(A)380/220V (B)6kV
(C)10kV (D)35kV

7. 35kV户外配电装置采用单母线分段接线,这种接线有下列哪种缺点? ( )

(A)当一段母线故障时,该段母线回路都要停电

(B)当一段母线故障时,分段断路器自动切除故障段,正常段会出现间断供电
(C)当重要用户从两段母线引接时,对重要用户的供电量会减少一半
(D)任一元件故障,将会使两端母线失电

8. 在TN及TT系统接地形式的低压电网中,当选用Yyn0接线组别的三相变压器时,其中任何一相的电流在满载时不得超过额定电流值,由单相不平衡负荷引起的中性线电流不得超过低压绕组额定电流的多少? ( )

(A)30% (B)25%
(C)20% (D)15%

9. 35kV变电所主接线一般有单母线分段,单母线、外桥、内桥、线路变压器组几种形式,下列哪种情况宜采用外桥接线? ( )

(A)变电所有两回电源线路和两台变压器,供电线路较短或需经常切换变压器
(B)变电所有两回电源线路和两台变压器,供电线路较长或不需经常切换变压器
(C)变电所有两回电源线路和两台变压器,且35kV配电装置有一至两回转送负荷的线路
(D)变电所有一回电源线路和一台变压器

10. 在35~110kV变电站设计中,有关并联电容器装置的选型,下列哪一项要求是不正确的? ( )

(A)布置和安装方式
(B)电容器投切方式
(C)电容器对短路电流的抑制效应
(D)电网谐波水平

11. 下列哪种观点不符合爆炸危险环境的电力装置设计的有关规定? ( )

(A)爆炸性气体环境危险区域内,应采取消除或控制电气设备和线路产生火花、电弧和高温的措施
(B)爆炸性气体环境里,在满足工艺生产及安全的前提下,应减少防爆电气设备的数量
(C)爆炸性粉尘环境的工程设计中为提高自动化水平,可采用必要的安全联锁
(D)产生爆炸的条件同时出现的可能性宜减到最小程度

12. 直埋35kV及以下电力电缆与事故排油管交叉时,它们之间的最小垂直净距为下列哪项数值? ( )

(A)0.25m (B)0.3m
(C)0.5m (D)0.7m

13. 在110kV变电所内,关于屋外油浸变压器之间的防火隔墙尺寸,以下哪项为规

范要求？（　　）

(A)墙长应大于储油坑两侧各 0.8m　　(B)墙长应大于变压器两侧各 0.5m

(C)墙高应高出主变压器油箱顶　　(D)墙高应高出主变压器油枕顶

14. 某 35kV 屋外充油电气设备，单个油箱的油量为 1200kg，设置了能容纳 100% 油量的储油池，下列关于储油池的做法，哪一组符合规范的要求？

(A)储油池的四周高出地面 120mm，储油池内铺设了厚度为 200mm 的卵石层，其卵石直径宜为 50～60mm

(B)储油池的四周高出地面 100mm，储油池内铺设了厚度为 150mm 的卵石层，其卵石直径宜为 60～70mm

(C)储油池的四周高出地面 80mm，储油池内铺设了厚度为 250mm 的卵石层，其卵石直径宜为 40～50mm

(D)储油池的四周高出地面 200mm，储油池内铺设了厚度为 300mm 的卵石层，其卵石直径为 60～70mm

15. 下列限制短路电流的措施，对终端变电所来说，哪一项是有效的？（　　）

(A)变压器并列运行　　(B)变压器分列运行

(C)选用低阻抗变压器　　(D)提高变压器负荷率

16. 一台额定电压为 10.5kV，额定电流为 2000A 的限流电抗器，其阻抗电压 $X_k\% = 8$，则该电抗器电抗标幺值应为下列哪项数值？（$S_j = 100\text{MV}\cdot\text{A}, U_j = 10.5\text{kV}$）（　　）

(A)0.0002　　(B)0.0004

(C)0.2199　　(D)0.3810

17. 变压器的零序电抗与其构造和绕组连接方式有关，对于 YNd 接线、三相四柱式双绕组变压器，其零序电抗为下列哪一项？（　　）

(A)$X_0 = \infty$　　(B)$X_0 = X_1 + X''_0$

(C)$X_0 = X_1$　　(D)$X_0 = X_1 + 3Z$

18. 10kV 配电所专用电源线的进线开关可采用隔离开关的条件为下列哪一项？（　　）

(A)无继电保护要求

(B)无自动装置要求

(C)出线回路数为 1

(D)无自动装置和继电保护要求，出线回路少且无须带负荷操作

19. 在选择隔离开关时，不必校验的项目是下列哪一项？（　　）

(A)额定电压　　(B)额定电流

(C)额定开断电流　　(D)热稳定

20. 在民用建筑中,关于高、低压电器的选择,下列哪项描述是错误的?　　(　　)

(A)对于 0.4kV 系统,变压器低压侧开关宜采用断路器
(B)配变电所 10(6)kV 的母线分段处,宜装设与电源进线开关相同型号的断路器
(C)采用 10(6)kV 固定式配电装置时,应在电源侧装设隔离电器
(D)两个配变电所之间的电气联络线,当联络容量较大时,应在两侧装设带保护的负荷开关电器

21. 电缆土中直埋敷设处的环境温度应按下列哪项确定?　　(　　)

(A)最热月的日最高温度平均值
(B)最热月的日最高温度平均值加 5℃
(C)埋深处的最热月平均地温
(D)最热月的日最高温度

22. 在室外实际环境温度 35℃,海拔高度 2000m 敷设的铝合金绞线,计及日照影响,规范规定其长期允许载流量的综合校正系数应采用下列哪项数值?　　(　　)

(A)1.00　　(B)0.88
(C)0.85　　(D)0.81

23. 选择电力工程中控制电缆导体最小截面,规范规定不应小于下列哪项数值?
(　　)

(A)强电控制回路截面不应小于 $2.5mm^2$ 和弱电控制回路不应小于 $1.5mm^2$
(B)强电控制回路截面不应小于 $1.5mm^2$ 和弱电控制回路不应小于 $0.75mm^2$
(C)强电控制回路截面不应小于 $2.5mm^2$ 和弱电控制回路不应小于 $1.0mm^2$
(D)强电控制回路截面不应小于 $1.5mm^2$ 和弱电控制回路不应小于 $0.5mm^2$

24. 一根 1kV 标称截面 $240mm^2$ 聚氯乙烯绝缘四芯电缆直埋敷设的环境为:湿度大于 4% 但小于 7% 的沙土,环境温度 30℃,导体最高工作温度 70℃,问根据规范规定此电缆实际允许载流量为下列哪项数值?(已知该电缆在导体最高工作温度 70℃,土壤热阻系数 1.2K · m/W,环境温度 25℃的条件下直埋敷设时,允许载流量 310A)　　(　　)

(A)219A　　(B)254A
(C)270A　　(D)291A

25. 常用电测量装置中,数字式仪表测量部分的标准度不应低于下列哪项?(　　)

(A)0.5 级　　(B)1.0 级
(C)1.5 级　　(D)2.0 级

26. 3kV 及以上异步电动机和同步电动机设置的继电保护，下列哪一项不正确？（　　）

(A)定子绕组相间短路　　(B)定子绕组单相接地
(C)定子绕组过负荷　　(D)定子绕组过电压

27. 无人值班变电所交流事故停电时间应按下列哪个时间计算？（　　）

(A)1h　　(B)2h
(C)3h　　(D)4h

28. 三相电流不平衡的电力装置回路应测量三相电流的条件是哪一项？（　　）

(A)三相负荷不平衡率大于 5% 的 1200V 及以上的电力用户线路
(B)三相负荷不平衡率大于 10% 的 1200V 及以上的电力用户线路
(C)三相负荷不平衡率大于 15% 的 1200V 及以上的电力用户线路
(D)三相负荷不平衡率大于 20% 的 1200V 及以上的电力用户线路

29. 设有电子系统的建筑物中，220/380V 三相配电系统安装在最后分支线路的断路器的绝缘耐冲击电压额定值，按现行国家标准可采用下列哪项数值？（　　）

(A)1.5kV　　(B)2.5kV
(C)4.0kV　　(D)6.0kV

30. 在建筑物防雷设计中，当树木邻近第一类防雷建筑物且不在接闪器保护范围内时，树木与建筑物之间的净距不应小于下列哪项数值？（　　）

(A)3m　　(B)4m
(C)5m　　(D)6m

31. TT 系统中，漏电保护器额定漏电动作电流为 100mA，被保护电气装置的外露可导电部分与大地间的电阻不应大于下列哪项数值？（　　）

(A)3800Ω　　(B)2200Ω
(C)500Ω　　(D)0.5Ω

32. 在多雷区，经变压器与架空线路连接的非直配电机，下列关于在其电机出线上装设避雷器的说法哪项是正确的？（　　）

(A)如变压器高压侧标称电压为 110kV 及以下，宜装设一组旋转电机阀式避雷器
(B)如变压器高压侧标称电压为 66kV 及以下，宜装设一组旋转电机阀式避雷器
(C)如变压器高压侧标称电压为 66kV 及以上，宜装设一组旋转电机阀式避

雷器

(D)如变压器高压侧标称电压为110kV及以上,宜装设一组旋转电机阀式避雷器

33. 某66kV不接地系统,当土壤电阻率为375Ω·m,表层衰减系数为0.8时,其变电所接地装置的跨步电压不应超过下列哪项值? ( )

(A)50V (B)65V
(C)110V (D)220V

34. 规范规定下列哪项金属部分可作为保护接地导体? ( )

(A)金属水管、柔性的金属部件
(B)固定安装的裸露的或绝缘的导体
(C)含有气体或液体的金属导管
(D)柔性或可弯曲的金属导管

35. 有关比赛场地的照明照度均匀度,下列表述不正确的是哪一项? ( )

(A)无电视转播业余比赛时,场地水平照度最小值与最大值之比不应小于0.4
(B)无电视转播专业比赛时,场地水平照度最小值与平均值之比不应小于0.7
(C)有电视转播时,场地水平照度最小值与最大值之比不应小于0.4
(D)有电视转播时,场地水平照度最小值与平均值之比不应小于0.7

36. 医院手术室的一般照明灯具在手术台四周布置,应采用不积灰尘的洁净型灯具,照明光源一般应选用下列哪项色温的直管荧光灯? ( )

(A)3000K (B)4500K
(C)6000K (D)6500K

37. 在高度为120m的建筑中,电梯井道的火灾探测器宜设在什么位置? ( )

(A)电梯井、升降机井的顶板上
(B)电梯井、升降机井的侧墙上
(C)电梯井、升降机井道口上方的机房顶棚上
(D)电梯、升降机轿厢下方

38. 在交流电动机、直流电动机的选择中,下列哪项是直流电动机的优点? ( )

(A)启动及调速特性好 (B)价格便宜
(C)维护方便 (D)电动机的结构简单

39. 在建筑物中下列哪个部位应设置消防专用电话分机? ( )

(A)生活水泵房 (B)电梯前室

(C)特殊保护对象的避难层　　　　　　　　(D)电气竖井

40. 安全防范系统的线缆敷设,下列哪项符合规范的要求?　　　　　　(　　)

(A)明敷的信号线路与具有强磁场、强电场的电器设备之间的净距离,宜大于0.8m

(B)电缆线与信号线交叉敷设时,应成直角

(C)电缆和电力线平行或交叉敷设时,其间距不得小于0.5m

(D)线缆穿管敷设截面利用率不应大于40%

二、多项选择题(共30题,每题2分。每题的备选项中有2个或2个以上符合题意。错选、少选、多选均不得分)

41. 在电击防护的设计中,下列哪些基本保护措施可以在特定条件下采用?(　　)

(A)带电部分用绝缘防护的措施

(B)采用阻挡物的防护措施

(C)止于伸臂范围之外的防护措施

(D)采用遮拦或外护物的防护措施

42. 在电击防护设计中,下列哪些措施可用于所有情况(直接接触防护和间接接触防护)的保护措施?　　　　　　(　　)

(A)安全特低电压SELV　　　　　　　(B)保护特低电压PELV

(C)自动切断电源　　　　　　　　　(D)总等电位联结

43. 采用提高功率因数的节能措施,可达到下列哪些目的?　　　　　　(　　)

(A)减少无功损耗　　　　　　　　　(B)减少变压器励磁电流

(C)增加线路输送负荷能力　　　　　(D)减少线路电压损失

44. 在民用建筑中,自备柴油发电机组布置在建筑物地下一层时,下列有关储油设施的描述哪些符合规范规定?　　　　　　(　　)

(A)当燃油运输不便时,可在建筑物主体外设置$10m^3$的储油池

(B)储油间总储存量为$1m^3$,并采取相应的防火措施

(C)日用燃油箱宜低位布置,但出油口应高于柴油机的高压射油泵

(D)卸油泵和供油泵共用,电动和手动各一台,容量应按最大卸油量或供油量确定

45. 下列哪几项应视为二级负荷?　　　　　　(　　)

(A)中断供电将造成大型影剧院、大型商场等较多人员集中的重要的公共场所秩序混乱者

(B)50m高的普通住宅的消防水泵、消防电梯、应急照明等消防用电

(C)室外消防用水量为20L/s的公共建筑的消防用电设备
(D)建筑高度超过50m的乙、丙类厂房的消防用电设备

46. 关于单个气体放电灯设备功率,下列表述哪些是正确的? ( )

(A)荧光灯采用普通型电感镇流器时,荧光灯的设备功率为荧光灯管的额定功率加25%
(B)荧光灯采用节能型电感镇流器时,荧光灯的设备功率为荧光灯管的额定功率加10%~15%
(C)荧光灯采用电子型镇流器时,荧光灯的设备功率为荧光灯管额定功率加10%
(D)荧光高压汞灯采用节能型电感镇流器时,荧光高压汞灯的设备功率为荧光灯管的额定功率加6%~8%

47. 当需要降低波动负荷引起电网电压波动和电压闪变时,宜采取下列哪些措施? ( )

(A)采用专线供电
(B)与其他负荷共用配电线路时,增加配电线路阻抗
(C)较大功率的波动负荷或波动负荷群与对电压波动、闪变敏感的负荷,分别由不同的变压器供电
(D)对于大功率电弧炉的炉用变压器,由短路容量较大的电网供电

48. 在110kV及以下供配电系统无功补偿设计中,考虑并联电容器分组时,下列哪些与规范要求一致? ( )

(A)分组电容器投切时,不应产生谐振
(B)适当增加分组组数和减少分组容量
(C)应与配套设备的技术参数相适应
(D)在电容器分组投切时,母线电压波动应满足国家现行有关标准的要求,并应满足系统无功功率和电压调控的要求

49. 110V变电站的站区设计中,下列哪些不符合设计规范要求? ( )

(A)屋外变电站实体墙不应高于2.2m
(B)变电站内为满足消防要求的主要道路宽度应为3.0m
(C)电缆沟及其他类似沟道的沟底纵坡坡度不应小于0.5%
(D)变电站建筑物内地面标高,宜高出屋外地面0.3m

50. 下列关于10kV变电所并联电容器装置设计方案中,哪几项不符合规范的要求? ( )

(A)高压电容器组采用中性点接地星形接线

(B)单台高压电容器设置专用熔断器作为电容器内部故障保护,熔丝额定电流按电容器额定电流的2.0倍考虑

(C)因电容器组容量较小,高压电容器装置设置在高压配电室内,与高压配电装置的距离不小于1.0m

(D)如果高压电容器装置设置在单独房间内,成套电容器柜单列布置时,柜正面与墙面距离不应小于1.5m

51. 在变电所的导体和电器选择时,若采用《短路电流实用计算》,可以忽略的电气参数是下列哪些项? (　　)

(A)输电线路的电抗

(B)输电线路的电容

(C)所有元件的电阻(不考虑短路电流的衰减时间常数)

(D)短路点的电弧阻抗和变压器的励磁电流

52. 关于爆炸性环境电气设备的选择,下列哪些项符合规定? (　　)

(A)安装在爆炸性粉尘环境中的电气设备应采用措施防止热表面点可燃性粉尘层引起的火灾危险

(B)选用的防爆电气设备的级别和组别,不应低于该爆炸性气体环境内爆炸气体混合物的级别和组别

(C)当存在有两种以上易燃性物质形成的爆炸性气体混合物时,应按危险程度较高的级别和组别选用防爆电气设备

(D)电气设备的结构应满足电气设备在规定的运行条件下不降低防爆性能的要求

53. 需要校验动稳定和热稳定的高压电气设备有下列哪些项? (　　)

(A)断路器　　(B)穿墙套管

(C)接地变压器　　(D)熔断器

54. 供配电系统短路电流计算中,在下列哪些情况下,可不考虑高压异步电动机对短路峰值电流的影响? (　　)

(A)在计算不对称短路电流时

(B)异步电动机与短路点之间已相隔一台变压器

(C)在计算异步电动机附近短路点的短路峰值电流时

(D)在计算异步电动机配电电缆处的短路峰值电流时

55. 用于保护高压电压互感器的一次侧熔断器,需要校验下列哪些项目? (　　)

(A)额定电压　　(B)额定电流

(C)额定开断电流　　(D)短路动稳定

56. 在 1kV 及以下电源中性点直接接地系统中,关于单相回路的电缆芯数的选择,下列表述哪些是正确的? ( )

(A)保护线与受电设备的外露可导电部位连接接地时,保护线与中性线合用一导体时,应选用两芯电缆

(B)保护线与受电设备的外露可导电部位连接接地时,保护线与中性线各自独立时,宜选用三芯电缆

(C)受电设备外露可导电部位的接地与电源系统接地各自独立时,应选用二芯电缆

(D)受电设备外露可导电部位的接地与电源系统接地不独立时,应选用四芯电缆

57. 下列哪些不是规范强制性条文?

(A)在隧道、沟、浅槽、竖井、夹层等封闭式电缆通道中,不得布置热力管道,严禁有易燃气体成易燃液体的管道穿越

(B)在工厂和建筑物的风道中,严禁电缆敞露式敷设

(C)直接敷设的电缆,严禁位于地下管道的正上方或正下方

(D)电缆线路中间不应有接头

58. 钢带铠装电缆适用于下列哪些情况? ( )

(A)鼠害严重的场所　　(B)白蚁严重的场所

(C)敷设在电缆槽盒内　　(D)为移动式电气设备供电

59. 容量为 0.8MV·A 及以上的油浸变压器装设瓦斯保护时,下列哪些做法不符合设计规范要求? ( )

(A)当壳内故障产生轻微瓦斯或油面下降时,应瞬时动作于信号

(B)当壳内故障产生轻微瓦斯或油面下降时,应瞬时动作于断开变压器的电源侧断路器

(C)当产生大量瓦斯时,应动作于瓦斯断开变压器的各侧断路器

(D)当产生大量瓦斯时,应瞬时动作于信号

60. 10kV 馈电线路应测量下列哪些参数? ( )

(A)电流　　(B)电压

(C)有功电能　　(D)无功电能

61. 采用蓄电池组的直流系统,蓄电池组的下列哪些电压不是直流系统正常运行时的母线电压? ( )

(A)初充电电压　　(B)均衡充电电压

(C)浮充电电压　　(D)放电电压

62. 在建筑物防雷设计中，下列表述哪些是正确的？（　）

(A)架空接闪器和接闪网宜采用截面不小于 $25mm^2$ 的镀锌钢绞线

(B)除第一类防雷建筑物外，金属屋面的金属物宜利用其屋面作为接闪器，金属板应无绝缘被覆层

(C)当独立烟囱上采用热镀锌接闪环时，其圆钢直径不应小于 12mm，扁钢截面不应小于 $100mm^2$，其厚度不应小于 4mm

(D)当一座防雷建筑物中兼有第一、二、三类防雷建筑物，且第一类防雷建筑物的面积占建筑物总面积的 25% 及以上时，该建筑物宜确定为第一类防雷建筑物

63. 某座 33 层的高层住宅，其外形尺寸长、宽、高分别为 60m、25m、98m，所在地年平均雷暴日为 30d，校正系数 $k=1.5$，下列关于该建筑物的防雷设计的表述中正确的是哪些？（　）

(A)该建筑物年预计雷击次数为 0.22 次

(B)该建筑物年预计雷击次数为 0.35 次

(C)该建筑物划为第三类防雷建筑物

(D)该建筑物划为第二类防雷建筑物

64. 下列关于流散电阻和接地电阻的说法，哪些是正确的？（　）

(A)流散电阻大于接地电阻　　(B)流散电阻小于接地电阻

(C)通常可将流散电阻作为接地电阻　　(D)两者没有任何关系

65. 按现行国家标准中照明种类的划分，下列哪些项属于应急照明？（　）

(A)疏散照明　　(B)警卫照明

(C)备用照明　　(D)安全照明

66. 在照明设计中应根据不同场所的照明要求选择照明方式，下列描述哪些是正确的？（　）

(A)工作场所通常应设置一般照明

(B)同一场所内的不同区域有不同的照度要求时，应采用不分区一般照明

(C)对于部分作业面照度要求较高，只采用一般照明不合理的场所，宜采用混合照明

(D)在一个工作场所内不应只采用局部照明

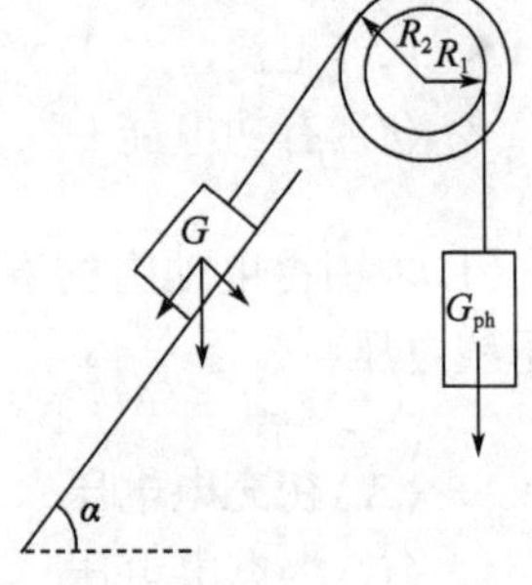

67. 右图为某厂一斜桥卷扬机选配传动电动机，有关机械技术参数：料车重 $G=3t$，平衡重 $G_{ph}=2t$，料车卷筒半径 $r_1=0.4m$，平衡重卷筒半径 $r_2=0.3m$，斜桥倾角 $\alpha=60°$，料车与斜桥面的摩擦系数 $\mu=0.1$，卷筒效率 $\eta=0.97$，为确定卷扬机预选电动机的功率，除上述资料外，

还需补充下列哪些参数？（　　）

（A）料车的运行速度

（B）运动部分的飞轮距

（C）要求的起、制动及稳速运行时间

（D）现场供配电系统资料

68. 正确选择快速熔断器，可使晶闸管元件得到可靠保护，下述描述哪些是正确的？（　　）

（A）快速熔断器的 I^2t 值应小于晶闸管元件允许的 I^2t 值

（B）快速熔断器的断流能力必须大于线路可能出现的最大短路电流

（C）快速熔断器分断时的电弧电压峰值必须小于晶闸管元件允许的反向峰值电压

（D）快速熔断器的额定电流应等于晶闸管器件本身的额定电流

69. 气体灭火系统、泡沫灭火系统采用直接连接火灾探测器的方式，下列有关联动控制信号的表述符合规范的是哪些？（　　）

（A）启动气体灭火装置及其控制器、泡沫灭火装置及其控制器，设定 15s 的延时喷射时间

（B）联动控制防护区域开口封闭装置的启动，包括关闭防护区域的门、窗

（C）停止通风和空气调节系统及开启设置在该防护区域的电动防火阀

（D）关闭防护区域的送（排）风机及送（排）风阀门

70. 在入侵报警系统设计中，下列关于入侵探测器的设置与选择，哪些项符合规范的规定？（　　）

（A）被动红外探测器的防护区内，不应有影响探测的障碍物，并应避免热源干扰

（B）红外、微波复合入侵探测器，应视为二种探测原理的探测装置

（C）采用室外双光束或多光束主动红外探测器时，探测器最远警戒距离不应大于其最大探测距离的 70%

（D）围墙顶端与最下一道光束的距离不应大于 0.3m

2014年专业知识试题答案(上午卷)

1. **答案**:A

依据:《低压电气装置 第4-41部分:安全防护 电击防护》(GB 16895.21—2011)第413.3.2条。

2. **答案**:B

依据:《爆炸危险环境电力装置设计规范》(GB 50058—2014)第3.2.2-2条。

3. **答案**:A

依据:《低压配电设计规范》(GB 50054—2011)第5.3.7-1条。

4. **答案**:C

依据:《供配电系统设计规范》(GB 50052—2009)第3.0.7条。

5. **答案**:B

依据:《石油化工企业设计防火规范》(GB 50160—2008)第9.1.1条。

6. **答案**:D

依据:《供配电系统设计规范》(GB 50052—2009)第5.0.3条。

7. **答案**:A

依据:《工业与民用供配电设计手册》(第四版)P70表2.4-6。

单母线分段的缺点:当一段母线或母线隔离开关发生永久性故障或检修时,则连接在该母线上的回路在检修期间停电。

注:《工业与民用供配电设计手册》(第三版)P47表2-17。

8. **答案**:B

依据:《供配电系统设计规范》(GB 50052—2009)第7.0.8条。

9. **答案**:A

依据:《工业与民用供配电设计手册》(第四版)P70~P71表2.4-6。

外桥接线的适用范围:较小容量的发电厂,对一、二级负荷供电,并且变压器的切换较频繁或线路较短,故障率较少的变电所。此外,线路有穿越功率时,也宜采用外桥接线。

注:《工业与民用配电设计手册》(第三版)P47表2-17。

10. **答案**:C

依据:《35kV~110kV变电站设计规范》(GB 50059—2011)第3.4.2条及《并联电容

器装置设计规范》(GB 50227—2017) 第5.1.1条。

11. **答案**:D

依据:《爆炸危险环境电力装置设计规范》(GB 50058—2014)第3.1.3-4条、第5.1.1-2条、第4.1.4-3-4)条、第3.1.3-1条。

12. **答案**:C

依据:《电力工程电缆设计规范》(GB 50217—2018)第5.3.5条及表5.3.5。

注:分析此题题干,可知实际为针对旧规范《35~110kV变电所设计规范》(GB 50059—1992)的题目,可参考该规范的附录二。

13. **答案**:D

依据:《3~110kV高压配电装置设计规范》(GB 50060—2008)第5.5.5条。

14. **答案**:C

依据:《3~110kV高压配电装置设计规范》(GB 50060—2008)第5.5.3条。

15. **答案**:B

依据:《35~110kV变电所设计规范》(GB 50059—2011) 第3.2.6条。

16. **答案**:C

依据:《工业与民用供配电设计手册》(第四版)P281表4.6-3。

电抗器标幺值:$x_{*k} = \frac{x\%}{100} \cdot \frac{U_r}{\sqrt{3}I_r} \cdot \frac{S_j}{U_j^2} = 0.08 \times \frac{10.5}{\sqrt{3} \times 2} \cdot \frac{100}{10.5^2} = 0.2199$

注:也可参考《工业与民用配电设计手册》(第三版)P126表4-2。

17. **答案**:A

依据:《电力工程电气设计手册》(电气部分)P142表4-17双绕组变压器的零序电抗。

18. **答案**:D

依据:《20kV及以下变电所设计规范》(GB 50053—2013)第3.2.2条。

19. **答案**:C

依据:《工业与民用供配电设计手册》(第四版)P311表5.1-1。

注:也可参考《导体和电器选择设计技术规定》(DL/T 5222—2005)第11.0.1条。

20. **答案**:D

依据:《20kV及以下变电所设计规范》(GB 50053—2013)第3.2.15条、第3.2.5条、第3.2.10条、第3.2.6条。

21. **答案**:C

依据:《电力工程电缆设计规范》(GB 50217—2018)第3.6.5条及表3.6.5。

22. 答案:C

依据:《导体和电器选择设计技术规定》(DL/T 5222—2005)附录D表D.11。

23. 答案:D

依据:《电力工程电缆设计规范》(GB 50217—2018)第3.7.5-4。

24. 答案:B

依据:《电力工程电缆设计规范》(GB 50217—2018)附录D表D.0.1和表D.0.3。

由表D.0.1,温度校正系数:$K_1=0.94$;由表D.0.3,土壤热阻校正系数:$K_2=0.87$。因此电缆实际允许载流量:$I=310\times0.87\times0.94=254\text{A}$。

注:表D.0.3注解2,校正系数适用于采取土壤热阻系数为1.2K·m/W的情况,与题干条件一致,若不一致,还需再次校正。

25. 答案:A

依据:《电力装置电测量仪表装置设计规范》(GB/T 50063—2017)第3.1.3条及表3.1.3。

26. 答案:D

依据:《电力装置的继电保护和自动装置设计规范》(GB/T 50062—2008)第9.0.1条。

27. 答案:B

依据:《电力工程直流系统设计技术规程》(DL/T 5044—2014)第4.2.2-4条。

28. 答案:B

依据:《电力装置电测量仪表装置设计规范》(GB/T 50063—2017)第3.2.2-5条。

29. 答案:C

依据:《建筑物防雷设计规范》(GB 50057—2010)第6.4.4条及表6.4.4。

30. 答案:C

依据:《建筑物防雷设计规范》(GB 50057—2010)第4.2.5条。

31. 答案:C

依据:《交流电气装置的接地设计规范》(GB 50065—2011)第7.2.7条。

接地电阻:$R\leqslant\dfrac{50}{I_\text{a}}=\dfrac{50}{0.1}=500\Omega$

32. 答案:B

依据:《交流电气装置的过电压保护和绝缘配合设计规范》(GB/T 50064—2014)第5.6.12条。

注:也可参考《交流电气装置的过电压保护和绝缘配合》(DL/T 620—1997)第9.13条。

33. **答案**:C

依据:《交流电气装置的接地设计规范》(GB 50065—2011)第4.2.2-2条。

跨步电位差限值:$U_s = 50 + 0.2\rho_s C_s = 50 + 0.2 \times 375 \times 0.8 = 110V$

34. **答案**:B

依据:《民用建筑电气设计标准》(GB 51348—2019) 第12.4.8条、第12.4.9条。

35. **答案**:C

依据:《建筑照明设计标准》(GB 50034—2013)第4.2.1条、第4.2.2条。

36. **答案**:B

依据:《照明设计手册》(第三版)P224"手术室照明设计":(5)手术室一般照明光源的色温应与手术无影灯光源的色温相接近,一般应选用色温5000K左右。

注:参考《照明设计手册》(第二版)P287相关内容,色温从4500K修正为5000K。

37. **答案**:C

依据:《火灾自动报警系统设计规范》(GB 50116—2013)第6.2.12条。

38. **答案**:A

依据:《钢铁企业电力设计手册》(下册) P7"电动机类型的选择"。

交流电动机结构简单,价格便宜,维护方便,但启动及调速特性不如直流电机。因此当生产机械启动、制动及调速无特殊要求时,应采用交流电动机。

39. **答案**:C

依据:《火灾自动报警系统设计规范》(GB 50116—2013)第6.7.4-3条。

第6.7.4-3条:各避难层应每隔20m设置一个消防专用电话分机或电话插孔。

注:新规范已删除"特殊保护对象"这一定语。

40. **答案**:D

依据:《安全防范工程技术规范》(GB 50348—2018)第6.13.4条。

---

41. **答案**:BCD

依据:《低压配电设计规范》(GB 50054—2011)第5.1条"直接接触防护措施"。

注:带电部分应全部用绝缘层覆盖,此保护措施无特定条件的前提。可参考旧规范《建筑物电气装置 第4-41部分:安全防护-电击防护》(GB 16895.21—2004)第410.3.2.2条。

42. **答案**:AB

依据:《低压配电设计规范》(GB 50054—2011)第5.3.1条。

43. **答案**:ACD

依据:《钢铁企业电力设计手册》(上册)P297、P298。

提高功率因数的优点:

a. 减少线路损耗;

b. 减少变压器的铜耗;

c. 减少线路和变压器的电压损失;

d. 提高输配电设备的供电能力。

44. 答案:ABD

依据:《民用建筑电气设计标准》(GB 51348—2019) 第6.1.10条。

45. 答案:AB

依据:《供配电系统设计规范》(GB 50052—2009)第3.0.1-3条及条文说明,《建筑设计防火规范》(GB 50016-2014)第5.1.1条、第10.1.2条。

46. 答案:AC

依据:《工业与民用供配电设计手册》(第四版)P5表1.2-1。

荧光灯采用普通型电感镇流器加25%,采用节能型电感镇流器加15%~18%,采用电子镇流器加10%;金属卤化物灯、高压钠灯、荧光高压钠灯用普通电感镇流器时加14%~16%,用节能型电感镇流器时加9%~10%。

47. 答案:ACD

依据:《供配电系统设计规范》(GB 50052—2009)第5.0.11条。

48. 答案:ACD

依据:《供配电系统设计规范》(GB 50052—2009)第6.0.11条,《并联电容器装置设计规范》(GB 50227—2017)第3.0.3-1条。

49. 答案:AB

依据:《供配电系统设计规范》(GB 50052—2009)第2.0.5条~第2.0.8条。

50. 答案:ABC

依据:《20kV及以下变电所设计规范》(GB 50053—2013)第5.2.1条、第5.2.4条、第5.3.1条、第5.3.3条。

注:B答案描述的倍数值,但新规范有所修改;C答案中与高压配电装置的距离要求已取消。

51. 答案:BCD

依据:《导体和电器选择设计技术规定》(DL/T 5222—2005)附录F.1.8、F.1.9、F.1.11。

52. 答案:ABD

依据:《爆炸危险环境电力装置设计规范》(GB 50058—2014)第5.2.2条、第5.2.3条。

53. **答案**:AB

依据:《工业与民用供配电设计手册》(第四版)P311 表 5.1-1“高压电器、开关设备及导体的选择与校验项目”。

54. **答案**:AB

依据:《工业与民用供配电设计手册》(第四版)P300“异步电动机反馈电流计算”。

高压异步电动机对短路电流的影响,只有在计算电动机附近短路点的短路峰值电流时才予以考虑,下列情况下,可不考虑高压异步电动机对短路峰值电流的影响。

a. 异步电动机与短路点的连接已相隔一个变压器;

b. 在计算不对称短路电流时。

55. **答案**:AC

依据:《导体和电器选择设计技术规定》(DL/T 5222—2005)第 17.0.8 条。

56. **答案**:ABC

依据:《电力工程电缆设计规范》(GB 50217—2018)第 3.5.2 条。

57. **答案**:AC

依据:《电力工程电缆设计规范》(GB 50217—2018)第 5.1.9 条、第 5.1.15 条、第 5.3.5条、第 5.1.10-4 条。

58. **答案**:AB

依据:《电力工程电缆设计规范》(GB 50217—2018)第 3.4.4-1 条、第 3.4.3-3 条、第 3.4.4-3 条、第 3.4.5 条。

59. **答案**:BD

依据:《电力装置的继电保护和自动装置设计规范》(GB/T 50062—2008)第 4.0.2 条。

60. **答案**:ACD

依据:《电力装置电测量仪表装置设计规范》(GB/T 50063—2017)第 3.2.1-7 条、第 4.2.1-3 条、第 4.2.2-3 条。

61. **答案**:ABD

依据:《电力工程直流系统设计技术规程》(DL/T 5044—2014)第 3.1.7 条。

注:正常运行时,母线电压应为浮充电电压。

62. **答案**:BC

依据:《建筑物防雷设计规范》(GB 50057—2010)第 5.2.5 条、第 5.2.7-4 条、第 5.2.4条、第 4.5.1-1 条。

63. **答案**:AC

依据:《建筑物防雷设计规范》(GB 50057—2010)第 3.0.4-3 条及附录 A。

等效面积:$A_e = [LW + 2(L + W)D + \pi H(200 - H)] \times 10^{-6}$

$$=[60\times25+2\times(60+25)\times99.98+\pi\times98\times102]\times10^{-6}=0.05$$

预计雷击次数：$N=k\times N_g\times A_e=1.5\times0.1\times30\times0.05=0.225$

64. **答案**：BC

依据：《工业与民用供配电设计手册》（第四版）P1413“接地电阻的基本概念”。

流散电阻：电流自接地极的周围向大地流散所遇到的全部电阻。

接地电阻：接地极的流散电阻和接地极及其至总接地端子连接线电阻的总和，称为接地极的接地电阻。由于后者远小流散电阻，可忽略不计，通常将流散电阻作为接地电阻。

65. **答案**：ACD

依据：《建筑照明设计标准》（GB 50034—2013）第2.0.19条。

66. **答案**：ACD

依据：《建筑照明设计标准》（GB 50034—2013）第3.1.1条。

67. **答案**：ABC

依据：卷扬机属负荷平稳连续工作制电动机，可参见《钢铁企业电力设计手册》（下册）P58内容。

68. **答案**：ABC

依据：《钢铁企业电力设计手册》（下册）P420“快速熔断器的选择”。

69. **答案**：ABD

依据：《火灾自动报警系统设计规范》（GB 50116—2013）第4.4.2-3条。

70. **答案**：ACD

依据：《民用建筑电气设计标准》（GB 51348—2019）第14.2.3条。

2014 年专业知识试题(下午卷)

一、单项选择题(共 40 题,每题 1 分,每题的备选项中只有 1 个最符合题意)

1. 在低压配电系统的交流 SELV 系统中,在正常干燥环境内标称电压不超过下列哪一项电压值时,不必设置基本保护(直接接触保护)? ( )

(A)50V (B)25V

(C)15V (D)6V

2. 对于易燃物质重于空气,通风良好且为第二级释放源的主要生产装置区,以释放源为中心,半径为 15m,地坪上的高度为 7.5m 及半径为 7.5m,顶部与释放源的距离为 7.5m 的范围内,宜划分为爆炸危险区域的下列哪个区? ( )

(A)0 区 (B)1 区

(C)2 区 (D)3 区

3. 游泳池水下电气设备的交流电压不得大于下列哪项数值? ( )

(A)12V (B)24V

(C)36V (D)50V

4. 单相负荷应均衡分配到三相上,规范规定当单相负荷的总计算容量小于计算范围内三相对称负荷总计算容量的多少时,应全部按三相对称负荷计算? ( )

(A)10% (B)15%

(C)20% (D)25%

5. 在低压配电系统的设计中,同一电压等级的配电级数不宜多于几级? ( )

(A)一级 (B)二级

(C)三级 (D)四级

6. 高压配电系数宜采用放射式、树干式、环式或其他组合方式配电,其放射式配电的特点在下列表述中哪一项是正确的? ( )

(A)投资少、事故影响范围大 (B)投资较高、事故影响范围较小

(C)切换操作方便、保护配置复杂 (D)运行比较灵活、切换操作不便

7. 在 10kV 及以下变电所设计中,一般情况下,动力和照明宜共用变压器,在下列关于设置照明专用变压器的表述中,哪一项是正确的? ( )

(A)在 TN 系统低压电网中,照明负荷应设专用变压器
(B)当单台变压器的容量小于 1250kV·A 时,可设照明专用变压器
(C)当照明负荷较大或动力和照明采用共用变压器严重影响照明质量及灯泡寿命时,可设照明专用变压器
(D)负荷随季节性变化不大时,宜设照明专用变压器

8. 下列哪一种应急电源适用于允许中断供电时间为毫秒级的负荷? ( )

(A)快速自启动的发电机组
(B)UPS 不间断电源
(C)独立于正常电源的手动切换投入的柴油发电机组
(D)独立于正常电源的专用馈电线路

9. 已知某三相四线 380/220V 配电箱接有如下负荷:三相 10kW,A 相 0.6kW,B 相 0.2kW,C 相 0.8kW,试用简化法求出该配电箱的等效三相负荷应为下列哪项数值? ( )

(A)2.4kW (B)10kW (C)11.6kW (D)12.4kW

10. 下列哪一项是一级负荷中特别重要的负荷? ( )

(A)国宾馆中的主要办公室用电负荷
(B)铁路及公路客运站中的重要用电负荷
(C)特级体育场馆的应急照明
(D)国家级国际会议中心总值班室的用电负荷

11. 下列关于爆炸性气体环境中变、配电所的设计原则中,哪一项不符合规范的要求? ( )

(A)变、配电所应布置在 2 区爆炸危险区域范围以外
(B)变、配电所可布置在 2 区爆炸危险区域范围以内
(C)当变、配电所为正压室时,可布置在 1 区爆炸危险区域范围以内
(D)当变、配电所为正压室时,可布置在 2 区爆炸危险区域范围以内

12. 民用建筑中,配电装置室及变压器门的宽度和高度宜按电气设备最大不可拆卸部件宽度和高度分别加多少考虑? ( )

(A)0.3m,0.5m (B)0.3m,0.6m (C)0.5m,0.5m (D)0.5m,0.8m

13. 下列有关电缆外护层的选择,哪一项符合规范的要求? ( )

(A)地下水位较高的地区,不宜选用聚乙烯外护层
(B)明确需要与环境保护相协调时,可采用聚氯乙烯外护层
(C)直埋在白蚁危害严重地区的塑料电缆,可采用钢丝铠装
(D)敷设在保护管中的电缆应具有挤塑外层

14. 110kV 变电所屋内布置的 GIS 通道应满足安装、检修和巡视的要求，主通道的宽度宜为下列哪个数值？（　　）

(A)1.5m　　(B)1.7m　　(C)2.0m　　(D)2.2m

15. 在计算短路电流时，最大运行方式下的稳态短路电流可用于下列哪项用途？（　　）

(A)确定设备的检修周期　　(B)确定断路器的开断电流
(C)确定设备数量　　(D)确定设备布置形式

16. 当短路保护电器为断路器时，低压断路器瞬时或短延时过电流脱扣器的整定电流值为 2kA，那么该回路线路末端的最小短路电流值不应小于下列哪项数值？（　　）

(A)2.0kA　　(B)2.6kA　　(C)3.0kA　　(D)4.0kA

17. 在电力系统零序短路电流计算中，变压器的中性点若经过电抗接地，在零序网络中，其等值电抗应为原电抗值的多少？（　　）

(A) $\sqrt{3}$ 倍　　(B)不变　　(C)3 倍　　(D)增加 3 倍

18. 3 ~ 110kV 屋外高压配电装置架构设计时，应考虑下列哪一项荷载的组合？（　　）

(A)运行、地震、安装、断线　　(B)运行、安装、检修、地震
(C)运行、安装、检修　　(D)运行、安装、检修、断线

19. 高压单柱垂直开启式隔离开关在分闸状态下，动静触头间的最小电气距离不应小于配电装置的最小安全净距为下列哪一项？（　　）

(A)A1 值　　(B)A2 值
(C)B 值　　(D)C 值

20. 10kV 负荷开关应具有切合电感、电容性小电流的能力，应能开断不超过多大的电缆电容电流或限定长度的架空线充电电流？（　　）

(A)5A　　(B)10A
(C)15A　　(D)20A

21. 10kV 配电室内敷设无遮拦裸导体距地面的高度不应低于下列哪项数值？（　　）

(A)2.3m　　(B)2.5m
(C)3.0m　　(D)3.5m

22. 在 TN-C 三相交流 380V/220V 平衡系统中，负载电流为 39A，采用 BV 导线穿钢管敷设，若每相三次谐波电流为 50% 时，中性线导体截面选择最低不应小于下列哪项数值？（不考虑电压器、环境和线路敷设方式等影响，导线允许持续载流量按下表选取。）（　　）

BV 导线三相回路穿钢管敷设允许持续载流量表

导线截面(mm^2)	4	6	10	16
导线载流量(A)	1	39	52	67

(A) $4mm^2$　　(B) $6mm^2$　　(C) $10mm^2$　　(D) $16mm^2$

23. 中性点直接接地的交流系统中，当接地保护动作不超过 1min 切除故障时，电力电缆导体与绝缘屏蔽之间额定电压的选择，下列哪项符合规范规定？（　　）

(A) 应按不低于 100% 的使用回路工作相电压选择
(B) 应按不低于 133% 的使用回路工作相电压选择
(C) 应按不低于 150% 的使用回路工作相电压选择
(D) 应按不低于 173% 的使用回路工作相电压选择

24. 变电所的二次接线设计中，下列哪项要求不正确？（　　）

(A) 配电装置应装设防止电器误操作闭锁装置
(B) 防止电器误操作闭锁装置宜采用机械闭锁
(C) 闭锁连锁回路的电源，应采用与继电保护、控制信号回路同一电源
(D) 屋内间隔式配电装置，应装设防止误入带电间隔的设施

25. 变压器保护回路中，将下列哪项故障装置成预告信号是不正确的？（　　）

(A) 变压器过负荷　　(B) 变压器湿度过高
(C) 变压器保护回路断线　　(D) 变压器重瓦斯动作

26. 采用数字式仪表测量谐波电流、谐波电压时，测量仪表的准确度(级)宜采用下列哪一项？（　　）

(A) A 级　　(B) B 级
(C) 1.0 级　　(D) 1.5 级

27. 下列哪一项不是选择变电所蓄电池容量的条件？（　　）

(A) 满足全站事故全停电时间内的放电容量
(B) 满足事故初期(1min)直流电动机启动电流和其他冲击负荷电流的放电容量
(C) 满足蓄电池组持续放电时间内随机冲击负荷电流的放电容量
(D) 满足事故放电末期全所控制负荷放电容量

28. 在变电所直流操作电源系统设计时,为控制负荷和动力负荷合并供电的 DC 220V 直流系统,在均衡充电运行情况下,直流母线电压不高于下列哪个数值? （ ）

(A)268V (B)247.5V
(C)242V (D)192V

29. 压敏电阻、抑制二极管属于下列哪种类型 SPD? （ ）

(A)电压开关型 (B)组合型
(C)限压型 (D)短路保护型

30. 当年雷击次数大于或等于 N 时,棉、粮及易燃物大量集中露天堆场,应采用独立接闪器或架空接闪线作为防直击雷的措施,关于雷击次数 N 和独立接闪器或架空接闪线保护范围的滚球半径 h,应取下列哪项数值? （ ）

(A)0.05,100m (B)0.05,60m
(C)0.012,60m (D)0.012,45m

31. 发电机额定电压 10.5V,额定容量 100MW,发电机内部发生单相接地故障电流不大于 3A,当不要求瞬时切机时,应采用怎样的接地方式? （ ）

(A)不接地方式 (B)消弧线圈接地方式
(C)高电阻接地方式 (D)直接或小电阻接地方式

32. 某地区海拔高度 800m 左右,35kV 配电系统采用中性点不接地系统,35kV 开关设备相对地雷电冲击耐受电压的取值应为下列哪项? （ ）

(A)95kV (B)118kV
(C)185kV (D)215kV

33. 在建筑物内实施总等电位联结的目的是下列哪一项? （ ）

(A)为了减小跨步电压 (B)为了降低接地电阻值
(C)为了防止感应电压 (D)为了减小接触电压

34. 在满足眩光限制和配光要求条件下,应选用效率高的灯具,当荧光灯灯具出光口形式选用格栅时,灯具效率不应低于下列哪项数值? （ ）

(A)80% (B)70%
(C)65% (D)50%

35. 移动式和手提式灯具应采用Ⅲ类灯具,用安全特低电压供电,其电压值的要求,下列表述哪项符合现行国家标准的规定? （ ）

(A)在干燥场所不大于 50V,在潮湿场所不大于 12V

(B)在干燥场所不大于50V,在潮湿场所不大于25V
(C)在干燥场所不大于36V,在潮湿场所不大于24V
(D)在干燥场所不大于36V,在潮湿场所不大于12V

36. 关于 PLC 编程语言的描述,下列哪项是错误的? ( )

(A)各 PLC 都有一套符合相应国际或国家标准的编程软件
(B)图形化编程语言包括:功能块图语言、顺序功能图语言及梯形图语言
(C)顺序功能图语言是一种描述控制程序的顺序行为特征的图像化语言
(D)指令表语言是一种人本化的高级编程语言

37. 一栋 65m 高的酒店,有一条宽 2m,长 50m 的走廊,若采用感烟探测器,至少应设置多少个? ( )

(A)3　　(B)4
(C)5　　(D)6

38. 交流充电桩供电电源采用单相、交流 220V 电压,电压偏差不应超过标称电压的百分比为下列哪项数值? ( )

(A) -7%、+7%　　(B) -7%、+10%
(C) -10%、+7%　　(D) -10%、+10%

39. 在 35kV 架空电力线路设计中,最低气温工况应按下列哪种情况计算? ( )

(A)无风、无冰　　(B)无风、覆冰厚度 5mm
(C)风速 5m/s,无冰　　(D)风速 5m/s,覆冰厚度 5mm

40. 按规范规定,在移动通信信号室内覆盖系统中,在首层室外 12m 处,关于室内辐射到室外的泄露信号强度值,以下哪项数值不符合规范要求? ( )

(A) -75dBm　　(B) -80dBm
(C) -82dBm　　(D) -85dBm

二、多项选择题(共30题,每题2分。每题的备选项中有2个或2个以上符合题意,错选、少选、多选均不得分)

41. 在建筑物低压电气装置中,下列哪些场所的设备可以省去间接接触防护措施? ( )

(A)道路照明的金属灯杆
(B)处在伸臂范围以外的墙上架空线绝缘子及其连接金属件(金具)
(C)尺寸小的外露可导电体(约 50mm×50mm),而且与保护导体选择困难时
(D)触及不到钢筋的混凝土电杆

42. 在 TN 系统中作为间接接触保护,下列哪些措施是不正确的? ( )

(A)TN 系统中采用过电流保护
(B)TN-S 系统中采用剩余电流保护器
(C)TN-C 系统中采用剩余电流保护器
(D)TN-C-S 系统中采用剩余电流保护器,且保护导体与 PEN 导体应在剩余电流保护器的负荷侧连接

43. 用电单位设置自备电源的条件是下列哪些项? ( )

(A)用电单位有大量一级负荷时
(B)需要设置自备电源作为一级负荷中特别重要负荷的应急电源时
(C)在常年稳定余热、压差、废气可供发电、技术可靠、经济合理时
(D)所在地区偏僻,远离电力系统,设置自备电源经济合理时

44. 建筑物谐波源较多的供配电系统设计中,下列哪些措施是正确的? ( )

(A)选用 Dyn11 接线组别的配电变压器
(B)选择配电变压器容量使负载率不大于 70%
(C)设置滤波装置
(D)设置不配电抗器的功率因数补偿电容器组

45. 在低压配电系统设计中,下列哪几种情况下宜选用接线组别为 Dyn11 的变压器? ( )

(A)需要提高单相短路电流值,确保低压单相接地保护装置动作灵敏度者
(B)需要限制三次谐波含量者
(C)需要限制三相短路电流者
(D)在 IT 系统接地形式的低压电网中

46. 在 10kV 配电系统中,关于中性点经高电阻接地系统的特点,下列表述中哪几项是正确的? ( )

(A)可以限制单相接地故障电流
(B)可以消除大部分谐振过电压
(C)单相接地故障电流小于 10A,系统可在接地故障下持续运行不中断供电
(D)系统绝缘水平要求较低

47. 下列关于 110kV 屋外配电装置设计中最大风速的选取哪些项是错误的? ( )

(A)地面高度,30 年一遇,10min 平均最大风速
(B)离地 10m 高,30 年一遇,10min 平均瞬时最大风速
(C)离地 10m 高,30 年一遇,10min 平均最大风速

(D)离地10m高,30年一遇,10min平均风速

48.110kV及以下供配电系统中,用电单位的供电电压应根据下列哪些因素经技术经济比较确定? ( )

(A)用电容量及用电设备特性
(B)供电距离及供电线路的回路数
(C)用电设备过电压水平
(D)当地公共电网现状及其发展规划

49.远离发电机端的网络发生短路时,可认为下列哪些项相等? ( )

(A)三相短路电流非周期分量初始值
(B)三相短路电流稳态值
(C)三相短路电流第一周期全电流有效值
(D)三相短路后0.2s的周期分量有效值

50.爆炸性气体环境内钢管配线的电气线路应做隔离密封,下列表述正确的是哪些? ( )

(A)密封内部采用纤维作填充层的底层和隔层,填充层的有效厚度不应小于钢管内径,且不得小于16mm
(B)直径50mm及以上的钢管距引入的接线箱450mm以内处应隔离密封
(C)正常运行时,所有点燃源外壳的450mm范围内应做隔离密封
(D)相邻的爆炸性环境之间应进行隔离密封

51.在按回路正常工作电流选择裸导体截面时,导体的长期允许载流量,应根据所在地区的下列哪些条件进行修正? ( )

(A)海拔高度
(B)环境温度
(C)日温差
(D)环境湿度

52.在进行低压配电线路的短路保护设计时,关于绝缘导体的热稳定校验,当短路持续时间为下列哪几项时,应计入短路电流非周期分量的影响? ( )

(A)0.05s
(B)0.08s
(C)0.15s
(D)0.2s

53.选择高压电器时,下列哪些电器应校验其额定开断电流的能力? ( )

(A)断路器
(B)负荷开关
(C)隔离开关
(D)熔断器

54.高压并联电容器装置的电器和导体,应满足下列哪些项的要求? ( )

(A)在当地环境条件下正常运行要求
(B)短路时的动热稳定要求

(C)接入电网处负载的过负荷要求

(D)操作过程的特殊要求

55. 电缆导体实际载流量应计及敷设使用条件差异的影响,规范要求下列哪些敷设方式应计入热阻的影响? ( )

(A)直埋敷设的电缆

(B)敷设于保护管中的电缆

(C)敷设于封闭式耐火槽盒中的电缆

(D)空气中明敷的电缆

56. 规范要求非裸导体应按下列哪些技术条件进行选择或校验? ( )

(A)电流和经济电流密度 (B)电晕

(C)动稳定和热稳定 (D)允许电压降

57. 电压为10kV及以下,容量为10MV·A以下单独运行的变压器装设电流速断保护时,下列哪些项不符合设计规范? ( )

(A)保护装置应动作于断开变压器的各侧断路器

(B)保护装置可仅动作于断开变压器的高压侧断路器

(C)保护装置可仅动作于断开变压器的低压侧断路器

(D)保护装置应动作于信号

58. 对3~66kV线路的下列哪些故障及异常运行方式应装设相应的保护装置?

( )

(A)相间短路 (B)过负荷

(C)线路电压低 (D)单相接地

59. 对电压为3kV及以上电动机单相接地故障,下列哪些项为设计规范规定?

( )

(A)接地电流大于10A时,应装设有选择性的单相接地保护

(B)接地电流为10A及以上时,保护装置动作于跳闸

(C)接地电流小于10A时,可装设接地检测装置

(D)接地电流为10A以下时保护装置宜动作于信号

60. 在变电所直流操作电源系统设计中,选择充电装置时,充电装置应满足下列哪些条件? ( )

(A)额定电流应满足浮充电的要求

(B)有初充电要求时,额定电流应满足初充电要求

(C)充电装置直流输出均衡充电电流调整范围应为40%~80%

(D)额定电流应满足均衡充电要求

61. 下列关于变电所10kV配电装置装设阀式避雷器位置和形式的说法哪些是正确的？ (　　)

(A)架空进线各相上均应装设配电型MOA
(B)每组母线各相上均应装设配电型MOA
(C)架空进线各相上均应装设电站型MOA
(D)每组母线各相上均应装设电站型MOA

62. 图示笼型异步电动机的启动特性，其中曲线1、2是不同定子电压时的启动机械特性，直线3是电机的恒定静阻转矩线，下列哪些解释是正确的？

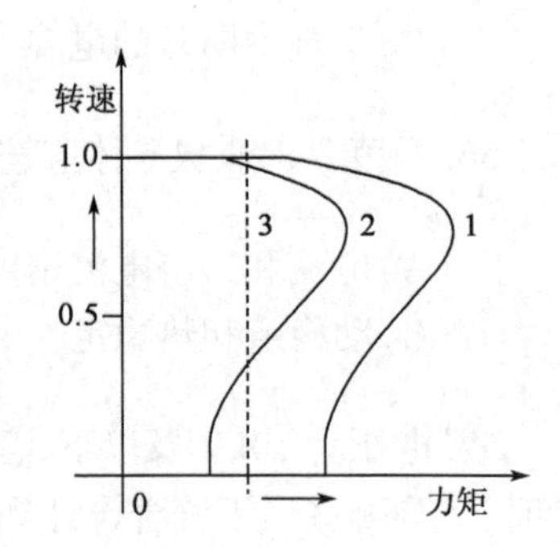

(A)曲线2的定子电压低于曲线1的定子电压
(B)曲线2的定子电源频率低于曲线1的定子电源频率
(C)电机在曲线2时启动成功
(D)电机已启动成功，然后转变至曲线2的定子电压，可继续运行

63. 关于变电所电气装置的接地装置，下列叙述哪些项是正确的？ (　　)

(A)对于10kV变电所，当采用建筑物的基础作接地极且接地电阻又满足规定值时，可不另设人工接地
(B)当需要设置人工接地网时，人工接地网的外缘应闭合，外缘各角应做成直角
(C)发电厂和变电站的人工接地网应以水平接地极为主
(D)GIS置于建筑物内时，设备区域专用接地网可采用铜导体

64. 下列关于电梯接地的表述，哪些项是正确的？ (　　)

(A)与建筑物的用电设备不能采用同一接地体
(B)与电梯相关的所有用电设备及导管、线槽的外露可导电部分均应可靠接地
(C)电梯的金属件，应采取等电位联结
(D)当轿厢接地线利用电缆芯线时，应采用1根铜芯导体，截面不得小于$2.5mm^2$

65. 应急照明的照度标准值，下列表述哪些项符合现行国家标准规定？ (　　)

(A)建筑物公用场所安全照明的照度值不低于该场所一般照明照度值的10%
(B)建筑物公用场所备用照明的照度值除另有规定外，不低于该场所一般照明照度值的5%
(C)建筑物公用场所疏散通道的地面最低水平照度不应低于0.5lx
(D)人民防空地下室疏散通道照明的地面最低照度值不低于5lx

66. 下列关于道路照明开、关灯时天然光的照度水平的说法，哪些项是不正确的？（ ）

(A)主干路照明开灯时宜为 15lx

(B)主干路照明关灯时宜为 30lx

(C)次干路照明开灯时宜为 10lx

(D)次干路照明关灯时宜为 20lx

67. 下列关于直接接于电网的同步电动机的运行性能表述中，哪些是正确的？（ ）

(A)不可以超前的功率因数输出无功功率

(B)同步电动机无功补充的能力与电动机的负荷率、励磁电流及额定功率因数有关

(C)在电网频率恒定的情况下，电动机的转速是恒定的

(D)同步电动机的力矩与电源电压的二次方成正比

68. 下列交流电动机调速方法中，哪些不属于高效调速？（ ）

(A)变极数控制　　(B)转子串电阻

(C)液力耦合器控制　　(D)定子变压控制

69. 根据规范规定，下列哪些项表述符合安防系统设计要求？（ ）

(A)入侵和紧急报警系统应具备防拆、断路、短路报警功能

(B)系统传输线路的出入端线应屏蔽，并具有保护措施

(C)系统供电暂时中断恢复供电后，系统应能自动恢复原有工作状态，该功能应能人工设定

(D)系统宜有自检功能，对系统、设备、传输链路进行监测

70. 关于数字微波通信系统，下列哪些项符合规范要求？（ ）

(A)使用频段应避开雷达和卫星地面通信等大功率发射机所使用的频率，可采用 2400 ~ 2483.5MHz

(B)点与点通信时，可选用直径 0.1m 的微波天线

(C)使用频段应避开雷达和卫星地面通信等大功率发射机所使用的频率，可采用 5752 ~ 5850MHz

(D)点对多点通信时，可选用小型内置高增益扇形微波天线

2014年专业知识试题答案(下午卷)

1. **答案**:B

依据:《低压配电设计规范》(GB 50054—2011)第5.3.9条。

2. **答案**:C

依据:《爆炸危险环境电力装置设计规范》(GB 50058—2014)附录B第B.0.1-1条。

与释放源的距离为7.5m的范围内可划分为2区。

注:题干的描述方式为旧规范内容。

3. **答案**:B

依据:《工业与民用供配电设计手册》(第四版)P1470"安全防护措施"。

防电击措施:0区、1区内只允许用不超过交流12V或直流30V的SELV保护方式,其供电电源应安装在0区、1区以外。

注:也可参考《建筑物电气装置　第7部分:特殊装置或场所的要求第702节:游泳池和其他水池》(GB 16895.19—2002)第702.431.3.1条,此为超纲规范,建议考生应熟悉GB 16895全系列规范的名称,并了解其适用范围。

4. **答案**:B

依据:《工业与民用供配电设计手册》(第四版)P19~P20式(1.6-1)、式(1.6-2),单相负荷换算为等效三相负荷的简化方法。

多台单相用电设备的设备功率小于计算范围内三相负荷设备功率的15%时,按三相平衡负荷计算,可不换算。

5. **答案**:C

依据:《供配电系统设计规范》(GB 50052—2009)第4.0.6条。

6. **答案**:B

依据:《工业与民用供配电设计手册》(第四版)P61配电方式。

放射式:供电可靠性高,故障发生后影响范围较小,切换操作方便,保护简单,便于自动化,但配电线路和高压开关柜数量多而造价较高。

树干式:配电线路和高压开关柜数量少且投资少,但故障影响范围较大,供电可靠性较差。

环式:有闭路环式和开路环式两种,为简化保护,一般采用开路环式,其供电可靠性较高,运行比较灵活,但切换操作较繁。

7. **答案**:C

依据:《20kV及以下变电所设计规范》(GB 50053—2013)第3.3.4条。

8. **答案**:B

依据:《民用建筑电气设计标准》(GB 51348—2019) 第6.3.2-2条。

9. **答案**:D

依据:《工业与民用供配电设计手册》(第四版)P19 ~ P20 式(1.6-1)、式(1.6-2),单相负荷换算为等效三相负荷的简化方法。

单相设备功率和为1.6kW,大于三相功率10kW的15%,需折算;只有相负荷时,等效三相负荷取最大相负荷的3倍,因此等效三相负荷为 $10+3\times0.8=12.4$kW。

10. **答案**:C

依据:《供配电系统设计规范》(GB 50052—2009)第3.0.1-1条及条文说明。

或者事故一旦发生能够及时处理,防止事故扩大,保证工作人员的抢救和撤离,而必须保证的用电负荷,亦为特别重要负荷。

11. **答案**:A

依据:《爆炸危险环境电力装置设计规范》(GB 50058—2014)第5.3.5-1条。

12. **答案**:A

依据:《民用建筑电气设计标准》(GB 51348—2019) 第4.10.5条。

13. **答案**:D

依据:《电力工程电缆设计规范》(GB 50217—2018)第3.4.3-5条、第3.4.4-4条、第3.4.3-3条、第3.4.7条。

14. **答案**:C

依据:《3 ~ 110kV高压配电装置设计规范》(GB 50060—2008)第7.3.3条及条文说明。

条文说明:在GIS配电装置总布置的两侧应设通道。主通道宜设置在靠断路器的一侧,一般情况宽度不宜小于2000mm,另一侧的通道供运行和巡视用,其宽度一般不小于1000mm。

注:可参考《高压配电装置设计技术规程》(DL/T 5352—2006)第9.3.4条。此为发输变电考试重点规范。

15. **答案**:B

依据:《工业与民用供配电设计手册》(第四版)P177倒数第八行:最大短路电流,用于选择电气设备的容量或额定值以校验电器设备的动稳定、热稳定及分断能力,整定继电保护装置;最小短路电流,用于选择熔断器、设定保护定值或作为校验继电保护装置灵敏系数和校验感应电动机启动的依据。

16. **答案**:B

依据:《低压配电设计规范》(GB 50054—2011)第6.2.4条。

第6.2.4条:当短路保护电气为断路器时,被保护线路末端的短路电流不应小于断路器瞬时或短延时过电流脱扣器整定电流的1.3倍。

17. **答案**:C

依据:《导体和电器选择设计技术规定》(DL/T 5222—2005)附录F.5.1。

注:此题不严谨,零序阻抗的换算远比此公式复杂,可参考教科书。

18. **答案**:B

依据:《3~110kV高压配电装置设计规范》(GB 50060—2008)第7.2.3条。

19. **答案**:C

依据:《导体和电器选择设计技术规定》(DL/T 5222—2005)第11.0.7条。

20. **答案**:B

依据:《导体和电器选择设计技术规定》(DL/T 5222—2005)第10.2.4条。

21. **答案**:B

依据:《20kV及以下变电所设计规范》(GB 50053—2013)第4.2.1条及表4.2.1。

22. **答案**:D

依据:《建筑照明设计标准》(GB 50034—2013)第7.2.12条、《低压配电设计规范》(GB 50054—2011)第3.2.9条及条文说明。

注:条文说明中列举了各种谐波含量,解释得较为清楚。也可参考《工业与民用供配电设计手册》(第四版)P811表9.2-3及相关公式。

23. **答案**:A

依据:《电力工程电缆设计规范》(GB 50217—2018)第3.2.2条。

24. **答案**:C

依据:《35kV~110kV变电站设计规范》(GB 50059—2011)第3.10.6条。

25. **答案**:D

依据:《电力装置的继电保护和自动装置设计规范》(GB/T 50062—2008)第4.0.2条。

26. **答案**:A

依据:《电力装置电测量仪表装置设计规范》(GB/T 50063—2017)第3.6.5条。

27. **答案**:D

依据:《电力工程直流系统设计技术规程》(DL/T 5044—2014)第6.1.5条。

28. **答案**:C

依据:《电力工程直流系统设计技术规程》(DL/T 5044—2014)第3.2.3-3条。

29. **答案**:C

依据:《建筑物防雷设计规范》(GB 50057—2010)第2.0.41条。

30. **答案**:A

依据:《建筑物防雷设计规范》(GB 50057—2010)第4.5.5条。

31. **答案**:A

依据:《交流电气装置的过电压和绝缘配合》(DL/T 620—1997)第3.1.3-3条。

注:也可参考《交流电气装置的过电压和绝缘配合》(DL/T 620—1997)第3.1.3条表1。

32. **答案**:C

依据:《交流电气装置的过电压保护和绝缘配合设计规范》(GB/T 50064—2014)第6.4.6-1条。

注:也可参考《交流电气装置的过电压保护和绝缘配合》(DL/T 620—1997)第10.4.5条表19。

33. **答案**:D

依据:《工业与民用供配电设计手册》(第四版)P1402~P1403"等电位联结的作用"。

建筑物的低压电气装置应采用等电位联结,以降低建筑物内间接接触电压和不同金属物体间的电位差。

34. **答案**:C

依据:《建筑照明设计标准》(GB 50034—2013)第3.3.2条。

35. **答案**:B

依据:《建筑照明设计标准》(GB 50034—2013)第7.1.3条。

36. **答案**:D

依据:《电气传动自动化技术手册》(第三版)P877~P879编程语言相关内容。

a.各个PLC厂商都对各自PLC有一套组态及编程软件,但它们都有一个共同点,即符合国际标准IEC 61131—32002《可编程序控制器 第3部分:编程语言》;

b.在这些标准中,规定了PLC编程语言的整套语法和定义。包括图形化编程语言(如功能块图语言、顺序功能图语言、梯形图语言)和文本化编程语言(如指令表语言、结构文本语言);

c.顺序功能图语言是一种描述控制程序的顺序行为特征的图形化语言,可对复杂的过程或操作由顶到底地进行辅助开发;

d.指令表语言是一种低级语言,与汇编语言很相似。

注:参考《电气传动自动化技术手册》(第二版)P799~P801编程语言相关内容。

37. **答案**:B

依据:《火灾自动报警系统设计规范》(GB 50116—2013)第6.2.4条。

38. **答案**:C

依据:《民用建筑电气设计标准》(GB 51348—2019)第9.7.2条。

39. **答案**:A

依据:《66kV 及以下架空电力线路设计规范》(GB 50061—2010)第 4.0.1 条。

40. **答案**:D

依据:《民用建筑电气设计标准》(GB 51348—2019) 第 20.5.8-3 条。

---

41. **答案**:BCD

依据:《低压电气装置 第 4-41 部分:安全防护 电击防护》(GB 16895.21—2012)第 410.3.9 条。

42. **答案**:CD

依据:《低压配电设计规范》(GB 50054—2011)第 5.2.13 条、第 3.1.4 条、第 3.1.11-1条。

43. **答案**:BCD

依据:《供配电系统设计规范》(GB 50052—2009)第 4.0.1 条。

44. **答案**:AC

依据:《供配电系统设计规范》(GB 50052—2009)第 5.0.13 条。

注:也可参考《工业与民用供配电设计手册》(第四版)P290 表 6-40。

45. **答案**:ABC

依据:《供配电系统设计规范》(GB 50052—2009)第 7.0.7 条 ~ 第 7.0.8 条及条文说明。

46. **答案**:ABC

依据:《工业与民用供配电设计手册》(第四版)P53 ~ P59 中性点经电阻接地相关内容。

中性点经高电阻接地:高电阻接地方式以限制单相接地故障电流为目的,电阻阻值一般在数百至数千欧姆。采用高电阻接地的系统可以消除大部分谐振过电压,对单相间歇弧光接地过电压具有一定的限制作用。单相接地故障电流小于 10A,系统可在接地故障条件下持续运行不中断供电。缺点是系统绝缘水平要求高。

47. **答案**:ABD

依据:《3 ~ 110kV 高压配电装置设计规范》(GB 50060—2008)第 3.0.5 条。

48. **答案**:ABD

依据:《供配电系统设计规范》(GB 50052—2009)第 5.0.1 条。

49. **答案**:BD

依据:《工业与民用供配电设计手册》(第四版)P284 相关公式、P178 图 4.1-2“短路电流波形图”。

50. **答案**:ACD

依据:《爆炸危险环境电力装置设计规范》(GB 50058—2014)第5.4.3-5条。

注:选项B多一个“及”字。

51. **答案**:AB

依据:《导体和电器选择设计技术规定》(DL/T 5222—2005)第7.1.5条。

注:也可参考《3~110kV高压配电装置设计规范》(GB 50060—2008)第4.1.8条。

52. **答案**:AB

依据:《低压配电设计规范》(GB 50054—2011)第6.2.3-2条。

53. **答案**:ABD

依据:《导体和电器选择设计技术规定》(DL/T 5222—2005)第9.1.1条、第10.1.1条、第17.0.1条。

54. **答案**:ABD

依据:《并联电容器装置设计规范》(GB 50227—2017)第5.1.2条及条文说明。

55. **答案**:ABC

依据:《电力工程电缆设计规范》(GB 50217—2018)第3.6.3条。

56. **答案**:ACD

依据:《导体和电器选择设计技术规定》(DL/T 5222—2005)第7.1.1条。

57. **答案**:BCD

依据:《电力装置的继电保护和自动装置设计规范》(GB/T 50062—2008)第4.0.3条。

58. **答案**:ABD

依据:《电力装置的继电保护和自动装置设计规范》(GB/T 50062—2008)第5.0.1条。

59. **答案**:BD

依据:《电力装置的继电保护和自动装置设计规范》(GB/T 50062—2008)第9.0.3条。

60. **答案**:AD

依据:《电力工程直流系统设计技术规程》(DL/T 5044—2014)第6.2.2条。

61. **答案**:AD

依据:《交流电气装置的过电压保护和绝缘配合设计规范》(GB/T 50064—2014)第5.4.13-12条。

注:也可参考《交流电气装置的过电压保护和绝缘配合》(DL/T 620—1997)第7.3.9条。

62. **答案**:AD

依据:《钢铁企业电力设计手册》(下册)P2 表 23-1“特性曲线”。

63. **答案**:AC

依据:《交流电气装置的接地设计规范》(GB/T 50065—2011)第 4.3.2 条、第 4.4.6条。

64. **答案**:BC

依据:《通用用电设备配电设计规范》(GB 50055—2011)第 3.3.7 条。

65. **答案**:CD

依据:《建筑照明设计标准》(GB 50034—2013)第 5.5.2 条、第 5.5.3 条、第 5.5.4 条,《人民防空地下室设计规范》(GB 50038—2005)第 7.5.5 条。

注:题干考查旧规范《建筑照明设计标准》(GB 50034—2004)第 5.4.2 条,新规范将安全照明、备用照明、疏散照明的要求均进行了细化,其中疏散照明的照度比旧规范(0.5lx)有所提高,但答案按旧规范保留了 C 选项。

66. **答案**:ABD

依据:《照明设计手册》(第三版)P408。

道路照明开灯和关灯时的天然光照度水平,快速路和主干路宜为 30lx,次干路和支路宜为 20lx。

注:《照明设计手册》(第二版)P458 最后一段:道路照明开灯时的天然光照度水平宜为 15lx;关灯时的天然光照度水平,快速路和主干路宜为 30lx,次干路和支路宜为 20lx,开灯的天然光照度水平在第三版中有所修正。

67. **答案**:BCD

依据:选项 A:同步电动机具有调节无功的功能,可以超前和滞后输出无功功率。

选项 B:《工业与民用供配电设计手册》(第四版)P34 式(1.11-1)。

选项 C:转速 $n = 60f/P$,同步电动机的 P(极对数)为一定值,参考《钢铁企业电力设计手册》(下册)P277 也可知变极调速只适用于绕线型电动机(异步电动机)。

选项 D:可参考同步电动机力矩计算公式,但具有争议。

68. **答案**:BCD

依据:《钢铁企业电力设计手册》(下册)P270。

高效调速方案:变极数控制、变频变压控制、无换向器电机控制、串级(双馈)控制。

低效调速方案:转子串电阻控制、液力耦合器控制、电磁转差离合器控制、定子变压控制。

69. **答案**:ACD

依据:《安全防范工程技术规范》(GB 50348—2018)第 6.6.5 条。

70. **答案**:ACD

依据:《民用建筑电气设计标准》(GB 51348—2019) 第 20.7.5 条、第 20.7.6 条。

2014年案例分析试题(上午卷)

[案例题是4选1的方式,各小题前后之间没有联系,共25道小题,每题分值为2分,上午卷50分,下午卷50分,试卷满分100分。案例题一定要有分析(步骤和过程)、计算(要列出相应的公式)、依据(主要是规程、规范、手册),如果是论述题要列出论点]

题1~5:某车间变电所配置一台1600kV·A,10±2×2.5%/0.4kV,阻抗电压为6%的变压器,低压母线装设300kvar并联补偿电容器,正常时全部投入,请回答下列问题。

1. 当负荷变化切除50kvar并联电容器时,试近似计算确定变压器电压损失的变化是下列哪一项? ( )

(A)0.19% (B)0.25%

(C)1.88% (D)2.08%

解答过程:

2. 若从变电所低压母线至远端设备馈电线路的最大电压损失为5%,至近端设备馈电线路的最小电压损失为0.95%,变压器满负荷时电压损失为2%,用电设备允许电压偏差在±5%以内,计算并判断变压器分接头宜设置为下列哪一项? ( )

(A)+5% (B)0

(C)-2.5% (D)-5%

解答过程:

3. 变电所馈出的照明线路三相负荷配置平衡,各相3次谐波电流为基波电流的20%,计算照明线路的中性导体电流和相导体电流的比值是下列哪一项? ( )

(A)0.20 (B)0.59

(C)1.02 (D)1.20

解答过程：

4. 该变电所低压侧一馈电线路为容量 26kV · A、电压 380V 的三相非线性负载供电，若供电线路电流 42A，计算此线路电流谐波畸变率 THD_I 为下列哪一项？（　　）

(A)6%　　(B)13%

(C)36%　　(D)94%

解答过程：

5. 一台 UPS 的电源引自该变电所，UPS 的额定输出容量 300kV · A，整机效率 0.92，所带负载的功率因数 0.8，若整机效率提高到 0.93，计算此 UPS 年(365 天)满负荷运行节约的电量为下列哪一项？（　　）

(A)30748kW · h　　(B)24572kW · h

(C)1024kW · h　　(D)986kW · h

解答过程：

题 6 ~ 10：某企业 35kV 总降压变电站设有两台三相双绕组变压器，容量为 2 × 5000kV · A，电压比为 35 ±2 ×2.5%/10.5kV，变压器空载有功损耗为 4.64kW，变压器阻抗电压为 7%，变压器负载有功损耗为 34.2kW，变压器空载电流为 0.48%，35kV 电源进线 2 回，每回线路长度约 10km，均引自地区 110/35kV 变电站，每台主变 10kV 出线各 3 回，供厂内各车间负荷，请回答下列问题。

6. 假定该企业年平均有功和无功负荷系数分别为 0.7、0.8，10kV 侧计算有功功率为 3600kW，计算无功功率为 2400kvar，该负荷平均分配于两台变压器，请计算企业的自然平均功率因数为多少？（　　）

(A)0.74　　(B)0.78

(C)0.80　　(D)0.83

解答过程：

7. 请计算该变电站主变压器经济运行的临界负荷是多少？（无功功率经济当量取0.1kW/kvar） （　　）

(A)1750kV·A　　(B)2255kV·A

(C)3250kV·A　　(D)4000kV·A

解答过程：

8. 计算变压器负荷率为下列哪一项时，变压器的有功损失率最小？ （　　）

(A)37%　　(B)50%

(C)65%　　(D)80%

解答过程：

9. 假定变电站变压器负荷率为60%，负荷功率因数为0.9，计算每台主变压器电压损失最接近下列哪项数值？ （　　）

(A)0.55%　　(B)1.88%

(C)2.95%　　(D)3.90%

解答过程：

10. 该站拟设置一台柴油发电机作为应急电源为一级负荷供电，一级负荷计算功率为250kW，电动机总负荷58kW，其中最大一台电动机的全压启动容量为300kVA，电动机启动倍数为6，负荷综合效率0.88，计算柴油发电机视在功率最小为下列哪一项？（负荷率按1.0考虑） （　　）

(A)250kVA　　　　(B)300kVA

(C)350kVA　　　　(D)450kVA

解答过程：

题11～15：某工厂变电所供电系统如下图所示，电网及各元件参数标明在图上，发电机的运算曲线数字见下表，请回答下列各题(计算时只计电抗、不计电阻)。

I_* \ t(s) / X_C	0	0.01	0.06	0.1	0.2	0.4	0.5	0.6	1	2	4
0.12	8.963	8.603	7.186	6.400	5.220	4.252	4.006	3.821	3.344	2.795	2.512
0.14	7.718	7.467	6.441	5.839	4.878	4.040	3.829	3.673	3.280	2.808	2.526
0.16	6.763	6.545	5.660	5.146	4.336	3.649	3.481	3.359	3.060	2.706	2.490
0.18	6.020	5.844	5.122	4.697	4.016	3.429	3.288	3.186	2.944	2.659	2.476
0.20	5.432	5.280	4.661	4.297	3.715	3.217	3.099	3.016	2.825	2.607	2.462
0.22	4.938	4.813	4.296	3.988	3.487	3.052	2.951	2.882	2.729	2.561	2.444
0.24	4.526	4.421	3.984	3.721	3.286	2.904	2.816	2.758	2.638	2.515	2.425
0.26	4.178	4.088	3.714	3.486	3.106	2.769	2.693	2.644	2.551	2.467	2.404
0.28	3.872	3.705	3.472	3.274	2.939	2.641	2.575	2.534	2.464	2.415	2.378
0.30	3.603	3.536	3.255	3.081	2.785	2.520	2.463	2.429	2.379	2.360	2.347
0.32	3.368	3.310	3.063	2.909	2.646	2.410	2.360	2.332	2.299	2.306	2.316
0.34	3.159	3.108	2.891	2.754	2.519	2.308	2.264	2.241	2.222	2.252	2.283
0.36	2.975	2.930	2.736	2.614	2.403	2.213	2.175	2.156	2.149	2.109	2.250
0.38	2.811	2.770	2.597	2.487	2.297	2.126	2.093	2.077	2.081	2.148	2.217
0.40	2.664	2.628	2.471	2.372	2.199	2.045	2.017	2.004	2.017	2.099	2.184
0.42	2.531	2.499	2.357	2.267	2.110	1.970	1.946	1.936	1.956	2.052	2.151
0.44	2.411	2.382	2.253	2.170	2.027	1.900	1.879	1.872	1.899	2.006	2.119
0.46	2.302	2.275	2.157	2.082	1.950	1.835	1.817	1.812	1.845	1.963	2.088
0.48	2.203	2.178	2.069	2.000	1.879	1.774	1.759	1.756	1.794	1.921	2.057
0.50	2.111	2.088	1.988	1.924	1.813	1.717	1.704	1.703	1.746	1.880	2.027
0.55	1.913	1.894	1.810	1.757	1.665	1.589	1.581	1.583	1.635	1.785	1.953
0.60	1.748	1.732	1.662	1.617	1.539	1.478	1.474	1.479	1.538	1.699	1.884
0.65	1.610	1.596	1.535	1.497	1.431	1.382	1.381	1.388	1.452	1.621	1.819
0.70	1.492	1.479	1.426	1.393	1.336	1.297	1.298	1.307	1.375	1.549	1.734
0.75	1.390	1.379	1.332	1.302	1.253	1.221	1.225	1.235	1.305	1.484	1.596
0.80	1.301	1.291	1.249	1.223	1.179	1.154	1.159	1.171	1.243	1.424	1.474
0.85	1.222	1.214	1.176	1.152	1.114	1.094	1.100	1.112	1.186	1.358	1.370
0.90	1.153	1.145	1.110	1.089	1.055	1.039	1.047	1.060	1.134	1.279	1.279
0.95	1.091	1.084	1.052	1.032	1.002	0.990	0.998	1.012	1.087	1.200	1.200

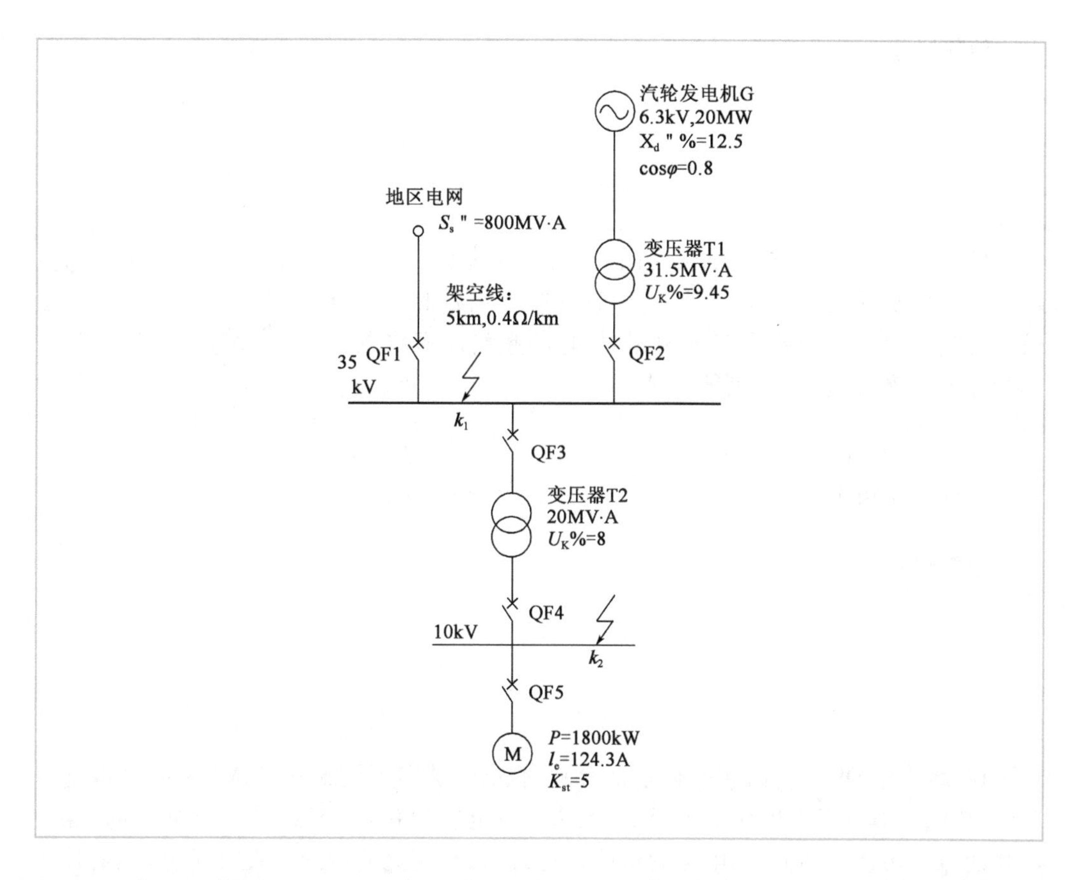

11. 当 QF3 断开，QF1，QF2 合闸时，K1 点三相短路时的超瞬态短路电流周期分量有效值 I''_{K1} 为下列哪一项？（　　）

（A）18.2kA　　（B）7.88kA

（C）7.72kA　　（D）7.32kA

解答过程：

12. 当 QF5 断开，QF1～QF4 合闸时，假设以基准容量 S_j = 100MV·A，基准电压 U_j = 10.5kV 计算并变换简化后的网络电抗见右图，问 K2 点三相短路时，由地区电网提供的超瞬态短路电流周期分量有效值 I''_{K2W} 为下列哪一项？（　　）

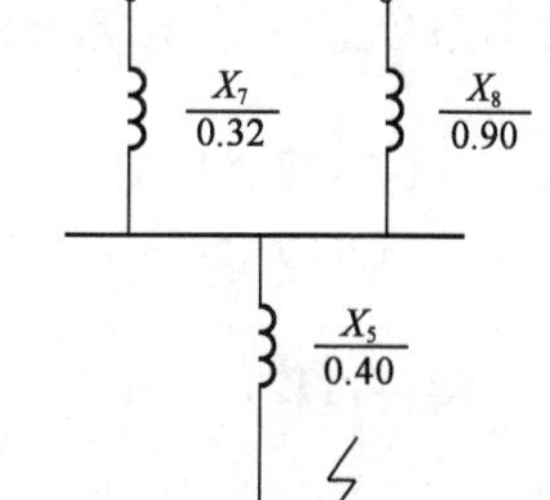

（A）2.24kA

（B）6.40kA

（C）7.64kA

（D）8.59kA

解答过程:

13. 当 QF5 断开,QF1 ~ QF4 合闸时,假设以基准容量 S_j = 100MV · A,基准电压 U_j = 10.5kV 计算变换简化后的网络电抗见右图,问 K2 点两相不接地短路时,总的超瞬态短路电流周期分量有效值 I''_{2K2} 为下列哪一项? ( )

(A)9.5kA (B)13.9kA

(C)14.9kA (D)16kA

解答过程:

14. 题干中 QF3 断开,QF1 和 QF2 合闸,假设以基准容量 S_j = 100MV · A,基准电压 U_j = 37kV,计算的发电机和变压器 T1 支路的总电抗为 0.8,当 K1 点三相短路时,保护动作使 QF2 分闸,已知短路电流的持续时间为 0.2s,直流分量的等效时间为 0.1s,计算短路电流在 QF2 中产生的热效应为下列哪项数值? ( )

(A)1.03kA^2s (B)1.14kA^2s

(C)1.35kA^2s (D)35.39kA^2s

解答过程:

15. 题干中,QF1 ~ QF5 均合闸,当 K2 点三相短路时,设电网和发电机提供的超瞬态短路电流周期分量有效值 I''_s 为 10kA,其峰值系数 K_p = 1.85,异步电动机 M 反馈电流的峰值系数查右图,计算 K2 点三相短路时,该短路电流峰值应为下列哪项数值? ( )

(A)27.54kA (B)26.16kA

(C)19.88kA (D)17kA

解答过程:

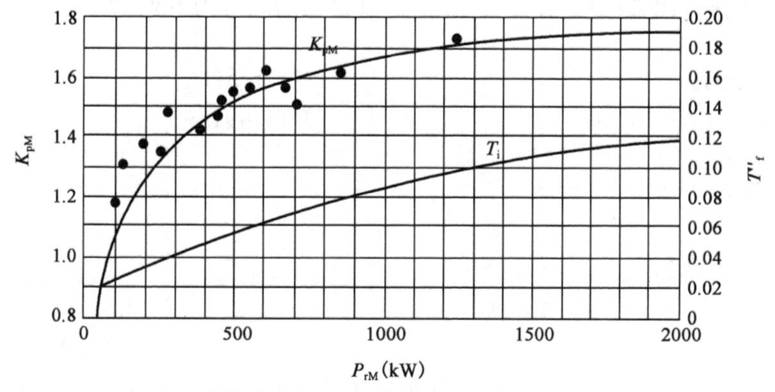

异步电动机额定容量 P_{rM} 与冲击系数 K_{pM} 的关系

T_f''——反馈电流周期分量衰减时间常数

题 16～20：某 35kV 变电所，设 35/10kV 变压器 1 台、10kV 馈出回路若干，请回答该变电所 10kV 系统考虑采用不同接地方式时所遇到的几个问题。

16. 已知：变电所在最大运行方式下 10kV 架空线路和电缆线路的电容电流分别为 3A 和 9A，变电所设备产生的电容电流不计。生产工艺要求系统在单相接地故障情况下继续运行，请问按过补偿考虑消弧线圈补偿容量的计算值为下列哪一项？（　　）

(A) 60kV · A　　(B) 70kV · A

(C) 94kV · A　　(D) 162kV · A

解答过程：

17. 假定变电所 10kV 系统的电容电流为 44A，经计算选择的消弧线圈电感电流为 50A，计算采用消弧线圈后的系统中性点位移电压为下列哪一项？（阻尼率取 4%）（　　）

(A) 800V　　(B) 325V

(C) 300V　　(D) 130V

解答过程：

18. 假定该变电所 10kV 系统单相接地电容电流为 5A，为了防止谐振对设备造成损

坏,中性点采用经高电阻接地方式,计算接地电阻器的阻值为下列哪一项? ( )

(A)1050Ω (B)1155Ω

(C)1818Ω (D)3149Ω

解答过程:

19. 假定10kV馈出线主要由电缆线路构成,变压器10kV侧中性点可以引出,拟采用经低电阻接地方式,如果系统单相接地电流值为320A,计算接地电阻器的阻值和单相接地时最大消耗功率为下列哪一项? ( )

(A)18Ω,1939kW (B)18Ω,3299kW

(C)31Ω,1939kW (D)31Ω,3200kW

解答过程:

20. 假定变压器10kV侧中性点可以引出,拟采用经单相接地变压器电阻接地,已知变电所在最大运行方式下的单相接地电容电流为16A(接地变压器过负荷系数为1.2,接地变压器二次电压220V),计算该接地变压器的最小额定容量和电阻器的阻值为下列哪一项?(精确到小数点后两位) ( )

(A)50kV·A,0.16Ω (B)100kV·A,0.48Ω

(C)60kV·A,0.52Ω (D)200kV·A,0.82Ω

解答过程:

题21~25:某城区110/10.5kV无人值班变电站,全站设直流操作系统一套,直流系统电压采用110V,蓄电池拟选用阀控式密封铝酸蓄电池组,按阶梯计算法进行的变电站直流负荷统计结果见表1,阀控式密封铝酸蓄电池放电终止电压为1.85V,蓄电池的容量选择系数见表2,请回答下列问题。

变电站直流负荷统计 表1

序号	负荷名称	设备电流(A)	负荷系数	计算电流(A)	经常负荷电流(A)	事故放电时间及放电电流(A)						
						初期	持续(h)					随机
						1min	1~30	30~60	60~120	120~180	180~480	5s
					I_{jc}	I_1	I_2	I_3	I_4	I_5	I_6	I_R
1	信号灯、位置继电器和位置指示器		0.6	√	√	√			√			
2	控制、保护、监控系统	3300	0.6	18.0	18.0	18.0	18.0	18.0	18.0			
3	断路器跳闸	6600	0.6	36.0		36.0						
4	断路器自投	600	0.6	2.73		2.73						
5	恢复供电断路器合闸	4200	1.0	38.18								38.18
6	氢密封油泵		0.8									
7	直流润滑油泵		0.9									
8	交流不停电电源装置	6000	0.6	32.73		32.73	32.73	32.73	32.73			
9	DC/DC 变换装置		0.8	√	√	√			√			
10	直流长明灯		1	0	1	1	1	1				
11	事故照明	1000	1	9.09		9.09	9.09	9.09				
	合计	21700		136.73	18.00	98.55	59.82	59.82	50.73	0.00	0.00	38.18

阀控式密封铅酸蓄电池的容量选择系数 表2

放电终止电压(V)	容量系数和容量换算系数	不同放电时间 t 的 K_{cc} 和 K_c 值																
		5s	1.0(min)	29(min)	0.5(h)	59(min)	1.0(h)	89(min)	1.5(h)	2.0(h)	179(min)	3.0(h)	4.0(h)	5.0(h)	6.0(h)	7.0(h)	479(min)	8.0(h)
1.75	K_{cc}				0.492		0.615		0.719	0.774		0.867	0.936	0.975	1.014	1.071		1.080
	K_c	1.54	1.53	1.000	0.984	0.620	0.615	0.482	0.479	0.387	0.289	0.289	0.234	0.195	0.169	0.153	0.135	0.135
1.80	K_{cc}				0.450		0.598		0.708	0.748		0.840	0.896	0.950	0.996	1.050		1.056
	K_c	1.45	1.43	0.920	0.900	0.600	0.598	0.476	0.472	0.374	0.280	0.280	0.224	0.190	0.166	0.150	0.132	0.132
1.83	K_{cc}				0.412		0.565		0.683	0.714		0.810	0.868	0.920	0.960	1.015		1.016
	K_c	1.38	1.33	0.843	0.823	0.570	0.565	0.458	0.455	0.357	0.270	0.270	0.217	0.184	0.160	0.145	0.127	0.127
1.85	K_{cc}				0.390		0.540		0.642	0.688		0.786	0.856	0.900	0.942	0.980		0.984
	K_c	1.34	1.24	0.800	0.780	0.558	0.540	0.432	0.428	0.344	0.262	0.262	0.214	0.180	0.157	0.140	0.123	0.123
1.87	K_{cc}				0.378		0.520		0.612	0.668		0.774	0.836	0.885	0.930	0.959		0.960
	K_c	1.27	1.18	0.764	0.755	0.548	0.520	0.413	0.408	0.334	0.258	0.258	0.209	0.177	0.155	0.137	0.120	0.120
1.90	K_{cc}				0.338		0.490		0.572	0.642		0.759	0.800	0.850	0.900	0.917		0.944
	K_c	1.19	1.12	0.685	0.676	0.495	0.490	0.383	0.381	0.321	0.253	0.253	0.200	0.170	0.150	0.131	0.118	0.118

注：容量系数 $K_{cc}=\frac{C_t}{C_{10}}=K_c\cdot t$（$t$—放电时间，$h$）；容量换算系数 $K_c=\frac{I_t}{C_{10}}(1/h)=\frac{K_{cc}}{t}$（$t$—放电时间，$h$）。

21. 采用阶梯计算法进行变电站直流系统蓄电池容量选择计算，确定蓄电池 10h 放电率第三阶段的计算容量最接近下列哪一项？（　　）

(A) 88.8A·h　　(B) 109.1A·h
(C) 111.3A·h　　(D) 158.3A·h

解答过程：

22. 假定用阶梯计算法进行变电站直流系统蓄电池容量选择计算时，蓄电池 10h 放电率第一、二、三、四阶段计算容量分别为 228A·h、176A·h、203A·h、212A·h，计算蓄电池的最小容量为下列哪一项？（　　）

(A) 180A·h　　(B) 230A·h
(C) 250A·h　　(D) 300A·h

解答过程：

23. 该直流系统的蓄电池出口回路以及各直流馈线均采用直流断路器作为保护电器，其中直流馈线中直流断路器最大的额定电流为 100A，所采用的铅酸蓄电池 10h 放电率电流为 25A，计算蓄电池出口回路的断路器最小额定电流为下列哪一项？（按一般情况考虑，同时不考虑灵敏系数和保护动作时间的校验）（　　）

(A) 100A　　(B) 120A
(C) 150A　　(D) 200A

解答过程：

24. 计算按阶梯计算法计算时，事故照明回路电缆的允许电压降的范围为下面哪一项？（　　）

(A) 0.55 ~ 1.1V　　(B) 1.65 ~ 2.2V
(C) 2.75 ~ 3.3V　　(D) 2.75 ~ 5.5V

解答过程：

25. 本站直流系统设两组蓄电池，两组蓄电池分别接于不同的直流母线段，两段直流母线之间装设有联络用刀开关。计算联络用刀开关的最小额定电流为下列哪一项？（　）

(A)63A　　(B)100A

(C)160A　　(D)200A

解答过程：

2014年案例分析试题答案(上午卷)

题1~5答案:**ABBCB**

1.《供配电系统设计规范》(GB 50052—2009)第5.0.5条及条文说明 式(2)。

变压器电压损失变化:$\Delta U_{\mathrm{T}} = \Delta Q_{\mathrm{c}} \dfrac{E_{\mathrm{k}}}{S_{\mathrm{T}}} \times 100\% = 50 \times \dfrac{6}{1600} \times 100\% = 0.1875\%$

注:可参考《并联电容器装置设计规范》(GB 50227—2017)第5.2.2条及条文说明对比理解,轻负荷引起的电网电压升高,并联电容器装置投入电网后引起的母线电压升高值按式 $\Delta U = U_{\mathrm{s0}} \dfrac{Q}{S_{\mathrm{d}}}$ 计算。

2.《工业与民用供配电设计手册》(第四版)P462~P463式(6.2-11)、式(6.2-12)。

最大负荷时:

末端最大电压偏差:$\delta u_{1\max} = \delta u_1 + e - \Sigma\Delta u$

$\pm 5\% = 0 + e - (2\% + 5\%)$

$e = 2\% \sim 12\%$

末端最小低压偏差:$\delta u_{1\min} = \delta u_1 + e - \Sigma\Delta u$

$\pm 5\% = 0 + e - (2\% + 0.95\%)$

$e = -2.05\% \sim 7.95\%$

最小负荷时:

末端最大电压偏差:$\delta u_{2\max} = \delta u_1 + e - \Sigma\Delta u$

$\pm 5\% = 0 + e - (0 + 5\%)$

$e = 0\% \sim 10\%$

末端最小低压偏差:$\delta u_{2\min} = \delta u_1 + e - \Sigma\Delta u$

$\pm 5\% = 0 + e - (0 + 0.95\%)$

$e = -4.05\% \sim 5.95\%$

综上可知,变压器分接头范围应为:$e = 2\% \sim 5.95\%$,可选2.5%和5%。

结合表6-5,可知本题变压器分接头与二次侧空载电压和电压提升的关系如下:

10±2.5%x2/0.4变压器分接头	+5%	+2.5%	0	−2.5%	−5%
变压器空载电压(V)	380	390	400	410	420
低压提升(%)	0	+2.5	+5	+7.5	+10

则对应的变压器分接头应为+2.5%或0,结合本题给出的答案,选0。

注:合理选择变压器的电压分接头的原则为:使出现最大负荷时的电压负偏差与出现最小负荷时的电压正偏差得到调整,使之保持在正常合理的范围内,但不能缩小正负偏差之间的范围。也可参见《工业与民用配电设计手册》(第三版)P257式(6-11)及表6-5。

3.《工业与民用供配电设计手册》(第四版)P494式(6.7-8)、《低压配电设计规范》

(GB 50054—2011)第3.2.9条及条文说明,设基波电流为I,则:

相电流有效值:$I_{ph} = \sqrt{I^2 + (0.2I)^2} = 1.0198I$

中性线电流有效值:$I_c = 3 \times 0.2I = 0.6I$

其比值为:$k = \dfrac{0.6I}{1.0198I} = 0.588$

4.《工业与民用供配电设计手册》第四版 P493 ~ P494 式(6.7-4)、式(6.7-6)和式(6.7-8)。

低压侧基波电流:$I_1 = \dfrac{S}{\sqrt{3}U} = \dfrac{26}{\sqrt{3} \times 0.38} = 39.5\text{A}$

总谐波电流含量有 $I_h = \sqrt{\sum_{n=2}^{\infty} I_n^2}$,则 $I_h = \sqrt{I^2 - I_1^2} = \sqrt{42^2 - 39.5^2} = 14.27\text{A}$

电流总谐波畸变率:$\text{THD}_I = \dfrac{I_h}{I_1} \times 100\% = \dfrac{14.27}{39.5} = 36.13\%$

注:也可参考《工业与民用配电设计手册》(第三版)P281 式(6-32)、式(6-33)和式(6-34)。

5.《钢铁企业电力设计手册》(上册)P302 例题6 相关公式。

年满负荷运行节约的电量:

$$W = P_N\left(\frac{1}{\eta_1} - \frac{1}{\eta_2}\right)tK = 300 \times 0.8 \times \left(\frac{1}{0.92} - \frac{1}{0.93}\right) \times 365 \times 24 \times 1 = 24572\ \text{kW} \cdot \text{h}$$

题6 ~ 10 答案:**BBABD**

6.《钢铁企业电力设计手册》(上册)P291 式(6-12)、式(6-13)、式(6-14)、式(6-17)、式(6-19)。

负载系数:$\beta = \dfrac{I_2}{I_{2N}} = \dfrac{\sqrt{3600^2 + 2400^2}/10 \times \sqrt{3}}{2 \times 5000/10 \times \sqrt{3}} = 0.433$

有功功率损失:$\Delta P = P_0 + \beta^2 P_k = 4.64 + 0.433^2 \times 34.2 = 11.05\ \text{kW}$

无功功率损失:$\Delta Q = Q_0 + \beta^2 Q_k = 0.48\% \times 5000 + 0.433^2 \times 7\% \times 5000 = 89.62\text{kvar}$

35kV 侧企业计算有功功率:$P_c = P + 2\Delta P = 3600 + 2 \times 11.05 = 3622.1\text{kW}$

35kV 侧企业计算无功功率:$Q_c = Q + 2\Delta Q = 2400 + 2 \times 89.62 = 2579\text{kvar}$

《工业与民用供配电设计手册》(第四版)P37 式(1.1-7)。

企业自然平均功率因数:$\cos\varphi_1 = \sqrt{\dfrac{1}{1 + \left(\dfrac{\beta_{av} Q_c}{\alpha_{av} P_c}\right)^2}} = \sqrt{\dfrac{1}{1 + \left(\dfrac{0.8 \times 2579}{0.7 \times 3622.1}\right)^2}} = 0.776$

注:用企业总用电或单台变压器计算,不影响结果。

7.《工业与民用供配电设计手册》(第四版)P1561 表16.3-8。

经济运行的临界负荷:$S_{cr} = S_r\sqrt{2\dfrac{P_0 + K_q Q_0}{P_k + K_q Q_k}} = 5000 \times \sqrt{2 \times \dfrac{4.64 + 0.1 \times 0.48\% \times 5000}{34.2 + 0.1 \times 7\% \times 5000}} =$

2255.37kV·A

注：无功经济当量的物理概念是，变压器每减少 1kvar 无功功率消耗时，引起连接系统有功损失下降的 kW 值，可参考《钢铁企业电力设计手册》（上册）P295、296 相关内容。

8.《钢铁企业电力设计手册》（上册）P291 式（6-18）及图 6-1 变压器功率损失和损失率的负载特性曲线。

最小损失条件：$\beta = \sqrt{\dfrac{P_0}{P_K}} = \sqrt{\dfrac{4.64}{34.2}} = 0.368 = 36.8\%$

注：当变压器铜损（负载损耗）等于铁损（空载损耗）时，变压器的损失率达到最低，此时的负载系数称为有功经济负载系数。

9.《工业与民用供配电设计手册》（第四版）P460 式（6.2-8）。

变压器阻抗电压有功分量：$u_a = \dfrac{100\Delta P_T}{S_{rT}} = \dfrac{100\times 34.2}{5000} = 0.684$

变压器阻抗电压无功分量：$u_r = \sqrt{u_T^2 - u_a^2} = \sqrt{7^2 - 0.684^2} = 6.967$

其中：由 $\cos\varphi = 0.9$ 得 $\sin\varphi = 0.436$，则变压器电压损失（%）：$\Delta u_T = \beta(u_a\cos\varphi + u_r\sin\varphi) = 0.6\times(0.684\times 0.9 + 6.967\times 0.436) = 2.2$

注：计算结果与答案有一定差距，不过题干要求选最接近的数据，满足题意即可。也可参考《工业与民用配电设计手册》（第三版）P254 式（6-6）。

10.《工业与民用供配电设计手册》（第四版）P66 式（2-6）、式（2-7）和式（2-8）。

按稳定负荷计算发电机容量：$S_{c1} = \alpha\dfrac{P_\Sigma}{\eta_\Sigma\cos\varphi} = 1\times\dfrac{250}{0.88\times 0.8} = 355.11\text{kV}\cdot\text{A}$

按尖峰负荷计算发电机容量：

$S_{c2} = \left(\dfrac{P_\Sigma - P_m}{\eta_\Sigma} + P_m KC\cos\varphi_m\right)\dfrac{1}{\cos\varphi} = \left(\dfrac{250 - 300\times 0.8/6}{0.88} + \dfrac{300\times 0.8}{6}\times 6\times 1\times 0.4\right)\times\dfrac{1}{0.8} = 418\text{kV}\cdot\text{A}$

按母线允许电压降计算发电机容量：$S_{c3} = \left(\dfrac{1}{\Delta E} - 1\right)X'_d P_n KC = \left(\dfrac{1-0.2}{0.2}\right)\times 0.25\times 58\times 6\times 1 = 348\text{kV}\cdot\text{A}$

综上，取较大者，选择 450kV·A 可满足要求。

题 11～15 答案：**BBBAA**

11.《工业与民用供配电设计手册》（第四版）P280～P281 式（4.6-2）～式（4.6-8）、表 4.6-3、P285～P289 式（4.6-16）和式（4.6-18）及按发电机运算曲线计算。

由于断路器 QF3 断开，k_1 点短路电流仅来自地区电网及汽轮发电机。

a. 地区电网提供的短路电流周期分量有效值 I'_{K11}

设 $S_j = 100\text{MV}\cdot\text{A}$，$U_j = 37\text{kV}$，则 $I_j = 1.56\text{kA}$。

系统电抗标幺值：$X_{*S}=\frac{S_j}{S''_S}=\frac{100}{800}=0.125$

架空线电抗标幺值：$X_{*L}=X\frac{S_j}{U_j^2}=0.4\times5\times\frac{100}{37^2}=0.146$

则 $I'_{K11}=\frac{I_j}{X_{*S}+X_{*L}}=\frac{1.56}{0.125+0.146}=5.76\text{kA}$

b. 汽轮发电机提供的短路电流周期分量有效值 I'_{K12}，基准容量采用发电机额定容量：

按发电机运算曲线计算，设 $S_j=\frac{20}{0.8}=25\text{MV}\cdot\text{A}$，$U_j=37\text{kV}$

发电机电抗标幺值：$X_{*G}=X''_d\frac{S_j}{S_r}=0.125\times\frac{25}{20/0.8}=0.125$

变压器电抗标幺值：$X_{*T}=\frac{u_k\%}{100}\cdot\frac{S_j}{S_{rT}}=0.0945\times\frac{25}{31.5}=0.075$

计算用电抗：$X_C=X_{*G}+X_{*T}=0.125+0.075=0.2$，查发电机运算曲线数字表，可知 $I_*=5.432(t=0\text{s})$

发电机基准电流：$I_{r\cdot j}=\frac{P}{\sqrt{3}U_j\cos\varphi}=\frac{20}{\sqrt{3}\times37\times0.8}=0.39\text{kA}$

则：$I''_{k12}=I_*I_{r\cdot j}=5.432\times0.39=2.12\text{kA}$

c. k_1 点的三相短路时的超瞬态短路电流周期分量有效值：

$I''_{k1}=I''_{k11}+I''_{k12}=5.76+2.12=7.88\text{kA}$

注：发电机近端短路电流计算中，计算用电抗是以其相应发电机的额定容量为基准容量的标幺电抗值，基准电流是由等值发电机的额定容量和相应的平均额定电压求得，此两点必须牢记。也可参考《工业与民用配电设计手册》(第三版)P127～P128 表4-1 和表4-2 及 P134 式4-12、式4-13。

12.《钢铁企业电力设计手册》(上册)P188 式(4-7)～式(4-13)，电路二次变换。

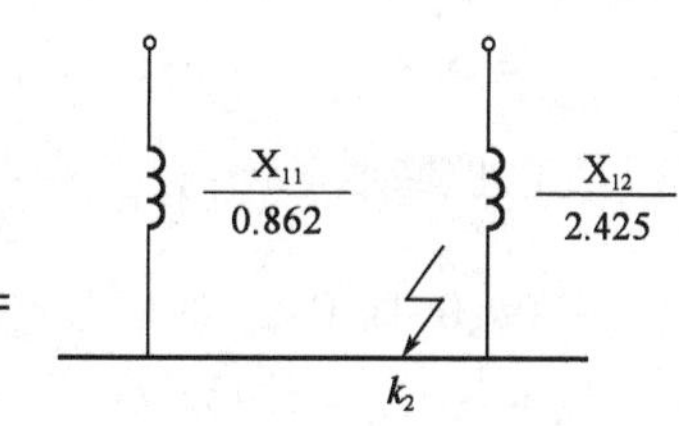

设 $S_j=100\text{MV}\cdot\text{A}$，$U_j=10.5\text{kV}$，则 $I_j=5.5\text{kA}$。

网络简化，消去公共支路电抗 X_5，则：

地区电网支路分布系数：$C_1=\frac{X_8}{X_7+X_8}=\frac{0.9}{0.32+0.90}=0.7377$

短路电路的总电抗：$X_{*\Sigma}=\frac{X_7X_8}{X_7+X_8}+X_5=\frac{0.32\times0.9}{0.32+0.9}+0.4=0.636$

地区电网至短路点之间的等值电抗：$X_{11}=\frac{X_{*\Sigma}}{C_1}=\frac{0.636}{0.7377}=0.862$

地区电网提供的超瞬态短路电流周期分量有效值：$I''_{K2W}=\frac{I_j}{X_{11}}=\frac{5.5}{0.862}=6.40\text{kA}$

注：同理，发电机电网至短路点之间的等值电抗：$X_{12}=\frac{X_{*\Sigma}}{C_1}=\frac{0.636}{1-0.7377}=2.425$，化简后网络电抗如上图所示。

13.《工业与民用供配电设计手册》(第四版)P280 ~ P281 式(4.6-2) ~ 式(4.6-8)、P301 式(4.6-29)。

设 $S_j = 100\text{MV} \cdot \text{A}$,$U_j = 10.5\text{kV}$,则 $I_j = 5.5\text{kA}$。

a. 两相不接地短路时,地区电网提供的短路电流周期分量有效值 I''_{2K21} 应为:

$$I''_{2K21} = 0.866 \times \frac{I_j}{X_9} = 0.866 \times \frac{5.5}{0.5} = 9.526\text{kA}$$

b. 两相不接地短路时,汽轮发电机提供的短路电流周期分量有效值 I''_{2K22},应为

计算用电抗:$X_{*C} = X_{10}\frac{S_G}{S_j} = 1.2 \times \frac{20/0.8}{100} = 0.3$,按 2 倍的 $X_{*C}(0.6)$ 作为横坐标查发电机运算曲线数字表,可知 $I_* = 1.748(t = 0\text{s})$。

有限电源容量系统向短路点馈送短路电流时的发电机额定电流为:

$$I_r = \frac{P}{\sqrt{3}U\cos\varphi} = \frac{20}{\sqrt{3} \times 10 \times 0.8} = 1.44\text{kA}$$

则:$I''_{2K22} = \sqrt{3}I_* I_r = \sqrt{3} \times 1.748 \times 1.44 = 4.36\text{kA}$

c. 两相不接地短路时,K2 点的超瞬态短路电流周期分量有效值为:

$$I''_{2K2} = I''_{2K21} + I'_{2K22} = 9.526 + 4.36 = 13.886\text{kA}$$

注:本题有两点需强调,其一,式(4-38)中的 $I_{r\Sigma}$ 为有限电源容量系统向短路点馈送短路电流是所有发电机“额定电流”的总和,与 11 题中的基准电流 $I_{r \cdot j}$ 不是同一个参数;其二,K2 点不属于发电机出口。也可参考《工业与民用配电设计手册》(第三版)P152 式(4-36)和式(4-38)。

14.《工业与民用供配电设计手册》(第四版)P285 ~ P289 式(4.6-16)和式(4.6-18)及按发电机运算曲线计算。

计算用电抗:$X_{*C} = X_{10}\frac{S_G}{S_j} = 0.8 \times \frac{20/0.8}{100} = 0.2$

查发电机运算曲线数字表,可知:

$I_* = 5.432(t = 0\text{s})$,$I_{*0.1} = 4.297(t = 0.1\text{s})$,$I_{*0.2} = 3.715(t = 0.2\text{s})$。

发电机基准电流:$I_{r\cdot j} = \frac{P}{\sqrt{3}U_j\cos\varphi} = \frac{20}{\sqrt{3} \times 37 \times 0.8} = 0.39\text{kA}$

则 0s、0.1s、0.2s 的短路电流有效值分别为:

$I''_k = I_* I_{r\cdot j} = 5.432 \times 0.39 = 2.12\text{kA}$

$I''_{k\cdot 0.1} = I_{*0.1} I_{r\cdot j} = 4.297 \times 0.39 = 1.68\text{kA}$

$I''_{k\cdot 0.2} = I_{*0.2} I_{r\cdot j} = 3.715 \times 0.39 = 1.45\text{kA}$

《导体和电器选择设计技术规定》(DL/T 5222—2005)附录 F 式(F.6.2)和式(F.6.3)。

短路电流周期分量引起的热效应:

$$Q_z = \frac{(I''^2_k + 10I''^2_{k\cdot 0.1} + I''^2_{k\cdot 0.2})t}{12} = \frac{(2.12^2 + 10 \times 1.68^2 + 1.45^2) \times 0.2}{12} = 0.58\ \text{kA}^2\text{s}$$

短路电流非周期分量引起的热效应:

$$Q_f = TI''^2_k = 0.1 \times 2.12^2 = 0.45\ \text{kA}^2\text{s}$$

短路电流在断路器 QF2 中产生的热效应：$Q_t = Q_z + Q_f = 0.58 + 0.45 = 1.03\ kA^2s$

15.《工业与民用供配电设计手册》(第四版)P300 式(4.6-22)、式(4.6-26)。

异步电动机提供的反馈电流周期分量初始值：$I''_M = K_{stM}I_{rM} \times 10^{-3} = 5 \times 124.3 \times 10^{-3} = 0.6215\ kA$

由题干图中信息，可知异步电动机额定功率 1800kW，查表，可知冲击系数 $K_{pM} = 1.75$，则：

短路电流峰值：$i_p = \sqrt{2}(K_{ps}I''_s + 1.1K_{pM}I''_M) = \sqrt{2} \times (1.85 \times 10 + 1.1 \times 1.75 \times 0.6215) = 27.85\ kA$

注：也可参考《工业与民用配电设计手册》(第三版)P151 式(4-26)、式(4-30)。

题 16～20 答案：**CBAAB**

16.《导体和电器选择设计技术规定》(DL/T 5222—2005)第 18.1.4 条。

消弧线圈补偿容量：$Q = KI_C\dfrac{U_N}{\sqrt{3}} = 1.35 \times (3 + 9) \times \dfrac{10}{\sqrt{3}} = 93.53\ kV \cdot A$

17.《导体和电器选择设计技术规定》(DL/T 5222—2005)第 18.1.7 条。

脱谐度：$v = \dfrac{I_C - I_L}{I_C} = \dfrac{44 - 50}{44} = -0.136$

中性点位移电压：$U_0 = \dfrac{U_{bd}}{\sqrt{d^2 + v^2}} = \dfrac{0.8\% \times 10 \times 10^3/\sqrt{3}}{\sqrt{0.04^2 + (-0.136)^2}} = 325.8\ V$

18.《导体和电器选择设计技术规定》(DL/T 5222—2005)第 18.2.5 条式(18.2.5-2)。

高电阻直接接地的接地电阻值：$R = \dfrac{U_N}{KI_C\sqrt{3}} = \dfrac{10 \times 10^3}{1.1 \times 5 \times \sqrt{3}} = 1049.7\Omega$

19.《导体和电器选择设计技术规定》(DL/T 5222—2005)第 18.2.6 条。

低电阻直接接地的接地电阻值：$R = \dfrac{U_N}{\sqrt{3}I_d} = \dfrac{10 \times 10^3}{\sqrt{3} \times 320} = 18\Omega$

接地电阻消耗功率：$P_R = I_dU_R = 320 \times 1.05 \times \dfrac{10}{\sqrt{3}} = 1939.9kW$

20.《导体和电器选择设计技术规定》(DL/T 5222—2005)第 18.2.5-2 条式(18.2.5-4)、式(18.2.5-5)。

接地变压器变比：$n_\phi = \dfrac{U_N \times 10^3}{\sqrt{3}U_{N2}} = \dfrac{10 \times 10^3}{\sqrt{3} \times 220} = 26.24$

电阻值：$R_{N2} = \dfrac{U_N \times 10^3}{1.1 \times \sqrt{3}I_Cn_\phi^2} = \dfrac{10 \times 10^3}{1.1 \times \sqrt{3} \times 16 \times 26.24^2} = 0.476\Omega$

《导体和电器选择设计技术规定》(DL/T 5222—2005)第 18.3.4 条式(18.3.4-2)。

接地变压器最小额定容量：$S_N \geqslant \frac{U_N}{\sqrt{3}Kn_\phi}I_2 = \frac{10}{\sqrt{3}\times1.2\times26.24}\times16\times26.24 = 76.98\ \text{kV}\cdot\text{A}$，取100kV·A。

题21～25答案：**DCDDB**

21.《电力工程直流系统设计技术规程》(DL/T 5044—2014)附录C第C.2.3条"阶梯计算法"式(C.2.3-9)。

按10h放电率第三阶段计算容量，即放电时间60min。

各计算阶段中全部放电时间的容量换算系数：$K_{C1}=0.54$(放电终止电压1.85V，全部放电时间60min)。

各计算阶段中除第1阶段时间外的容量换算系数：$K_{C2}=0.558$(放电终止电压1.85V，除去第1阶段的放电时间60－1＝59min)。

各计算阶段中除第1、2阶段时间外的容量换算系数：$K_{C3}=0.780$(放电终止电压1.85V，除去第1、2阶段的放电时间60－30＝30min)。

按第三阶段放电容量：

$$\begin{aligned}C_{C3} &= K_K\left[\frac{1}{K_{C1}}I_1+\frac{1}{K_{C2}}(I_2-I_1)+\frac{1}{K_{C3}}(I_3-I_{3-1})\right]\\ &=1.4\times\left[\frac{1}{0.54}\times98.55+\frac{1}{0.558}(59.82-98.55)+\frac{1}{0.78}(59.82-59.82)\right]\\ &=158.4\ \text{A}\cdot\text{h}\end{aligned}$$

22.《电力工程直流系统设计技术规程》(DL/T 5044—2014)附录C第C.2.3条"阶梯计算法"式(C.2.3-11)。

随机(5s)负荷的容量换算系数：$K_{CR}=1.34$(放电终止电压1.85V，放电时间5s)

随机(5s)负荷计算容量：$C_R=\frac{I_R}{K_{CR}}=\frac{38.18}{1.34}=28.5\text{A}\cdot\text{h}$

按题意，有$C_{C1}=228\text{A}\cdot\text{h}$，$C_{C2}=176\text{A}\cdot\text{h}$，$C_{C3}=203\text{A}\cdot\text{h}$，$C_{C4}=212\text{A}\cdot\text{h}$，将$C_{CR}$叠加在$C_{C2}\sim C_{C4}$中最大的阶段上，然后与$C_{C1}$比较，取其大者：

$C_{CR}+C_{C4}=28.5+212=240.5\text{A}\cdot\text{h}>C_{C1}$，则蓄电池最小容量取250A·h。

23.《电力工程直流系统设计技术规程》(DL/T 5044—2014)附录A第A.3.6条。

断路器额定电流按蓄电池的1h放电率选择：$I_{n1}\geqslant I_{1h}=5.5I_{10}=5.5\times25=137.5\text{A}$

按保护动作选择性条件选择：$I_{n2}\geqslant K_{c4}\cdot I_{n\cdot max}=2.0\times100=200\text{A}$

取以上电流较大者为断路器额定电流，即$I_n=200\text{A}$。

24.《电力工程直流系统设计技术规程》(DL/T 5044—2014)附录E表E.2-2。

应急照明回路允许电压降：$\Delta U_P=(2.5\%\sim5\%)U_n=(2.5\%\sim5\%)\times110=2.75\sim5.5\text{V}$

25.《电力工程直流系统设计技术规程》(DL/T 5044—2014)第6.7.2条。

第6.7.2-3条：直流母线分段开关可按全部负荷的60%选择。

由表1"变电站直流负荷统计表"，可知全站直流设备的计算电流为136.73A，则：

联络隔离开关的最小额定电流：$I_{nD}=0.6\times136.73=82.04\text{A}$

选100A。

2014年案例分析试题(下午卷)

专业案例题(共40题,考生从中选择25题作答,每题2分)

题1~5::某工厂10/0.4k·V变电所,内设1000kV·A变压器一台,采用Dyn11接线,已知变压器的冲击励磁涌流为693A(0.1s),低压侧电动机自启动时的计算系数为2,该变电所远离发电厂,最大运行方式下,10k·V母线的短路全电流最大有效值为10k·A,最大、最小运行方式下,变压器二次侧短路时折算到变压器一次侧的故障电流分别为500A、360A,请回答下列问题。

1.在变压器高压侧设限流型高压熔断器对低压侧的短路故障进行保护,熔断器能在短路电流达到冲击值前完全熄灭电弧,下表为熔断器产品的技术参数,计算确定高压熔断器应选择下列哪一项产品?(保护变压器高压熔断器熔体额定电流采用 $I_{rr}=kI_{gmax}$ 计算,k 取2.0) (　　)

产品编号	熔体的额定电流(A)	熔断器的额定最大开断电流(kA)	熔断器的额定最小开断电流(A)	熔断器允许通过的电流(A)
1	100	6.8	300	700 (0.15s)
2	125	6.8	300	700 (0.15s)
3	125	7.5	400	850 (0.05s)
4	160	7.5	400	850 (0.05s)

(A)产品编号1　　(B)产品编号2

(C)产品编号3　　(D)产品编号4

解答过程:

2.10/0.4kV变电所0.4kV母线的某配电回路采用熔断器作为保护,已知回路的计算负荷为20kW,功率因数为0.85,回路中启动电流最大一台电动机的额定电流为15A,电动机启动电流倍数为6,其余负荷计算电流为26A,计算确定熔断器熔丝的额定电流,应选择下列哪一项?(假设熔断器特性可参考断路器定时限过电流脱扣器脱口曲线) (　　)

(A)40A　　(B)63A　　(C)125A　　(D)160A

解答过程:

3. 10/0. 4kV 变电所 0. 4kV 母线的某电动机配电回路,采用断路器保护,已知电动机额定电流为 20A,启动电流倍数为 6,断路器的瞬时脱扣器以及短延时脱扣器的最小整定电流为下列哪一项?(忽略电动机启动过程中的非周期分量) ( )

(A)250A,125A (B)230A,230A

(C)160A,160A (D)120A,20A

解答过程:

4. 10/0. 4kV 变电所某配电回路,采用断路器保护,回路中启动电流最大一台电动机的额定电压为 0. 38kV,额定功率为 18. 5kW,功率因数为 0. 83,满载时的效率为 0. 8,启动电流倍数为 6,除该电动机外,其他负荷的计算电流为 200A,系统最小运行方式下线路末端的单相接地短路电流为 1300A,两相短路电流为 1000A,按躲过配电线路尖峰电流的原则,计算断路器的瞬时脱扣器额定电流为下列哪一项?并校验灵敏系数是否满足要求? ( )

(A)850A,不满足 (B)850A,满足

(C)728A,满足 (D)728A,不满足

解答过程:

5. 10/0. 4kV 变电所内某低压配电系数图如右图所示,已知馈电线路末端预期故障电流为 2kA,弧前 I^2t_{min} 值和熔断 I^2t_{max} 值见下表。根据本题数据,选择熔断器 F 的最小额定电流应为下列哪一项?[熔断器弧前时间电流特性参见《工业与民用供配电设计手册》(第四版)P620 图(11-11)][熔断器弧前时间电流特性参见《工业与民用供配电设计手册》(第四版)P1006 ~ P1007 图 11. 6-3 ~11. 6-4] ( )

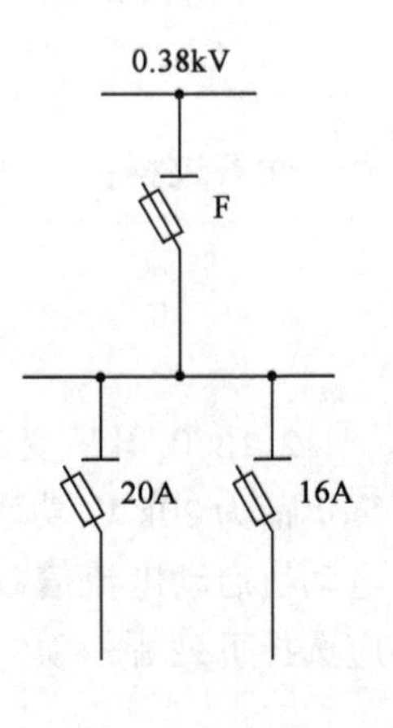

熔断器额定电流	16A	20A	25A	32A	40A	50A
熔断器弧前 I^2t_{min} 值(A^2s)	300	500	1000	1800	3000	5000
熔断器熔断 I^2t_{max} 值(A^2s)	1200	2000	3500	5500	10000	18000

(A)25A (B)32A

(C)40A (D)50A

解答过程:

题 6 ~ 10：某 35kV 架空配电电路设计采用钢筋混凝土电杆、铁横担、钢芯铝绞线、悬式绝缘子组成的绝缘子串，请回答下列关于架空电力线路设计和导线力学计算中的几个问题。

6. 已知该架空电力线路导线的自重比载、冰重比载、自重 + 冰重综合比载、无冰时的风压比载、覆冰时的风压比载分别为[单位 $N/(m \cdot mm^2)$]：$\gamma_1 = 33 \times 10^{-3}$，$\gamma_2 = 74 \times 10^{-3}$，$\gamma_3 = 108 \times 10^{-3}$，$\gamma_4 = 29 \times 10^{-3}$，$\gamma_5 = 65 \times 10^{-3}$，请问导线覆冰综合比载为下列哪一项？（　　）

(A) $82 \times 10^{-3}\ N/(m \cdot mm^2)$　　(B) $99 \times 10^{-3}\ N/(m \cdot mm^2)$

(C) $112 \times 10^{-3}\ N/(m \cdot mm^2)$　　(D) $126 \times 10^{-3}\ N/(m \cdot mm^2)$

解答过程：

7. 如果要求这条线路导线的最大使用应力(σ_m)不超过 80 N/mm^2，请计算该导线瞬时破坏应力的最小值为下列哪一项？（　　）

(A) 150 N/mm^2　　(B) 200 N/mm^2

(C) 250 N/mm^2　　(D) 300 N/mm^2

解答过程：

8. 已知该线路最大一档的档距为 150m，请计算在无冰无风、气温 +15℃ 的情况下，在档距中央的导线与地线距离至少应为下列哪一项？（　　）

(A) 2.0m　　(B) 2.4m

(C) 2.8m　　(D) 3.2m

解答过程：

9. 已知该线路悬式绝缘子在运行工况下的最大设计荷载为 3kN，请计算确定悬式绝缘子的机械破坏荷载最小值应为下列哪一项？（　　）

(A)2.5kN　　(B)4.5kN

(C)6.0kN　　(D)8.1kN

解答过程：

10. 已知35kV线路在海拔高度1000m以下空气清洁地区时,悬式绝缘子串的绝缘子数量为3片,假定该线路地处海拔高度3000m地区。请确定线路悬式绝缘子串的绝缘子数量最少应为下列哪一项？（　　）

(A)3片　　(B)4片

(C)5片　　(D)6片

解答过程：

题11～15：有一台10kV、2500kW的异步电动机，$\cos\varphi = 0.8$，效率为0.92，启动电流倍数为6.5，本回路三相Y接线电流互感器变比为300/5，容量为30V·A，该电流互感器与微机保护装置之间的控制电缆采用KVV－4×2.5mm^2，10kV系统接入无限大电源系统，电动机机端短路容量为100MV·A(最小运行方式)、150MV·A(最大运行方式)，继电保护采用微机型电动机成套保护装置。请回答下列问题。(所有保护的动作、制动电路均为二次侧的)

11. 该异步电动机差动保护中比率制动差动保护的最小动作电流计算值为下列哪一项？（　　）

(A)0.48～0.96A　　(B)0.65～1.31A

(C)1.13～2.26A　　(D)39.2～78.4A

解答过程：

12. 如果该电动机差动保护的差动电流为电动机额定电流的5倍，计算差动保护的制动电流值应为下列哪一项？(比率制动系数取0.35)（　　）

(A)9.34A　　(B)28A

(C)46.7A　　(D)2801.6A

解答过程：

13.如果该电动机差动速断动作电流为电动机额定电流的3倍,计算差动保护的差动速断动作电流及灵敏系数应为下列哪一项?　　(　　)

(A)7.22A,12.3　　(B)9.81A,8.1

(C)13.1A,9.1　　(D)16.3A,5.6

解答过程：

14.如果该微机保护装置的计算电阻与接触电阻之和为0.55Ω,忽略电抗,计算电流互感器至微机保护装置电缆的允许长度应为下列哪一项?(铜导线电阻率0.0184 $\Omega \cdot mm^2/m$)　　(　　)

(A)52m　　(B)74m

(C)88m　　(D)163m

解答过程：

15.计算电动机电流速断保护的动作电流及灵敏系数为下列哪组数值?(可靠系数取1.2)　　(　　)

(A)20.4A,2.3　　(B)23.5A,3.4

(C)25.5A,3.1　　(D)31.4A,2.5

解答过程：

题16～20：在某市远离发电厂的工业区拟建设一座110/10kV变电所，装有容量为20MV·A的主变压器两台，110kV配电装置室外布置，10kV配电装置室内布置；主变压器110kV中性点直接接地，10kV系统经消弧线圈接地，变电所所在场地土壤为均匀土壤，土壤电阻率为100Ω·m，请回答下列问题。

16. 变电所场内敷设以水平接地极为主边缘闭合的人工复合接地网，接地网长×宽为75m×60m，均压带间隔为5m，水平接地极采用Φ12圆钢，埋设深度1m，请采用简易计算式计算接地网的接地电阻值最接近的是下列哪一项？（　　）

(A)30Ω　　(B)3Ω

(C)0.745Ω　　(D)0.01Ω

解答过程：

17. 变电所10kV高压配电装置室的基础由10个加钢筋的块状基础组成，每个块状基础面积为16m^2，整个建筑物基底平面积长边 L_1 = 40m、短边 L_2 = 10m、基础深度 t = 4m，计算该建筑物基础接地极的接地电阻最接近下列哪项数值？（　　）

(A)1.65Ω　　(B)2.25Ω

(C)3.75Ω　　(D)9.0Ω

解答过程：

18. 已知接地短路故障电流的持续时间为0.5s，地表面的土壤电阻率为120Ω·m，表层衰减系数为0.85，经计算，该变电所当110kV系统发生单相接地故障时，其最大接触电位差 U_{tmax} = 180V，最大跨步电位差 U_{smax} = 340V，试分析确定该变电所接地网接触电位差和跨步电位差是否符合规范要求，下列哪种说法是正确的？（　　）

(A)接触电位差和跨步电位差均符合要求

(B)仅最大接触电位差符合要求

(C)仅最大跨步电位差符合要求

(D)接触电位差和跨步电位差均不符合要求

解答过程：

19. 当变电所 110kV 系统发生接地故障时，最大接地故障对称电流有效值为 9950A，流经变压器中性点的短路电流为 4500A，已知衰减系数为 1.06，变电所接地网的工频接地电阻为 0.6Ω，冲击接地电阻为 0.4Ω，变电所内、外发生接地故障时的分流系数分别为 0.6 和 0.7，请问发生接地故障时，接地网地电位的升高为下列哪一项？

（　　）

(A)2080V　　(B)2003V

(C)1962V　　(D)1386V

解答过程：

20. 已知该变电所 110kV 系统发生接地故障时，流过接地线的短路电流稳定值为 4000A，变电所配有一套速动主保护，第一级后备保护的动作时间为 1.1s，断路器开断时间为 0.11s，接地线采用扁钢，试对变电所电气设备的接地线进行热稳定校验，当未考虑腐蚀时，其接地线的最小截面和接地极的截面应取下列哪一项？　　（　　）

(A)$80mm^2$，$40mm^2$　　(B)$80mm^2$，$60mm^2$

(C)$40mm^2$，$60mm^2$　　(D)$20mm^2$，$60mm^2$

解答过程：

题 21～25：某新建工厂，内设 35/10kV 变电所一座，35kV 电源经架空线引入，线路长度 2km，厂区内有普通砖混结构办公建筑一座，预计雷击次数为 0.1 次/a，屋顶采用连成闭合环路的接闪带，共设 4 根引下线，办公建筑内设有电话交换设备，选用塑料绝缘屏蔽铜芯市话通信电缆架空引入，选用电涌保护器对电话交换设备进行雷击电磁脉冲防护，接闪带与建筑物内的电气设备、各种管线及电话交换设备电涌保护器共用接地装置，并在进户处做等电位联结。请回答下列问题。

21. 为减少因雷击架空线路避雷线、杆顶形成的作用于线路绝缘的雷电反击过电压的危害，规范规定宜采取下列哪项措施？并说明理由。　　（　　）

(A)架设避雷线　　(B)增加线路上绝缘子的耐压水平

(C)降低杆塔的接地电阻　　(D)出入建筑物处设避雷器

解答过程：

22. 厂区内一台10kV电动机的供电回路开关采用真空断路器，当断开空载运行的电动机时，操作过电压一般不超过下列哪项数值？（系统最高电压按12kV计）（　）

(A)24.5kV　　(B)19.6kV

(C)17.3kV　　(D)13.9kV

解答过程：

23. 若办公楼高30m，电话交换设备电涌保护器在首层进线处接地，试计算确定办公建筑的接闪带引下线与架空引入的通信电缆之间的最小空气间隔距离应为下列哪项数值？（　）

(A)0.53m　　(B)0.79m

(C)1.19m　　(D)1.25m

解答过程：

24. 办公建筑内电话交换设备的电涌保护器至进户等电位连接箱之间的导体采用铜材时，计算其最小截面积应为下列哪项数值？（　）

(A)16mm^2　　(B)12.5mm^2

(C)6mm^2　　(D)1.2mm^2

解答过程：

25. 厂区内有一露天场地，场地布置如右图所示，图中二类防雷建筑物的高度为5m，拟利用设在场地中央的一座20m高的灯塔上安装6m长的接闪杆作为防直击雷保护措施。请按滚球法计算，该接闪杆能否满足图中二类防雷建筑物的防雷要求，并确定下列表述哪项是正确的？（　）

(A)不满足此二类防雷建筑物和钢材堆放场地的防雷要求

(B)不满足此二类防雷建筑物的防雷要求，钢材堆放场地不需要防雷

(C)满足此二类防雷建筑物的防雷要求，钢材堆放场地不需要防雷

(D)满足此二类防雷建筑物和钢材堆放场地的防雷要求

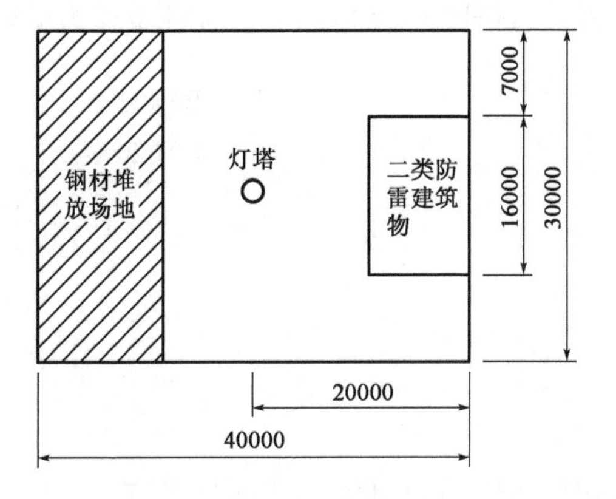

解答过程：

题 26～30：某台风机电动机拟采用电流型逆变器控制，选用串联二极管式电流型逆变器，见右图。该风机电动机额定功率为 $P = 160\text{kW}$，额定电压 380V，额定电流 279A，额定效率 94.6%，额定功率因数 0.92，电动机为星形接线，每相漏感为 $L = 620\mu\text{H}$，要求调速范围 5～50Hz，请计算主回路参数。

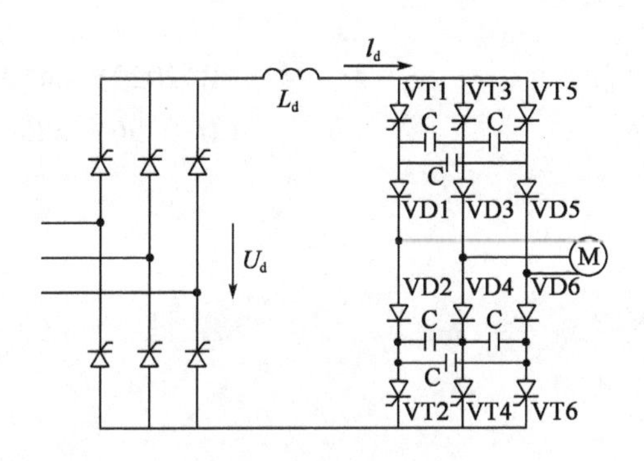

电流型变频器主回路图

26. 直流侧电压 U_d 为下列哪一项？（　　）

(A) 431V　　(B) 452V

(C) 475V　　(D) 496V

解答过程：

27. 设计考虑变频器过载倍数 K 为 1.7 时，直流侧电流为下列哪一项？（　　）

(A)573A　　(B)592A

(C)608A　　(D)620A

解答过程：

28. 设晶闸管计算用反压时间为 400μs，直流侧最大直流电流为 600A，换相电容 C 的电容和峰值电压为下列哪一项？（　　）

(A)82μF,1820V　　(B)86μF,2071V

(C)91μF,2192V　　(D)95μF,2325V

解答过程：

29. 设直流侧最大直流电流 $I_d = I_{dm} = 600A$，换相电容值为 90μF，逆变侧晶闸管承受的最大电压和电流有效值为下列哪一项？（　　）

(A)1931V,325A　　(B)2029V,346A

(C)2145V,367A　　(D)2196V,385A

解答过程：

30. 设直流侧最大直流电流 $I_d = I_{dm} = 600A$，换相电容值为 85μF，逆变侧隔离二极管承受的最大反向电压为下列哪一项？（　　）

(A)2012V　　(B)2186V

(C)2292V　　(D)2432V

解答过程：

题31～35：某办公楼建筑20层，高80m，内部布置有办公室、展示室、会议室等，请回答下列照明设计问题，并列出解答过程。

31. 某无窗办公室长9m，宽7.2m，高度3.8m，工作面高度为0.75m，该办公室平吊顶高度3.15m，灯具嵌入顶棚安装，已知顶棚反射比为0.7，墙面反射比为0.5，有效地面反射比为0.2，现在顶棚上均匀布置6套嵌入式3×28W格栅荧光灯具，用T5直管荧光灯配电子镇流器，28W荧光灯管光通量为2600lm，格栅灯具效率为0.64，其利用系数见下表，维护系数为0.80，请问该房间的平均照度为下列哪一项？（　　）

荧光灯格栅灯具利用系数表

顶棚反射比(%)	70			50			30		
墙面反射比(%)	50	30	10	50	30	10	50	30	10
地面反射比(%)	20								
室空间比 RCR									
1.00	0.69	0.68	0.67	0.66	0.65	0.64	0.63	0.62	0.61
1.25	0.67	0.66	0.65	0.64	0.63	0.62	0.61	0.60	0.59
1.5	0.65	0.63	0.62	0.63	0.61	0.60	0.58	0.57	0.57
2.0	0.61	0.59	0.58	0.59	0.57	0.56	0.57	0.55	0.53
2.5	0.57	0.56	0.54	0.56	0.54	0.52	0.54	0.51	0.49
3.0	0.54	0.52	0.51	0.53	0.50	0.48	0.51	0.48	0.46

(A)273lx　　(B)312lx

(C)370lx　　(D)384lx

解答过程：

32. 某会议室面积100m²，装修中采用9套嵌入式3×28W格栅荧光灯具，用T5直管荧光灯配电子镇流器，格栅灯具效率为0.64，每支T5灯管配电子镇流器，每个电子镇流器损耗为4W，装修中还采用4套装饰性灯具，每套装饰性灯具采用2支输入功率为18W的紧凑型荧光灯，计算该会议室的照明功率密度为下列哪一项？（　　）

(A)8.28W/m²　　(B)8.64W/m²

(C)9.36W/m²　　(D)10.08W/m²

解答过程：

33. 某办公室照明计算平面长13.2m，宽6.0m，若该办公室平吊顶高度为3.35m，采用格栅荧光灯具(长1200mm，宽300mm)嵌入顶棚布置成两条光带，如图所示，若各段光源采用相同的灯具，并按同一轴线布置，请问计算不连续光带在房间正中距地面0.75m高的P点的直射水平面照度时，灯具间隔S小于下列哪项数值，误差小于10%，发光体可以按连续线光源计算照度？（　　）

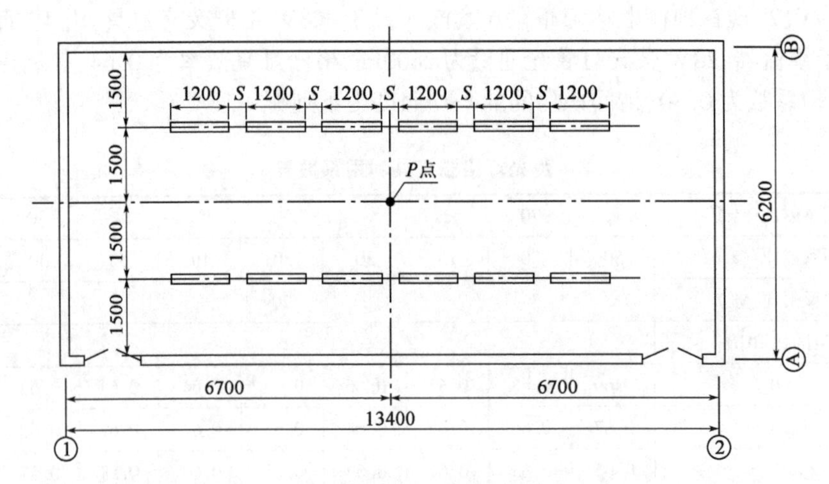

办公室照明布置平面图

(A)0.42m　　(B)0.75m

(C)0.92m　　(D)0.99m

解答过程：

34. 该建筑物一外墙面积为$900m^2$，墙面材料采用浅色大理石，反射比为0.6，拟用400W的金属卤化物投光灯作泛光照明，要求立面平均照度为50lx，投光灯光源光通量为32000lm，灯具效率为0.63，灯具维护系数为0.65，若光通量入射到被照面上的投光灯盏数占总数的50%，查得利用系数为0.7，按光通法计算该墙面投光灯数量至少应为下列哪一项？（　　）

(A)4盏　　(B)5盏

(C)7盏　　(D)10盏

解答过程：

35. 楼内展示室有一展示柜，如下图所示，长2.0m，高1.0m，深0.8m，展示柜正中嵌顶安装一盏12W点光源灯具，灯具配光曲线为旋转轴对称，灯具光轴垂直对准柜下表面，柜内下表面与光轴成30°角P点处放置一件均匀漫反射率$\rho=0.8$的平面展品（厚度忽略不计），光源光通量为900lm，光源强度分布（1000lm）见下表，灯具维护系数为0.8，若不计柜内反射光影响，问该灯具照射下展品P点的亮度为下列哪一项？（　）

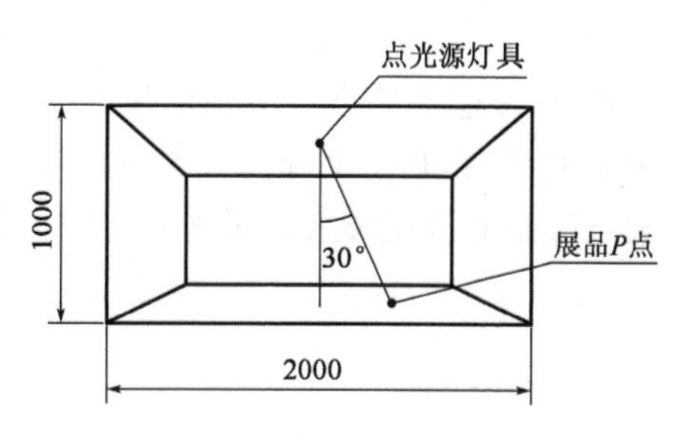

光源光强分布表

θ°	0	5	10	20	25	30	35	40	50	60	70	80	90
I_θ(cd)	489	485	473	428	397	361	322	282	199	119	52	9.8	0.3

(A)24.8 cd/m²　　(B)43.0 cd/m²

(C)47.8 cd/m²　　(D)58.3 cd/m²

解答过程：

题36~40：有一会议中心建筑，首层至四层为会议楼层，首层有一进门大厅，三层设有会议电视会场，五至七层为办公层，试回答下列问题。

36.在首层大厅设有一LED显示屏，已知理想视距为10m，计算并判断在理想视距时，LED的像素中心距为下列哪一项？（　）

(A)1.8mm　(B)3.6mm　(C)7.2mm　(D)28.98mm

解答过程：

37.在6层弱电间引出槽盒（线槽），其规格为200mm×100mm，试问在该槽盒中布放6类综合布线水平电缆（直径为6.2mm），最多能布放根数为下列哪一项？（　）

(A)198　(B)265　(C)331　(D)397

解答过程：

38. 在该建筑的会议中心公共走廊中设置公共广播，从广播室至现场最远的距离为1000m，共计有80个无源扬声器，每个无源扬声器的功率为10W。试计算并根据规范判断额定传输电压宜采用下面哪一项？ （　　）

(A)100V　　(B)150V

(C)200V　　(D)250V

解答过程：

39. 该会议中心非紧急广播系统共计有200个扬声器，每个扬声器10W，试计算其广播功率放大器的额定输出功率最小应为下列哪一项？ （　　）

(A)2000W　　(B)2600W

(C)3000W　　(D)4000W

解答过程：

40. 该会议中心三层有一中型电视会场，需在墙上安装主显示器，已知主显示器高1.5m，参会人员与主显示器之间的水平距离为9m，参会者坐姿平均身高1.40m，参与者与主显示器中心线的垂直视角为15°，无主席台，问主显示器底边距地的正确高度为下列哪一项？ （　　）

(A)2.41m　　(B)3.06m

(C)3.81m　　(D)4.56m

解答过程：

2014 年案例分析试题答案(下午卷)

题 1 ~5 答案:**BDABC**

1.《导体和电器选择设计技术规定》(DL/T 5222—2005) 第 17.0.10 条。

熔体额定电流:$I_{rr} = KI_{gmax} = 2 \times \dfrac{1.05 \times 1000}{\sqrt{3} \times 10} = 121.2$ A,可取 125A、160A。

第 17.0.10-2 条:变压器突然投入的励磁涌流不应损伤熔断器。

励磁涌流热效应:$Q_f = I^2 t = 693^2 \times 0.1 \times 10^{-3} = 48\ kA^2s$

其中,$Q_{f1} = I_1{}^2 t = 700^2 \times 0.15 \times 10^{-3} = 73.5kA^2s > Q_f$,满足要求。

$Q_{f2} = I_1{}^2 t = 850^2 \times 0.05 \times 10^{-3} = 36.125kA^2s < Q_f$,不满足要求。

综上所述,应取产品编号 2。

第 17.0.10-2 条:熔断器对变压器低压侧的短路故障进行保护,熔断器的最小开断电流应低于预期短路电流,则

低压侧最小预期短路电流折算到高压侧:$I_{2K1} = 360A > 300A$,满足要求。

注:熔体额定电流计算中,I_{gmax} 为回路最大工作电流,非变压器额定电流,建议参考《工业与民用供配电设计手册》(第四版)P315 表 5.2-3 中要求,按 1.05 倍变压器额定电流计算。

2.《工业与民用供配电设计手册》(第四版)P986 式(11.3-4)。

按用电设备启动时的尖峰电流选择:

$I_r \geqslant K_{set2}[I_{stM1} + I_{C(n-1)}] = 1.2 \times (15 \times 6 + 26) = 139.2A$

熔断器额定电流取 160A。

按正常工作电流校核:$I_r \geqslant I_c = \dfrac{P}{\sqrt{3}U\cos\varphi} = \dfrac{20}{\sqrt{3} \times 0.38 \times 0.85} = 35.75A$

3.《通用用电设备配电设计规范》(GB 50055—2011)第 2.3.5 条。

第 2.3.5 -3 条:瞬动过电流脱扣器或过电流继电器瞬动元件的整定电流应取电动机启动电流周期分量最大有效值的 2 ~2.5 倍。

瞬时过电流脱扣器整定电流:

$I_{set3} = (2.0 \sim 2.5)k_{st}I_r = (2.0 \sim 2.5) \times 6 \times 20 = 240 \sim 300A$,取 250A。

第 2.3.5-4 条:当采用短延时过电流脱扣器作保护时,短延时脱扣器整定电流宜躲过启动电流周期分量最大有效值,延时不宜小于 0.1s。

短延时过电流脱扣整定电流:

$I_{set2} \geqslant k_{st}I_r = 6 \times 20 = 120A$,取 125A。

I_{stM1} 和 I'_{stM1} 实际均包括周期分量与非周期分量两部分内容,本题要求忽略电动机启动过程中的非周期分量,实则不能采用《工业与民用供配电设计手册》(第四版)P986 式(11.3-5)为依据计算。

注:《通用用电设备配电设计规范》(GB 50055—2011)第2.3.5条之条文说明:采用瞬动过电流脱扣器或过电流继电器瞬动元件时,应考虑电动机启动电流非周期分量的影响,非周期分量的大小和持续时间取决于电路中电抗与电阻的比值和合闸瞬间的相位。

4.《工业与民用配电设计手册》(第三版)P986式(11.3-5)。

电动机额定电流:$I_r = \frac{P_r}{\sqrt{3}U_r\eta\cos\varphi} = \frac{18.5}{\sqrt{3}\times0.38\times0.8\times0.83} = 42.33A$

瞬时过电流脱扣器整定电流,应躲过配电线路的尖峰电流,即:

$I_{set3} \geqslant K_{rel3}[I'_{stM1} + I_{C(n-1)}] = 1.2\times(2\times6\times42.33+200) = 849.55A$

《低压配电设计规范》(GB 50054—2011)第6.2.4条。

校验瞬时过电流脱扣器的灵敏度:$I_{dmin} = 1300A > K_{rel}I_{set3} = 1.3\times850 = 1105A$,满足要求。

5.《工业与民用供配电设计手册》(第四版)P1002~P1004相关内容。

过电流选择比:上、下级熔断体的额定电流比为1.6:1,具有选择性熔断,则$I_{n1} \geqslant 1.6\times20 = 32A$。

上级的熔断器弧前焦耳积分应大于下级熔断器的全熔断时间内的焦耳积分,即$2000A^2s$,对应表中熔断器额定电流最小值为40A,其弧前焦耳积分为$3000A^2s$,满足选择性。

综上所述,F熔断器的最小额定电流应取40A。

注:熔断器弧前时间定义:规定施加在熔断器上的某一电流值,使熔体熔化到电弧出现瞬间的时间间隔。而题干中的熔断器时间电流曲线,并未实际使用,应为迷惑项。

题6~10答案:**DBCDB**

6.《钢铁企业电力设计手册》(上册)P1057表21-23电线比载计算公式。

覆冰时综合比载:$\gamma_7 = \sqrt{\gamma_3^2+\gamma_5^2} = \sqrt{108^2+65^2}\times10^{-3} = 126\times10^{-3}N/(m\cdot mm^2)$

7.《钢铁企业电力设计手册》(上册)P1065式(21-17)。

导线瞬时破坏应力:$\sigma_p = F\sigma_m = 2.5\times80 = 200N/mm^2$

注:也可依据《66kV及以下架空电力线路设计规范》(GB 50061—2010)第5.2.3条:导线或地线的最大使用张力不应大于绞线瞬时破坏张力的40%。

8.《66kV及以下架空电力线路设计规范》(GB 50061—2010)第5.2.2条。

档距中央的导线与地线距离:$S \geqslant 0.012L+1 = 0.012\times150+1 = 2.8m$

注:《110kV~750kV架空输电线路设计规范》(GB 50545—2010)第2.1.3条:线路跨越通航江河、湖泊或海峡等,因档距较大(在1000m以上)或杆塔较高(在100m以上),导线选型和杆塔设计需特殊考虑,且发生故障时严重影响航运或修复特别困难的耐张段。本题明显不应大跨距进行选型。

9.《66kV 及以下架空电力线路设计规范》(GB 50061—2010)第5.3.1条,第5.3.2条。

查表5.3.2可知,悬式绝缘子运行工况时的机械强度安全系数为2.7。

悬式绝缘子的机械破坏荷载:$F_u \geq KF = 2.7 \times 3 = 8.1\text{kN}$

10.《66kV 及以下架空电力线路设计规范》(GB 50061—2010)第6.0.7条。

悬式绝缘子串的绝缘子数量:$n_h \geq n[1+0.1(H-1)] = 3 \times [1+0.1 \times (3-1)] = 3.6$,取4片。

注:不可依据《导体和电器选择设计技术规定》(DL/T 5222—2005)第21.0.9条增加零值绝缘子,根据第1.0.2条可知,DL/T 5222—2005适用于发电厂和变电站新建工程选择3~500kV的导体和电器,对扩建和改建工程可参照使用,因此该规定不适用于架空线路。

题11~15答案:**BCBCC**

11.《工业与民用供配电设计手册》(第四版)P585式(7.6-1)、P1072式(12.1-1)。

异步电动机额定电流:$I_r = \dfrac{P_r}{\sqrt{3}U_r\eta\cos\varphi} = \dfrac{2500}{\sqrt{3} \times 10 \times 0.92 \times 0.8} = 196.11\text{A}$

比率制动差动保护的最小动作电流:

$$I_{op\cdot min} = (0.2 \sim 0.4)I'_r = (0.2 \sim 0.4) \times \frac{196.11}{300/5} = 0.65 \sim 1.31\text{A}$$

注:也可参考《工业与民用配电设计手册》(第三版)P656式(12-1)、P334式(7-12)。

12.《工业与民用供配电设计手册》(第四版)P585式(7.6-2)。

差动保护的制动电流值:$I_{zd} = \dfrac{I_d}{K_{zd}} = \dfrac{5}{K_{zd}}I'_r = \dfrac{5}{0.35} \times \dfrac{196.11}{300/5} = 46.7\text{A}$

注:题干已明确所有保护的动作,制动电路均为二次侧的。也可参考《工业与民用配电设计手册》(第三版)P334式(7-13)。

13.《工业与民用供配电设计手册》(第四版)P585式(7.6-4)。

差动速断动作电流:$I_{op} = 3 \times I'_r = 3 \times \dfrac{196.11}{300/5} = 9.81\text{A}$

电动机机端三相短路电流:$I''_{k\cdot min} = \dfrac{S_{s\cdot min}}{\sqrt{3}U_j} = \dfrac{100 \times 10^3}{\sqrt{3} \times 10.5} = 5500\text{A}$

灵敏度系数:$K_{sen} = \dfrac{I_{k2\cdot min}}{n_{TA} \cdot I_{op}} = \dfrac{0.866 \times 5500}{(300/5) \times 9.81} = 8.1 > 1.5$,满足要求。

注:也可参考《工业与民用配电设计手册》(第三版)P334~P335式(7-14)。

14.《工业与民用供配电设计手册》(第四版)P605式(7.7-6)。

电流互感器的二次回路允许负荷:$Z_{fh\cdot ry} = \dfrac{S_2}{I_{2r}^2} = \dfrac{30}{5^2} = 1.2\Omega$

连接导线的电阻：$R_{dx}=\dfrac{Z_{fh}-R_{jx}-K_{jx2}Z_{cj}}{K_{jx1}}=1.2-0.55=0.65\Omega$，依据表7.7-2，其中$K_{jx1}=K_{jx2}=1$

连接导线的最大允许长度：$l_{max}=S\dfrac{R_{dx}}{\rho}=2.5\times\dfrac{0.65}{0.0184}=88.3\text{m}$

注：也可参考《工业与民用配电设计手册》(第三版)P440 式(8-32)、式(8-33)、式(8-34)。

15.《工业与民用供配电设计手册》(第四版)P584 表7.6-2。

异步电动机额定电流：$I_r=\dfrac{P_r}{\sqrt{3}U_r\eta\cos\varphi}=\dfrac{2500}{\sqrt{3}\times10\times0.92\times0.8}=196.11\text{A}$

保护装置动作电流：$I_{op\cdot K}=K_{rel}\cdot K_{jx}\dfrac{K_{st}I_{rM}}{n_{TA}}=1.2\times1\times\dfrac{6.5\times196.11}{300/5}=25.5\text{A}$

电动机机端三相短路电流：$I''_{k\cdot min}=\dfrac{S_{s\cdot min}}{\sqrt{3}U_j}=\dfrac{100\times10^3}{\sqrt{3}\times10.5}=5500\text{A}$

保护装置一次动作电流：$I_{op}=\dfrac{I_{op\cdot k}n_{TA}}{K_{jx}}=\dfrac{25.5\times300/5}{1}=1530\text{A}$

灵敏度系数：$K_{sen}=\dfrac{I'_{k2\cdot min}}{I_{op}}=\dfrac{0.866\times5500}{1530}=3.1>1.5$，满足要求。

注：也可参考《工业与民用配电设计手册》(第三版)P323 表7-22。

题16～20答案：**CBAAB**

16.《交流电气装置的接地设计规范》(GB/T 50065—2011)附录A 第A.0.4条式(A.0.4-3)。

复合式接地网接地电阻：$R=0.5\dfrac{\rho}{\sqrt{S}}=0.5\times\dfrac{100}{\sqrt{75\times60}}=0.745\Omega$

17.《工业与民用供配电设计手册》(第四版)P1415～P1417 表14.6-4和图14.6-1。

C_2特征值：$C_2=\dfrac{\Sigma A_n}{A}=\dfrac{10\times16}{40\times10}=0.4$

当$C_2=0.15\sim0.4$时，$K_1=1.5$

其中计算因子$\dfrac{t}{L_2}=\dfrac{4}{10}=0.4$，$\dfrac{L_1}{L_2}=\dfrac{40}{10}=4$

由图14.6-1可知，形状系数$K_2=0.6$

基础接地极接地电阻：$R=K_1K_2\dfrac{\rho}{L_1}=1.5\times0.6\times\dfrac{100}{40}=2.25\Omega$

注：《工业与民用配电设计手册》(第三版)P893 表14-13“建筑物或建筑群的基础接地极的接地电阻计算式”。

18.《交流电气装置的接地设计规范》(GB/T 50065—2011)第4.2.2-1条。

接触电位差允许值：$U_t = \frac{174 + 0.17\rho_s C_s}{\sqrt{t_s}} = \frac{174 + 0.17 \times 120 \times 0.85}{\sqrt{0.5}} = 270.6\text{V} >$ 180V，满足要求。

跨步电位差允许值：$U_t = \frac{174 + 0.7\rho_s C_s}{\sqrt{t_s}} = \frac{174 + 0.7 \times 120 \times 0.85}{\sqrt{0.5}} = 347\text{V} >$ 340V，满足要求。

19.《交流电气装置的接地设计规范》(GB/T 50065—2011)附录B第B.0.1-4条、第B.0.4条。

变电所内发生接地短路时，故障对称电流：$I_{g1} = (I_{max} - I_n)S_{f1} = (9950 - 4500) \times 0.6 = 3270\text{A}$

变电所外发生接地短路时，故障对称电流：$I_{g2} = I_n S_{f2} = 4500 \times 0.7 = 3150\text{A}$

取两者之较大值，即故障对称电流为 $I_g = 3270\text{A}$

最大接地故障不对称电流有效值：$I_G = D_f I_g = 1.06 \times 3270 = 3466.2\text{A}$

接地网地电位升高值：$V = I_G R = 3466.2 \times 0.6 = 2079.72\text{V}$

20.《交流电气装置的接地设计规范》(GB/T 50065—2011)第4.3.5-3条、附录E。

短路持续时间：$t_e \geqslant t_o + t_r = 0.11 + 1.1 = 1.21\text{s}$

第E.0.2条：钢和铝的热稳定系数 C 值分别取70和120。

接地线最小截面积：$S_g \geqslant \frac{I_g}{C}\sqrt{t_e} = \frac{4000}{70} \times \sqrt{1.21} = 62.9\text{mm}^2$，取 80mm^2。

第4.3.5-3条：接地装置接地极的截面，不宜小于连接至该接地装置的接地导体(线)截面的75%。

接地极最小截面积：$S_j = 75\% S_g = 0.75 \times 62.9 = 47.175\text{mm}^2$，取 63mm^2。

题21~25答案：**CAADB**

21.《电力工程高压送电线路设计手册》(第二版)P133相关内容。

对一般高度的杆塔，降低接地电阻是提高线路耐雷水平防止反击的有效措施。降低杆塔接地电阻，一般可采用增设接地装置(带、管)，采用引外接地装置或链接伸长接地线(在过峡谷时可跨谷而过，起耦合作用等)。此外，对特殊地段亦可采用化学降阻剂降低杆塔接地电阻。

注：《交流电气装置的过电压保护和绝缘配合》(DL/T 620—1997)第5.1.2条。

第5.1.2-c)条：因雷击架空线路避雷线、杆顶形成作用于线路绝缘的雷电反击过电压，与雷电参数、杆塔形式、高度和接地电阻等有关。宜适当选取杆塔接地电阻，以减少雷电反击过电压的危害。

22.《交流电气装置的过电压保护和绝缘配合设计规范》(GB/T 50064—2014)第4.2.9条及条文说明。

第4.2条：操作过电压及保护。

第4.2.7条：开断空载电动机的过电压一般不超过2.5p.u.。

第4.2.9条：操作过电压的1.0p.u. $= \sqrt{2}U_m/\sqrt{3}$

综上所述：2.5p.u. $=2.5\times\frac{\sqrt{2}U_m}{\sqrt{3}}=2.5\times\frac{\sqrt{2}\times12}{\sqrt{3}}=24.5\text{kV}$

注：也可参考《交流电气装置的过电压保护和绝缘配合》(DL/T 620—1997) 第4.2条、第4.2.7条、第3.2.2条。U_m 为最高电压，可参考《标准电压》(GB/T 156—2007) 第4.3条～第4.5条。

23.《建筑物防雷设计规范》(GB 50057—2010)第4.4.7条及附录E 第E.0.1条。

第E.0.1条：单根引下线时，分流系数应为1；两根引下线及接闪器不成闭合环的多根引下线时，分流系数可为0.66，也可按本规范图E.0.4计算确定；当接闪器成闭合环或网状的多根引下线时，分流系数可为0.44。则

最小空气间隔：$S_{a3}\geqslant0.04k_cL_x=0.04\times0.44\times30=0.528\text{m}$

注：原题缺少关键计算参数，本书作者在整理时作了必要的补充，以保证题目的完整性。

24.《建筑物防雷设计规范》(GB 50057—2010)第5.1.2条及表5.1.2、附录J。

第5.1.2条：防雷等电位连接各连接部件的最小截面，应符合表5.1.2的规定。

防雷装置各连接部件的最小截面 表5.1.2

<table>
<tr><th colspan="3">等电位连接部件</th><th>材料</th><th>截面(mm²)</th></tr>
<tr><td colspan="3">等电位连接带(铜、外表面镀铜的钢或热镀锌钢)</td><td>Cu(铜)Fe(铁)</td><td>50</td></tr>
<tr><td colspan="3" rowspan="3">从等电位连接带至接地装置或各等电位连接带之间的连接导体</td><td>Cu(铜)</td><td>16</td></tr>
<tr><td>Al(铝)</td><td>25</td></tr>
<tr><td>Fe(铁)</td><td>50</td></tr>
<tr><td colspan="3" rowspan="3">从屋内金属装置至等电位连接带的连接导体</td><td>Cu(铜)</td><td>6</td></tr>
<tr><td>Al(铝)</td><td>10</td></tr>
<tr><td>Fe(铁)</td><td>16</td></tr>
<tr><td rowspan="5">连接电涌保护器的导体</td><td rowspan="3">电气系统</td><td>Ⅰ级试验的电涌保护器</td><td rowspan="5">Cu(铜)</td><td>6</td></tr>
<tr><td>Ⅱ级试验的电涌保护器</td><td>2.5</td></tr>
<tr><td>Ⅲ级试验的电涌保护器</td><td>1.5</td></tr>
<tr><td rowspan="2">电子系统</td><td>D1类电涌保护器</td><td>1.2</td></tr>
<tr><td>其他类的电涌保护器
(连接导体的截面可小于1.2mm²)</td><td>根据具体
情况确定</td></tr>
</table>

为便于直观理解，可参考附录J 图J.1.2-3“TN系统安装在进户处的电涌保护器”，其中5a和5b即为电涌保护器至总接地端子的连接线。

注：《建筑物电子信息系统防雷技术规范》(GB 50343—2012)第5.5.1-2条：浪涌保护器的接地端应与配线架接地端相连，配线架的接地线应采用截面积不小于16mm² 的多股铜线接至等电位接地端子板上。本条规范中浪涌保护器未直接与等电位接地端子板连接，中间采用配线架接地端过渡，与题意不符，不建议以此为依据。

25.《建筑物防雷设计规范》(GB 50057—2010)第4.5.5条、第5.2.12条及表5.2.12、附录D式(D.0.1-1)。

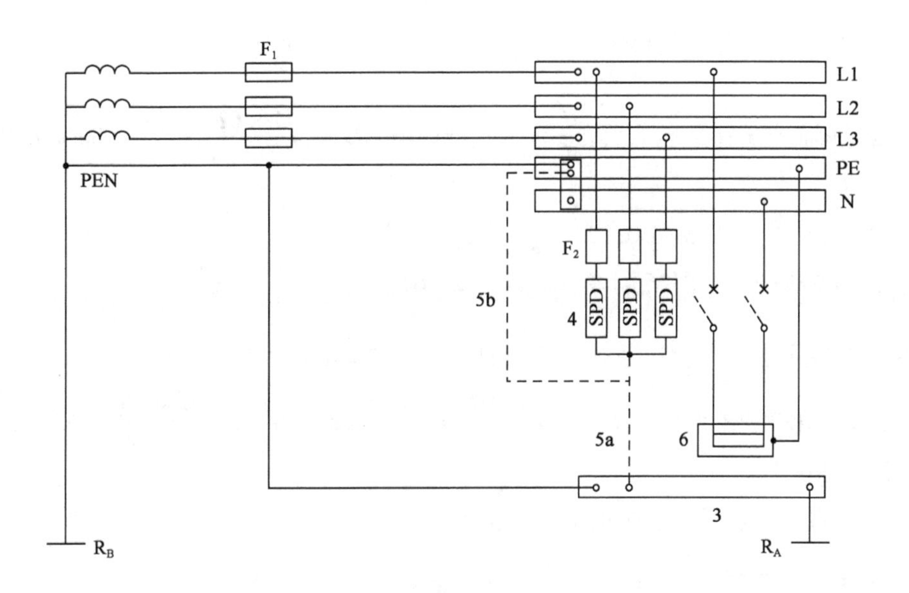

图 J.1.2-3　TN 系统安装在进户处的电涌保护器

3-总接地端或总接地连接带；4-U_p 应小于或等于 2.5kV 的电涌保护器；5-电涌保护器的接地连接线，5a 或 5b；6-需要被电涌保护器保护的设备；F_1-安装在电气装置电源进户处的保护电器；F_2-电涌保护器制造厂要求装设的过电流保护电器；R_A-本电气装置的接地电阻；R_B-电源系统的接地电阻；L1、L2、L3-相线 1、2、3

第 5.2.12 条及表 5.2.12，第二类防雷建筑物滚球半径 $h_r = 45\text{m}$。

根据题意，各计算因子为 $h = 20 + 6 = 26\text{m}$，$h_x = 5\text{m}$。

保护半径：$r_x = \sqrt{h(2h_r - h)} - \sqrt{h_x(2h_r - h_x)} = \sqrt{26 \times (2 \times 45 - 26)} - \sqrt{5 \times (2 \times 45 - 5)} = 20.18\text{m}$

防雷建筑物的最远点距离灯塔：$S = \sqrt{20^2 + 8^2} = 21.54\text{m} > 20.18\text{m}$，因此不在接闪杆保护范围内。

第 4.5.5 条：粮、棉及易燃物大量集中的露天堆场，当其年预计雷击次数大于或等于 0.05 时，应采用独立接闪杆或架空接闪线防直击雷。独立接闪杆和架空接闪线保护范围的滚球半径可取 100m。

由于钢材不属于易燃物，则该露天堆场不必设置防雷措施。

题 26 ~ 30 答案：**CCBBC**

26.《钢铁企业电力设计手册》（下册）P324 式（25-65）。

直流侧电压：$U_d = AU_L\cos\varphi + 2U_{df} = 1.35 \times 380 \times 0.92 + 2 \times 1.5 = 475\text{V}$

注：可参见 P325、P326 计算实例及图 25-61。

27.《钢铁企业电力设计手册》（下册）P325 式（25-66）、式（25-67）。

最大直流电流：$I_{dm} = KI_d = K\dfrac{\pi}{\sqrt{6}}I_L = 1.7 \times \dfrac{\pi}{\sqrt{6}} \times 279 = 608\text{A}$

注：可参见 P325、P326 计算实例及图 25-61。

28.《钢铁企业电力设计手册》（下册）P325 式（25-68）、式（25-69）。

换向电容：$C = \dfrac{t_0^2}{3L} = \dfrac{400^2}{3 \times 620} = 86\mu F$

电容器峰值电压：$U_{cm} = I_{dm}\sqrt{\dfrac{4L}{3C}} + \sqrt{2}U_L\sin\varphi = 600 \times \sqrt{\dfrac{4 \times 620}{3 \times 86}} + \sqrt{2} \times 380 \times 0.392 = 2071V$

其中：$\sin\varphi = \sin(\arccos 0.92) = 0.392$

注：可参见P325、P326计算实例及图25-61。

29.《钢铁企业电力设计手册》(下册)P325式(25-70)、式(25-71)。

晶闸管所承受的最大电压：$U_{VT} = I_d\sqrt{\dfrac{4L}{3C}} + \sqrt{2}U_L\sin\varphi = 600 \times \sqrt{\dfrac{4 \times 620}{3 \times 90}} + \sqrt{2} \times 380 \times 0.392 = 2029V$

其中：$\sin\varphi = \sin(\arccos 0.92) = 0.392$

晶闸管电流有效值：$I_{vr} = \dfrac{I_d}{\sqrt{3}} = \dfrac{600}{\sqrt{3}} = 346A$

注：可参见P325、P326计算实例及图25-61。

30.《钢铁企业电力设计手册》(下册)P325式(25-72)。

隔离二极管承受的最大反向电压：$U_{VD} = I_d\sqrt{\dfrac{4L}{3C}} + 2\sqrt{2}U\sin\varphi = 600 \times \sqrt{\dfrac{4 \times 620}{3 \times 85}} + 2\sqrt{2} \times 380 \times 0.392 = 2292V$

其中：$\sin\varphi = \sin(\arccos 0.92) = 0.392$

注：可参见P325、P326计算实例及图25-61。

题31～35答案：**BCBBB**

31.《照明设计手册》(第二版)P211、P212式(5-39)、式(5-44)。

墙面积：$A_w = 2 \times (9 + 7.2) \times (3.15 - 0.75) = 77.76m^2$

地面积：$A_0 = 9 \times 7.2 = 64.8m^2$

室空间比：$RCR = \dfrac{2.5A_w}{A_0} = \dfrac{2.5 \times 77.76}{64.8} = 3$，查表可知利用系数$U=0.54$。

平均照度：$E_{av} = \dfrac{N\Phi UK}{A} = \dfrac{6 \times 3 \times 2600 \times 0.54 \times 0.8}{64.8} = 312lx$

32.《建筑照明设计标准》(GB 50034—2013)第2.0.53条、第6.3.16条。

第2.0.53条：单位面积上一般照明的安装功率(包括光源、镇流器或变压器等附属用电器件)，单位为瓦特每平方米(W/m^2)。

第6.3.16条：设装饰性灯具场所，可将实际采用的装饰性灯具总功率的50%计入照明功率密度值的计算。

照明功率密度：

$$LPD = \frac{P + 0.5P_z}{A_0} = \frac{9 \times 3 \times (28 + 4) + 0.5 \times 4 \times 2 \times 18}{100} = 9.36W/m^2$$

33.《照明设计手册》(第二版)P200 第二行,P198 表 5-4 被照面为水平面。

不连续线光源按连续光源计算照度,当其距离 $s \leqslant \frac{h}{4\cos\varphi}$,误差小于 10%。

$$s \leqslant \frac{h}{4\cos\theta} = \frac{3.35-0.75}{4\cos\left(\arctan\frac{1.5}{3.35-0.75}\right)} = 0.75\text{m}$$

注:被照明为水平面的不连续线光源照度计算已多次考查,考生应注意本表中其他情况,将来极有可能考查。

34.《照明设计手册》(第二版)P224 式(5-66)。

投光灯数量:$N = \frac{E_{av}A_0}{\Phi_1 U\eta K} = \frac{50\times900}{32000\times0.63\times0.7\times0.65} = 4.9$,取 5 个。

注:投光灯的照度计算应考虑灯具效率,与一般照明的平均照度计算不同。

35.《照明设计手册》(第二版)P189 ~ P191 式(5-4),参考图 5-2、式(5-12)。

查表 1,30°的光源光强为 $I_\theta = 361\text{cd}$。

光源至 P 点水平面照度:$E_h = \frac{I_\theta \cos^3\theta}{h^2} = \frac{361\times\cos^3 30°}{1^2} = 234.48\text{lx}$

考虑维护系数及灯具实际光通,参考式(5-12):$E'_h = E_h K \frac{900}{1000} = 234.48\times0.8\times\frac{900}{1000} = 168.82\text{lx}$

《照明设计手册》(第二版)P2 式 1-6。

P 点的表面亮度:$L = \frac{\rho E'_h}{\pi} = \frac{0.8\times168.82}{3.14} = 43.0\text{cd/m}^2$

题 36 ~ 40 答案:**BCABB**

36.《视频显示系统工程技术规范》(GB 50464—2008)第 4.2.1 条及条文说明。

理想视距 = 0.5 × 最大视距,理想视距系数 k 一般取 2760;

最小视距 = 0.5 × 理想视距,最小视距系数 k 一般取 1380。

合理视距范围:最小视距(0.5 × 理想视距)≤合理视距≤最大视距(2 × 理想视距)。

理想视距:$H = \frac{1}{2}kP = \frac{1}{2}k\cdot16P = \frac{1}{2}\times345\times16P = 2760P = 10\text{m}$

像素中心距:$P = \frac{10\times10^3}{2760} = 3.6\text{mm}$

37.《综合布线系统工程设计规范》(GB 50311—2016) 第 7.6.5-5 条。

第 7.6.5-5 条:槽盒内的截面利用率应为 30% ~ 50%。则:

$$n = \frac{200\times100}{\pi\times(6.2/2)^2}\times(30\% \sim 50\%) = 198.8 \sim 331.4$$

38.《公共广播系统工程技术规范》(GB 50526—2010)第 3.5.4 条。

第3.5.4条：当广播扬声器为无源扬声器，且传输距离大于100m时，额定传输电压宜选用70V、100V；当传输距离与传输功率的乘积大于1km·kW时，额定传输电压可选用150V、200V、250V。

传输距离与传输功率的乘积：$S = 80 \times 10 \times 1 = 0.8\text{km} \cdot \text{kW} < 1\text{km} \cdot \text{kW}$，且最远传输距离1km，应选择100V。

39.《公共广播系统工程技术规范》(GB 50526—2010)第3.7.2条。

第3.7.2条：非紧急广播用的广播功率放大器，额定输出功率不应小于其所驱动的广播扬声器额定功率总和的1.3倍。

功率放大器额定输出功率：$P = 1.3\sum P_n = 1.3 \times 200 \times 10 = 2600\text{W}$

40.《会议电视会场系统工程设计规范》(GB 50635—2010)第3.5.2条。

显示器的安装高度：$H = H_1 + H_2 + H_3 = 9\tan15° + 1.4 + 0 = 3.81\text{m}$

显示器底边离地距离：$h = H - \frac{1.5}{2} = 3.81 - 0.75 = 3.06\text{m}$

2014年案例分析试题答案(下午卷)

2016年

注册电气工程师(供配电)执业资格考试

专业考试试题及答案

2016年专业知识试题(上午卷)

一、单项选择题(共40题,每题1分,每题的备选项中只有1个最符合题意)

1. 一般情况下配电装置各回路的相序排列宜一致,下列哪项表述与规范的要求一致? ( )

(A)配电装置各回路的相序可按面对出线,自左至右、由远而近、从上到下的顺序,相序排列为A、B、C

(B)配电装置各回路的相序可按面对出线,自右至左、由远而近、从上到下的顺序,相序排列为A、B、C

(C)配电装置各回路的相序可按面对出线,自左至右、由近而远、从上到下的顺序,相序排列为A、B、C

(D)配电装置各回路的相序可按面对出线,自左至右、由远而近、从下到上的顺序,相序排列为A、B、C

2. 下面有关35~110kV变电站电气主接线的表述,哪一项表述与规范要求不一致? ( )

(A)在满足变电站运行要求的前提下,变电站高压侧宜采用断路器较少或不设置断路器的接线

(B)35~110kV电气主接线宜采用桥形、扩大桥形、线路变压器组或线路分支接线、单母线或单母线分段接线

(C)110kV线路为8回及以上时,宜采用双母线接线

(D)当变电站装有两台及以上变压器时,6~10kV电气接线宜采用单母线分段,分段方式应满足当其中一台变压器停运时,有利于其他主变压器的负荷分配的要求

3. 电气火灾监控系统在无消防控制室且电气火灾监控探测器的数量不超过多少只时,可采用独立式电气火灾监控探测器? ( )

(A)6只　　(B)8只　　(C)10只　　(D)12只

4. 下面有关电力变压器外部相间短路保护设置的表述中哪一项是不正确的? ( )

(A)单侧电源双绕组变压器和三绕组变压器,相间短路后备保护宜装于主变的电源侧;非电源侧保护可带两段或三段时限;电源侧保护可带一段时限

(B)两侧或三侧有电源的双绕组变压器和三绕组变压器,相间短路应根据选择性的要求装设方向元件,方向宜指向本侧母线,但断开变压器各侧断路器的后

背保护不应带方向

(C)低压侧有分支,且接至分开运行母线段的降压变压器,应在每个分支装设相间短路后备保护

(D)当变压器低压侧无专业母线保护,高压侧相间短路后备保护对低压侧母线相间短路灵敏度不够时,应在低压侧配置相间短路后备保护

5.在35kV系统中,当波动负荷用户产生的电压变动频度为500次/h时,其电压波动的限值应为下列哪一项? ( )

(A)4% (B)2%

(C)1.25% (D)1%

6.控制各类非线性用电设备所产生的谐波引起的电网电压正弦波形畸变率,宜采取相应措施,下列哪项措施是不合适的? ( )

(A)各类大功率非线性用电设备变压器由短路容量较大的电网供电

(B)对大功率静止整流器,采用增加整流变压器二次侧的相数和整流器的整流脉冲数

(C)对大功率静止整流器,采用多台相数相位相同的整流装置

(D)选用Dyn11接线组别的三相配电变压器

7.10kV电网某公共连接点的全部用户向该点注入的5次谐波电流允许值下列哪一项数值是正确的?(假定该公共连接点处的最小短路容量为50MVA) ( )

(A)40A (B)20A

(C)10A (D)6A

8.假设10kV系统公共连接点的正序阻抗与负序阻抗相等,公共连接点的三相短路容量为120MVA,负序电流值为150A,其负序电压不平衡度为多少?(可近似计算确定) ( )

(A)100% (B)2.6%

(C)2.16% (D)1.3%

9.在低压电气装置中,对于不超过32A交流、直流的终端回路,故障时最长切断时间下列哪一项是正确的? ( )

(A)对于$TN_{(ac)}$系统,当$120V < V_0 \leqslant 230V$时,其最长切断时间为0.4s

(B)对于$TT_{(dc)}$系统,当$120V < V_0 \leqslant 230V$时,其最长切断时间为0.2s

(C)对于$TN_{(ac)}$系统,当$230V < V_0 \leqslant 400V$时,其最长切断时间为0.07s

(D)对于$TT_{(dc)}$系统,当$230V < V_0 \leqslant 400V$时,其最长切断时间为5s

10.某变电所,低压侧采用TN系统,高压侧接地电阻为R_E,低压侧的接地电阻为

R_B,在高压接地系统和低压接地系统分隔的情况下,若变电所高压侧有接地故障(接地故障电流为 I_E),变电所内低压设备外露可导电部分与低压母线间的工频应力电压计算公式下列哪一项是正确的? ( )

(A) $R_E \times I_E + U_0$ (B) $R_E \times I_E + U_0 \times \sqrt{3}$

(C) $U_0 \times \sqrt{3}$ (D) U_0

11. 某地区35kV架空输电线路,当地的气象条件如下:最高温度+40.7℃、最低温度-21.3℃、年平均气温+13.9℃、最大风速21m/s、覆冰厚度5mm、冰比重0.9。关于35kV输电线路设计气象条件的选择,下列哪项表述是错误的? ( )

(A)最高气温工况:气温40℃,无风,无冰
(B)覆冰工况:气温-5℃,风速10m/s,覆冰5mm
(C)带电作业工况:气温15℃,风速10m/s,无冰
(D)长期荷载工况:气温为10℃,风速5m/s,无冰

12. 对户外严酷条件下的电气设施间接接触(交流)防护,下列哪一项描述是错误的? ( )

(A)所有裸露可导电部件都必须接到保护导体上
(B)如果需要保护导体单独接地,保护导体必须采用绝缘导体
(C)多点接地的接地点应尽可能均匀分布,以保证发生故障时,保护导体的电位接近地电位
(D)在电压为1kV以上的系统中,对于在切断过程中可能存在较高的预期接触电压的特殊情况,切断时间必须尽可能的短

13. 航空障碍标志灯的设置应符合相关规定,当航空障碍灯装设在建筑物高出地面153m的部位时,其障碍标志灯类型和灯光颜色,下列哪项是正确的?

(A)高光强,航空白色 (B)低光强,航空红色

(C)中光强,航空白色 (D)中光强,航空红色

14. 50Hz/60Hz交流电流路径(大的接触表面积)为手到手的人体总阻抗,下列哪一项描述是错误的? ( )

(A)在干燥条件下,当接触电压为100V时,95%被测对象的人体总阻抗为3125Ω
(B)在水湿润条件下,当接触电压为125V时,50%的被测对象的人体总阻抗为1550Ω
(C)在盐水湿润条件下,当接触电压为200V时,5%被测对象的人体总阻抗为770Ω
(D)在盐水湿润条件下,人体总阻抗被舍入到5Ω的整数倍数值

15. 已知同步发电机额定容量为12.5MVA，超瞬态电抗百分值$x_d''\%=12.5$，额定电压为10.5kV，则在基准容量为$S_j=100$MVA下的超瞬态电抗标幺值为下列哪项数值？（　　）

(A)0.01　　(B)0.1　　(C)1　　(D)10

16. 关于静电的基本防护措施，下列哪项描述是错误的？（　　）

(A)对接触起电的物料，应尽量选用在带电序列中位置较临近的，或对产生正负电荷的物料加以适当组合，使最终达到起电最小
(B)在生产工艺的设计上，对有关物料应尽量做到接触面和压力较小，接触次数较少，运动和分离速度较慢
(C)在气体爆炸危险场所0区，局部环境的相对湿度宜增加至50%以上
(D)在静电危险场所，所有属于静电导电的物体必须接地

17. 正常操作时不必触及的配电柜金属外壳的表面温度限制，下列哪项符合要求？（　　）

(A)55℃　　(B)65℃
(C)70℃　　(D)80℃

18. 电气设备的选择和安装中，关于总接地端子的设置和连接，下列哪一项不符合要求？（　　）

(A)在采用保护联结的每个装置中都应配置有总接地端子
(B)接到总接地端子上的每根导体应连接牢固可靠不可拆卸
(C)建筑物的总接地端子可用于功能接地的目的
(D)当保护导体已通过其他保护导体与总接地端子连接时，则不需要把每根保护导体直接接到总接地端子上

19. 在城市电力规划中，城市电力详细规划阶段的一般负荷预测宜选用下列哪项方法？（　　）

(A)电力弹性系数法　　(B)人均用电指标法
(C)单位建筑面积负荷指标法　　(D)回归分析法

20. 在均衡充电运行情况下，关于直流母线电压的描述，下列哪一项是错误的？（　　）

(A)直流母线电压应为直流电源系统标称电压的105%
(B)专供控制负荷的直流电源系统，直流母线电压不应高于直流电源系统标称电压的110%
(C)专供动力负荷的直流电源系统，直流母线电压不应高于直流电源系统标称电

压的112.5%

(D)对控制负荷和动力负荷合并供电的直流电源系统，直流母线电压不应高于直流电源系统标称电压的110%

21. 假如所有导体的绝缘均能耐受可能出现的最高标称电压，则允许在同一导管或电缆管槽内敷设缆线回路数的规定是下列哪项？ ( )

(A)1个回路　　(B)2个回路

(C)多个回路　　(D)无规定

22. 在建筑照明设计中，符合下列哪项条件的作业面或参考平面的照度标准可按标准值的分级降低一级？ ( )

(A)视觉作业对操作安全有重要影响

(B)识别对象与背景辨认困难

(C)进行很短时间的作业

(D)视觉能力显著低于正常能力

23. 假定独立避雷针高度为$h=30$m，被保护电气装置高度为5m，请用折线法计算被保护物高度水平面上的保护半径，其结果最接近下列哪个数值？ ( )

(A)25m　　(B)30m

(C)35m　　(D)45m

24. 假定变电站母线运行电压为10.5kV，并联电容器组每相串联2段电容器，为抑制谐波装设串联电抗器电抗率为12%，电容器的运行电压下列哪项是正确的？ ( )

(A)3.44kV　　(B)3.70kV

(C)4.23kV　　(D)4.87kV

25. 为了便于对各种灯具的光强分布特性进行比较，灯具的配光曲线是按下列哪项数值编制的？ ( )

(A)发光强度1000cd　　(B)照度1000lx

(C)光通量1000lm　　(D)亮度1000cd/m^2

26. 在供配电系统设计中，关于减小电压偏差，下列哪项不符合规范要求？ ( )

(A)应加大变压器的短路阻抗　　(B)应降低系统阻抗

(C)应采取补偿无功功率措施　　(D)宜使三相负荷平衡

27. 下列单相或三相交流线路，哪项中性线导体截面选择不正确？ ( )

(A)BV-2×6　　(B)YJV-4×35+1×16

(C)BV-1×50+1×25　　(D)V-5×10

28. 对于第一类防雷建筑物防闪电感应的设计，平行敷设的管道、构架和电缆金属外皮等长金属物，其净距小于100mm时，应采用金属线跨接，关于跨接点的间距，下列哪个数值是正确的？（　　）

(A)不应大于30m　　(B)不应大于40m
(C)不应大于50m　　(D)不应大于60m

29. 自跑道中点起、沿跑道延长线双向各15km、两侧散开度各15%的区域内，以下哪个建筑物应设置航空障碍灯？（　　）

(A)建筑物顶部与跑道中点连线与水平面夹角为0.5°
(B)建筑物顶部与跑道中点连线与水平面夹角为0.6°
(C)建筑物顶部与跑道端点连线与水平面夹角为0.5°
(D)建筑物顶部与跑道端点连线与水平面夹角为0.6°

30. 一个点型感烟或感温探测器保护的梁间区域的个数，最多不应大于几个？（　　）

(A)2　　(B)3
(C)4　　(D)5

31. 当民用建筑接收卫星电视信号时，有关接收天线的选择下列哪项不符合规范的要求？（　　）

(A)当天线直径不小于4.5m，且对其效率及信噪比均有较高要求时，宜采用后馈式抛物面天线
(B)当天线直径小于4.5m时，宜采用前馈式抛物面天线
(C)当天线直径小于1.5m时，Ku频段电视接收天线宜采用偏馈式抛物面天线
(D)当天线直径不小于5m时，宜采用内置伺服系统的天线

32. LED视频显示屏系统的设计，根据规范下列哪项是正确的？（　　）

(A)显示屏的水平左视角不宜小于90°
(B)显示屏的水平右视角不宜小于80°
(C)垂直上视角不宜小于20°
(D)垂直下视角不宜小于20°

33. 晶闸管元件额定电流的选择，整流线路为六相零式时，电流系数K_i为下列哪个数值？（　　）

(A)0.184　　(B)0.26
(C)0.367　　(D)0.45

34. 对IT系统的安全防护，下列哪一项描述是错误的？（　　）

(A)在IT系统中,带电部分应对地绝缘或通过一足够大的阻抗接地,接地可在系统的中性点或中间点,不可在人工中性点

(B)IT系统不宜配出中性导体

(C)外露可导电部分应单独地、成组地或共同地接地

(D)IT系统可采用绝缘监视器、剩余电流监视器和绝缘故障定位系统

35. 为防止人举手时触电,布置在屋外的3kV级以上配电装置的电气设备外绝缘体最低部位距地小于下列哪个数值时应装设固定遮拦? ( )

(A)2300mm　　(B)2500mm

(C)2800mm　　(D)3000mm

36. 在电气设备中,下列哪一项是外部可导电部分? ( )

(A)配电柜金属外壳　　(B)灯具金属外壳

(C)金属热水暖气片　　(D)电度表铸铝合金外壳

37. 某35kV线路采用合成绝缘子,绝缘子的型号为FXBW1-35/70,则该合成绝缘子运行工况的设计荷载为下列哪项值? ( )

(A)23.3kN　　(B)28kN

(C)35kN　　(D)46.7kN

38. 在气体爆炸危险场所外露静电非导体部件的最大宽度及表面积,下列哪项表述是正确的? ( )

(A)在0区,II类A组爆炸性气体,最大宽度为0.4cm,最大表面积为50cm^2

(B)在0区,II类C组爆炸性气体,最大宽度为0.1cm,最大表面积为4cm^2

(C)在1区,II类A组爆炸性气体,最大宽度为3.0cm,最大表面积为120cm^2

(D)在1区,II类C组爆炸性气体,最大宽度为2.0cm,最大表面积为30cm^2

39. 当移动式和手提式灯具采用III类灯具时,应采用安全特低电压(SELV)供电,在潮湿场所其电压限值应符合下列哪项规定? ( )

(A)交流供电不大于36V,无波纹直流供电不大于60V

(B)交流供电不大于36V,无波纹直流供电不大于100V

(C)交流供电不大于25V,无波纹直流供电不大于60V

(D)交流供电不大于25V,无波纹直流供电不大于100V

40. 对于第一类防雷建筑物防直击雷的措施应符合有关规定,独立接闪杆,架空接闪线或架空接闪网应设独立的接地装置,每一根引下线的冲击接地电阻不宜大于10Ω,在土壤电阻率高的地区,可适当增大冲击接地电阻,但在3000Ω·m以下的地区,设计规范规定的冲击接地电阻不应大于下列哪项数值? ( )

(A)20Ω　　(B)30Ω　　(C)40Ω　　(D)50Ω

二、多项选择题(共30题,每题2分,每题的备选项中有2个或2个以上符合题意,错选、少选、多选均不得分)

41. 低压电气装置的每个部分应按外界影响条件分别采用一种或多种保护措施,通常允许采用下列哪些保护措施?　　(　　)

(A)自动切断电源

(B)单绝缘或一般绝缘

(C)向单台用电设备供电的电气分隔

(D)特低电压(SELV和PELV)

42. 关于架空线路路径的选择,下列哪些表述是正确的?　　(　　)

(A)3kV及以上至66kV及以下架空电路线路,不应跨越储存易燃、易爆危险品的仓库区域

(B)丙类液体储罐与电力架空线接近水平距离不应小于电杆(塔)高度

(C)35kV以上的架空电力线路与储量超过200m^{3}的液化石油气单罐(地面)的最近水平距离不应小于40m

(D)架空电力线路不宜通过林区,当确需通过林区时应结合林区道路和林区具体条件选择线路路径,并应尽量减少树木砍伐。10kV及以下架空电力线路的通道宽度,不宜小于线路两侧向外各延伸2.5m

43. 户外严酷条件下的电气设施的直接接触防护,通常允许采用下列哪些保护措施?　　(　　)

(A)用遮拦或壳体防止人身或家畜与电气装置的带电部分接触

(B)采用50V以下的安全低电压

(C)用绝缘防止人员或家畜与电气装置的带电部件接触

(D)当出于操作和维修的目的进出通道时,可以提供防止直接接触的最小距离

44. 关于接于公共连接点的每一个用户引起该点负序电压不平衡度允许值的规定,以下表述哪几项是不正确的?　　(　　)

(A)允许值一般为1.3%,短时不超过2.6%

(B)根据连接点的负荷状况可作适当变动,但允许值不超过1.5%

(C)电网正常运行时,负序电压不平衡度不超过2%,短时不得超过4%

(D)允许值不得超过1.2%

45. 电视型视频显示屏的设计,视屏显示屏单元宜采用CRT、PDP或LCD等显示器,并应符合下列哪些要求?　　(　　)

(A)应具有较好的硬度和质地
(B)应具有较大的热膨胀系数
(C)应能清晰显示分辨力较高的图像
(D)应保证图像失真小、色彩还原真实

46. 每个建筑物内的接地导体、总接地端子和下列哪些可导电部分应实施保护等电位连接？（　　）

(A)进入建筑物的供应设施的金属管道，例如燃气管、水管等
(B)在正常使用时可触及的非导电外壳
(C)便于利用的钢筋混凝土结构中的钢筋
(D)通信电缆的金属护套

47. 下列110kV供电电压偏差的波动数值中，哪些数值是满足规范要求的？（　　）

(A)标称电压的+10%，-5%
(B)标称电压的+7%，-3%
(C)标称电压的+5%，-5%
(D)标称电压的-4%，-7%

48. 下面有关直流断路器选择要求的表述中，哪些项是正确的？（　　）

(A)额定电压应大于或等于回路的最高工作电压1.1倍
(B)额定电流应大于回路的最大工作电流
(C)断流能力应满足安装地点直流系统最大预期短路电流的要求
(D)各级断路器的保护动作电流和动作时间应满足上、下级选择性配合要求，且应有足够的灵敏系数

49. 关于交流电动机能耗制动的性能，下述哪些是能耗制动的特点？（　　）

(A)制动转矩较平滑，可方便地改变制动转矩
(B)制动转矩基本恒定
(C)可使生产机械较可靠地停止
(D)能量不能回馈单位，效率较低

50. 50Hz/60Hz交流电流路径(小的接触表面积)为手到手的人体总阻抗，下列哪些描述是正确的？（　　）

(A)在干燥条件下，当接触电压为25V时，5%被测对象的人体总阻抗为91250Ω
(B)在水湿润条件下，当接触电压为100V时，50%的被测对象的人体总阻抗为40000Ω
(C)在盐水湿润条件下，当接触电压为200V时，95%被测对象的人体总阻抗为6750Ω

(D)在干燥、水湿润和盐水湿润条件下,人体总阻抗被舍入到25Ω的整数倍数值

51. 下列关于典型静电放电的特点或引燃性中,哪些描述是正确的? ( )

(A)电晕放电:有时有声光,气体介质在物体尖端附近局部电离,不形成放电通道

(B)刷形放电:有声光,放电通道在静电非导体表面附近形成许多分叉,在单位空间内释放的能量较小,一般每次放电能量不超过4mJ,引燃、引爆能力中等

(C)火花放电:放电时有声光,将静电非导体上一定范围内所带的大量电荷释放,放电能量大,引燃、引爆能力强

(D)传播性刷形放电:有声光、放电通道不形成分叉,电极上有明显放电集中点,释放能量比较集中,引燃、引爆能力很强

52. 下列有关人民防空地下室战时应急照明的连续供电时间,哪些项符合规范规定? ( )

(A)一等人员掩蔽所不应小于6h

(B)专业队队员掩蔽部不应小于6h

(C)二等人员掩蔽所、电站控制室不应小于3h

(D)生产车间不应小于3h

53. 可燃气体和甲、乙、丙类液体的管道严禁穿过防火墙,其他管道不宜穿过防火墙,确需穿过时,应采用下列哪些材料将墙与管道之间的空隙紧密填实? ( )

(A)防火封堵材料　　(B)水泥砂浆

(C)不燃材料　　(D)硬质泡沫板

54. 任何一个波动负荷用户在电力系统公共连接点产生的电压变动,其限值与下列哪些参数有关? ( )

(A)电压变动频度　　(B)系统短路容量

(C)系统电压等级　　(D)电网的频率

55. 关于静电的基本防护措施,下列哪些项描述是正确的? ( )

(A)带电体应进行局部或全部静电屏蔽,或利用各种形式的金属网,减少静电的积聚,同时屏蔽体或金属网应可靠接地

(B)在遇到分层或套叠的结构时应使用静电非导体材料

(C)在气体爆炸危险场所禁止使用金属链

(D)使用静电消除器迅速中和静电

56. 敷设缆线槽盒若需占用安全通道,下列哪些措施符合火灾防护要求? ( )

(A)选择耐火1h的槽盒

(B)选择槽盒的火灾防护按安全通道建筑构件所规定允许的时间

(C)槽盒安装位置应在伸臂范围以内

(D)敷设在安全通道内的槽盒尽可能短

57. 下列作用于电气装置绝缘上的过电压哪些属于暂时过电压？ ( )

(A)谐振过电压 (B)特快速瞬态过电压(VFTO)

(C)工频过电压 (D)雷电过电压

58. 某一 10/0.4kV 车间变电所，高压侧保护接地和低压侧系统接地共用接地装置，下列关于变压器的保护接地电阻值的要求哪些是正确的？ ( )

(A)当高压侧工作于低电阻接地系统，低压侧为 TN 系统，且低压电气装置采用保护总等电位连接系统，接地电阻不大于 $2000/I_g$，且不大于 4Ω(其中 I_g 为计算用经接地网入地的最大接地故障不对称电流有效值)

(B)当高压侧工作于不接地系统，低压电气装置采用保护总等电位联结时，接地电阻不大于 $50/I$，且不大于 4Ω(其中 I 为计算用单相接地故障电流)

(C)当高压侧工作于不接地系统，低压电气装置采用保护总等电位联结时，接地电阻不大于 $120/I_g$，且不大于 4Ω(其中 I_g 为计算用单相接地故障电流)

(D)接地电阻不大于 10Ω

59. 对非熔断器保护回路的电缆，应按满足短路热稳定条件确定电缆导体允许最小截面，下列关于选取短路计算条件的原则哪些是正确的？ ( )

(A)计算用系统接线，应按正常运行方式，且考虑工程建成后 3～5 年发展规划

(B)短路点应选取在通过电缆回路最大短路电流可能发生处

(C)应按三相短路计算

(D)短路电流作用时间应与保护动作时间一致

60. 电器的正常使用环境条件为：周围空气温度不高于 40℃，海拔不超过 1000m，在不同的环境条件下，可以通过调整负荷允许长期运行，下列调整措施哪些是正确的？

(A)当电器使用在周围温度高于 40℃(但不高于 60℃)时，推荐周围空气温度每增高 1K，减少额定电流负荷的 1.8%

(B)当电器使用在周围温度低于 40℃时，推荐周围空气温度每降低 1K，增加额定电流负荷的 0.5%，但其最大过负荷不得超过额定电流负荷的 20%

(C)当电器使用在海拔超过 1000m(但不超过 4000m)，且最高周围空气温度为 40℃时，其规定的海拔高度每超过 100m(以海拔 1000m 为起点)，允许温升降低 0.3%

(D)当电器使用在海拔低于 1000m，且最高周围空气温度为 40℃时，海拔高度每低于规定海拔 100m，允许温升提高 0.3%

61. 下列哪些项符合埋在土壤中的接地导体的要求？ ( )

(A) 40mm × 4mm 扁钢
(B) 直径 6mm 裸铜线
(C) 无防机械损伤保护的 2.5mm^2 铜芯电缆
(D) 30mm × 30mm × 4mm 角铁

62. 下列哪些情况时，可燃油浸变压器室的门应为甲级防火门？（ ）

(A) 有火灾危险的车间内
(B) 容易沉积可燃粉尘、可燃纤维的场所
(C) 附设式变压器室
(D) 附近有粮、棉及其他易燃物大量集中的露天场所

63. 选择电动机时应考虑下列哪些条件？（ ）

(A) 电动机的全部电气和机械参数
(B) 电动机的类型和额定电压
(C) 电动机的重量
(D) 电动机的结构形式、冷却方式、绝缘等级

64. 关于用电安全的要求，在下列表述中哪几项是正确的？（ ）

(A) 在预期的环境条件下，不会因外界的非机械的影响而危及人、家畜和财产
(B) 在可预见的过载情况下，不应危及人、家畜和财产
(C) 在正常使用条件下，对人、家畜的直接触电或间接触电所引起的身体伤害及其他危害应采取足够的防护
(D) 长期放置不用的用电产品在进行必要的检修后，即可投入使用

65. 火灾报警区域的划分，下列哪些符合规范的规定？（ ）

(A) 一个火灾报警区域只能是一个防火分区
(B) 一个火灾报警区域只能是一个楼层
(C) 一个火灾报警区域可以是发生火灾时需要同时联动消防设备的几个相邻防火分区
(D) 一个火灾报警区域可以是发生火灾时需要同时联动消防设备的几个相邻楼层

66. 下面有关限制变电站 6 ~ 20kV 线路短路电流的措施中，表述正确的是哪几项？（ ）

(A) 变压器分列运行
(B) 采用有载调压变压器
(C) 采用高阻抗变压器
(D) 在变压器回路中串联限流装置

67. 综合布线系统工作区适配器的选用，下列哪些项符合规范的规定？（　　）

(A)设备的连接插座应与连接电缆的插头匹配，同类插座与插头之间应加装适配器

(B)在连接使用信号的数模转换、光、电转换，数据传输速率转换等相应的装置时，采用适配器

(C)对于网络规程的兼容，采用协议转换适配器

(D)各种不同的终端设备或适配器均安装在工区的适当位置，并应考虑现场的电源与接地

68. 规范规定下列哪些情况下中性导体和相导体应等截面？（　　）

(A)各相负荷电流均衡分配的电路

(B)单相两线制电路

(C)相线导体截面小于或等于 $16mm^2$(铜导体)的多相回路

(D)中性导体中存在谐波电流的电路

69. 采用支持式管型母线时，为消除母线对端部效应、微风振动及热胀冷缩对支持绝缘子产生的内应力，应采取下面哪些措施？（　　）

(A)加装动力双环阻尼消振器

(B)管内加装阻尼线

(C)增大母线支撑间距

(D)改变支持方式

70. 根据规范要求，下列哪些是二级业务广播系统应具备的功能？（　　）

(A)编程管理

(B)自动定时运行(允许手动干预)

(C)支持寻呼台站

(D)功率放大器故障告警

2016年专业知识试题答案(上午卷)

1. **答案:**A

依据:《3～110kV高压配电装置设计规范》(GB 50060—2008)第2.0.2条。

2. **答案:**C

依据:《35kV～110kV变电站设计规范》(GB 50059—2011)第3.2.2条、第3.2.3条、第3.2.4条、第3.2.5条。

3. **答案:**B

依据:《火灾自动报警系统设计规范》(GB 50116—2013)第9.1.3条。

4. **答案:**A

依据:《电力装置的继电保护和自动装置设计规范》(GB/T 50062—2008)第4.0.6条。

5. **答案:**C

依据:《电能质量　电压波动和闪变》(GB/T 12326—2008)第4条"电压波动的限值"。

6. **答案:**C

依据:《供配电系统设计规范》(GB 50052—2009)第5.0.13条。

7. **答案:**C

依据:《电能质量　公用电网谐波》(GB/T 14549—1993)第5.1条表2"注入公共连接点的谐波电流允许值"以及附录B式B.1。

8. **答案:**C

依据:《电能质量　三相电压不平衡》(GB/T 15543—2008)附录A第A.3.1条式A.3。

$$负序电压不平衡度:\varepsilon_{U_2} = \frac{\sqrt{3}I_2U_L}{S_k} = \frac{1.732\times0.15\times10}{120} = 0.02165 = 2.165\%$$

9. **答案:**A

依据:《低压配电装置第4-41部分:安全防护电击防护》(GB 16895.21—2012)第411.3.2.2条及表41.1。

10. **答案:**A

依据:《建筑物电气装置第4部分:安全防护第44章:过电压保护第442节:低压电气装置对暂时过电压和高压系统与地之间的故障的防护》(GB 16895.11—2001)第442.4.2条和第442.5.1条,参见图44B中的TN-b。

注：参考第442.4.1条：U_0为低压系统相线对中性点的电压。图44B中的TN-b中的U_1为"变电所"低压设备外露可导电部分与低压母线间的工频应力电压，而U_2为"用户系统"低压设备外露可导电部分与低压母线间的工频应力电压。

11. **答案**：D

依据：《66kV及以下架空电力线路设计规范》(GB 50061—2010)第4.0.1条、第4.0.3条、第4.0.9条、第4.0.10条。

12. **答案**：B

依据：《户外严酷条件下的电气设施第2部分：一般防护要求》(GB/T 9089.2—2008)第5.1.1条、第5.1.6条。

13. **答案**：A

依据：《民用建筑电气设计标准》(GB 51348—2019)第10.2.7条及表10.2.7。

14. **答案**：C

依据：《电流对人和家畜的效应第1部分：通用部分》(GB/T 13870.1—2008)第4.5.1条，以及表1、表2、表3和表3之注4。

15. **答案**：C

依据：《工业与民用供配电设计手册》(第四版)P281表4.6-3"电路元件阻抗标幺值和有名值的换算公式"。

$$X''_{*d} = X''_d \frac{S_j}{S_r} = 0.125 \times \frac{100}{12.5} = 1$$

注：《工业与民用配电设计手册》(第三版)P128表4-2"电路元件阻抗标幺值和有名值的换算公式"。

16. **答案**：C

依据：《防止静电事故通用导则》(GB 12158—2006)第6.1.1条、第6.1.2条。

局部环境的相对湿度宜增加至50%以上。增湿可以防止静电危害的发生，但这种方法不得用在气体爆炸危险场所0区。

17. **答案**：D

依据：《建筑物电气装置第4-42部分：安全防护-热效应保护》(GB 16895.2—2005)第423条及表4。

18. **答案**：B

依据：《交流电气装置的接地设计规范》(GB 50065—2011)第8.1.4条。

19. **答案**：C

依据：《城市电力规划规范》(GB/T 50293—2014)第4.2.5-2条。

20. **答案**：A

依据：《电力工程直流系统设计技术规程》(DL/T 5044—2014)第3.2.3条。

21. **答案**:C

依据:《低压电气装置第5-52部分:电气设备的选择和安装布线系统》(GB 16895.6—2014)第521.6条。

22. **答案**:C

依据:《建筑照明设计标准》(GB 50034—2013)第4.1.3条。

23. **答案**:C

依据:《交流电气装置的过电压保护和绝缘配合设计规范》(GB/T 50064—2014)第5.2.1条。

$h = 30\text{m}, h_x = 5\text{m}$,则高度影响系数 $P = 1$,且 $h_x < 0.5h$

$r_x = (1.5h - 2h_x)P = 1.5 \times 30 - 2 \times 5 = 35\text{m}$

注:"滚球法"对应规范GB 50057(民用建筑使用较多),"折线法"对应规范GB/T 50064(或者DL/T 620,变电所与发电厂使用较多),此两种方法各自的适用范围未来仍有待权威部门明确。

24. **答案**:A

依据:《并联电容器装置设计规范》(GB 50227—2017)第5.2.2-3条。

$$U_c = \frac{U_s}{\sqrt{3}S} \cdot \frac{1}{1-K} = \frac{10.5}{\sqrt{3} \times 2} \times \frac{1}{1-12\%} = 3.445\text{kV}$$

25. **答案**:C

依据:《照明设计手册》(第三版)P80"光强分布"。

为了便于对各种灯具的光强分布特性进行比较,曲线的光强值都是按光通量为1000lm给出的,因此,实际光强值应当是光强的测定值乘以灯具中光源实际光通量与1000之比值。

26. **答案**:A

依据:《供配电系统设计规范》(GB 50052—2009)第5.0.9条。

27. **答案**:C

依据:《低压配电设计规范》(GB 50054—2011)第3.2.7条、第3.2.8条。

28. **答案**:A

依据:《建筑物防雷设计规范》(GB 50057—2010)第4.2.2-2条。

29. **答案**:D

依据:《民用建筑电气设计标准》(GB 51348—2019) 第10.2.6条。

30. **答案**:D

依据:《火灾自动报警系统设计规范》(GB 50116—2013)附录G"按梁间区域面积确定一只探测器保护的梁间区域的个数"。

31. **答案**:C

依据:《民用建筑电气设计标准》(GB 51348—2019) 第15.4.6条。

32. **答案**:D

依据:《视频显示系统工程技术规范》(GB 50464—2008)第4.2.2条。

33. **答案**:B

依据:《钢铁企业电力设计手册》下册P391下表 $I_f = 0.260I_d$。

其中 I_f:流过整流元件的电流折合到单相半波的平均值,$I_f = 0.637I_{rma}$,(I_{rma}:流过整流元件的电流折合到单相半波的幅值),参见P391图可知:

$I_{rma} = I_{b2} = \frac{1}{\sqrt{6}}I_d = 0.408I_d$,则

$I_f = 0.637I_{rma} = 0.637 \times 0.408I_d = 0.260I_d$

注:《电气传动自动化技术手册》第3版P343表3-24中也有相关数据,但唯独缺少六相零式整流电路参数。

34. **答案**:A

依据:《低压配电装置第4-41部分:安全防护电击防护》(GB 16895.21—2012)第411.6.1条、第411.6.2条、第411.6.3条,以及《低压配电设计规范》(GB 50054—2011)第5.2.22条。

35. **答案**:B

依据:《3-110kV高压配电装置设计规范》(GB 50060—2008)第5.1.1条。

36. **答案**:C

依据:《建筑物电气装置第5-54部分电气设备的选择和安装接地配置和保护导体》(GB 16895.3—2017)第541.3.7条外部可导电部分定义:不是电气装置的组成部分且易于引入一个电位(通常是局部电位)的可导电部分。

注:也可参考《交流电气装置的接地设计规范》(GB/T 50065—2011)第2.0.22条外界可导电部分定义:非电气装置的,且易于引入电位的可导电部分,该电位通常为局部电位。

37. **答案**:A

依据:《66kV及以下架空电力线路设计规范》(GB 50061—2010)第5.3.1条、第5.3.2条。

38. **答案**:B

依据:《防止静电事故通用导则》(GB 12158—2006)第7.2.3条。

39. **答案**:C

依据:《建筑查明设计标准》(GB 50034—2013)第7.1.3-2条。

40. **答案**：B

依据：《建筑物防雷设计规范》(GB 50057—2010)第4.2.1-8条。

41. **答案**：ACD

依据：《低压配电装置第4-41部分：安全防护电击防护》(GB 16895.21—2012)第410.3.3条。

42. **答案**：ACD

依据：《66kV及以下架空电力线路设计规范》(GB 50061—2010)第3.0.3-4条、第3.0.3-5条、第3.0.4条。

43. **答案**：ACD

依据：《户外严酷条件下的电气设施第2部分：一般防护要求》(GB/T 9089.2—2008)第4.2.1条、第4.3条、第4.6条。

44. **答案**：BD

依据：《电能质量公用电网谐波》(GB/T 15543—2008)第4.1条、第4.2条。

45. **答案**：ACD

依据：《视频显示系统工程技术规范》(GB 50464—2008)第4.2.5-1条。

46. **答案**：AC

依据：《交流电气装置的接地设计规范》(GB/T 50065—2011)附录H及图H。

注：也可参考《低压电气装置第5-54部分电气设备的选择和安装接地配置保护导体》(GB 16895.3—2017)附录B及图B.54.1。外露可导电部分：设备上能触及的在正常情况下不带电，但在基本绝缘损坏时可变为带电的可导电部分。外部可导电部分：不是电气装置的组成部分且易于引入一个电位(通常是局部电位)的可导电部分。

47. **答案**：BC

依据：《电能质量供电电压偏差》(GB 12325—2008)第4.1条：35kV及以上供电电压正、负偏差绝对值之和不超过标称电压的10%。

48. **答案**：BCD

依据：《电力工程直流系统设计技术规程》(DL/T 5044—2014)第6.5.2条。

49. **答案**：ACD

依据：《钢铁企业电力设计手册》下册P95~P96表24-6“交流电动机能耗制动的性能”。

注：《电气传动自动化技术手册》第3版P405表5-15各种电动机能耗制动的性能。制动转矩基本恒定是反接制动的特点。

50. **答案**:AC

依据:《电流对人和家畜的效应第1部分:通用部分》(GB/T 13870.1—2008)表7~表9。

注:在干燥、水湿润,人体总阻抗被舍入到25Ω的整数倍数值,但盐水湿润条件下,人体总阻抗被舍入到5Ω的整数倍数值。

51. **答案**:AB

依据:《防止静电事故通用导则》(GB 12158—2006)第4.1条表1。

52. **答案**:ABC

依据:《人民防空地下室设计规范》(GB 50038—2005)第7.5.5-4条:战时应急照明的连续供电时间不应小于该防空地下室的隔绝防护时间(见表5.2.4)。

53. **答案**:AC

依据:《建筑设计防火规范》(GB 50016—2014)第6.1.5条、第6.1.6条。

54. **答案**:AC

依据:《电能质量电压波动和闪变》(GB/T 12326—2008)第4条电压波动的限值。

55. **答案**:ACD

依据:《防止静电事故通用导则》(GB 12158—2006)第6.1.3条、第6.1.7条、第6.1.9条、第6.1.10条。

56. **答案**:BD

依据:建议参考《建筑设计防火规范》(GB 50016—2014)相关内容,未找到对应条文,可反馈讨论。

57. **答案**:AC

依据:《交流电气装置的过电压保护和绝缘配合设计规范》(GB/T 50064—2014)第3.2.1-2条。

58. **答案**:AB

依据:《交流电气装置的接地设计规范》(GB/T 50065—2011)第6.1.1条、第6.1.2条。

注:区别发电厂、变电站接地网的接地电阻与高压配电电气装置(如变压器)的接地电阻的不同要求。

59. **答案**:BD

依据:《导体和电器选择设计技术规定》(DL/T 5222—2005)第7.8.10条。

注:第5.0.10条:仅用熔断器保护的导体和电器可不验算热稳定。

60. **答案**:ABC

依据:《导体和电器选择设计技术规定》(DL//T 5222—2005)第5.0.3条。

61. **答案**:AB

依据:《交流电气装置的接地设计规范》(GB/T 50065—2011)第8.1.2条及表8.1.2、第8.1.3条。

62. **答案**:ABD

依据:《20kV及以下变电所设计规范》(GB 50053—2013)第6.1.2条。

63. **答案**:ABD

依据:《钢铁企业电力设计手册》下册P4"23.1.2 对所选电动机的基本要求"。

64. **答案**:ABC

依据:《用电安全导则》(GB/T 13869—2008)第4条 用电安全的基本原则。

65. **答案**:CD

依据:《火灾自动报警系统设计规范》(GB 50116—2013)第3.3.1-1条。

66. **答案**:ACD

依据:《35kV~110kV变电站设计规范》(GB 50059—2011) 第3.2.6条。

注:原6~10kV变电站一般为终端变电所,现可扩展到6~20kV。

67. **答案**:BCD

依据:《综合布线系统工程设计规范》(GB 50311—2016)第5.1.1条。

68. **答案**:BC

依据:《低压配电设计规范》(GB 50054—2011)第3.2.7条。

69. **答案**:AB

依据:《导体和电器选择设计技术规定》(DL//T 5222—2005)第7.3.6条。

注:也可参考《电力工程电气设计手册》(电气一次部分)P347~P353。

70. **答案**:BD

依据:《公共广播系统工程技术设计规范》(GB 50526—2010)第3.2.3条及表3.2.3。

2016年专业知识试题(下午卷)

一、单项选择题(共40题,每题1分,每题的备选项中只有1个最符合题意)

1. 假定某10/0.4kV变电所由两路电源供电,安装了两台变压器,低压侧采用TN接地系统,下列有关实施变压器接地的叙述,哪一项是正确的? ( )

(A)两变压器中性点应直接接地

(B)两变压器中性点间相互连接的导体可以与用电设备连接

(C)两变压器中性点间相互连接的导体与PE线之间,应只一点连接

(D)装置的PE线只能一点接地

2. 为防止人举手时触电,布置在屋内配电装置的电气设备外绝缘体最低部位距地小于下面哪个数值时,应装设固定遮拦: ( )

(A)2000mm (B)2300mm

(C)2500mm (D)3000mm

3. 数字程控用户交换机的工程设计,有关用户电话交换系统的直流供电,下列哪项不满足规范要求? ( )

(A)通信设备直流电源电压为48V

(B)当建筑物内设有发电机组时,蓄电池组的初装容量应满足系统0.5h的供电时间

(C)当建筑物内无发电机组时,根据需要蓄电池组应满足系统3~8h的放电时间要求

(D)当电话交换系统对电源有特殊要求时,应增加电池组持续放电时间

4. 110kV电力系统公共连接点,在系统正常运行的较小方式下确定长时间闪变限制P_{lt}时,对闪变测量周期的取值下列哪一项是正确的? ( )

(A)168h (B)24h

(C)2h (D)1h

5. 电网正常运行时,电力系统公共连接点负序电压不平衡度限值,下列哪组数值是正确的? ( )

(A)4%,短时不超过8% (B)2%,短时不超过4%

(C)2%,短时不超过5% (D)1%,短时不超过2%

6. 对于具有探测线路故障电弧功能的电气火灾监控探测器,其保护线路的长度不

宜大于下列哪个值？ (　　)

(A)60m　　(B)80m

(C)100m　　(D)120m

7. 对于剩余电流保护器(RCD)的用途，下列哪项描述是错误的？ (　　)

(A)剩余电流保护器可作为 TN 系统的间接接触防护

(B)剩余电流保护器应用于 TN-C 系统

(C)在 TN-C-S 系统中采用剩余电流保护器(RCD)时，在 RCD 的负荷侧不得出现 PEN 导线，应在 RCD 的电源侧将 PE 导体从 PEN 导体分接出来

(D)在 TT 系统中通常应采用剩余电流保护器(RCD)作故障保护

8. 根据规范的要求，建筑物或建筑群综合布线系统配置设备之间(FD 与 BD、FD 与 CD、BD 与 BD、BD 与 CD 之间)组成的信道出现 4 个连接器件时，主干缆线的长度不应小于下列哪项数值？ (　　)

(A)5m　　(B)10m

(C)15m　　(D)20m

9. 对泄漏电流超过 10mA 的数据处理设备用电，下列接地要求哪项是错误的？ (　　)

(A)当采用独立的保护导体时，应是一根截面不小于 $10mm^2$ 的导体或两根有独立端头的，每根截面积不小于 $4mm^2$ 的导体

(B)当保护导体与供电导体合在一根多芯电缆中时，电缆中所有导体截面积的总和应不小于 $6mm^2$

(C)应设置一个或多个在保护导体出现中断故障时能按要求切断设备供电的电器

(D)当设备是通过双绕组变压器供电或通过其他通入与输出回路相互隔开的机组(如电动发电机)供电时，其二次回路建议采用 TN 系统，但在特定应用中也可采用 IT 系统

10. 正常运行和短路时，电气设备引线的最大作用力不应大于电气设备端子允许的荷载，屋外配电装置的套管、支持绝缘子在荷载长期作用时的安全系数不应小于下列哪项数值？ (　　)

(A)1.67　　(B)2.00

(C)2.50　　(D)4.00

11. 人民防空地下室中一等人员掩蔽所的正常照明，按战时常用设备电力负荷的分级应为下列哪项负荷等级？ (　　)

(A)一级负荷中特别重要的负荷　　(B)一级负荷

(C)二级负荷　　　　　　　　　　　　(D)三级负荷

12. 关于高压接地故障时低压系统的过电压,下列哪项描述是错误的?　　(　　)

(A)若变电所高压侧有接地故障,工频故障电压将影响低压系统
(B)若变电所高压侧有接地故障,工频应力电压将影响低压系统
(C)在 TT 系统中,当高压接地系统 R_E 和低压接地系统 R_B 连接时,工频接地故障电压不需考虑
(D)在 TN 系统中,当高压接地系统 R_E 和低压接地系统 R_B 分隔时,工频接地故障电压需要考虑

13. 关于架空线路的防振措施,下列哪项表述是错误的?　　(　　)

(A)在开阔地区档距 <500m,钢芯铝绞线的平均运行张力上限为瞬时破坏张力的 16% 时,不需要防振措施
(B)在开阔地区档距 <500m,镀锌钢绞线的平均运行张力上限为瞬时破坏张力的 16% 时,不需要防振措施
(C)档距 <120m,镀锌钢绞线的平均运行张力上限为瞬时破坏张力的 18% 时,不需要防振措施
(D)不论档距大小,镀锌钢绞线的平均运行张力上限为瞬时破坏张力的 25% 时,均需装防振锤(线)或另加护线条

14. 关于电力通过人体的效应,在 15Hz 至 100Hz 范围内的正弦交流电流,不同电流路径的心脏电流系数,下列哪个值是错误的?　　(　　)

(A)从左脚到右脚,心脏电流系数为 0.04
(B)从背脊到右手,心脏电流系数为 0.70
(C)从左右到右脚、右腿或双脚,心脏电流系数为 1.0
(D)从胸膛到左手,心脏电流系数为 1.5

15. 某办公室长 9.0m、宽 7.2m、高 3.3m,要求工作面的平均照度 $E_{av}=300\text{lx}$,$R_a \geqslant 80$,灯具维护系数为 0.8,采用 T5 直管荧光灯,每支 28W,$R_a=85$,光通量 2800lm,利用系数 $U=0.54$,该办公室需要灯管数量为下列哪项数值?　　(　　)

(A)12 支　　　　　　　　　　　　(B)14 支
(C)16 支　　　　　　　　　　　　(D)18 支

16. 关于固态物料的静电防护措施,下列哪项描述是错误的?　　(　　)

(A)非金属静电导体或静电亚导体与金属导体相互连接时,其紧密接触的面积应大于 20cm^2
(B)防静电接地线不得利用电源零线,不得与防直击雷地线共用
(C)在进行间接接地时,可在金属导体与非金属静电导体和静电亚导体之间,加

设金属箱,或涂导电性涂料或导电膏以减小接触电阻

(D)在振动和频繁移动的器件上用的接地导体禁止用单股线及金属链,应采用 $4mm^2$ 以上的裸绞线或编织袋

17. 下列 PEN 导体的选择和安装哪一项不正确? ( )

(A)PEN 导体只能在移动的电气装置中采用

(B)PEN 导体应按它可能遭受的最高电压加以绝缘

(C)允许 PEN 导体分接出来保护导体和中性导体

(D)外部可导电部分不应用作 PEN 导体

18. 下列哪项不属于选择变压器的技术条件? ( )

(A)容量 (B)系统短路容量

(C)短路阻抗 (D)相数

19. 预期短路电流 20kA,用动作时间小于 0.1s 的限流型断路器做线路保护,计算线路导体截面应大于下列哪项数值?(查断路器允许的能量 I^2t 为 $1.17kA^2s$,线路导体的 k 值取 100) ( )

(A)$6.33mm^2$ (B)$10.8mm^2$

(C)$11.7mm^2$ (D)$63.3mm^2$

20. 固定敷设的低压布线系统中,下列哪项表述不符合带电导体最小截面的规定? ( )

(A)火灾自动报警系统多芯电缆传输线路导体最小截面 $0.5mm^2$

(B)照明线路绝缘导体铜导体最小截面 $1.5mm^2$

(C)电子设备用的信号和控制线路铜导体最小截面 $0.1mm^2$

(D)供电线路铜裸导体最小截面 $10mm^2$

21. 安全照明是用于确保处于潜在危险之中的人员安全的应急照明,医院手术室安全照明的照度标准值应符合下列哪项规定? ( )

(A)应维持正常照明的照度

(B)应维持正常照明的 50% 照度

(C)应维持正常照明的 30% 照度

(D)应维持正常照明的 10% 照度

22. 平战结合的人民防空地下室电站设计中,下列哪项表述不符合规范规定? ( )

(A)中心医院、急救医院应设置固定电站

(B)防空专业队工程的电站当发电机总容量大于 200kW 时宜设置移动电站

(C)人员掩蔽工程的固定电站内设置超有发电机组不应少于 2 台,最多不宜超过

4 台

(D)柴油发电机组的单机容量不宜大于 300kW

23. 户外配电装置采用避雷线做防雷保护,假定两根等高平行避雷线高度为 $h=20\text{m}$,间距 $D=5\text{m}$,请计算两根避雷线间保护范围边缘最低点的高度,其结果为下列哪项数值? (　　)

(A)15.78m　　(B)18.75m

(C)19.29m　　(D)21.23m

24. 假定某垂直接地极所处的场地为双层土壤,上层土壤电阻率为 $\rho_1=70\Omega\cdot\text{m}$,土壤深度为 0 ~ -3m,下层土壤电阻率为 $\rho_2=100\Omega\cdot\text{m}$,,土壤深度为 -3 ~ -5m;垂直接地极长 3m,顶端埋设深度为 -1m,等效土壤电阻率最接近下列哪项数值? (　　)

(A)70Ω · m　　(B)80Ω · m

(C)85Ω · m　　(D)100Ω · m

25. 电气设备的选择和安装,下列哪项不符合剩余电流保护电器要求? (　　)

(A)剩余电流保护电器应保证能断开所保护回路的所有带电导体

(B)保护导体不应穿越剩余电流保护电器的磁回路

(C)安装剩余电流保护电器的回路,负荷正常运行时,其预期可能出现的任何对地泄漏电流均不致引起保护电器的误动作

(D)在没有保护导体的回路中应采用剩余电流保护电器作为防止间接接触的保护措施

26. 用于交流系统中的电力电缆,有关导体与绝缘屏蔽或金属层之间额定电压的选择,下列哪项叙述是正确的? (　　)

(A)中性点不接地系统,不应低于使用回路工作相电压

(B)中性点直接接地系统,不应低于 1.33 倍的使用回路工作相电压

(C)单相接地故障可能持续 8h 以上时,宜采用 1.5 倍的使用回路工作相电压

(D)中性点不接地系统,安全性要求较高时,宜采用 1.73 倍的使用回路工作相电压

27. 在设计并联电容器时,为了限制涌流或抑制谐波,需要装设串联电抗器,请判断下列电抗率取值,哪项在合理范围内? (　　)

(A)仅用于限制涌流时,电抗率取 0.3%

(B)用于抑制 5 次及以上谐波时,电抗率取值 12%

(C)用于抑制 3 次及以上谐波时,电抗率取值 5%

(D)用于抑制 3 次及以上谐波时,电抗率取值 12%

28. 电压互感器应根据使用条件选择,下列关于互感器形式的选择哪项是不正确

的？（　　）

(A)3～35kV 户内配电装置，宜采用树脂浇注绝缘结构的电磁式电压互感器
(B)35kV 户外配电装置，宜采用油浸绝缘结构的电磁式电压互感器
(C)110kV 及以上配电装置，当容量和准确度等级满足要求时，宜采用电容式电压互感器
(D)SF6 全封闭组合电器的电压互感器，应采用电容式电压互感器

29. 对波动负荷的供电，除电动机启动时允许的电压下降情况外，当需要降低波动负荷引起的电网电压波动和电压闪变时，宜采取相应措施，下列哪项措施是不宜采取的措施？（　　）

(A)采用专线供电
(B)与其他负荷共用配电线路时，降低配电线路阻抗
(C)较大功率的波动负荷或波动负荷群与对电压波动、闪变敏感的负荷分别由不同的变压器供电
(D)尽量采用电动机直接启动

30. 对于第二类建筑物，在电子系统的室外线路采用光缆时，其引入的终端箱处的电气线路侧，当无金属线路引出本建筑物至其他有自己接地装置的设备时可安装 B2 类慢上升率试验类型的电涌保护器，其短路电流宜选用下述的哪个数值？（　　）

(A)70A　　(B)75A
(C)80A　　(D)85A

31. 建筑楼梯间内消防应急照明灯具的地面最低水平照度不应低于多少？（　　）

(A)10.0lx　　(B)5.0lx
(C)3.0lx　　(D)1.0lx

32. 对于雨淋系统的联动控制设计，下面哪项可作为雨淋阀组开启的联动触发信号？（　　）

(A)其联动控制方式应由不同报警区域内两只及以上独立感烟探测器的报警信号，作为雨淋阀组开启的联动触发信号
(B)其联动控制方式应由同一报警区域内一只感烟探测器与一只手动火灾报警按钮的报警信号，作为雨淋阀组开启的联动触发信号
(C)其联动控制方式应由同一报警区域内一只感烟探测器与一只感温探测器的报警信号，作为雨淋阀组开启的联动触发信号
(D)其联动控制方式应由同一报警区域内两只及以上独立感温探测器的报警信号，作为雨淋阀组开启的联动触发信号

33. 建筑设备监控系统控制网络层（分站）的 RAM 数据断电保护，根据规范规定，下

列哪个时间符合要求？ （ ）

(A)8h (B)24h
(C)48h (D)72h

34. 综合布线系统设计时，当采用 OF-500 光纤信道等级时，其支持的应用长度不应小于下列哪一项？ （ ）

(A)90m (B)300m
(C)500m (D)2000m

35. 管型母线的固定方式可分为支持式和悬吊式两种，当采用支持式管型母线时，需要控制管母线挠度，请问按规范要求，支持式管型母线在无冰无风状态下的跨中挠度应满足下面哪项要求？ （ ）

(A)不宜大于管型母线外直径的 0~0.5 倍
(B)不宜大于管型母线外直径的 0.5~1.0 倍
(C)不宜大于管型母线外直径的 1.0~1.5 倍
(D)不宜大于管型母线外直径的 1.5~2.0 倍

36. 对 TN 系统的安全防护，下列哪项描述是错误的？ （ ）

(A)在 TN 系统中，电气装置的接地是否完好，取决于 PEN 或 PE 导体对地的可靠有效连接
(B)供电系统的中性点或中间点应接地，如果该系统没有中性点或中间点或中间点未从电源设备引出，则应将一个线导体接地
(C)在 PEN 导体中不应插入任何开关或隔离器件
(D)过电流保护电器不可用作 TN 系统的故障保护(间接接触防护)

37. 关于架空线路导线和地线的初伸长，下列哪项表述是错误的？ （ ）

(A)35kV 线路导线的初伸长对弧垂的影响可采用降温法补偿，钢芯铝绞线可降低 15~25℃
(B)35kV 线路地线的初伸长对弧垂的影响可采用降温法补偿，钢绞线可降低 15℃
(C)10kV 及以下架空电力线路的导线初伸长对弧垂的影响可采用减少弧垂法补偿，铝绞线的减少率为 20%
(D)10kV 及以下架空电力线路的导线初伸长对弧垂的影响可采用减少弧垂法补偿，钢芯铝绞线的减少率为 12%

38. 关于液体物料的防静电措施，下列哪项表述是错误的？ （ ）

(A)在输送和灌装过程中，应防止液体的飞散喷溅，从底部或上部入罐的注油管末端应设计成不易使液体飞散的倒 T 形等形状或另加导流板，上部灌装时，

使液体沿侧壁缓慢下流

(B)对罐车等大型容器灌装烃类液体时，宜从底部进油，若不得已采用顶部进油时，则其注油管宜伸入罐内离罐底不大于300mm，在注油管未浸入液面前，其流速应限制在2m/s以内

(C)在储存罐、罐车等大型容器内，可燃性液体的表面，不允许存在不接地的导电性漂浮物

(D)当液体带电很高时，例如在精细过滤器的出口，可先通过缓和器后再输出进行灌装，带电液体在缓和器内停留时间，一般可按缓和时间的3倍来设计

39. 下列哪个场所室内照明光源宜选用<3300K色温的光源？ ( )

(A)卧式 (B)诊室

(C)仪表装配 (D)热加工车间

40. 民用建筑有线电视系统采用HFC接入分配网时，关于光节点端口与用户终端之间的链路损耗指标，下列哪项不符合规范的规定？ ( )

(A)光节点端口与用户终端之间的上行信号，链路损耗不应大于30dB

(B)光节点同一端口下任意两个用户终端之间的下行信号，链路损耗差值不应大于10dB

(C)光节点同一端口下任意两个用户终端之间的上行信号，链路损耗差值不应大于6dB

(D)光节点设备可选用2端口或4端口型，每个端口覆盖用户终端不宜超过200个

二、多项选择题(共30题，每题2分，每题的备选项中有2个或2个以上符合题意，错选、少选、多选均不得分)

41. 下列哪些低压设施可以省去间接接触防护措施？ ( )

(A)附设在建筑物上，且位于伸臂范围之外的架空线绝缘子的金属支架

(B)架空线钢筋混凝土电杆内可触及的钢筋

(C)尺寸很小(约小于50mm×50mm)，或因其部位不可能被人抓住或不会与人体部位有大面积的接触，而且难于连接保护导体或即使连接，其连接也不可靠的外露可导电部分

(D)敷设线路的金属管或用户保护设备的金属外护物

42. 关于电力系统三相电压不平衡度的测量和取值，下列哪些表述是正确的？ ( )

(A)测量应在电力系统正常运行的最小方式(或较小方式)，不平衡负荷处于正常、连续工作状态下进行，并保证不平衡负荷的最大工作周期包含在内

(B)对于电力系统的公共连接点，测量持续时间取2天(48h)，每个不平衡度的测量间隔为1min

(C)对电力系统的公共连接点,供电电压负序不平衡度测量值的 10min 方均根值的 95% 概率大值应不大于 2%,所有测量值中的最大值不大于 4%

(D)对于日波动不平衡负荷也可以时间取值,日累计大于 2% 的时间不超过 96min,且每 30min 中大于 2% 的时间不超过 5min

43. 关于低压系统接地的安全技术要求,下列哪几项表述是正确的? (　　)

(A)为保证在故障情况下可靠有效地自动切断供电,要求电气装置中外露可导电部分都应通过保护导体或保护中性导体与接地极连接,以保证故障回路的形成

(B)建筑物内的金属构件(金属水管)可用作保护导体

(C)系统中应尽量实施总等电位联结

(D)不得在保护导体回路中装设保护电器,但允许设置手动操作的开关和只有用工具才能断开的连接点

44. 某地区 35kV 架空输电线路,当地的气象条件如下:最高温度 +40.7℃、最低温度 -21.3℃,年平均气温 +13.9℃、最大风速 21m/s、覆冰厚度 5mm、冰比重 0.9,关于 35kV 输电线路设计气象条件的选择,下列哪些项表述是正确的? (　　)

(A)年平均气温工况:气温 15℃,无风,无冰

(B)安装工况:气温 -5℃,风速 10m/s,无冰

(C)雷电过电压工况:气温 15℃,风速 10m/s,无冰

(D)最大风速工况:气温 -5℃,风速 20m/s,无冰

45. 下列建筑照明节能措施,哪些项符合标准规定? (　　)

(A)选用的的照明光源、镇流器的能效应符合相关能效标准的节能评价值

(B)一般场所不应选用卤钨灯,对商场、博物馆显色要求高的重点照明可采用卤钨灯

(C)一般照明不应采用荧光高压汞灯

(D)一般照明在满足照度均匀度条件下,宜选用单灯功率较小的光源

46. TT 系统采用过电流保护器时,应满足下列条件:$Z_s \times I_k = U_k$,式中 Z_s 为故障回路的阻抗,它包括下列哪些部分的阻抗? (　　)

(A)电源和电源的接地极

(B)电源至故障点的线导体

(C)外露可导电部分的保护导体

(D)故障点和电源之间的保护导体

47. 户外严酷条件下的电气设施为确保正常情况下的防触电,常采用设置屏障的方法,下列哪些屏障措施是正确的? (　　)

(A)用屏障栏杆防止物体无意识接近带电部件
(B)采用对熔断器加设网屏或防护手柄
(C)屏障可随意异动
(D)不使用工具即可移动此屏障,但必须将其固定在其位置上,使其不致被无意移动

48. 关于感知阀和反应阀的描述,下列哪些描述是正确的? ( )

(A)直流感知阀和反应阀取决于若干参数,如接触面积、接触状况(干燥、湿度、压力、温度),通电时间和个人的生理特点
(B)交流感知阀只有在接通和断开时才有感觉,而在电流流过时不会有其他感觉
(C)直流的反应阀约为 2mA
(D)交流感知阀和反应阀取决于若干参数,如与电极接触的人体的面积、接触状况(干燥、湿度、压力、温度),而且还取决于个人的生理特性

49. 在下列哪些环境下,更易发生引燃、引爆等静电危害? ( )

(A)可燃物的温度比常温高
(B)局部环境氧含量比正常空气中高
(C)爆炸性气体的压力比常压高
(D)相对湿度较高

50. 下列关于绝缘配合原则或绝缘强度要求的叙述,哪些项是正确的? ( )

(A)35kV 及以下低电阻接地系统计算用相对地最大操作过电压标幺值为 3.0p.u.
(B)110kV 及 220kV 系统计算用相对地最大操作过电压标幺值为 4.0p.u.
(C)海拔高度 1000m 及以下地区,35kV 断路器相对地额定雷电冲击耐受电压不应小于 185kV
(D)海拔高度 1000m 及以下地区,66kV 变压器相间额定雷电冲击耐受电压不应小于 350kV

51. 计算电缆持续允许载流量时,应计及环境温度的影响,下列关于选取环境温度的原则哪些项是正确的?(用 T_m 代表最热月的日最高温度平均值,T_f 代表通风设计温度) ( )

(A)土中直埋:T_m+5℃
(B)户外电缆沟:T_m
(C)有机械通风措施的室内:T_f
(D)无机械通风的户内电缆沟:T_m+5℃

52. 高压系统接地故障时低压系统为满足电压限值的要求,可采取以下哪些措施? ( )

(A)将高压接地装置和低压接地装置分开
(B)改变低压系统的系统接地
(C)降低接地电阻
(D)减少接地极

53. 在有电视转播要求的体育场馆,其比赛时,下列哪些场地照明符合标准规定? ( )

(A)比赛场地水平照度最小值与最大值之比不应小于0.5
(B)比赛场地水平照度最小值与平均值之比不应小于0.7
(C)比赛场地主摄像机方向的垂直照度最小值与最大值之比不应小于0.3
(D)比赛场地主摄像机方向的垂直照度最小值与平均值之比不应小于0.5

54. 关于人体带电电位与静电电击程度的关系,下列哪些表述是正确的? ( )

(A)人体电位为1kV时,电击完全无感觉
(B)人体电位为3kV时,电击有针触的感觉,有哆嗦感,但不疼
(C)人体电位为5kV时,电击从手掌到前腕感到疼,指尖延伸出微光
(D)人体电位为7kV时,电击手指感到剧痛,后腕感到沉重

55. 并联电容器组应设置不平衡保护,保护方式可根据电容器组的接线方式选择不同的保护方式,下列不平衡保护方式哪些是正确的? ( )

(A)单星形电容器组可采用开口三角电压保护
(B)单星形电容器组串联段数两段以上时,可采用相电压保护
(C)单星形电容器组每相能接成四个桥臂时,可采用桥式差电流保护
(D)双星形电容器组,可采用中性点不平衡电流保护

56. 在建筑物引线下附近保护人身安全需采取的防接触电压的措施,关于防接触电压,下列哪些方法不符合规定? ( )

(A)利用建筑物金属构架和建筑物互相连接的钢筋在电气上是贯通且不少于10根柱子组成的自然引下线,作为自然引下线的柱子包括位于建筑物四周和建筑物内的
(B)引下线2m范围内地表层的电阻率不小于50kΩ·m,或敷设5cm厚沥青层或15cm厚砾石层
(C)外露引下线,其距地面2m以下的导体用耐1.2/50μs冲击电压100kV的绝缘层隔离,或用至少3mm厚的交联聚乙烯层隔离
(D)用护栏、警告牌使接触引下线的可能性降低最低限度

57. 低压电气装置安全防护,防止电缆过负荷的保护电器的工作特性应满足以下哪些条件? ( )

(A) $I_a \leqslant I_n \leqslant I_Z$　　(B) $I_2 \leqslant 1.45 I_Z$

(C) $I_B \geqslant I_n \geqslant I_Z$　　(D) $I_2 \leqslant 1.3 I_Z$

其中，I_a 为回路的实际电流，I_B 为回路的设计电流，I_Z 为电缆的持续载流量，I_n 为保护电器的额定电流，I_2 为保证保护电气在约定的时间内可靠动作的电流

58. 下列哪几种情况下，电力系统可采用不接地方式？（　　）

(A)单相接地故障电容电流不超过 10A 的 35kV 电力系统

(B)单相接地故障电容电流超过 10A，但又需要系统在接地故障条件下运行时的 35kV 电力系统

(C)不直接连接发电机的由钢筋混凝土杆塔架空线路构成的 10kV 配电系统，当单相接地故障电容电流不超过 10A 时

(D)主要由电缆线路构成的 10kV 配电系统，且单相接地故障电容电流大于 10A，但又需要系统在接地故障条件下运行时

59. 直流负荷按功能可分为控制负荷和动力负荷，下列哪些负荷属于控制负荷？（　　）

(A)电气控制、信号、测量负荷

(B)热工控制、信号、测量负荷

(C)高压断路器电磁操动合闸机构

(D)直流应急照明负荷

60. 下列哪些项可用作接地极？（　　）

(A)建筑物地下混凝土基础结构中的钢筋

(B)埋地排水金属管道

(C)埋地采暖金属管道

(D)埋地角钢

61. 有一高度为 15m 的空间场所，当设置线性光束感烟火灾探测器时，下列哪些符合规范的要求？（　　）

(A)探测器应设置在建筑顶部

(B)探测器宜采用分层组网的探测方式

(C)宜在 6 ~ 7m 和 11 ~ 12m 处各增设一层探测器

(D)分层设置的探测器保护面积可按常规计算，并宜与下层探测器交错布置

62. 关于供电电压偏差的测量，在下列哪些情况下应选择 A 级性能的电压测量仪器？（　　）

(A)为解决供用电双方的争议

(B)进行供用电双方合同的冲裁

(C)用来进行电压偏差的调查统计
(D)用来排除故障以及其他不需要较高精确度测量的应用场合

63. 下列关于用电产品的安装与使用,在下列表述中哪些项是正确的? ( )

(A)用电产品应该按照制造商提供的使用环境条件进行安装,并应符合相应产品标准的规定
(B)移动使用的用电产品,应在断电状态移动,并防止任何降低其安全性能的损坏
(C)任何用电产品在运行过程中,应有必要的监控或监视措施,用电产品不允许超负荷运行
(D)当系统接地形式采用TN-C系统时,应在各级电路采用剩余电流保护器进行保护,并且各级保护应具有选择性

64. 关于建筑物内通信配线电缆的保护导管的选用,下列哪些项符合规范的要求? ( )

(A)在地下层、首层底板、屋面板、出屋面的墙体和潮湿场所暗敷及直埋于素土时,应采用壁厚不小于1.5mm的热镀锌钢管
(B)在屋内二层底板及以上各层楼板、墙内内暗敷时,可采用壁厚不小于1.5mm的热镀锌钢管
(C)当在1根直线导管内敷设时,其管径利用率不宜大于50%
(D)当在1根弯曲段导管内敷设时,其管径利用率不宜大于40%

65. 下面有关配电装置配置的表述中哪几项是正确的? ( )

(A)66~110kV敞开式配电装置,断路器两侧隔离开关的断路器侧、线路隔离开关的线路侧,宜配置接地开关
(B)屋内、屋外配电装置的隔离开关与相应的断路器和接地刀闸之间应装设闭锁装置
(C)66~110kV敞开式配电装置,母线避雷器和电压互感器不宜装设隔离开关
(D)66~110kV敞开式配电装置,为保证电气设备和母线的检修安全,每段母线上应配置接地开关

66. 布线系统为避免外部热源的不利影响,下列哪些项保护方法是正确的? ( )

(A)安装挡热板
(B)缆线选择与线路敷设考虑导体发热引起的环境温升
(C)天窗控制线路应选择和敷设合适的布线系统
(D)局部加装隔热材料,如增加隔热套管

67. 交通隧道内火灾自动报警系统的设置应符合下列哪些规定? ( )

(A)应设置火灾自动探测装置

(B)隧道出入口和隧道内每隔200m处,应设置报警电话和报警按钮

(C)应设置火灾应急广播

(D)每隔100~150m处设置发光报警装置

68. 下面有关导体和电气设备环境条件选择的表述中哪几项是正确的? ( )

(A)导体和电器的环境相对湿度,应采用当地湿度最高月份的平均相对湿度

(B)设计屋外配电装置及导体和电器时的最大风速,可采用离地10m高,50年一遇10min平均最大风速

(C)110kV的电器及金具,在1.1倍最高相电压下,晴天夜晚不应出现可见电晕

(D)110kV导体的电晕临界电压应大于导体安装处的最高工作电压

69. 继电保护和自动装置应满足可靠性、选择性、灵敏性和速动性的要求,并应符合下列哪些规定? ( )

(A)继电保护和自动装置应具有自动在线检测、闭锁和装置异常或故障报警功能

(B)对相邻设备和线路有配合要求时,上下两级之间的灵敏系数和动作时间应相互配合

(C)当被保护设备和线路在保护范围内发生故障时,应具有必要的灵敏系数

(D)保护装置应能尽快地切除短路故障,当需要加速切除短路故障时,不允许保护装置无选择性地动作,但可利用自动重合闸或备用电源和内用设备的自动投入装置缩小停电范围

70. 下面有关直流系统中高频开关电源模块的基本性能要求的表述中哪些项是正确的? ( )

(A)在多个模块并联工作状态下运行时,各模块承受的电流应能做到自动均分负载,实现均流;在2个及以上模块并联运行时,其输出的直流电流为额定值,均流不平衡度不大于±5%额定电流值

(B)功率因数应不小于0.90

(C)在模块输入端施加的交流电源符合标称电压和额定频率要求时,在交流输入端产生的各高次谐波电流含有率应不大于35%

(D)电磁兼容应符合现行国家标准《电力工程直流电源设备通用技术条件及安全要求》(GB/T 19826—2014)的有关规定

2016年专业知识试题答案(下午卷)

1. **答案**:C

依据:《交流电气装置的接地设计规范》(GB/T 50065—2011) 第7.1.2-2条。

2. **答案**:B

依据:《3kV~110kV高压配电装置设计规范》(GB 50060—2008) 第5.1.4条。

3. **答案**:C

依据:《民用建筑电气设计标准》(GB 51348—2019) 第20.3.7条。

4. **答案**:A

依据:《电能质量 电压波动和闪变》(GB/T 12326—2008) 第5.1条"电压波动的限值"。

5. **答案**:B

依据:《电能质量 公用电网谐波》(GB/T 15543—2008) 第4.1条。

6. **答案**:C

依据:《火灾自动报警系统设计规范》(GB 50116—2013) 第9.2.4条。

7. **答案**:B

依据:《民用建筑电气设计标准》(GB 51348—2019) 第7.7.7-4条、第7.7.8-3条。

8. **答案**:C

依据:《综合布线系统工程设计规范》(GB 50311—2016) 第3.3.1条。

9. **答案**:B

依据:《建筑物电气装置 第7部分:特殊装置或场所的要求 第707节:数据处理设备用电气装置的接地要求》(GB/T 16895.9—2000) 第707.471.3.3.条。

10. **答案**:C

依据:《3kV~110kV高压配电装置设计规范》(GB 50060—2008) 第4.1.9条。

注:也可参考《导体和电器选择设计技术规定》(DL/T 5222—2005) 第7.1.8条。

11. **答案**:C

依据:《人民防空地下室设计规范》(GB 50038—2005) 第7.2.4条。

12. **答案**:A

依据:《建筑物电气装置 第4部分:安全防护 第44章:过电压保护 第442节:低压电气装置对暂时过电压和高压系统与地之间的故障的防护》(GB 16895.11—2001) 第442.1.2条、第442.1.3条有关应力电压的叙述,图44B之TN-b、图44C之TT-a($U_f = 0$)。

注:工频应力电压系指绝缘两端所呈现的电压。

13. **答案**:B

依据:《66kV 及以下架空电力线路设计规范》(GB 50061—2010) 第 5.2.4 条。

14. **答案**:B

依据:《电流对人和家畜的效应 第 1 部分:通用部分》(GB/T 13870.1—2008) 第 5.9 条及表 12。

15. **答案**:C

依据:《照明设计手册》(第三版)P145 式(5-39)。

$$N = \frac{AE_{av}}{\varphi UK} = \frac{9.0 \times 7.2 \times 300}{2800 \times 0.54 \times 0.8} = 16.07$$

注:《照明设计手册》(第二版)P211 式(5-39)。

16. **答案**:D

依据:《防止静电事故通用导则》(GB 12158—2006) 第 6.2.1 条、第 6.2.3 条、第 6.2.4 条、第 6.2.6 条。

17. **答案**:A

依据:《交流电气装置的接地设计规范》(GB/T 50065—2011) 第 8.2.4 条、《低压配电设计规范》(GB 50054—2011) 第 3.2.13 条。

18. **答案**:B

依据:《导体和电器选择设计技术规定》(DL/T 5222—2005) 第 8.0.1 条。

19. **答案**:D

依据:《工业与民用供配电设计手册》(第四版)P382 式(5.6-10)。

$$S_{min} = \frac{I}{k}\sqrt{t} \times 10^3 = \frac{20}{100}\sqrt{0.1} \times 10^3 = 63.24\ mm^2$$

注:查 P212 的表 5-10 中断路器热稳定校验公式,显然题干中的断路器不能满足短路热稳定要求,此种情况在实际短路时,断路器无法有效开断,将被烧毁。也可参考《工业与民用配电设计手册》(第三版)P211 式(5-26)。

20. **答案**:C

依据:《民用建筑电气设计标准》(GB 51348—2019) 第 7.4.2 条及表 7.4.2。

注:导体的最小截面建议参考《低压配电设计规范》(GB 50054—2011) 第 3.2.2 条及表 3.2.2,更为严谨。

21. **答案**:C

依据:《建筑照明设计标准》(GB 50034—2013) 第 5.5.3-1 条。

22. **答案**:B

依据:《人民防空地下室设计规范》(GB 50038—2005) 第7.7.2条。

23. 答案:B

依据:《交流电气装置的过电压保护和绝缘配合设计规范》(GB/T 50064—2014) 第5.2.5-2条。

$$h_0 = \frac{h - D}{4P} = 20 - \frac{5}{4} = 18.75\text{m}$$

注:题干中未明确年预计雷击次数、无法确定滚球半径等关键数据,因此建议按照GB 50064采用折线法计算。

24. 答案:B

依据:《交流电气装置的接地设计规范》(GB/T 50065—2011)附录A,第A.0.5条

$$\rho_a = \frac{\rho_1 \rho_2}{\frac{H}{l}(\rho_2 - \rho_1) + \rho_1} = \frac{70 \times 100}{\frac{2}{3}(100 - 70) + 70} = 77.8\Omega \cdot \text{m}$$

25. 答案:D

依据:《低压配电装置 第4-41部分:安全防护 电击防护》(GB 16895.21—2012) 第415.1条。

26. 答案:D

依据:《电力工程电缆设计规范》(GB 50217—2018) 第3.2.2条。

27. 答案:D

依据:《并联电容器装置设计规范》(GB 50227—2017) 第5.5.2条。

28. 答案:D

依据:《导体和电器选择设计技术规定》(DL/T 5222—2005) 第16.0.3条。

29. 答案:D

依据:《供配电系统设计规范》(GB 50052—2009) 第5.0.11条。

30. 答案:B

依据:《建筑物防雷设计规范》(GB 50057—2010) 第4.3.8-8条。

31. 答案:B

依据:《建筑设计防火规范》(GB 50016—2014) 第10.3.2-3条。

32. 答案:D

依据:《火灾自动报警系统设计规范》(GB 50116—2013) 第4.2.3-1条 。

33. 答案:D

依据:《民用建筑电气设计标准》(GB 51348—2019) 第18.4.4-2条。

34. **答案**:C

依据:《综合布线系统工程设计规范》(GB 50311—2016)第3.2.3条。

35. **答案**:B

依据:《导体和电器选择设计技术规定》(DL/T 5222—2005)第7.3.7条。

36. **答案**:D

依据:《低压配电装置 第4-41部分:安全防护 电击防护》(GB 16895.21—2012)第411.4.1条、第411.4.2条、第411.4.3条、第411.4.5条。

37. **答案**:B

依据:《66kV及以下架空电力线路设计规范》(GB 50061—2010)第5.2.5条、第5.2.6条。

38. **答案**:B

依据:《防止静电事故通用导则》(GB 12158—2006)第6.3.2条、第6.3.3条、第6.3.5条、第6.3.6条。

39. **答案**:A

依据:《建筑照明设计标准》(GB 50034—2013)第4.4.1条及表4.4.1。

40. **答案**:B

依据:《民用建筑电气设计标准》(GB 51348—2019)第15.6.4条、第15.6.6条。

41. **答案**:AC

依据:《低压配电装置 第4-41部分:安全防护 电击防护》(GB 16895.21—2012)第410.3.9条。

42. **答案**:AC

依据:《电能质量 三相电压不平衡》(GB/T 15543—2008)第6.1条、第6.2条、第6.3条。

43. **答案**:ACD

依据:《系统接地的型式及安全技术要求》(GB 14050—2008)第5.1.1条、第5.1.2条、第5.1.5条、第5.1.6条。

44. **答案**:ACD

依据:《66kV及以下架空电力线路设计规范》(GB 50061—2010)第4.0.1条、第4.0.4条、第4.0.5条、第4.0.8条。

45. **答案**:ABC

依据:《建筑照明设计标准》(GB 50034—2013)第6.2.1条、第6.2.3条、第6.2.4条、第6.2.5条。

46. **答案**:ABC

依据:《低压配电装置 第4-41部分:安全防护 电击防护》(GB 16895.21—2012)第411.5.4条。

47. **答案**:ABD

依据:《户外严酷条件下的电气设施 第2部分:一般防护要求》(GB/T 9089.2—2008)第4.5.1条。

48. **答案**:ACD

依据:《电流对人和家畜的效应 第1部分:通用部分》(GB/T 13870.1—2008)第5.1条、第5.2条、第6.1条。

49. **答案**:ABC

依据:《防止静电事故通用导则》(GB 12158—2006)第4.3条。

50. **答案**:ACD

依据:《交流电气装置的过电压保护和绝缘配合设计规范》(GB/T 50064—2014)第6.1.3条、第6.4.6-1条。

注:《交流电气装置的过电压保护和绝缘配合》(DL/T 620-1997)中有关数据有所不同,35kV及以下低电阻接地系统计算用相对地最大操作过电压标幺值为3.2p.u.。

51. **答案**:BCD

依据:《电力工程电缆设计规范》(GB 50217—2018)第3.6.5条。

52. **答案**:AC

依据:《建筑物电气装置 第4部分:安全防护 第44章:过电压保护 第442节:低压电气装置对暂时过电压和高压系统与地之间的故障的防护》(GB 16895.11—2001)第442.4条"低压电气装置中与系统接地类型有关的接地配置"。

注:理解分析题目。其中C答案——改变低压系统的系统接地,不具备完全适用性,不建议选择。

53. **答案**:AB

依据:《建筑照明设计标准》(GB 50034—2013)第4.2.1条。

54. **答案**:AC

依据:《防止静电事故通用导则》(GB 12158—2006)附录C。

55. **答案**:ACD

依据:《并联电容器装置设计规范》(GB 50227—2017)第6.1.2条。

56. **答案**:BCD

依据:《建筑物防雷设计规范》(GB 50057—2010)第4.5.6条。

57. **答案**:BC

依据:《低压配电设计规范》(GB 50054—2011) 第6.3.3条。

58. **答案**:AC

依据:《交流电气装置的过电压保护和绝缘配合设计规范》(GB/T 50064—2014) 第3.1.3条。

59. **答案**:AB

依据:《电力工程直流系统设计技术规程》(DL/T 5044—2014) 第4.1.1-1条。

60. **答案**:AD

依据:《交流电气装置的接地设计规范》(GB/T 50065—2011) 第8.1.2-3条。

注:有关埋地角钢作为接地极的规定,也可参考《建筑物防雷设计规范》(GB 50057—2010) 第5.4.1条及表5.4.1之注3。

61. **答案**:ABD

依据:《火灾自动报警系统设计规范》(GB 50116—2013) 第12.4.3条。

62. **答案**:AB

依据:《电能质量 供电电压偏差》(GB 12325—2008) 第5.1条。

63. **答案**:AC

依据:《用电安全导则》(GB/T 13869—2008) 第6条"用电产品的安全与使用"。

64. **答案**:BCD

依据:《民用建筑电气设计标准》(GB 51348—2019) 第26.5.4条、第26.5.7-1条。

65. **答案**:CD

依据:《3-110kV高压配电装置设计规范》(GB 50060—2008) 第2.0.5条、第2.0.6条、第2.0.7条、第2.0.10条。

66. **答案**:ABD

依据:《低压电气装置 第5-52部分:电气设备的选择和安装 布线系统》(GB 16895.6—2014) 第522.2.1条。

67. **答案**:ACD

依据:《建筑设计防火规范》(GB 50016—2014) 第12.4.2条。

注:也可参考《火灾自动报警系统设计规范》(GB 50116—2013) 第12.1.1条、第12.1.4条、第12.1.8条,但两处规定还有所不同。可注意"交通隧道"和"道路隧道"的用词区别,以便定位规范。

68. **答案**:ACD

依据:《3~110kV高压配电装置设计规范》(GB 50060—2008) 第3.0.3条、第3.0.5

条、第 3.0.9 条。

69. **答案**:ABC

依据:《电力装置的继电保护和自动装置设计规范》(GB/T 50062—2008)第 2.0.3 条。

70. **答案**:ABD

依据:《电力工程直流系统设计技术规程》(DL/T 5044—2014) 第 6.2.1-8 条。

2016年案例分析试题(上午卷)

[案例题是4选1的方式,各小题前后之间没有联系,共25道小题,每题分值为2分,上午卷50分,下午卷50分,试卷满分100分。案例题一定要有分析(步骤和过程)、计算(要列出相应的公式)、依据(主要是规程、规范、手册),如果是论述题要列出论点]

题1~5:请解答下列与电气安全相关的问题。

1.50Hz交流电通过人身达一定数量时,将引起人身发生心室纤维性颤动现象,如果电流通路为左手到右脚时这一数值为50mA,那么,当电流通路变为右手到双脚时,引起发生心室纤维性颤动相同效应的人身电流是多少? ( )

(A)30mA (B)50mA

(C)62.5mA (D)100mA

解答过程:

2.一建筑物内的相对地标称电压AC220V,低压配电系统采用TN-S接地形式,对插座回路采用额定电流为16A的断路器作馈电保护,且瞬动脱扣倍数为10倍,现需在此插座上使用标识为1类防触电类别的手电钻,手电钻连接电缆单位长度相保阻抗为$Z_{php}=8.6\Omega/km$(不计从馈电开关到插座之间的线路阻抗及系统阻抗)。问手电钻连接电缆长度不大于多少时,才能满足防间接接触保护的要求? ( )

(A)28m (B)123m

(C)160m (D)212m

解答过程:

3.用标称相电压为AC220V,50Hz的TT系统为一户外单相设备供电,设备的防触电类型为1类,TT系统电源侧接地电阻为4Ω,供电电缆回路电阻为0.8Ω,采用带漏电模块的断路器作馈电保护,断路器脱扣器瞬动电流整定为100A,额定漏电动作电流为0.5A,不计设备侧接地线的阻抗。问设备侧接地电阻最大为下列哪项数值时,就能满足

防间接接触保护的要求？（　　）

(A)0.5Ω　　(B)95.6Ω
(C)100Ω　　(D)440Ω

解答过程：

4. 某变电所地处海拔高度为1500m，变电所内安装了10/0.4kV 干式变压器和低压开关柜等设备，变压器与低压柜之间用裸母线连接，在裸母线周围设有带锁的栅栏，则该栅栏的最小高度和栅栏到母线的最小安全净距应为下列哪组数值？（　　）

(A)1700mm，800mm　　(B)1700mm，801mm
(C)2200mm，801mm　　(D)2200mm，821mm

解答过程：

5. 某工厂生产装置，爆炸性气体环境中加工处理的物料有两种，其爆炸性气体混合物的引燃温度分别是240℃和150℃，则在该环境中允许使用的防爆电气设备的温度组应为下列哪项？请说明理由。（　　）

(A)T3　　(B)T4
(C)T3，T4，T5，T6　　(D)T4，T5，T6

解答过程：

题6～10：某城市综合体设置一座10kV 总配电室及若干变配电室，10kV 总配电室向各变配电室和制冷机组放射式供电，10kV 制冷机组无功功率就地补偿，各变配电室无功功率在低压侧集中补偿。各个变配电室和制冷机组补偿后的功率因数均为0.9。请回答下列电气设计过程中的问题，并列出解答过程。

6. 综合体内共设8台10/0.4kV 变压器(计算负荷率见下表)和3台10kV 制冷机组，制冷机组的额定功率分别为2台1928kW($\cos\varphi=0.80$)和1台1260kW($\cos\varphi=0.80$)，按需要系数法计算综合体的总计算负荷是下列哪项数值？(同时系数取0.9，计

算不计及线路、母线及变压器损耗）（　　）

变压器编号	TM1	TM2	TM3	TM4	TM5	TM6	TM7	TM8
容量(kVA)	2000	2000	1600	1600	1250	1250	1000	1000
负荷率(%)	67	61	72	60	70	65	76	71

(A)11651kVA　　(B)12163kVA

(C)12227kVA　　(D)12802kVA

解答过程：

7. 某1000kVA变压器空载损耗1.7kW，短路损耗（或满载损耗）10.3kW，阻抗电压4.5%，空载电流0.7%，负荷率71%，负载功率因数0.9，计算变压器实际运行效率为下列哪项数值？（　　）

(A)98.89%　　(B)98.92%

(C)99.04%　　(D)99.18%

解答过程：

8. 某2000kVA变压器低压侧三相四线，额定频率为50Hz，母线运行线电压为0.4kV，总计算负荷合计有功功率1259kW，无功功率800kvar，现在该母线上设置12组星型接线的3相并联电容器组，每组串联电抗率7%的电抗器，电容器组铭牌参数：三相额定线电压为0.48kV，额定容量为50kvar，按需要系数法确定无功补偿后的总计算容量是下列哪项数值？（$K_{\Sigma p}=0.9$，$K_{\Sigma q}=0.95$）（　　）

(A)1144kVA　　(B)1151kVA

(C)1175kVA　　(D)1307kVA

解答过程：

9. 若每户住宅用电负荷标准为6kW，255户均匀分配接入三相配电系统，需要系数见下表，三相计算容量应为下列哪项数值？（$\cos\varphi=0.8$）（　　）

户数	13 ~ 24	25 ~ 124	125 ~ 259	260 ~ 300
需要系数	0.5	0.45	0.35	0.3

注：表中户数是指单相配电时接于同一相上的户数，按三相配电对连接的户数应乘以3.

(A)1913kVA (B)1530kVA

(C)861kVA (D)669kVa

解答过程：

10. 在确定并联电容器分组容量时，应避免发生谐振，为躲开谐振点，需根据电抗器的电抗率合理选择电容器分组容量，避开谐振容量。假定10kV制冷机组电源母线短路容量为100MVA，电容器组串联电抗率为6%的电抗器，计算发生3次谐波谐振的电容器容量是下列哪项数值？ ( )

(A)5.111Mvar (B)2Mvar

(C)-2Mvar (D)-5.111MVar

解答过程：

题11～15：某企业有110/35/10kV主变电所一座，两台主变，户外布置。110kV设备户外敞开式布置，35kV及10kV设备采用开关柜户内布置，主变各侧均采用单母线分段接线方式，采用35kV、10kV电压向企业各用电点供电。请解答下列问题：

11. 企业生产现场设置有35/10kV可移动式变电站，主变连接组别为Dyn11，负责大型移动设备供电，10kV供电电缆长度为4.0km，10kV侧采用中性点经高电阻接地，试计算确定接地电阻额定电压和电阻消耗的功率（单相对地短路时电阻电流与电容电流的比值为1.1）。 ( )

(A)6.06kV，25.4kW (B)6.06kV，29.5kW

(C)6.37kV，29.4kW (D)6.37kV，32.5kW

解答过程：

12. 某35/10kV变电所，变压器一次侧短路容量为80MVA，为无限大容量系统，一台主变压器容量为8MVA，变压器阻抗电压百分数为7.5%，10kV母线上接有一台功率为500kW的电动机，采用直接启动方式，电动机的启动电流倍数为6，功率因数为0.91，效率为93.4%。10kV母线上其他预接有功负荷为5MW，功率因数为0.9，电动机采用长1km的电缆供电。已知电缆每公里电抗为0.1Ω(忽略电阻)，试计算确定，当电动机启动时，电动机的端子电压相对值与下列哪项最接近？ ( )

(A)99.97% (B)99.81% (C)93.9% (D) 93.0%

解答过程：

13. 某10kV配电系统，系统中有两台非线性用电设备，经测量得知，一号设备的基波电流为100A，3次谐波电流含有率为5%，5次谐波电流含有率为3%，7次谐波电流含有率为2%；二号设备的基波电流为150A，3次谐波电流含有率为6%，5次谐波电流含有率为4%，7次谐波电流含有率为2%。两台设备3次谐波电流之间的相位角为45度，基波和其他各次谐波的电流同相位，试计算该10kV配电系统中10kV母线的电流总畸变率应为下列哪项数值？ ( )

(A)6.6% (B)7.0% (C)13.6% (D)22%

解答过程：

14. 某新建35kV变电所，已知计算负荷为15.9MVA，其中一、二级负荷为11MVA，节假日时运行负荷为计算负荷的二分之一，设计拟选择容量为10MVA的主变两台。已知变压器的空载有功损耗为8.2kW，负载有功损耗为47.8kW，空载电流百分数$I_0\%$ = 0.7，阻抗电压百分数$U_k\%$ =7.5，变压器的过载能力按1.2倍考虑，无功功率经济当量取0.1kW/kvar。试校验变压器的容量是否满足一、二级负荷的供电要求，并确定节假日时两台变压器的经济运行方式。 ( )

(A)不满足，两台运行 (B)满足，两台运行

(C) 不满足，单台运行 (D)满足，单台运行

解答过程：

15. 某 UPS 电源,所带计算机网络设备额定容量供计 50kW($\cos\varphi=0.95$),计算机网络设备电源效率 0.92,当 UPS 设备效率为 0.93 时,计算该 UPS 电源的容量最小为下列哪项数值? ( )

(A)61.5kVA (B) 73.8kVA

(C)80.0kVA (D)92.3kVA

解答过程:

题 16～20:某企业新建 110/35/10kV 变电所,设 2 台 SSZ11-50000/110 的变压器,$U_{k12}\%=10.5$,$U_{k13}\%=17$,$U_{k23}\%=6.5$,容量比为 100/50/100,短路电流计算系统图如图所示。第一电源的最大短路容量 $S_{1max}=4630$MVA,最小短路容量 $S_{1min}=1120$MVA;第二电源的最大短路容量 $S_{2max}=3630$MVA,最小短路容量 $S_{2min}=1310$MVA. 110kV 线路的阻抗为 0.4/km。(各元件有效电阻较小,不予考虑)请回答下列问题:

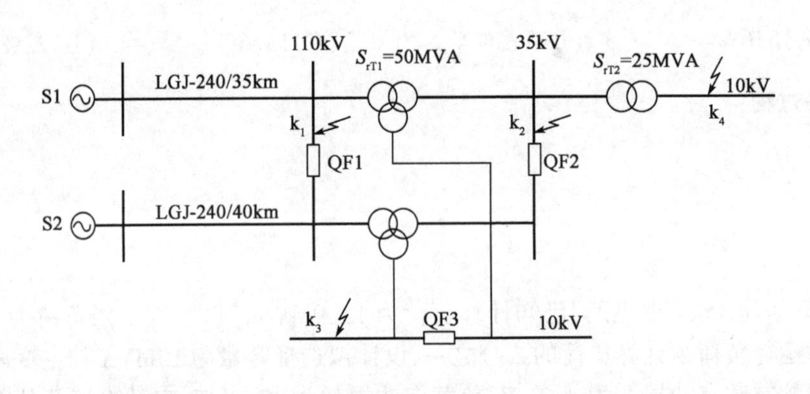

16. 主变压器三侧绕组(高、中、低)以 100MVA 为基准容量的电抗标幺值应为下列哪项数值? ( )

(A)0.21、0、0.13 (B)0.21、0.13、0.34

(C)0.26、0、0.16 (D)0.42、0、0.26

解答过程:

17. 断路器 QF1、QF2、QF3 均断开，k_1 点的最大和最小三相短路电流应为下列哪组数值？（　　）

(A) 2.5kA, 1.5kA　　(B) 3.75kA, 2.74kA
(C) 3.92kA, 2.56kA　　(D) 12.2kA, 7.99kA

解答过程：

18. 假定断路器 QF1、QF2 断开，QF3 断路器闭合，短路电流计算阻抗图如下图所示。（图中电抗标幺值均以 100MVA 为基准容量），则 k_3 点的三相短路电流为下列哪项数值？（　　）

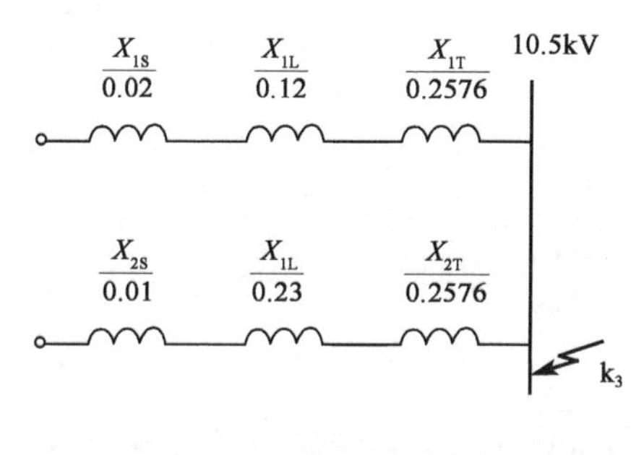

(A) 6.94kA　　(B) 10.6kA
(C) 24.46kA　　(D) 33.6kA

解答过程：

19. 假设第一电源和第二电源同时工作，QF1、QF3 断路器断开，QF2 断路器闭合，第一和第二电源 35kV 侧短路容量分别为 378MVA 和 342MVA，35kV 变压器 S_{rT1} 以基准容量 100MVA 的电抗标幺值 $X_T = 0.42$，则第二电源提供给 k_4 点的三相短路电流和短路容量为下列哪项数值？（　　）

(A) 2.57kA, 70.26MVA　　(B) 4.67kA, 84.96MVA
(C) 5.66kA, 102.88MVA　　(D) 9.84kA, 178.92MVA

解答过程：

20. 假设变压器 S_{rT} 高压侧装设低电压启动的带时限过电流保护，110kV 侧电流互感器变比为 300/5，电压互感器变比为 110000/100，电流互感器和电流继电器接线图如下图所示，则保护装置的动作电流和动作电压为下列哪组数值（运行中可能出现的最低工作电压取变压器高压侧母线额定电压的 0.5 倍）？（　　）

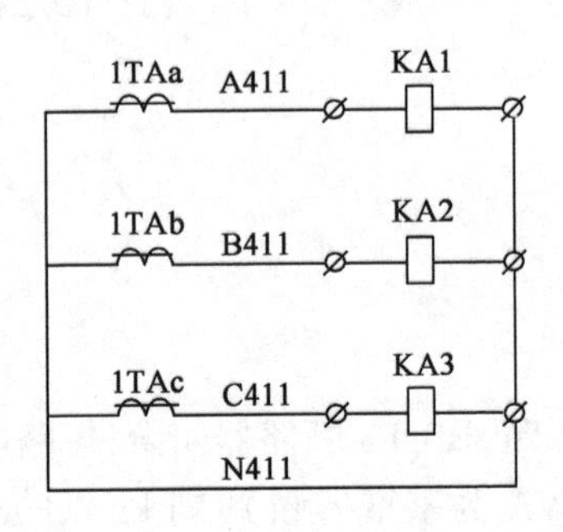

(A) 5.25A，41.7V　　(B) 6.17A，36.2V

(C) 6.7A，33.4V　　(D) 7.41A，49V

解答过程：

题 21 ~ 25：一座 35/10kV 变电站附属于某公共建筑物内并为该建筑物供电，建筑物内下级 10/0.4kV 变压器兼站用变，35kV 系统采用高电阻接地方式，10kV 侧单相接地电容电流为 15A，采用经消弧线圈接地，0.4kV 侧采用 TN-S 系统，各变电所及建筑物共用接地系统，利用建筑物桩基础钢筋作自然接地体，并围绕建筑物设置以水平接地体为主边缘闭合的人工接地体，建筑物底板平面为 30m × 21m，放在钻孔中的钢筋混凝土杆形桩基按 6 × 4 的矩阵布置，闭环接地体包围的面积为：$36 \times 24m^2$，水平接地体埋深 1.0m，请回答（解答）下列有关问题：

21. 建筑物场地为陶土，假定在测量土壤电阻率时，土壤具有中等含水量，测得的土壤电阻率为 35Ω · m，请计算该自然接地装置的工频接地电阻最接近下列哪项数值？（基础接地极的形状系数 $K_2 = 0.5$）（　　）

(A) 0.52Ω　　(B) 1.03Ω

(C) 1.14Ω　　(D) 1.53Ω

解答过程：

22. 假定该场地土壤电阻率为120Ω·m,其中某一根建筑物防雷引下线连接到四边形闭合人工接地体的顶点,接地体采用扁钢,其等效直径为15mm,请根据场地及接地网条件计算该引下线的冲击接地电阻最接近下列哪项数值?(不考虑自然接地体的散流作用,接地极形状系数取 -0.18) ( )

(A)3.2Ω (B) 5.05Ω
(C)7.4Ω (D)10.5Ω

解答过程:

23. 假定变电站地表层土壤电阻率为800Ω·m,请计算变电站接地网的接触电位差和跨步电位差不应超过下列哪组数值?(地表层衰减系数取0.5) ( )

(A) $U_t = 70V, U_s = 130V$ (B) $U_t = 70V, U_s = 150V$
(C) $U_t = 90V, U_s = 130V$ (D) $U_t = 90V, U_s = 150V$

解答过程:

24. 假定站用变低压侧某出线回路采用铜芯多芯电缆,其中一芯作为PE线,电缆绝缘材料为85℃橡胶,回路预期的单向短路故障电流有效值为2kA,保护电器动作时间考虑最不利情况5s,请通过计算确定作为PE线的电缆芯线截面积最小为下列哪项数值。 ( )

(A) $16mm^2$ (B) $25mm^2$ (C) $35mm^2$ (D) $50mm^2$

解答过程:

25. 假定低压接地故障回路的阻抗为25mΩ,请计算变电所低压侧该配电回路间接接触防护电器的动作电流,其结果最接近下列哪个数值? ( )

(A)8.8kA (B)9.2kA (C)15.2kA (D)16kA

解答过程:

2016年案例分析试题答案(上午卷)

题1～5答案：**CBCCD**

1.《电流对人和家畜的效应第1部分：通用部分》(GB/T13870.1—2008) 第5.9条"心脏电流系数的应用"。

心脏电流系数可用于计算通过除左手到双脚的电流通路以外的电流 I_h，由表12可知右手到双脚的相电流系数 F 为0.8，则：

$$I_h = \frac{I_{ref}}{F} = \frac{50}{0.8} = 62.5\text{mA}$$

2.《低压配电设计规范》(GB 50054—2011) 第5.2.8条、第6.2.4条。

第5.2.8条：TN系统中配电线路的间接接触防护电器的动作特性，应符合下式要求：$Z_a I_a \leqslant U_0$。

第6.2.4条：当短路保护电器为断路器时，被保护线路末端的短路电流不应小于断路器瞬时或短延时过电流脱扣器整定电流的1.3倍。

因此，$Z_a I_a \leqslant U_0 \Rightarrow L \times 8.6(16 \times 10 \times 1.3) \leqslant 220$，可解得 $L \leqslant 0.122987\text{km} \approx 123\text{m}$

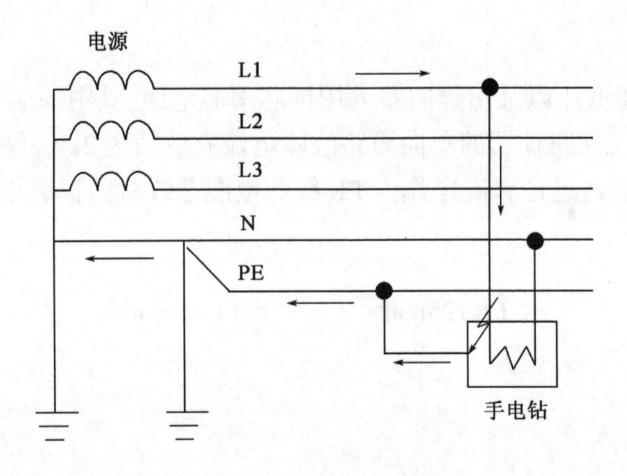

注：断路器主保护兼作接地短路保护，可参考《交流电气装置的接地设计规范》(GB/T 50065—2011) 第7.1.2条及图7.1.2-1的TN-S接地系统线路，可知发生单相接地短路时的短路电流路径如图所示。

3.《低压配电设计规范》(GB 50054—2011) 第5.2.15条、第6.2.4条。

第5.2.15条：TT系统中配电线路的间接接触防护电器的动作特性，应符合下式要求：$R_a I_a \leqslant 50\text{V}$。

第6.2.4条：当短路保护电器为断路器时，被保护线路末端的短路电流不应小于断路器瞬时或短延时过电流脱扣器整定电流的1.3倍。

题干中针对间接接触防护，既设置有断路器作为主保护，也设置有漏电模块作为辅助保护，因此应该分别计算，则

主保护：$R_aI_a \leqslant 50 \Rightarrow R_a \leqslant 50/(1.3 \times 100) = 0.385\Omega$。

附加保护：$R_aI_a \leqslant 50 \Rightarrow R_a \leqslant 50/0.5 = 100\Omega$，则题干中忽略了设备侧接地线(PE线段)的电阻，则设备侧接地电阻 $R = R_a = 100\Omega$。

因此，设备侧接地电阻最大为100Ω可满足间接接触保护的要求。

注：断路器主保护兼作接地短路保护，漏电模块作为主保护的辅助保护。可参考《交流电气装置的接地设计规范》(GB/T 50065—2011) 第7.1.3条及图7.1.3-1的TT接地系统线路，可知发生单相接地短路时的短路电流路径如图所示。

4.《20kV及以下变电所设计规范》(GB50053—2013) 第4.2.1条、表4.2.1相关数据及注解。

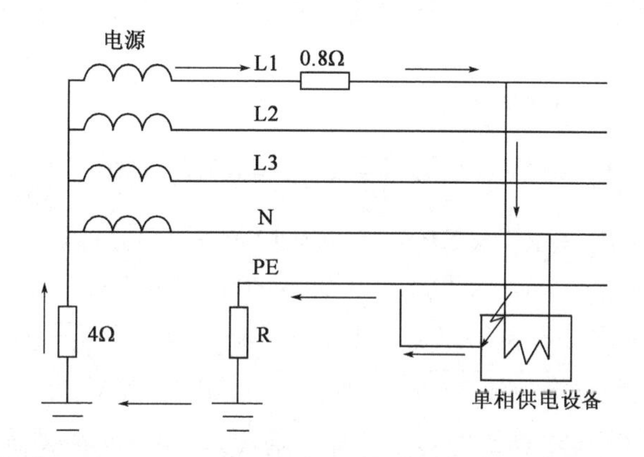

注解1：裸带电部分的遮拦高度不小于2.2m。

注解2：海拔高度超过1000m，表中符号 A 后的数值应按每升高100m增大1%进行修正，符号 B、C 后的数据应加上符号 A 的修正值。则栅栏到母线的最小安全净距为：

$$D = 800 + 20 \times \left(\frac{1500 - 1000}{100} \times 1\%\right) = 801\text{mm}$$

5.《爆炸危险环境电力装置设计规范》(GB50058—2014) 第3.4.2条、第5.2.3-1条。

根据表3.4.2可知，两种爆炸性气体混合物的引燃温度分组分别为T3和T4；再根据第5.2.3-1条，防爆电器设备的级别和组别不应低于该爆炸性气体环境的爆炸性气体混合物的级别和组别，当存在有两种以上可燃性物质形成的爆炸性混合物时，可按危险程度较高的级别和组别选用防爆电气设备，因此应选择的组别为T4及以上。

题6～10答案：**BBCCA**

6.《工业及民用供配电设计手册》(第四版) P10(式1.4-1)～式(1.4-6)。

变压器总计算功率：$P_T = 0.9 \times [2000 \times (0.67 + 0.61) + 1600 \times (0.72 + 0.60) + 1250 \times (0.7 + 0.65) + 1000 \times (0.76 + 0.71)] = 7046.55\text{kW}$

制冷机组总计算功率：$P_C = 2 \times 1928 + 1260 = 5116\text{kW}$

总有功功率：$P_{\Sigma} = K_{\Sigma p}\Sigma(K_x P_e) = 0.9 \times (7046.55 + 5116) = 10946.3\text{kW}$

总计算负荷：$S_{\Sigma} = \dfrac{P_{\Sigma}}{\cos\varphi} = \dfrac{10946.3}{0.9} = 11652.55\text{kVA}$

注：题干中明确各个配电室和制冷机组补偿后的功率因数均为0.9，因此制冷机组的额定功率因数为迷惑项。也可参考《工业与民用配电设计手册》(第三版)P3 式(1-9)~式(1-11)。

7.《钢铁企业电力设计手册》(下册)P291 式(6-16)。

变压器效率：$\eta = \dfrac{\beta S_n \cos\varphi_2}{\beta S_n \cos\varphi_2 + P_0 + \beta^2 P_K} = \dfrac{0.71 \times 1000 \times 0.9}{0.71 \times 1000 \times 0.9 + 1.7 + 0.71^2 \times 10.3} =$
0.9892

8.《工业与民用供配电设计手册》(第四版)P39 式(1.11-11)、P10 式(1.4-3)~式(1.4-6)。

串联电抗器后实际补偿容量：

$$Q = (1-K)X_C U_C^2 = (1-K)Q_n \frac{U_C^2}{U_n^2} = (1-0.07) \times 50 \times \left(\frac{0.4}{0.48}\right)^2 = 38.75\text{kvar}$$

计算有功功率：$P_{\Sigma} = K_{\Sigma p} \times \Sigma P_e = 0.9 \times 1259 = 1133.1\text{kW}$

计算无功功率：$Q_{\Sigma} = K_{\Sigma q} \times \Sigma Q_e = 0.95 \times 800 = 760\text{kvar}$

补偿后计算无功功率：$Q_{\Sigma}' = Q_{\Sigma}' - \Delta Q_e = 760 - 12 \times 38.75 = 295\text{kvar}$

补偿后计算容量：$S = \sqrt{1133.1^2 + 295^2} = 1170.87\text{kVA}$

注：题眼有两个，一个是实际补充容量的求取，另一个是代入同时系数的位置，应在补偿前代入，可参考《工业与民用配电设计手册》(第三版)P3 式(1-9)~式(1-11)、P23 表 1-21“全厂用电负荷计算范例”。

9.《工业与民用供配电设计手册》(第四版)P10 式(1.4-6)。

255 户均匀分配接入三相配电系统，单相配电接于同一相上的户数为 $n = \dfrac{255}{3} = 85$ 户，则查系数 $k=0.45$。

三相计算容量为：$S_{\Sigma} = \dfrac{k_x P_{\Sigma}}{\cos\varphi} = \dfrac{0.45 \times 255 \times 6}{0.8} = 860.625\text{kVA}$

注：也可参考《工业及民用配电设计手册》(第三版)P3 式(1-9)~式(1-11)。

10.《并联电容器装置设计规范》(GB 50227—2017) 第 3.0.3-3 条。

发生谐振的电容器容量：$Q_{cx} = S_d\left(\dfrac{1}{n^2} - K\right) = 100 \times \left(\dfrac{1}{3^2} - 0.06\right) = 5.111\text{Mvar}$

题 11~15 答案：**BDABB**

11.《工业与民用供配电设计手册》(第四版)P302~P303 式(4.6-35)和表 4.6-10。

电缆线路的单相接地电容电流：$I_c = 0.1U_r l = 0.1 \times 10 \times 4 = 4\text{A}$

10kV 系统(变电所)总接地电容电流：$I_{C\Sigma} = (1+16\%) \times 4 = 4.64A$
《导体和电器选择设计技术规定》(DL/T 5222—2005) 第 18.2.5-1 条。

电阻额定电压：$U_R \geq 1.05 \dfrac{U_n}{\sqrt{3}} = 1.05 \times \dfrac{10}{\sqrt{3}} = 6.06kV$

接地电阻消耗功率：$P_R = \dfrac{U_N}{\sqrt{3}} \times I_R = \dfrac{10}{\sqrt{3}} \times 1.1 \times 4.64 = 29.47kW$

注：也可参考《工业与民用配电设计手册》(第三版)P153 式(4-41)和表(4-20)。

12.《工业与民用供配电设计手册》(第四版)P482 ~ P483 表(6.5-4)。

10kV 母线短路容量：$S_{km} = \dfrac{S_{rT}}{x_T + S_{rT}/S_k} = \dfrac{8}{0.075 + 8/80} = 45.71MV \cdot A$

10kV 母线预接无功负荷：$Q_{fh} = P_{fh}\tan(\arccos\varphi) = 5 \times \tan(\arccos 0.9) = 2.42Mvar$

电动机额定启动容量：

$$S_{stM} = k_{st}S_{rM} = k_{st}\frac{P_{rM}}{\eta\cos\varphi} = 6 \times \frac{500}{0.934 \times 0.91} = 3529.66kV \cdot A = 3.526MV \cdot A$$

启动回路额定输入容量：

$$S_{st} = \frac{1}{1/S_{stM} + X_l/U_m^2} = \frac{1}{1/3.526 + 0.1 \times 1/10^2} = 3.514MV \cdot A$$

母线电压相对值：$u_{stB} = u_s \dfrac{S_{scB}}{S_{scB} + Q_L + S_{st}} = 1.05 \times \dfrac{45.71}{45.71 + 2.42 + 3.514} = 0.929$

电动机端子电压相对值：$u_{stM} = u_{stB}\dfrac{S_{st}}{S_{stM}} = 0.929 \times \dfrac{3.514}{3.526} = 0.926 = 92.6\%$

注：也可参考《工业与民用配电设计手册》(第三版)P270 表 6-16 全压启动公式。

电动启动时母线电压相对值：$u_{stm} = \dfrac{S_{km} + Q_{fh}}{S_{km} + Q_{fh} + S_{st}} = \dfrac{45.71 + 2.42}{45.71 + 2.42 + 3.514} = 0.932$

电动机端子电压相对值：$u_{stM} = u_{stm}\dfrac{S_{st}}{S_{stM}} = 0.932 \times \dfrac{3.514}{3.526} = 0.929 = 92.9\%$

13.《电能质量 公用电网谐波》(GB/T 14549 - 1993) 附录 A 式(A2)、式(A4)、式(A6)和附录 C 式(C4)。

由式(A2),两设备各次谐波电流数值如下表：

设备编号	基波电流 A	3 次谐波电流 A	5 次谐波电流 A	7 次谐波电流
1 号	100	5	3	2
2 号	150	9	6	3

由式(C4),可知各次谐波总电流：

基波总电流：$I_{1\Sigma} = 100 + 150 = 250A$

3 次谐波总电流：$I_{3\Sigma} = \sqrt{I_{31}^2 + I_{32}^2 + 2I_{31}I_{32}\cos\theta_3} = \sqrt{5^2 + 9^2 + 2 \times 5 \times 9 \times \cos 45^\circ}$
$= 13.02A$

5 次谐波总电流：$I_{5\Sigma} = \sqrt{I_{51}^2 + I_{52}^2 + 2I_{51}I_{52}\cos\theta_5} = \sqrt{3^2 + 6^2 + 2 \times 3 \times 6 \times \cos 0} = 9\text{A}$

7 次谐波总电流：$I_{7\Sigma} = \sqrt{I_{71}^2 + I_{72}^2 + 2I_{71}I_{72}\cos\theta_7} = \sqrt{2^2 + 3^2 + 2 \times 2 \times 3 \times \cos 0} = 5\text{A}$

由式（A4）、（A6），可知谐波电流总含量：$I_h = \sqrt{I_{3\Sigma}^2 + I_{5\Sigma}^2 + I_{7\Sigma}^2} = \sqrt{13.02^2 + 9^2 + 5^2} = 16.60\text{A}$

则电流总畸变率：$THD_i = \dfrac{I_H}{I_1} = \dfrac{16.60}{250} = 0.0664 = 6.64\%$

14.《35～110kV 变电所设计规范》(GB 50059—2011) 第 3.1.3 条。

第 3.1.3 条：装有两台及以上主变压器的变电站，当断开一台主变压器时，其余主变压器的容量(包括过负荷能力)应满足全部一、二级负荷用电的要求。

按题意过负荷能力取 1.2，一、二级负荷为 11MVA，则每台变压器：1.2×10＝12MVA＞11MVA，可满足要求。

《工业与民用配电设计手册》(第三版) P40 表 2－11“变电所主变压器经济运行的条件”。

经济运行的临界负荷：

$$S_{cr} = S_r\sqrt{2\frac{P_0 + K_qQ_0}{P_k + K_qQ_r}} = 10 \times \sqrt{2 \times \frac{8.2 + 0.1 \times (10 \times 10^3 \times 0.7/100)}{47.8 + 0.1 \times (10 \times 10^3 \times 7.5/100)}} = 4.98\text{MVA}$$

节假日实际运行负荷：$S_H = \dfrac{15.9}{2} = 7.95\text{MVA} > 4.98\text{MVA}$，因此应两台运行。

15.《数据中心设计规范》(GB 50174—2017) 第 8.1.7 条。

UPS 电源的最小容量：$E \geqslant 1.2 \times S = 1.2 \times \dfrac{P}{\eta_1\eta_2\cos\varphi} = 1.2 \times \dfrac{50}{0.93 \times 0.92 \times 0.95} = 73.82\text{kVA}$

注：可对比参考 2013 年下午第 39 题。

题 16～20 答案：**ACCBB**

16.《工业与民用供配电设计手册》(第四版) P281 表 4.6-3 及 P183 式(4.2-9)。

$$x_1\% = \frac{1}{2}(u_{k12}\% + u_{k13}\% - u_{k23}\%) = \frac{1}{2}(10 + 17 - 6.5) = 10.5$$

$$x_2\% = \frac{1}{2}(u_{k12}\% + u_{k23}\% - u_{k13}\%) = \frac{1}{2}(10 + 6.5 - 17) = 0$$

$$x_3\% = \frac{1}{2}(u_{k13}\% + u_{k23}\% - u_{k12}\%) = \frac{1}{2}(17 + 6.5 - 10.5) = 6.5$$

主变压器各绕组的电抗标幺值为：

$$x_{*1} = \frac{u_{1k}\%}{100} \cdot \frac{S_j}{S_{rT}} = \frac{10.5}{100} \cdot \frac{100}{50} = 0.21$$

$$x_{*2}=\frac{u_{2k}\%}{100}\cdot\frac{S_j}{S_{rT}}=\frac{0}{100}\cdot\frac{100}{50}=0$$

$$x_{*3}=\frac{u_{3k}\%}{100}\cdot\frac{S_j}{S_{rT}}=\frac{6.5}{100}\cdot\frac{100}{50}=0.13$$

注:也可参考《工业与民用配电设计手册》(第三版) P128 表4-2 以及P131 式(4-11)。

17.《工业与民用供配电设计手册》(第四版)P281 表4.6-3 及P284 式(4.6-11)~式(4.6-13)。

设 $S_j=100\text{MVA}, U_j=115\text{kV}$,则 $I_j=0.5\text{kA}$

S1 电源线路电抗标幺值:$X_{*1}=X\frac{S_j}{U_j^2}=35\times0.4\times\frac{100}{115^2}=0.106$

S1 电源电抗标幺值(最大运行方式):$X_{*S\cdot max}=\frac{S_j}{S''_{smax}}=\frac{100}{4630}=0.0216$

S1 电源电抗标幺值(最小运行方式):$X_{*S\cdot min}=\frac{S_j}{S''_{smin}}=\frac{100}{1120}=0.0893$

k_1 点的最大和最小短路电流分别为:

$$I''_{kmax}=I''_{*kmax}\cdot I_j=\frac{I_j}{X_{*1}+X_{*smax}}=\frac{0.5}{0.106+0.0216}=3.92\text{kA}$$

$$I''_{kmin}=I''_{*kmin}\cdot I_j=\frac{I_j}{X_{*1}+X_{*s\cdot min}}=\frac{0.5}{0.106+0.0893}=2.56\text{kA}$$

注:也可参考《工业与民用配电设计手册》(第三版)P128 表4-2 及P134 式(4-12)、式(4-13)。

18.《工业与民用供配电设计手册》(第四版)P284 式(4.6-11)~式(4.6-13)。

设 $S_j=100\text{MVA}, U_j=10.5\text{kV}$,则 $I_j=5.5\text{kA}$

线路1 的总电抗:$X_{*1\Sigma}=0.02+0.12+0.2576=0.3976$

线路2 的总电抗:$X_{*2\Sigma}=0.03+0.23+0.2576=0.5176$

k_3 点的三相短路电流:$I''_{k3}=I''_{*k3}\cdot I_j=I_j(\frac{1}{X_{*1\Sigma}}+\frac{1}{X_{*2\Sigma}})=\frac{5.5}{0.3976}+\frac{5.5}{0.5176}=24.46\text{kA}$

注:也可参考《工业与民用配电设计手册》(第三版)P134 式(4-12)、式(4-13)。

19.《工业与民用供配电设计手册》(第四版)P281 表4.6-3 及P284 式(4.6-11)~式(4.6-13)。

设 $S_j=100\text{MVA}, U_j=10.5\text{kV}$,则 $I_j=5.5\text{kA}$

35kV 侧1 号电源电抗标幺值:$X_{*S1}=\frac{S_j}{S''_{s1}}=\frac{100}{378}=0.258$

35kV 侧2 号电源电抗标幺值:$X_{*S1}=\frac{S_j}{S''_{s2}}=\frac{100}{342}=0.292$

等效电路如图所示,根据式4-23,可推导得两电源支路的短路电路总电抗和分布系数:

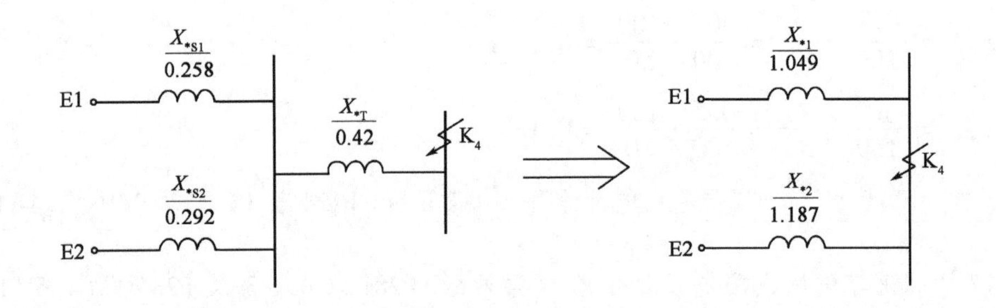

$$X_{*\Sigma} = \frac{X_{*S1}X_{*S2}}{X_{*S1}+X_{*S2}} + X_{*T}、C_1 = \frac{X_{*S2}}{X_{*S1}+X_{*S2}}、C_2 = \frac{X_{*S1}}{X_{*S1}+X_{*S2}}$$

$$X_{*1} = \frac{X_{*\Sigma}}{C_1} = X_{*S1} + X_{*T} + \frac{X_{*S1}X_{*T}}{X_{*S2}} = 0.258 + 0.42 + \frac{0.258 \times 0.42}{0.292} = 1.049$$

$$X_{*2} = \frac{X_{*\Sigma}}{C_2} = X_{*S2} + X_{*T} + \frac{X_{*S2}X_{*T}}{X_{*S1}} = 0.292 + 0.42 + \frac{0.292 \times 0.42}{0.258} = 1.187$$

第二个电源提供 k_4 点的短路电流和短路容量分别为：

$$I''_{k42} = I''_{*k42} \cdot I_j = I_j \times \frac{1}{X_{*2}} = \frac{5.5}{1.187} = 4.63\text{kA}$$

$$S''_{k42} = S_j \times \frac{1}{X_{*2}} = \frac{100}{1.187} = 84.25\text{kVA}$$

注：同理，第一个电源提供 k_4 点的短路电流和短路容量分别为：

$$I''_{k41} = I''_{*k41} \cdot I_j = I_j \times \frac{1}{X_{*1}} = \frac{5.5}{1.049} = 5.24\text{kA}$$

$$S''_{k41} = S_j \times \frac{1}{X_{*2}} = \frac{100}{1.049} = 95.33\text{kVA}$$

注：也可参考《工业与民用配电设计手册》（第三版）P149 式(4-23)（图 4-13 中由图 c 向图 d 的参数转换）。

20.《工业与民用供配电设计手册》（第四版）P520 ~ P521 表 7.2-3“低电压闭锁的带时限过电流保护”。

保护装置动作电流：$I_{op \cdot K} = K_{rel}K_{jx} \cdot \frac{I_{1rT}}{K_r \cdot n_{TA}} = 1.2 \times 1 \times \frac{50000/110\sqrt{3}}{0.85 \times 300/5} = 6.17\text{A}$

保护装置动作电压：$U_{op \cdot K} = \frac{U_{min}}{K_{rel}K_r \cdot n_{TV}} = \frac{0.5 \times 110000}{1.2 \times 1.15 \times 110000/100} = 36.23V$

注：表格中有关继电器返回系数 K_r 在动作电流和动作电压时取值有所不同。也可参考《工业与民用配电设计手册》（第三版）P297 ~ P298 表 7-3“低电压启动的带时限过电流保护”。

题 21 ~ 25 答案：**CBACA**

21.《工业与民用供配电设计手册》（第四版）P1417 表 14.6-4 图 14.6-1。

由表 14.6-4，放在钻孔中的钢筋混凝土杆形桩基按 6 × 4 的矩形布置，则 $n = 24$。

特征值 $C_1 = \frac{n}{A} = \frac{24}{30 \times 21} = 0.038$，满足形状系数对特征值的取值范围，则形状系数 $K_1 = 1.4$。

接地电阻：$R = K_1 K_2 \frac{\rho}{L_1} = 1.4 \times 0.5 \times \frac{35}{30} = 0.817\Omega$

由表14-22，当土壤类别为陶土，具有中等含水量时，季节系数 $\psi_2 = 1.4$。

实际工频接地电阻最接近的值为 $R' = \psi_2 R = 1.4 \times 0.817 = 1.14\Omega$。

注：计算接地电阻时，还应考虑大地受干燥、冻结等季节变化的影响，从而使接地电阻在各季节均能保证达到所要求的值。同时还应区别对待非雷电保护接地和雷电防护接地装置的不同季节系数取值。也可参考《工业与民用配电设计手册》(第三版) P893～P897 表14-13和表14-22。

22.《建筑物防雷设计规范》(GB 50057—2010)附录C式(C.0.2)及第C.0.3-1条，《交流电气装置的接地设计规范》(GB/T 50065—2011)式(A.0.2)。

环形接地体周长的一半：$L_h = 24 + 36 = 60\text{m}$

接地体的有效长度：$l_e = 2\sqrt{\rho} = 2 \times \sqrt{120} = 21.91\text{m} < 60\text{m} = L_h$

根据第C.0.3-1条：当环形接地体周长的一半大于或等于接地体的有效长度时，引下线的冲击接地电阻应为从与引下线的连接点起沿两侧接地体各取有效长度的长度算出的工频接地电阻，换算系数应等于1。则水平接地体的总长度 $L = 2L_e = 2 \times 21.91 = 43.82\text{m}$。

由A.0.2条，接地电阻为：$R = \frac{\rho}{2\pi L}\left(\ln\frac{L^2}{hd} + A\right) = \frac{120}{2\pi \times 43.82}\left(\ln\frac{43.82^2}{1 \times 0.015} - 0.18\right) = 5.047\Omega$。

23.《交流电气装置的接地设计规范》(GB/T 50065—2011)第4.2.2-2条。

35kV系统采用高电阻接地方式，则接触电位差和跨步电位差分别为：

$U_t = 50 + 0.05\rho C = 50 + 0.05 \times 800 \times 0.5 = 70\text{V}$

$U_s = 50 + 0.2\rho C = 50 + 0.2 \times 800 \times 0.5 = 130\text{V}$

24.《低压配电设计规范》(GB 50054—2011)第3.2.14条 附录A.0.4。

由附录A中表A.0.4查得，85℃橡胶绝缘的铜芯电缆的热稳定系数 $k = 134$，则：

PE线的电缆芯线最小截面积：$S \geqslant \frac{I}{k}\sqrt{t} = \frac{2000}{134} \times \sqrt{5} = 33.37\text{mm}^2$，取 35mm^2。

25.《低压配电设计规范》(GB 50054—2011)第5.2.8条。

TN系统中配电线路的间接接触防护电器的动作特性，应符合下式的要求：$Z_s I_a \leqslant U_0$，则：$I_a \leqslant U_0/Z_s = 220 \div 25 = 8.8\text{kA}$

2016年案例分析试题(下午卷)

专业案例题(共40题,考生从中选择25题作答,每题2分)

题1~5:某普通工厂的车间平面为矩形加两个半圆形,如下图所示,其中矩形为长36m,宽18m,半圆形的直径为18m(计算中不计墙的厚度),车间高16m,工厂内有办公室和材料堆场。请问下列照明设计问题,并列出解答过程。

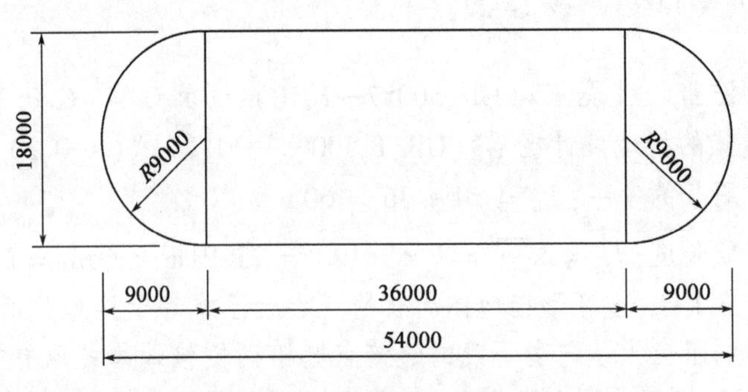

普通工厂某车间平面布置图(尺寸单位:mm)

1.若车间内均匀布置400W金属卤化物灯作为一般照明,灯具距地面高14.75m,工作面高0.75m,金属卤化物的光源光通量为32000lm,灯具效率为0.75,计算该车间室形指数为下列哪项数值? ( )

(A)0.7　　(B)0.9

(C)1.0　　(D)1.2

解答过程:

2.若车间内均匀布置400W金属卤化物灯作为一般照明,灯具距地面高12m,工作面高0.75m,金属卤化物的光源光通量为36000lm,灯具效率为0.77.若已知有效顶棚反射比为0.5,墙面反射比为0.3,地面反射比为0.2,维护系数按0.7,灯具的利用系数见表1,要求工作面上的一般照明的照度为300lx,计算该车间需要多少盏400W金卤灯?(灯具数量取整数) ( )

(A)11盏　　(B)14盏

(C)20盏　　(D)26盏

金属卤化物灯具利用系数表　　表1

有效顶棚反射比(%)	70			50		30		0
墙反射比(%)	50	30	10	30	10	30	10	0
地面反射比(%)	20							0
室形指数 RI								
0.6	0.41	0.35	0.31	0.34	0.31	0.34	0.30	0.29
0.8	0.50	0.44	0.40	0.43	0.39	0.43	0.39	0.37
1.0	0.55	0.49	0.45	0.48	0.45	0.48	0.44	0.42
1.25	0.61	0.55	0.51	0.54	0.51	0.53	0.50	0.48
1.5	0.66	0.60	0.56	0.59	0.56	0.58	0.56	0.52
2.0	0.71	0.65	0.61	0.64	0.70	0.63	0.62	0.56
2.5	0.74	0.70	0.67	0.68	0.65	0.69	0.66	0.61

解答过程：

3. 若车间局部采用4盏400W金卤灯灯具进行照明，光源400W金卤灯的光通量为36000lm，工作面离地0.75m，灯具的出口面到工作面的高度为12m，维护系数$K=0.7$，光源光强分布(1000lm)见表2，灯具布置见下图，试求工作面上P点的水平面照度为下列哪个数值？(不计反射光及其他灯具的影响)　　(　　)

光源光强分布表(1000lm)　　表2

$\theta°$	0	7.5	12.5	17.5	22.5	27.5	32.5	37.5
I_θ(cd)	346.3	338.7	329.4	321.8	306.9	283.6	261.3	239.6
$\theta°$	42.5	47.5	52.5	57.5	62.5	67.5	72.5	77.5
I_θ(cd)	219.6	197	170.8	108.8	54.2	34.8	22.2	13.3

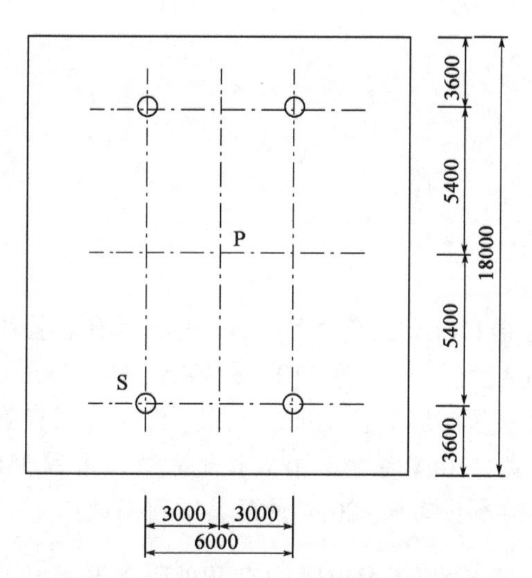

车间局部灯具布置方案图(尺寸单位：mm)

(A)72lx　　(B)140lx
(C)157lx　　(D)200lx

解答过程：

4. 工厂内某办公室长9m，宽7.2m，高3.6m，工作面高0.75m，在3.2m高顶棚上均匀嵌入8盏2×28W的T5格栅荧光灯，已知室空间四周墙上门窗所占面积占室空间墙总面积（包括门窗面积）的20%。已知墙面反射比$\rho_w = 30\%$，门窗反射比为9%，计算墙面平均反射比是下列哪项数值？（　　）

(A)4%　　(B)26%
(C)32%　　(D)42%

解答过程：

5. 工厂内材料堆场面积$A = 6000m^2$，要求堆场被照面上的水平平均照度为15lx，采用400W金卤灯（光源的光通量$\Phi_1 = 36000lm$）作场地投光照明。若已知灯具效率$\eta = 0.637$，利用系数$U = 0.7$，灯具维护系数$K = 0.7$，则该堆场需要多少盏金卤灯？（　　）

(A)4盏　　(B)5盏
(C)8盏　　(D)10盏

解答过程：

题6～10：某企业有110kV主变电站一座，设有两台容量同型号的主变，户外布置，主变容量为50MVA，电压等级为110/35/10kV，单台变压器油重13.5t。110kV设备采用户外敞开式布置，35kV及10kV采用户内开关柜布置，主变低压各侧均采用单母线分段接线方式，110kV系统为有效接地系统。采用35kV、10kV电压向企业各个用电点供电。当地海拔高度800m，请解答下列问题：

6. 该变电站系统图见下图，请指出图中有几处隔离开关和接地开关的配置不满足规范要求，并说明依据。（　　）

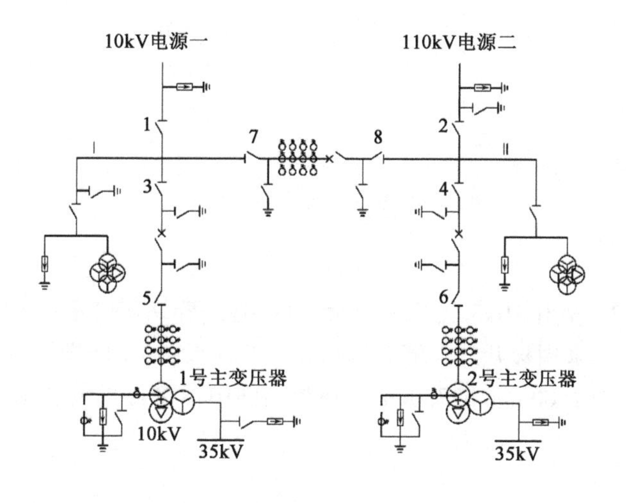

(A)3 处　　　　(B)4 处

(C)5 处　　　　(D)6 处

解答过程：

7. 该变电站室外部分设备平面布置图见下图，变压器储油池按能容纳 100% 油量设计，请指出图中不符合规范要求的有几处？并说明依据。　　(　　)

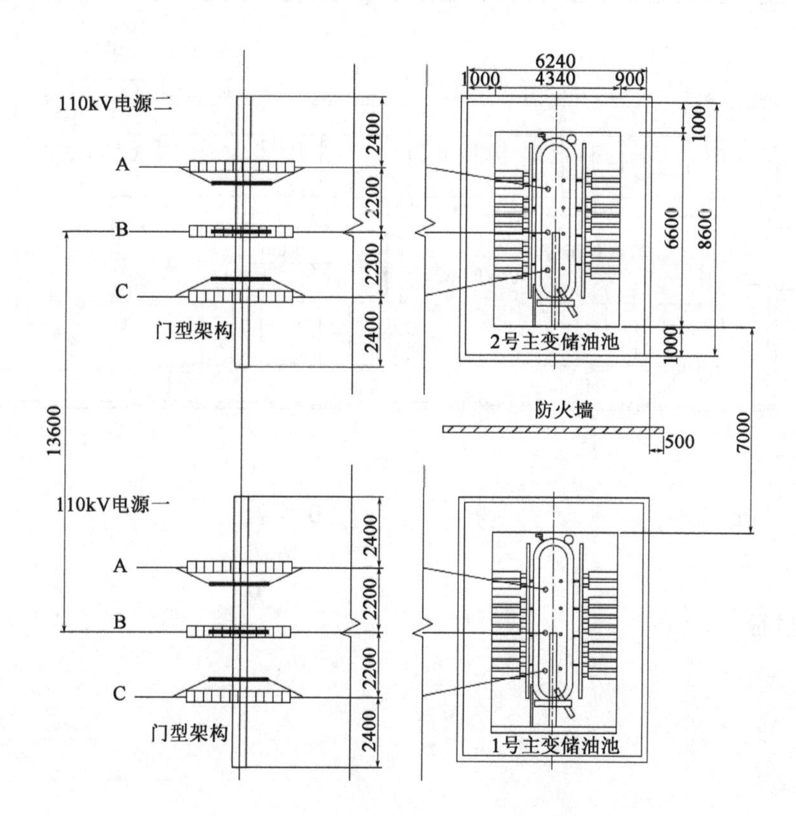

(A)1 处　　　　　　　　(B)2 处

(C)3 处　　　　　　　　(D)4 处

解答过程：

8. 该变电站 35kV 和 10kV 配电室平面图间下图，穿墙套管采用水平排列。35kV 和 10kV 配电设备全部采用移开式交流金属封闭式开关设备，柜前操作、柜后维护，35kV 和 10kV 手车长分别为 1500mm 和 750mm。请指出图中不符合规范要求的有几处，并说明依据。（　　）

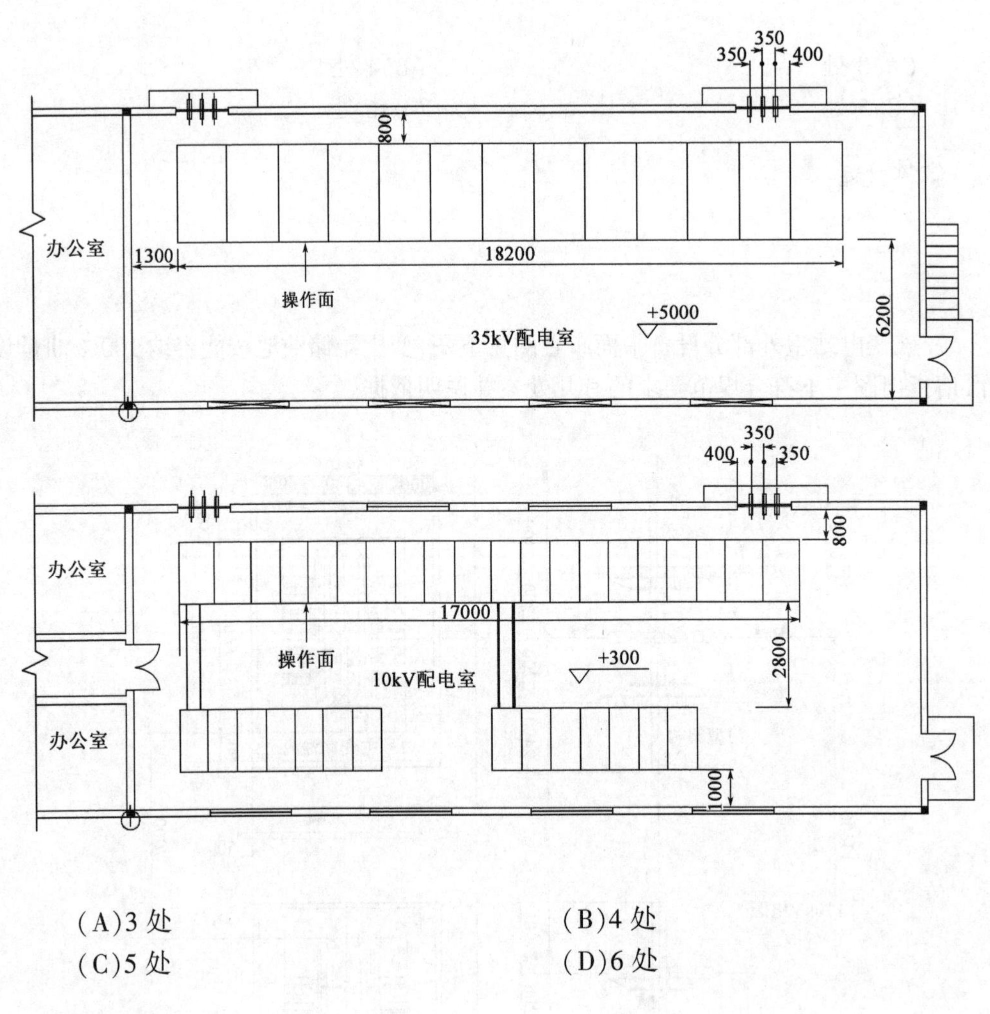

(A)3 处　　　　　　　　(B)4 处

(C)5 处　　　　　　　　(D)6 处

解答过程：

9. 该变电所设计为独立场所，四周有实体围墙，场地内室外布置的全部电器设备不单独设置固定遮拦。变压器储油池按能容纳100%油量设计，室外部分设备里面布置图见下图，在变压器外轮廓投影到35kV配电室、10kV配电室以及办公辅助室外墙各侧向外3000mm范围内有窗户。请确定图中 L_1、L_2 和 L_3 的最小尺寸(mm)。并说明依据。（　　）

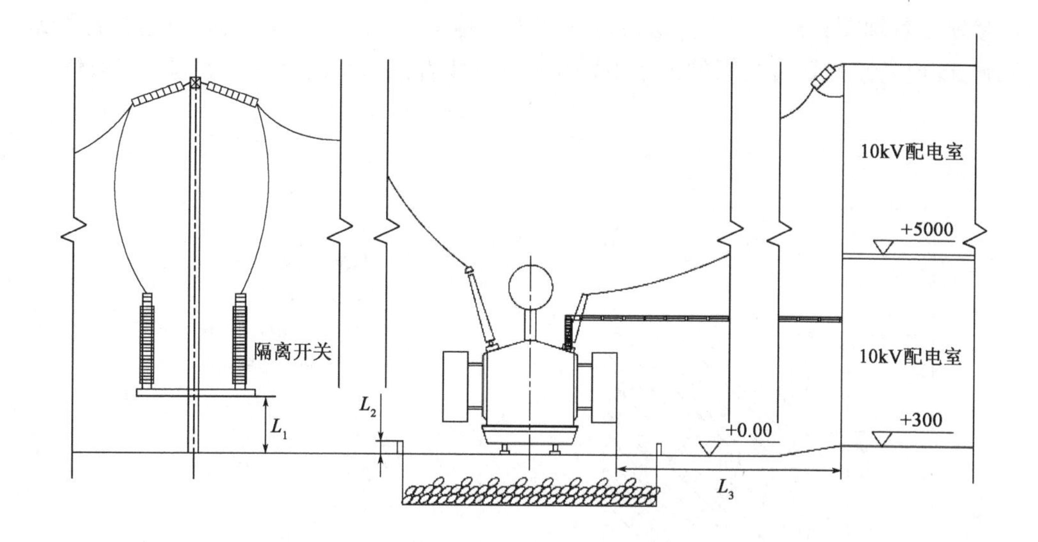

(A)2500、100、10000　　(B)2500、100、8000

(C)3400、0、10000　　(D)3400、100、8000

解答过程：

10. 该变电站内除主变压器外无其他有油设备，根据规划在变电站内设置有油水分离设施的总事故储油池。当主变压器的储油池容量均为变压器油重的40%时，请计算总事故储油池的储油量最小值为下列哪项数值？（　　）

(A)16.2t　　(B)10.8t

(C)8.1t　　(D)5.4t

解答过程：

题 11 ~ 15：某企业工业场地内有办公楼、10kV 变电站等建筑群，请解答下列问题：

11. 在工业场地内空旷地带设 10kV 室外变电所一座，见下图，变电站占地尺寸为 10m × 5m（长 × 宽），变电站设备最高点为 A 点，高度 3m。该变电站 10kV 电源进线采用电缆直埋地敷设的方式，为了防止 10kV 变电站遭受雷击，设计选用独立避雷针作为防直击雷保护措施。10kV 变电站和独立避雷针接地装置单独设置，室外地面位于同一标高，接地装置埋深相同。当独立避雷针的冲击接地电阻设计为 8Ω 时，计算避雷针接地装置与变电所接地装置之间的最小距离和独立避雷针的最小高度应为下列哪组数值？（ ）

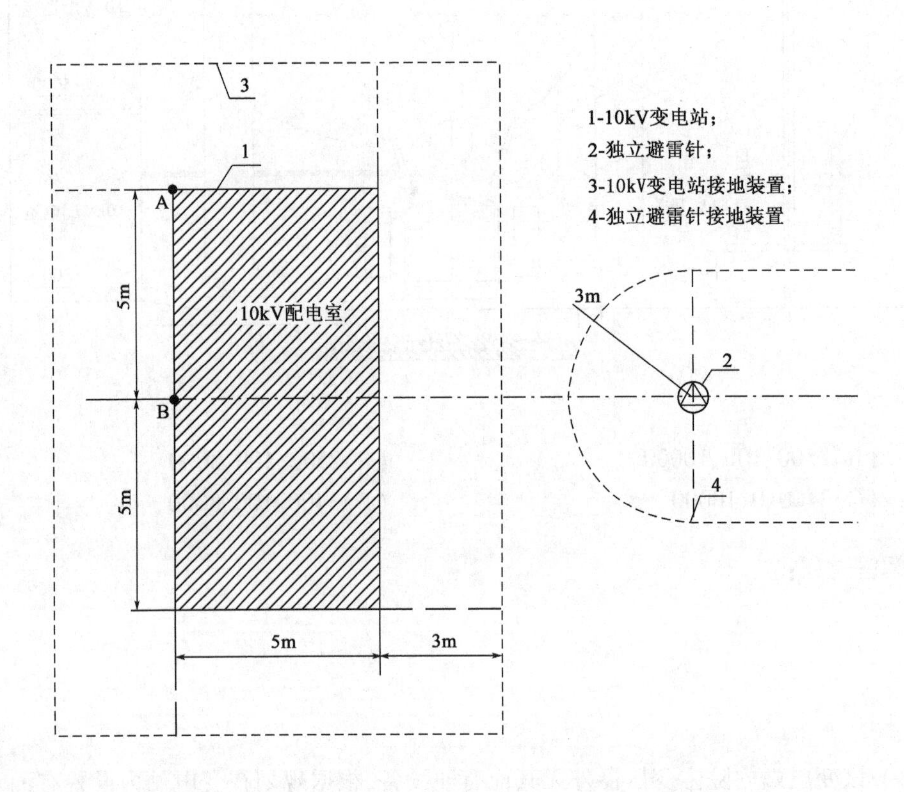

（A）3.2m，19.5m （B）3.2m，12.58m

（C）2.4m，13.53m （D）2.4m，12.93m

解答过程：

12. 工业场地内某建筑物采用水平敷设的多根人工接地体作为防雷接地装置，该地区土壤电阻率为 500Ω · m，最长支线长 19m，接地装置埋深距地面 1.0m，工频接地电阻为 R(Ω)，则该接地体的冲击接地电阻正确的是下列哪项数值？（ ）

(A) $1.4R$　　(B) R

(C) $R/1.4$　　(D) $R/1.5$

解答过程：

13. 附近山坡下有一栋综合办公楼建筑，附近土壤电阻率较小，10kV 变电站提供一回 380V 电源给综合办公楼，进线电缆采用 1kV，YJV-3×240+1×120，采用穿 PVC 管埋地敷设。综合办公楼尺寸为长 60m，宽 13m，高 16m。当地年平均雷暴日 75(d/a)，地下引入的外来金属管道和线路的总数 n 为 4，综合办公楼电源总配电箱处装设有 I 级试验的电涌保护器，其每一保护模式的冲击电流值应为下列哪项数值？（　　）

(A) 6.25kA　　(B) 4.688kA

(C) 4.167kA　　(D) 3.125kA

解答过程：

14. 某独立建筑物防雷接地采用人工接地装置，接地装置为一根水平敷设的接地体，该地区土壤电阻率为 1000Ω·m，为降低接地电阻采用换土的方式，引下线与接地体连接点两侧沿水平接地体方向各 5m 范围内采用 500Ω·m 土壤进行更换，计算该接地体的总有效长度应为下列哪项数值？（　　）

(A) 59.10m　　(B) 61.17

(C) 73.25m　　(D) 107.97

解答过程：

15. 工业场地内有一综合楼为框架结构，二类防雷建筑物，采用屏蔽格栅，钢筋直径为 16mm，网格宽度为 2.0m，该建筑 LPZ1 区内某环路宽为 0.5m，长为 1.0m，当距离综合楼 100m 处发生首次正极性雷闪击(10/350μs)时，计算该环路的最大感应电压应为下列哪项数值？并说明理由（　　）

(A) 0.114V　　(B) 3.995V

(C) 19.957V　　(D) 39.913V

解答过程：

题 16～20：某企业 35kV 电源线路，选用 JL/G1A-240mm^2 导线，导线的参数如下：重量 g_1 为 964.3kg/km，计算总截面 A 为 277.75mm^2，计算直径 d 为 21.66mm，最大风速 30m/s，覆冰厚度 b 为 5mm，最大拉断力 83370N，安全系数为 3。请回答以下问题：

16. 计算该导线的自重加冰重比载为下列哪项值？（　　）

(A) 13.29×10^{-3}N/(m·mm^2)
(B) 34.02×10^{-3}N/(m·mm^2)
(C) 47.31×10^{-3}N/(m·mm^2)
(D) 58.42×10^{-3}N/(m·mm^2)

解答过程：

17. 该线路 12 号杆塔一侧档距为 150m，高差为 35m，另一侧档距为 180m，高差为 40m，则 12 号杆塔的水平档距应为下列哪项数值？（　　）

(A) 150m　　(B) 165m
(C) 169m　　(D) 180m

解答过程：

18. 该线路 15 号杆塔一侧档距为 160m，15 号比 14 号杆塔高 10m，垂直比载为 35.46×10^{-3}N/(m·mm^2)，应力为 78.24N/mm^2；另一侧档距为 190m，15 号比 16 号杆塔低 6m，垂直比载为 35.46×10^{-3}N/(m·mm^2)，应力为 83.85N/mm^2，计算 15 号杆塔的垂直档距应为下列哪项数值？（　　）

(A) 175.00m　　(B) 238.23m
(C) 243.23m　　(D) 387.57m

解答过程：

19. 该线路某一耐张段内，各档距分别为 120m，138m，150m，160m，180m，140m，则该耐张段的代表档距为下列哪项数值？（　　）

(A) 140.00m　　(B) 148.00m

(C) 151.58m　　(D) 155.94m

解答过程：

20. 若该线路平均运行应力为 71.25kN，振动风速上限值为 4m/s，则该线路导线防振锤的安装距离应为下列哪项数值？（　　）

(A) 0.093 ~ 0.099m　　(B) 0.105 ~ 0.111

(C) 0 ~ 0.116m　　(D) 0.421 ~ 0.445

解答过程：

题 21 ~ 25：某车间 10kV 变电所，设 1 台 SCB9-2000/10 的变压器，10/0.4kV，Dyn11，$U_d\% = 6$，低压网络系统图如图所示。变压器高压侧系统短路容量 $S_S' = 75MVA$，低压配电线路 L_1 选用铜芯电缆 $VV_{22} - 3 \times 35 + 1 \times 16$，长度为 30m 电动机 M 额定功率为 50kW，额定电流 $Ir = 90A$，低压配电线路 L_2 所带负荷计算电流为 410A，其中最大一台电动机的额定电流为 60A、启动倍数为 6，（忽略母线的阻抗），请回答下列问题。

[SCB9-2000 的变压器的阻抗及相保阻抗参考《工业与民用配电设计手册》（第三版）中相关参数]

21. 计算线路 L_1 的相保阻抗值应为下列哪项数值？（　　）

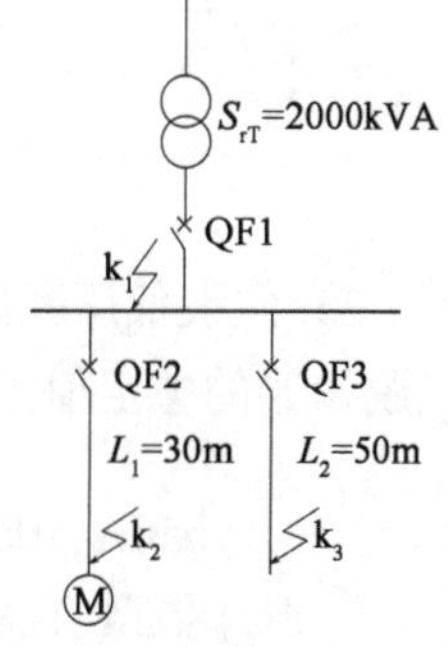

(A) 45.34mΩ　　(B) 61.06mΩ

(C) 72.13mΩ　　(D) 100.96mΩ

解答过程：

22. 不计电动机反馈电流的影响,求 k_1 点的三相短路电流应为下列哪项数值? ( )

(A)23.1kA (B)33.24kA

(C)47.99kA (D)108.66kA

解答过程:

23. 不计电动机反馈电流的影响,求 k_1 点的单相接地故障电流应为下列哪项数值? ( )

(A)24.5kA (B)31.66kA

(C)35.27kA (D)45.71kA

解答过程:

24. 假设 k_2 点的三相短路电流为24.5kA且 L_2 回路只带一台额定电流为60A的电动机,关于 k_1 和 k_2 点短路电流是否计入电动机的影响,下列说法中哪项是正确的? ( )

(A) k_1 点短路电流需计入电动机的影响, k_2 点短路电流不考虑电动机的影响

(B) k_1 点短路电流不考虑电动机的影响, k_2 点短路电流需计入电动机的影响

(C) k_1、k_2 点短路电流均不考虑电动机的影响

(D) k_1、k_2 点短路电流均需计入电动机的影响

解答过程:

25. 假设低压断路器QF3是保护配电线路的,则该断路器定时限过电流和瞬时过电流脱扣器的整定值为下列哪组数值? ( )

(A)650A,1068A (B)710A,1284A

(C)852A,1284A (D)975A,1313A

解答过程：

题26～30：有一大型超高层办公建筑，高300m，总建筑面积20万平方米，地下4层、地上78层，有4层裙房，地下1、2层层高5.5m，主要为设备机房和功能性用房，地下3、4层层高3.5m；在裙房4层有一大型会议室，能召开国际会议，预计在楼内办公人员1.1万人。

26. 裙房4层大型会议室，长30m，宽20m，具备召开国际会议功能、会场设置数字红外线同声传译系统，使用调频副载波频率(中心频率)编号为CC5，需在会场红外服务区安装红外辐射单元。已知会场共设置了4个红外辐射单元，两个负责会场前区，2个负责会场后区，从红外发射主机到红外辐射单元采用同轴电缆。从红外发射主机至后区第一个红外辐射单元的同轴电缆长度为25m。试计算从红外发射主机至后区第二个红外辐射单元的同轴电缆长度，并判断下列哪项数值符合规范要求？（　　）

(A)15m　　(B)30m

(C)35m　　(D)40m

解答过程：

27. 裙房4层大型会议室，长30m，宽20m，地面至吊顶6.5m，为平吊顶，需设置火灾探测器，请计算确定至少应设置多少个点型感烟探测器？（　　）

(A)10个　　(B)12个

(C)14个　　(D)16个

解答过程：

28. 在建筑中设置的公共广播系统，传输线缆采用铜芯导线，其电阻率为$1.75\times10^{-8}(\Omega\cdot m)$，采用100V定压输出，当某一路线路接有30个扬声器，每个扬声器的功率为5W，这30个扬声器沿线路均匀布置，长度达到650m，要求线路的衰减为2dB，试计算在1000Hz时，传输线路的截面积至少不小于下列哪项数值？（　　）

(A)0.132mm²　　　　(B)1.32mm²

(C)13.2mm²　　　　(D)132mm²

解答过程：

29. 对于本建筑的电子信息系统雷击风险评估，已知裙房长108m，宽81m，高21m；主楼长81m，宽45m，高300m，见下图（尺寸单位：mm）。当地雷暴天数取34d/a，年预计雷击次数的校正系数按一般情况考虑。请计算本建筑预计雷击次数应为下列哪项数值？　　（　　）

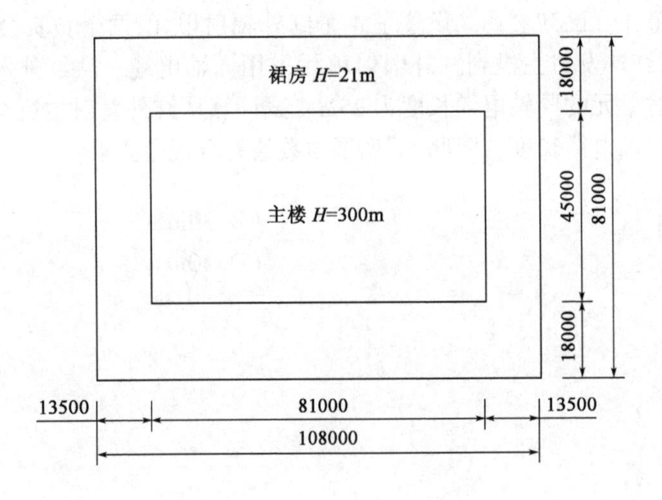

(A)0.148 次/a　　　　(B)1.23 次/a

(C)1.37 次/a　　　　(D)12.3 次/a

解答过程：

30. 在建筑中有一视频会议室，其中安装了一台摄像机用于对主席台及演讲嘉宾的摄像。摄像机安装高度为3m，距离主席台7m，要求摄像机能拍摄主席台全景4m高画面，也能对嘉宾拍摄高度为0.5m个人特写镜头，已知摄像机像场高20mm。请计算摄像机要满足上述需求至少需要几倍变焦？　　（　　）

(A)8 倍　　　　(B)11.4 倍

(C)35 倍　　　　(D)280 倍

解答过程：

题 31～35：某小型轧机传动电机型号为 Z560-4B，额定功率 800kW，额定电压 660V，额定转速 410rpm，最高转速 1100rpm，极对数 $p=3$，电枢电流 1305A，电枢电阻 0.028Ω，电机过载倍数 2.5 倍，效率 91.9%。Z 系列电动机有补偿；整流变压器 Y/Y，$U_d\%=5$，整流桥为三相桥式反并联接线，$\alpha_{zx}=30°$，设均衡电流为额定电流的 5%，交流电源为三相 10kV，电网波动系数 $\beta=0.95$，控制方式为速度反馈可逆系统。请回答下列问题：

31. 整流变压器计算容量应为下列哪项数值？（　　）

(A) 1217.08kVA　　(B) 1275.04kVA

(C) 1329.52kVA　　(D) 1338.79kVA

解答过程：

32. 若整流变压器次级相电压 $U_2=410V$，电机允许的电流脉动率 $V_d=5\%$，此时按限制电流脉动选择电抗器，计算的电抗器电感应为下列哪项数值？（　　）

(A) 4.60mH　　(B) 5.65mH

(C) 5.77mH　　(D) 5.83mH

解答过程：

33. 若整流变压器次级相电压 $U_2=410V$，取最小工作电流 $I_{min}=5\% I_{nd}$（I_{nd} 为变流器的额定电流），此时按电流连续选择电抗器，计算的电抗器电感应为下列哪项数值？（　　）

(A) 2.68mH　　(B) 3.74mH

(C) 3.86mH　　(D) 3.92mH

解答过程：

34. 若整流变压器次级相电压 $U_2=410\text{V}$，取最小工作电流 $I_{jh}=5\% I_{nd}$（I_{nd}为变流器的额定电流），此时按限制均衡电流选择电抗器，计算的电抗器电感应为下列哪项数值？（　　）

(A) 9.37mH　　(B) 17.36mH

(C) 17.48mH　　(D) 17.54mH

解答过程：

35. 若整流变压器次级相电压 $U_2=410\text{V}$，交流侧相电流 $I_2=1050\text{A}$，计算系数 K_j 取 50，计算交流侧进线电抗器电感应为下列哪项数值？（　　）

(A) 0.05mH　　(B) 0.06mH

(C) 0.07mH　　(D) 0.10mH

解答过程：

题 36～40：某 10kV 变电所变压器高压侧采用通用负荷开关-熔断器组合电器保护，低压侧线路和用电设备采用断路器或熔断器保护，供电系统如图所示，请解答下列问题。

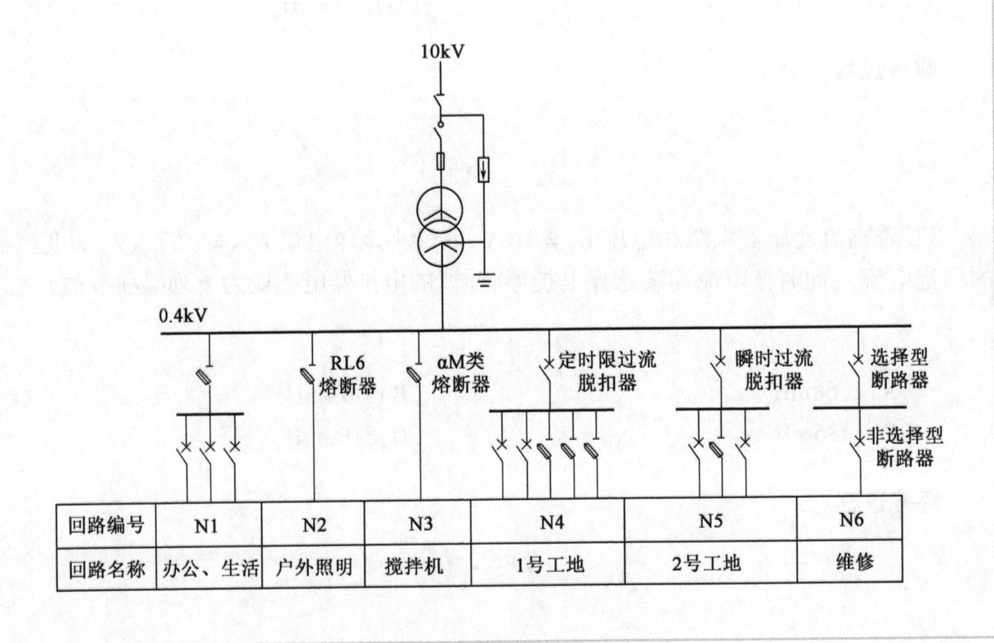

回路编号	N1	N2	N3	N4	N5	N6
回路名称	办公、生活	户外照明	搅拌机	1号工地	2号工地	维修

36. 请判断下列对通用负荷开关的要求哪一项是错误的？并说明理由和依据。
（　　）

(A)当负荷开关与熔断器组合使用时，负荷开关应能关合组合电器中熔断器的最大截止电流
(B)负荷开关应能开断1250kVA及以下的配电变压器的空载电流
(C)负荷开关应能开断不大于10A的电缆电容电流
(D)选择负荷开关时，也要校验其开断能力，负荷开关的额定开断电流应不小于所在回路的最大三相对称短路电流初始值I''

解答过程：

37. 已知低压侧N1配电回路采用熔断器保护，回路计算电流为200A，最大的电动机的额定电流为50A，除去最大的电动机以外的回路计算电流为160A，请计算熔断器熔体的额定电流(计算值)最接近下列哪个数值？(假设熔断器的保护特性与断路器定时限过电流脱扣器相似，可靠系数$K_r=1$)
（　　）

(A)210A　　(B)231A
(C)252A　　(D)273A

解答过程：

38. 已知低压侧户外照明回路N2采用RL6熔断器保护，负荷均为金属卤化物灯，该回路的计算电流为40A，请计算熔断器熔体的额定电流最接近下列哪个数值？（　　）

(A)40A　　(B)48A
(C)60A　　(D)68A

解答过程：

39. 已知低压侧混凝土搅拌机回路N3的电机短路和接地故障采用aM类熔断器保护(部分范围分断)，且电动机的额定电流为50A、启动电流为350A，请计算熔体额定电流最小应选择下列哪项数值？
（　　）

(A)50A　　(B)63A

(C)80A　　(D)100A

解答过程：

40. 已知低压侧 N6 配电回路上下两级分别采用选择型和非选择型断路器保护，夏季断路器长延时脱扣器电流整定值为 100A，瞬时脱扣器电流整定值为 1000A，上级断路器长延时脱扣器电流整定值为 300A，请确定上级断路器短延时脱扣器电流整定值的计算结果最接近下列哪项数值？　　(　　)

(A)1000A　　(B)1300A

(C)1600A　　(D)2000A

解答过程：

2016年案例分析试题答案(下午卷)

题1～5答案:**CCBBC**

1.《建筑照明设计标准》(GB 50034—2013) 第2.0.54条。

第2.0.54条:表示房间或场所几何形状的数值,其数值为2倍的房间或场所面积与该房间或场所水平面周长及灯具安装高度与工作面高度的差之商。

房间面积:$S = LW + \pi R^2 = 36 \times 18 + \pi \times 9^2 = 902.34\text{m}^2$

房间周长:$L = 36 \times 2 + 2\pi \times 9 = 128.55\text{m}$

室形指数:$RI = \dfrac{2S}{(H-h)L} = \dfrac{2 \times 902.47}{(14.75 - 0.75) \times 128.55} = 1.003$

注:也可参考《照明设计手册》(第三版)P146"室形指数与室空间比的关系",其中 $RCR=2.5\times$墙面积/地面积,则室形指数:$RI = \dfrac{5}{RCR} = \dfrac{2S}{h_r \times L}$。

2.《照明设计手册》(第三版)P7式(1-9)、P148式(5-48)。

室形指数:$RI = \dfrac{2S}{(H-h)L} = \dfrac{2 \times 902.47}{(12 - 0.75) \times 128.55} = 1.248 \approx 1.25$,则利用系数$K=0.54$。

灯具个数:$N = \dfrac{E_{av}A}{\Phi UK} = \dfrac{300 \times 902.47}{36000 \times 0.7 \times 0.54} = 19.89$,取20盏。

注:对比P224的式5-66的投光灯照度计算公式,投光灯计算平均照度时需考虑灯具效率。

3.《照明设计手册》(第三版)P118式(5-2)及图5-2,P132式(5-28)。

光源距P点的水平距离:$D = \sqrt{5.4^2 + 3^2} = 6.18\text{m}$

光源距P点的直线距离:$R = \sqrt{6.18^2 + 12^2} = 13.5\text{m}$

光源入射与法线夹角:$\theta = \arccos\dfrac{h}{R} = \arccos\dfrac{12}{13.5} = 27.3°$,则光源光强为$I_\theta = 283.6\text{cd}$

一个光源的水平面照度:$E_h = \dfrac{I_\theta}{R^2}\cos\theta = \dfrac{283.6}{13.5^2} \times \cos27.3° = 1.38\text{lx}$

P点的综合水平面照度:$E_{hp} = \dfrac{\Phi \Sigma \varepsilon K}{1000} = \dfrac{36000 \times (4 \times 1.38) \times 0.7}{1000} = 139.1\text{lx}$

注:题干条件为"灯具出口面到工作面的高度为12m",不要误减0.75m。

4.《照明设计手册》(第三版)P147式(5-47)。

墙的总面积:$A_w = 2 \times (9 + 7.2) \times 3.6 = 116.64\text{m}^2$

墙面平均反射比：$\rho_{wav}=\dfrac{\rho_w(A_w-A_g)+\rho_g A_g}{A_w}=\dfrac{0.3(1-0.2)A_w+0.09\times0.2A_w}{A_w}=$ $0.258=25.8\%$

5.《照明设计手册》(第三版)P160 式(5-66)。

投光灯灯具数量：$N=\dfrac{E_{av}A}{\Phi\eta UK}=\dfrac{15\times6000}{36000\times0.637\times0.7\times0.7}=8$ 盏

注：投光灯计算平均照度时需考虑灯具效率。

题 6～10 答案：**CBBAC**

6.《3～110kV 高压配电装置设计规范》(GB 50060—2008) 第 2.0.5 条～第 2.0.7 条。

第 2.0.5 条：66～110kV 敞开式配电装置，母线避雷器和电压互感器宜合用一组隔离开关。

第 2.0.6 条及条文说明：66～110kV 敞开式配电装置，断路器两侧隔离开关的断路器侧、线路隔离开关的线路侧，宜配置接地开关。(条文说明：断路器两侧的隔离开关的断路器侧、线路隔离开关的线路侧以及变压器进线隔离开关的变压器侧应配置接地开关)

第 2.0.7 条：66～110kV 敞开式配电装置，每段母线上应配置接地开关。

变电站系统图中错误分析如下：

a. 110kV 电源一进线隔离开关的线路侧，未设置接地开关。

b. 主变压器进线隔离开关的变压器侧，未设置接地开关。

c. 110kVⅡ母线未设置接地开关。

7.《3～110kV 高压配电装置设计规范》(GB 50060—2008) 第 5.5.3 条、第 5.5.5 条。

第 5.5.3 条：当不能满足上述要求时，应设置能容纳 100% 油量的贮油或挡油设施。贮油和挡油设施应大于设备外廓每边各 1000m，四周应高出地面 100mm。贮油设施内应铺设卵石层、卵石层厚度不应小于 250mm，卵石直径为 50～80mm。

错误一：图中贮油池一侧仅大于设备外廓 900mm。

第 5.5.5 条：油量为 2500kg 及以上的屋外油浸变压器之间的防火间距不能满足表 5.5.4 的要求时，应设置防火墙。防火墙的耐火极限不宜小于 4h。防火墙的高度应高于变压器油枕，其长度应大于变压器贮油池两侧各 1000mm。

错误二：图中防火墙仅大于贮油池一侧 500mm。

8.《3～110kV 高压配电装置设计规范》(GB 50060—2008) 第 5.4.4 条中表 5.4.4 注 4、第 7.1.1 条。

表 5.4.4 之注 4：当采用 35kV 开关柜时，柜背通道不宜小于 1000mm。

错误一：图中 35kV 开关柜后的维护通道仅为 800mm。

第 7.1.1 条：长度大于 7m 的配电装置室，应设置 2 个出口。

错误二：图中 35kV 配电室仅有一个出口。

《20kV及以下变电所设计规范》(GB 50053—2013) 第4.2.6条、第6.2.2条。

第4.2.6条:配电装置的长度大于6m时,其柜(屏)后通道应设两个出口,当低压配电装置两个出口间的距离超过15m时应增加出口。

错误三:图中10kV配电柜长度为17m,但其柜后未增加出口。

第6.2.2条:变压器室、配电室、电容器室的门应向外开启。

错误四:图中10kV配电室左侧门向内开启。

9.《3~110kV高压配电装置设计规范》(GB 50060—2008) 第5.1.2条、第5.5.3条、第7.1.11条。

由图5.1.2-3可知,$L_1 \geqslant 2500\text{mm}$;第5.5.3条:贮油和挡油设施应大于设备外廓每边各1000mm,四周应高出地面100mm,则$L_2 = 100\text{mm}$。第7.1.11条:建筑物与户外油浸式变压器外廓间距不宜小于10000mm,则$L_3 = 10000\text{mm}$。

10.《3~110kV高压配电装置设计规范》(GB 50060—2008) 第5.5.3条。

第5.5.3条:当设置有油水分离措施的总事故贮油池时,贮油池容量宜按最大一个油箱容量的60%确定。

即:$13.5 \times 60\% = 8.1\text{t}$

题11~15答案:**CCABB**

11.《交流电气装置的过电压保护和绝缘配合设计规范》(GB/T 50064—2014) 第5.2.1条、第5.4.11条。由第5.4.11-2条,独立避雷针的接地装置与发电厂或变电站接地网间的地中距离为$S_e \geqslant 0.3R_i = 0.3 \times 8 = 2.4\Omega$。

针对A点的保护半径为:$r_x = \sqrt{5^2 + (5+3+2.4+3)^2} = 14.3\text{m}$

由第5.2.1条(假设$h_x < 0.5h$):$r_x = (1.5h - 2h_x)P = (1.5h - 2\times3)\times1 = 1.5h - 6 = 14.3$,则

$h = 13.53\text{m}$,验算$h_x = 3\text{m} < 0.5h = 6.76$,满足要求。

注:此题不严谨,由第5.4.11-5条:S_e不宜小于3m。因此取$S_e = 2.4\text{m}$实际不符合规范要求,但若按3.2m进行计算时,避雷针高度为14m,也无对应答案。

12.《建筑物防雷设计规范》(GB 50057—2010) 附录C第C.0.3-1条,《交流电气装置的接地设计规范》(GB/T 50065—2011) 式(A.0.2)。

接地体的有效长度:$l_e = 2\sqrt{\rho} = 2\times\sqrt{500} = 44.72\text{m}$,则$l/l_e = 19 \div 44.72 = 0.425$,则:

换算系数A宜取值1.4,接地体的冲击接地电阻为$R_i = \dfrac{R}{A} = \dfrac{R}{1.4}$

13.《建筑物防雷设计规范》(GB 50057—2010) 第3.0.4-3条、第4.4.7-2条和附录A"建筑物年预计雷击次数"。

建筑物每边的扩大宽度:$D = \sqrt{H(200-H)} = \sqrt{16\times(200-16)} = 54.26\text{m}$

相同雷击次数的等效面积:

$A_e = [LW + 2(L+W)\sqrt{H(200-H)} + \pi H(200-H)] \times 10^{-6} = 0.018$

建筑物年预计雷击次数：$N = k(0.1T_d)A_e = 1.5 \times 0.1 \times 75 \times 0.018 = 0.2025$

由第3.0.4-3条可知，该综合办公楼建筑为第三类防雷建筑物，再根据第4.4.7-2条。

每一保护模式的冲击电流值：$I_{imp} = \frac{0.5I}{nm} = \frac{0.5 \times 200}{4 \times 4} = 6.25\text{kA}$，YJV电缆无屏蔽措施。

14.《建筑物防雷设计规范》(GB 50057—2010) 第5.4.6条及条文说明。

500Ω·m土壤的接地有效长度：$l_e = 2\sqrt{500} = 44.72\text{m}$

1000Ω·m土壤的接地有效长度：$l_1 = (l_e - 5)\sqrt{\frac{1000}{500}} = (44.72 - 5) \times \sqrt{2} = 56.17\text{m}$

接地体的总有效长度：$l_2 = 56.17 + 5 = 61.17\text{m}$

15.《建筑物防雷设计规范》(GB 50057—2010) 第6.3.2条、附录F、附录G。

由表6.3.2-1，可知格栅形大空间屏蔽的屏蔽系数：

$$SF = 20\log\frac{8.5/\omega}{\sqrt{1 + 18 \times 10^{-6}/r^2}} = \frac{8.5 \div 2}{\sqrt{1 + 18 \times 10^{-6}/(0.016/2)^2}} = 11.49\text{dB}$$

由式6.3.2-1，无屏蔽时产生的无衰减磁场强度：

$H_0 = i_s/2\pi s_a = 150000 \div (2\pi \times 100) = 238.73\text{A/m}$

当建筑物有屏蔽时，在格栅形大空间屏蔽内，即在LPZ1区内的磁场强度：

$H_1 = H_0/10^{SF/20} = 238.73 \div 10^{11.49/20} = 63.59\text{A/m}$

格栅形屏蔽建筑物附近遭雷击时，在LP21区内环路的感应电压和电流在LPZ1区，其开路最大感应电压：

$$U_{oc/max} = \frac{\mu_0 \cdot b \cdot l \cdot H_{1/max}}{T_1} = \frac{4\pi \times 10^{-7} \times 0.5 \times 1 \times 63.59}{10 \times 10^{-6}} = 3.993\text{V}$$

题16～20答案：**CBBCX**

16.《钢铁企业电力设计手册》(上册) P1057表21-23。

自重力比载：$\gamma_1 = \frac{9.8P_1}{A} = \frac{9.8 \times 0.9643}{277.75} = 34.024 \times 10^{-3}\text{N/(m·mm}^2)$

冰重力比载：

$$\gamma_2 = \frac{9.8 \times 0.9\pi\delta(\delta + b) \times 10^{-3}}{A} = \frac{9.8 \times 0.9\pi \times 5(5 + 21.66) \times 10^{-3}}{277.75}$$

$$= 13.298 \times 10^{-3}\text{N/(m·mm}^2)$$

自重加冰重比载：$\gamma_3 = \gamma_1 + \gamma_2 = (34.024 + 13.298) \times 10^{-3} = 47.32 \times 10^{-3}\text{N/(m·mm}^2)$

注：也可参考《电力工程高压送电线路设计手册》(第二版)P179表3-2-3“电线单位荷载及比载计算表”。

17.《钢铁企业电力设计手册》(上册)P1064 式(21-14)。

杆塔两侧的高差角:

$$\beta_1 = \arctan\left(\frac{h_1}{l_1}\right) = \arctan\left(\frac{35}{150}\right) = 13.134°$$

$$\beta_2 = \arctan\left(\frac{h_2}{l_2}\right) = \arctan\left(\frac{40}{180}\right) = 12.53°$$

高差较大而又需要准确计算杆塔水平荷载时,水平档距为:

$$l_h = \frac{1}{2}\left(\frac{l_1}{\cos\beta_1} + \frac{l_2}{\cos\beta_2}\right) = \frac{1}{2}\left(\frac{150}{\cos13.134°} + \frac{180}{\cos12.53°}\right) = 165\text{m}$$

注:也可参考《电力工程高压送电线路设计手册》(第二版)P183 式(3-3-10)。

18.《钢铁企业电力设计手册》(上册)P1064 式(21-15)。

$$l_v = \left(\frac{l_1}{2} + \frac{\sigma_1 h_1}{\gamma_v l_1}\right) + \left(\frac{l_2}{2} + \frac{\sigma_2 h_2}{\gamma_v l_2}\right) = \left(\frac{160}{2} + \frac{78.24 \times 10}{35.46 \times 10^{-3} \times 160}\right) + \left[\frac{190}{2} + \frac{83.85 \times (-6)}{35.46 \times 10^{-3} \times 190}\right] = 238.23\text{m}$$

注:也可参考《电力工程高压送电线路设计手册》(第二版)P183 式(3-3-11)。

19.《钢铁企业电力设计手册》(上册)P1058 式(21-11)。

$$l_r = \sqrt{\frac{\Sigma l^3}{\Sigma l}} = \sqrt{\frac{120^3 + 138^3 + 150^3 + 160^3 + 180^3 + 140^3}{120 + 138 + 150 + 160 + 180 + 140}} = 151.58\text{m}$$

注:也可参考《电力工程高压送电线路设计手册》(第二版)P182 式(3-3-4)。

20.《电力工程高压送电线路设计手册》(第二版)P230(式 3-6-15)。

电线振动波长:$\dfrac{\lambda}{2} = \dfrac{d}{400\nu}\sqrt{\dfrac{T}{m}} = \dfrac{21.66}{400 \times 4}\sqrt{\dfrac{71.25 \times 10^3}{964.3 \times 10^{-3}}} = 3.68\text{m}$

防振锤安装距离:$b = 0.9 \sim 0.95\left(\dfrac{\lambda_m}{2}\right) = (0.9 \sim 0.95) \times 3.68 = 3.312 \sim 3.496\text{m}$,无对应答案。

注:自 2016 年 9 月《电力工程高压送电线路设计手册》(第二版)纳入供配电专业考试参考书。对比可知,《钢铁企业电力设计手册》上册 P1070 式(21-19)中有两处瑕疵:电线单位长度的质量应为 kg/m,而不是 N/m;T 为电线平均张力,垂直于电线的风速应取振动风速的上限值,而不是最大风速。以下计算方式的结果接近答案 B。

电线振动波长:$\dfrac{\lambda}{2} = \dfrac{d}{400\nu}\sqrt{\dfrac{T}{m}} = \dfrac{21.66}{400 \times 30}\sqrt{\dfrac{71.25 \times 10^3}{964.3 \times 10^{-3}}} = 0.49\text{m}$

防振锤安装距离:$b = 0.9 \sim 0.95\left(\dfrac{\lambda_m}{2}\right) = (0.9 \sim 0.95) \times 0.49 = 0.4416 \sim 0.4661\text{m}$

题 21 ~ 25 答案:**CBCCC**

21.《工业及民用配电设计手册》(第三版) P156 式(4-50)及 P158 表 4-25。

L_1 的相保阻抗值:$Z_{php \cdot L1} = 30 \times \sqrt{2.397^2 + 0.191^2} = 72.14\text{m}\Omega$

注:VV 电缆为铜芯导体聚乙烯绝缘聚乙烯护套电力电缆。

22.《工业及民用配电设计手册》(第三版) P154 ~ P155 式(4-47)和表 4-23,及 P162 式(4-54)。

归算到变压器低压侧的高压系统阻抗:$Z_s = \dfrac{(cU_n)^2}{S''_s} \times 10^3 = \dfrac{(1.05 \times 0.38)^2}{75} \times 10^3 = 2.123\text{m}\Omega$

$X_s = 0.995 \times 2.123 = 2.112\text{m}\Omega$,$R_s = 0.1X_s = 0.1 \times 2.112 = 0.2112\text{m}\Omega$

由表 4-23 查得 SCB9-2000 的变压器阻抗为:$X_T = 4.77\text{m}\Omega$,$R_T = 0.53\text{m}\Omega$

短路电路总阻抗:

$Z_k = \sqrt{(R_s + R_T)^2 + (X_s + X_T)^2} = \sqrt{(0.2112 + 0.53)^2 + (2.112 + 4.77)^2} = 6.922\text{m}\Omega$

低压网络三相短路电流有效值:$I_k'' = \dfrac{cU_n / \sqrt{3}}{Z_k} = \dfrac{1.05 \times 380 / \sqrt{3}}{6.922} = 33.28\text{kA}$

注:也可参考《工业与民用供配电设计手册》(第四版) P177 表 4.1-1,P229 式(4.3-1),及 P304 式(4.6-41)。但 SCB9 系列变压器参数已替换为 SCB11。

23.《工业及民用配电设计手册》(第三版) P154 ~ P155 表 4-21 之注 3 和表 4-23,及 P163 式(4-55)。

归算到变压器低压侧的高压系统的相保阻抗:

$X_{php \cdot s} = \dfrac{2X_s}{3} = \dfrac{2 \times 2.112}{3} = 1.408\text{m}\Omega$,$R_{php \cdot s} = \dfrac{2R_s}{3} = \dfrac{2 \times 0.21}{3} = 0.14\text{m}\Omega$

由表 4-23 查得 SCB9-2000 的变压器相保阻抗为:$X_{php \cdot T} = 4.77\text{m}\Omega$,$R_{php \cdot T} = 0.53\text{m}\Omega$

短路电路总相保阻抗:

$Z_{php \cdot k} = \sqrt{(R_{php \cdot s} + R_{php \cdot T})^2 + (X_{php \cdot s} + X_{php \cdot T})^2} = \sqrt{(0.14 + 0.53)^2 + (1.408 + 4.77)^2} = 6.214\text{m}\Omega$

低压母线单相短路电流有效值:$I''_k = \dfrac{220}{Z_{php \cdot k}} = \dfrac{220}{6.214} = 35.40\text{kA}$

注:也可参考《工业与民用供配电设计手册》(第四版) P304 表 4.6-11 之注 3,及 P163 式(4-55)。但 SCB9 系列变压器参数已替换为 SCB11。

24.《低压配电设计规范》(GB 50054—2011) 第 3.1.2 条。

第 3.1.2 条:验算电器在短路条件下的接通能力和分断能力应采用接通或分断时安装处预期短路电流,当短路点附近所接电动机额定电流之和超过短路电流的 1% 时,应计入电动机反馈电流的影响。

由题干接线图可知，k_2 点较 k_1 点多连接一段30m的电力电缆，因此 k_1 点短路电流应大于 k_2 点短路电流，k_2 点短路电流的1%：$I_{K2}=0.01\times24.5kA=245A$。

k_2 点电动机电流：$I_{m2}=90A<245A$

k_1 点电动机电流：$I_{m1}=90+60=150A<245A<1\%I_{k1}$

因此，均不考虑电动机反馈电流的影响。

25.《工业与民用供配电设计手册》(第四版)P986式(11.3-5)、式(11.3-6)。

电动机保护的低压断路器，定时限过电流脱扣器整定值，应躲过短时间出现的负荷尖峰电流，即：

$I_{set2}\geq K_{rel2}[I_{stM1}+I_{c(n-1)}]=1.2\times[6\times60+(410-60)]=852A$

电动机保护的低压断路器，瞬时过电流脱扣器整定值，应躲过短时间出现的尖峰电流，即：

$I_{set3}\geq K_{rel3}[I_{stM1}'+I_{c(n-1)}]=1.2\times[2\times6\times60+(410-60)]=1284A$

注：也可参考《工业及民用配电设计手册》(第三版) P631式(11-15)，P636式(11-16)。

题26~30答案：**BABBA**

26.《红外线同声传译系统工程技术规范》(GB 50524—2010) 第3.3.2-9条及条文说明。

两个红外辐射单元到红外发射主机的连接线缆总长度差允许的最大值：

$$L_{\Delta}=\frac{1}{4ft}-\frac{1}{4\times(5\times10^{6})\times(5.6\times10^{-9})}=8.93m$$

第二个红外辐射单元的同轴电缆长度允许范围：$L_2=L_1\pm8.93=25\pm8.93=16.07\sim33.93m$，取30m。

27.《火灾自动报警系统设计规范》(GB50116—2013) 第6.2.2条。

感烟探测器个数：$N=\frac{S}{KA}=\frac{30\times20}{(0.7\sim0.8)\times80}=9.37\sim10.71$ 个，取10个。

28.《公共广播系统工程技术规范》(GB 50526—2010) 第3.5.5条及条文说明。

传输线路的截面积：$S=\frac{2\rho LP}{U^2(10^{r/20}-1)}=\frac{2\times1.75\times10^{-8}\times0.65\times30\times5}{100^2\times(10^{2/20}-1)}=1.32mm^2$

29.《建筑物防雷设计规范》(GB 50057—2010) 附录A“建筑物年预计雷击次数”。

主楼高度300m，则相同雷击次数的等效面积：

$A_e=[LW+2H(L+W)+\pi H^2]\times10^{-6}=[81\times45+2\times300\times(81+45)+\pi300^2]\times10^{-6}=0.362km^2$ 建筑物年预计雷击次数：$N=k(0.1T_d)A_e=1.5\times0.1\times34\times0.362=1.23$ 次/a。

30.《视频安防监控系统工程设计规范》(GB 50395—2007) 式6.0.2。

全景焦距：$f_1 = \frac{AL}{H_1} = \frac{20 \times 7}{4} = 35\text{mm}$

特写焦距：$f_2 = \frac{AL}{H_2} = \frac{20 \times 7}{0.5} = 280\text{mm}$

变焦倍数：$k = \frac{f_1}{f_2} = \frac{280}{35} = 8$ 倍

题 31～35 答案：**DCCCB**

31.《钢铁企业电力设计手册》下册 P401～P402 式(26-45)式(26-49)。

由于题干缺少直流电机功率因数，因此额定电流近似取电机电枢电流：$I_{ed} = 1305\text{A}$（仅并励时忽略励磁回路电流）。

均衡电流为额定电流的5%：$I_{jh} = 0.05I_{ed} = 0.05 \times 1305 = 65.25\text{A}$

正常工作时变流器的额定电流：$I_{de} = I_{ed} + I_{jh} = 1305 + 65.25 = 1370.25\text{A}$

电机过载时变流器最大电流：$I_{dm} = 2.5I_{ed} + I_{jh} = 2.5 \times 1305 + 65.95 = 3328.45\text{A}$

查表 26-18，计算因子，$A = 2.34, C = 0.5, K_2 = 0.816$ 其他参数 $\alpha_{zx} = 30°, \cos\alpha_{zx} = 0.866, r = \frac{I_{ed} \cdot r_{ed}}{U_{ed}} = \frac{1305 \times 0.028}{660} = 0.055$

整流变压器二次相电压有效值：

$$U_2 = \frac{U_{ed}\left[1 + r\left(\frac{I_{maxd}}{I_{ed}} - 1\right)\right]}{A\beta\left(\cos\alpha_{zx} - C\frac{U_d\%}{100} \cdot \frac{I_{maxd}}{I_{eb}}\right)} = \frac{660 \times [1 + 0.055(2.5 - 1)]}{2.34 \times 0.95\left(0.866 - 0.5 \times \frac{5}{100} \times \frac{3328.45}{1370.25}\right)} = 399.10\text{V}$$

整流变压器二次相电压有效值：$I_2 = K_2 \times I_{de} = 0.816 \times 1370.25 = 1118.124\text{A}$

整流变压器二次视在功率：$S_{b2} = 3U_2I_2 = 3 \times 399.10 \times 1118.124 \times 10^{-3} = 1338.73\text{kVA}$

查表 26-18，由于三相桥式 Y/y 的 $S_{b1} = S_{b2}$，因此 $S_b = \frac{1}{2}(S_{b1} + S_{b2}) = S_{b2} = 1338.73\text{kVA}$

注：也可参考 P403～P404"26.3.7 整流变压器计算示例"。

32.《钢铁企业电力设计手册》下册 P404～P406 式(26-50)、式(26-51)、式(26-55)。

电动机电枢回路电感：$L_d = K_d\frac{19.1U_{ed}}{2Pn_{ed}I_{ed}} \times 10^3 = 0.1 \times \frac{19.1 \times 660}{2 \times 3 \times 410 \times 1305} \times 10^3 = 0.3927\text{mH}$

整流器变压器电感：$L_b = K_b\frac{U_d\%}{100} \cdot \frac{U_2}{I_{de}} = 4.04 \times 5\% \times \frac{396.33}{1370.25} = 0.058\text{mH}$

对三相桥式电路，在计算时要考虑到同时有两相串联导电，故变压器的电感值应取计算值的 2 倍，即 $L'_b = 2L_b = 2 \times 0.058 = 0.116\text{mH}$；查表 26-19 电抗器计算系数，可知 $K'_{md} = 1.05$，则

限制电流脉动外加电抗的电感值：

$$L_{dk1} = K'_{md}\frac{U_2}{V_d \cdot I_{ed}} - (L_d + L'_b) = 1.05 \times \frac{410}{0.05 \times 1370.25} - (0.3927 + 0.116) =$$

5.775mH

33.《钢铁企业电力设计手册》下册 P404 ~ P406 式(26-50)、式(26-51)、式(26-59)。

电动机电枢回路电感：$L_d = K_d \frac{19.1U_{ed}}{2Pn_{ed}I_{ed}} \times 10^3 = 0.1 \times \frac{19.1 \times 660}{2 \times 3 \times 410 \times 1305} \times 10^3 =$

0.3927mH

整流器变压器电感：$L_b = K_b \frac{U_d\%}{100} \cdot \frac{U_2}{I_{de}} = 4.04 \times 5\% \times \frac{396.33}{1370.25} = 0.058\text{mH}$

对三相桥式电路，在计算时要考虑到同时有两相串联导电，故变压器的电感值应取计算值的 2 倍，即 $L'_b = 2L_b = 2 \times 0.058 = 0.116\text{mH}$；查表 26-19 电抗器计算系数，可知 $K'_{is} = 0.695$，则

使电流连续外加电抗的电感值：

$$L_{dk2} = K'_{is}\frac{U_2}{I_{is}} - (L_d + L'_b) = 0.695 \times \frac{410}{0.05 \times 1305} - (0.3927 + 0.116) =$$

3.858mH

34.《钢铁企业电力设计手册》(下册)P404 ~ P407 式(26-50)、式(26-51)、式(26-63)。

电动机电枢回路电感：$L_d = K_d \frac{19.1U_{ed}}{2Pn_{ed}I_{ed}} \times 10^3 = 0.1 \times \frac{19.1 \times 660}{2 \times 3 \times 410 \times 1305} \times 10^3 =$

0.3927mH

整流器变压器电感：$L_b = K_b \frac{U_d\%}{100} \cdot \frac{U_2}{I_{de}} = 4.04 \times 5\% \times \frac{396.33}{1370.25} = 0.058\text{mH}$

对三相桥式电路，在计算时要考虑到同时有两相串联导电，故变压器的电感值应取计算值的 2 倍，即 $L'_b = 2L_b = 2 \times 0.058 = 0.116\text{mH}$；查表 26-19 电抗器计算系数及注 1，可知 $K'_{jh} = 2.8$，则

限制均衡电流外加电抗的电感值：

$$L_{dk3} = K'_{is}\frac{U_2}{I_{jh}} - L'_b = 2.8 \times \frac{410}{0.05 \times 1305} - 0.116 = 17.477\text{mH}$$

35.《钢铁企业电力设计手册》(下册)P409、式(26-63)。

交流侧进线电抗器电感：$L_j = K_j \frac{U_2}{\omega I_2} = 50 \times \frac{410}{314 \times 1050} = 0.062\text{mH}$

题 36 ~ 40 答案：**DACBB**

36.《导体和电器选择设计技术规定》(DL/T 5222—2005) 第 10.2.1 条 ~ 第 10.2.4 条。

37.《工业与民用供配电设计手册》(第四版) P986 式(11.3-5)、式(11.3-6)。

电动机线路熔断器熔体的额定电流：$I_r \geq K_r[I_{rM1} + I_{C(n-1)}] = 1 \times (50 + 160) =$

210A

注：原题参考《工业与民用配电设计手册》(第三版)P623 式(11-9)、表 11-35。

38.《照明设计手册》(第三版)P94 式(4-3)及表 4-4。

照明线路熔断器熔体的额定电流：$I_r \geqslant K_m I_C = 1.5 \times 40 = 60A$

其中照明回路负荷为金属卤化物灯，查表 4-4 可知 $K_m = 1.5$

注：《工业与民用配电设计手册》(第三版)P623 式(11-10)、表 11-35。

39.《工业与民用供配电设计手册》(第四版)P1086"aM 熔断器的熔断体选择条件"。

(1)熔断体额定电流大于电动机的额定电流。

(2)电动机的启动电流不超过熔断体额定电流的 6.3 倍。

综合两个条件，熔断体额定电流可取电动机额定电流的 1.1 倍左右。

则：$I_r \geqslant 1.1 I_M = 1.1 \times 50 = 55A$，取 63A。

注：也可参考《工业与民用配电设计手册》(第三版)P666"aM 熔断器的熔断体选择条件"。

40.《工业与民用供配电设计手册》(第四版) P1022 式(11.9-1)。

上级断路器短延时脱扣器电流整定值：$I_{set2 \cdot A} \geqslant 1.3 I_{set3 \cdot B} = 1.3 \times 1000 = 1300A$

注：原题参考《工业与民用配电设计手册》(第三版)P650 式(11-21)，原可靠系数为 1.2。